酒水品鉴与服务

李丹　陈亮◎主编

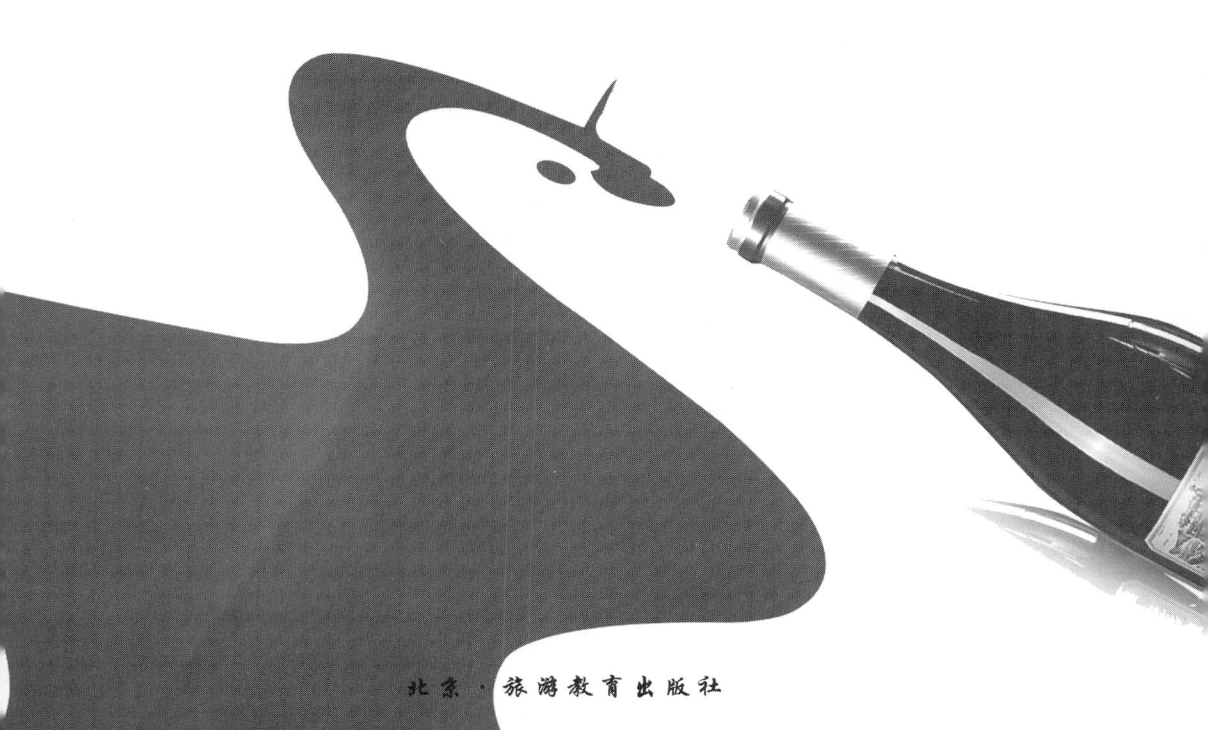

北京·旅游教育出版社

图书在版编目（CIP）数据

酒水品鉴与服务 / 李丹，陈亮主编. -- 北京 : 旅游教育出版社，2021.11

ISBN 978-7-5637-4315-5

Ⅰ. ①酒… Ⅱ. ①李… ②陈… Ⅲ. ①酒－品鉴－职业教育－教材 Ⅳ. ①TS261.7

中国版本图书馆CIP数据核字(2021)第219924号

酒水品鉴与服务

李丹　陈亮　主编

策　　划	安颖侠
责任编辑	安颖侠
出版单位	旅游教育出版社
地　　址	北京市朝阳区定福庄南里 1 号
邮　　编	100024
发行电话	（010）65778403　65728372　65767462（传真）
本社网址	www.tepcb.com
E-mail	tepfx@163.com
排版单位	北京旅教文化传播有限公司
印刷单位	唐山玺诚印务有限公司
经销单位	新华书店
开　　本	710 毫米 × 1000 毫米　1/16
印　　张	25.75
字　　数	352 千字
版　　次	2021 年 11 月第 1 版
印　　次	2021 年 11 月第 1 次印刷
定　　价	55.00 元

（图书如有装订差错请与发行部联系）

前　言

近年来，随着我国人民生活水平的不断提高和生活方式的不断改变，以及我国旅游业的迅猛发展，人们对酒水的需求量越来越大，对酒水不再满足于简单的饮用，更看重其质量和服务，同时对蕴涵在酒水中的系统知识及其背后的文化内涵产生浓厚的兴趣。为此，餐饮业急需大量具备系统酒水知识和酒水服务技能的高级专业人才。本书就是为了适应这一需求而编写的。

本书根据现代饭店和酒吧管理对酒水服务的需要，在总结编者二十多年教学与一线实践经验的基础上编写而成。在编写过程中力求做到系统性、规范性、实用性和创新性。全书以学习者对酒水的品鉴与服务为主线，系统介绍了酒类基本知识、葡萄酒、配制酒、烈酒、鸡尾酒、啤酒、中国酒、软饮料、咖啡、茶及酒水服务相关知识。

本书是校企合作的成果，参加编写的成员有（以下以姓氏拼音为序）：

陈　亮　闽江学院旅游系　讲师

陈　飘　上海中庚聚龙酒店中餐厅　副经理

陈秀榕　福州中庚聚龙酒店餐饮　部经理

黄玉钦　闽江学院旅游系　讲师

李　丹　闽江学院旅游系　副教授

连礼芽　武夷山悦华酒店 & 大红袍山庄酒店　副总经理

林　丹　闽江学院旅游系　副教授

苗　健　中国绿色饭店国家级高级注册评审员　全国绿色饭店专家委员会委员　中国第二代资深酒店管理专家　美国饭店管理学院全球注册 CHA，CRDE

李丹、陈亮制定提纲并对全书进行总纂定稿。各章分工为：第一章由黄玉钦、苗健编写；第二章由陈亮、连礼芽编写；第三章、第四章、第五章由李丹、林丹编写；第六章由林丹、陈飘编写；第七章由李丹、林丹编写；第八章由黄玉钦、陈秀榕编写；第九章、第十章由黄玉钦编写。

本书在编写过程中，参考了中外作者的有关文献资料，并得到了旅游教育出版社的大力支持，在此一并致以诚挚的谢意。

由于编写时间仓促和编者水平有限，书中存在的一些缺点、疏漏和不当之处是难免的，恳请各位读者和同行专家不吝赐教，提出批评和建议，以便进一步修改和完善。

本书既可作为应用型本科、高等职业学校、高等专科学校及成人高等院校相关专业学生学习用书，也可作为各类饭店、酒吧的培训用书，还可以作为酒水爱好者的自学读物。

编者

2021年10月30日

目　录

第一章 酒的概述

学习目标

A. 知识目标

1. 了解酒的历史起源；
2. 了解中国酒的发展阶段；
3. 熟悉酒的分类；
4. 了解酒的生理效用和社会效用；
5. 掌握酒对人体的危害。

B. 能力目标

1. 了解酒的性质；
2. 了解酒的生产工艺。

酒的种类之多不胜枚举，广大消费者各有不同的喜爱。炎夏酷暑，能饮上一杯冰啤酒或冰葡萄汽酒，不但能生津止渴，而且还有消暑之效。适量饮酒既能使人精神愉快，又可促进人体健康。亲朋相聚时饮酒，倍感亲切。外交宴会饮酒，可增加友好气氛。喜庆欢宴更是非饮酒不能尽兴。酒的文化同样也是源远流长，世界上自从有了酒，便有了酒文化。酒文化是种文化现象，它涉及政治、军事、经济、哲学、文学、艺术、旅游、交际、医药卫生等各个领域。例如：酒在文学艺术领域里常有“酒杯触拨诗情动”和“利名因醉远”，勾勒出某种艺术活动的轨迹，其中的动力就是酒。酒的一个突出功能，一方面达成人与现实利害之间的隔离；另一方面开辟出无形的通道，把人引渡到没有挂碍、没有沉潭的彼岸。在那里，人的个性和艺术的个性都得以保全，所谓“醉笔得天全”，描述的就是这样一种境界。酒并不是诗的催化剂，有时它也助长丑恶，甚至酿成灾祸。总之，酒对社会既有利也有害，至于是利大于害还是害大于利，至今众说纷纭，没有定论。由于酒的这种两重性，酒文化现象一直充满着矛盾和斗争。例如，人们对酒的评判就不同，甚至正好相悖。爱之者呼其为“圣人”“欢伯”“福水”，恶之者称其为“狂药”“魔浆”“祸泉”，历来如此。饮酒者唯一可行的办法是对酒实行控制，使之为利而不为害。

第一节　酒的历史

酒是一种历史悠久的饮料，与人们的生活关系十分密切，欢庆佳节、婚丧嫁娶、宴请宾客时都少不了酒。它有消除疲劳、增进食欲、加快血液循环、促进人体新陈代谢的作用，适量饮酒有利于身体健康。在酒会、宴会、聚会等场合，酒能活跃气氛，增进友谊。酒还是烹调中的上等作料，它不仅可以除腥，还可使菜肴更加美味。

一、中国酒起源传说

中国是酒的王国，古往今来，多少文人骚客把酒临风，神驰八极，借酒抒怀，写下了数以万计的诗词歌赋，为后世留下了丰富多彩、千姿百态的酒文化。据考古学家证明，在近现代出土的新石器时代陶器制品中，已有了专用的酒器，这说明在原始社会，我国酿酒已很盛行。而后经过夏、商两代，饮酒的器具也越来越多。在出土的殷商文物中，青铜酒器占相当大的比重，说明当时饮酒的风气确实很盛。在之后的文字记载中，关于酒的起源的记载虽然不多，但关于酒的记述不胜枚举。综合起来，我们主要可从三个方面了解酒的起源：酿酒起源的传说（上天造酒说、猿猴造酒说、仪狄造酒说、杜康造酒说），考古资料对酿酒起源的佐证，以及现代学者对酿酒起源的看法。在古代，人们往往将酿酒的起源归于某某人的发明，由于这些观点的影响非常大，以致成了正统的观点。对于这些观点，宋代《酒谱》曾对其质疑，认为“皆不足以考据，而多其赘说也”。虽然这些观点的真实性有待考证，但作为一种文化认同现象，不妨罗列于下。关于酒的起源，主要有以下几个传说。

（一）上天造酒说

素有“诗仙”之称的李白，在《月下独酌·其二》一诗中有“天若不爱酒，酒星不在天”的诗句；东汉末年以“座上客常满，樽中酒不空”自诩的孔融，在《与曹操论酒禁书》中有“天垂酒星之耀，地列酒泉之郡”之说；经常喝得大醉，被誉为“鬼才”的诗人李贺，在《秦王饮酒》一诗中也有“龙头泻酒邀酒星”的诗句。此外，如“吾爱李太白，身是酒星魄”“仰酒旗之景曜”“拟酒旗于元象”“囚酒星于天岳”等诗句，也都提到了酒。窦苹所撰《酒谱》中，也有“酒星之作也”的语句，意思是自古以来，我国祖先就有酒是天上“酒星”所造的说法。不过就连《酒谱》的作者本身也不相信这样的传说。《晋书》中也有关于酒旗星座的记载：“轩辕右角南三星曰酒旗，酒官之旗也，主宴飨饮食。”轩辕，我国古星名，共十七颗星，其中十二颗属狮子星座。酒旗三星，即狮子座的三星。这三颗星，呈“1”形排列，南边紧傍二十八宿的柳宿八颗星。柳宿八颗星，即长蛇座八星。在明朗的夜晚，对照星图仔细在天空中搜寻，狮子座中的轩辕十四和长蛇座的二十八宿中的星宿一，非常明亮，很容易找到。但酒旗三星因亮度太低或太遥远，用肉眼很难辨认。酒旗星的发现，最早见《周礼》一书，距今已有近3000年的历史。二十八宿的说法，始于殷代而确立于周代，是我国古代天文学的伟大创造之一。在当时科学仪器极其简陋的情况下，我们的祖先能在浩渺的星汉中观察到这几颗并不十分明亮的“酒旗星”，并留下关于酒旗星的种种记载，这不能不说是一种奇迹。至于因何而命名为“酒旗星”，并认为它主宴飨饮食，那不仅说明我们的祖先有丰富的想象力，也证明酒在当时的社会活动与日常生活中，确实占有相当重要的位置。然而，酒自“上天造”之说，既无立论之理，又无科学论据，是附会之说，文学渲染夸张而已。姑且录之，仅供鉴赏。

（二）猿猴造酒说

唐人李肇所撰《国史补》一书，对人类如何捕捉聪明伶俐的猿猴，有一段极精彩的记载。猿猴是十分机敏的动物，它们居于深山野林中，在巉岩林木间跳跃攀缘，出没无常，很难活捉到它们。经过细致的观察，人们发现并掌握了猿猴的一个致命弱点，那就是“嗜酒”。于是，人们在猿猴出没的地方，摆几缸香甜浓郁的美酒。猿猴闻香而至，先是在酒缸前踌躇不前，接着便小心翼翼地用指蘸酒吮尝，时间一久，没有发现什么可疑之处，终于经受不住香甜美酒的诱惑，开怀畅饮起来，直到酩酊大醉，乖乖地被人捉住。这种捕捉猿猴的方法并非我国独有，东南亚一带的居民和非洲的土著民族捕捉猿猴或大猩猩时，也都采用类似的方法。这说明猿猴是经常和酒联系在一起的。

猿猴不仅嗜酒，而且会“造酒”，这在我国的许多典籍中都有记载。清代文人李调元在他的著作中记叙道：“琼州（今海南岛）多猿尝于石岩深处得猿酒，盖猿以稻米杂百花所造，一石穴辄有五六升许，味最辣，然绝难得。”清代的另一部笔记小说中也说：“粤西平乐（今广西壮族自治区东部，西江支流桂江中游）等府，山中多猿，善采百花酿酒。樵子入山，得其巢穴者，其酒多至数石。饮之，香美异常，名曰猿酒。”看来人们在广东和广西都曾发现猿猴“造”的酒。无独有偶，早在明朝时期，亦有关于猿猴“造酒”传说的记载。明代文人李日华在他的著述中，也有过类似的记载：“黄山多猿猱，春夏采杂花果于石洼中，酝酿成酒，香气溢发，闻数百步。野樵深入者或得偷饮之，不可多，多即减酒痕，觉之，众猱伺得人，必嬲死之。”可见，这种猿酒是偷饮不得的。这些不同时代、不同人的记载，至少可以证明这样的事实，即在猿猴的聚居处，多有类似“酒”的东西被发现。至于这种类似“酒”的东西是怎样产生的，是纯属生物适应自然环境的本能性活动，还是猿猴有意识、有计划的生产活动，倒是值得研究的。要解释这种现象，还要从酒的生成原理说起。酒是一种发酵食品，它是由一种称为酵母菌的微生物分解糖类而产生的。酵母菌是一种分布极其广泛的菌类，在广袤的大自然中，尤其是在一些含糖分较高的水果中，这种酵母菌更容易繁衍滋长。含糖的水果是猿猴的重要食品。当成熟的野果坠落后，由于受到果皮上或空气中酵母菌的作用而生成酒，这是一种自然现象。在我们的日常生活中，在腐烂的水果摊床附近，在垃圾堆旁，常常能嗅到由于水果腐烂而散发出来的阵阵酒味。猿猴在水果成熟的季节，收贮大量水果于“石洼中”，堆积的水果受自然界中酵母菌的作用而发酵，在石洼中将“酒”液析出。这样一来，既不影响水果的食用，又能析出“酒”，还会产生一种特别的香味供享用。长此以往，猿猴便能在不自觉中“造”出酒来，这是既合乎逻辑又合乎情理的事情。当然，从最初尝到发酵的野果到“酝酿成酒”，对猿猴来说是个漫长的过程，究竟经过多少年代，恐怕无法说清楚。

（三）仪狄造酒说

相传夏禹时期的仪狄发明了酿酒。公元前 2 世纪，史书《吕氏春秋》云：“仪狄作酒。”汉代刘向编辑的《战国策》则进一步说明：“昔者，帝女令仪狄作酒而美，进之禹，禹饮而甘之，曰：‘后世必有以酒亡其国者。’遂疏仪狄而绝旨酒。”史籍中有多处提到仪狄“作酒而美”“始作酒醪”，似乎仪狄乃制酒之始祖。这是否事实，有待进一步考证。一种说法叫“仪狄作酒醪，杜康作秫酒”。这里并无时代先后之分，似乎是说他们“作”的是不同的酒。“醪”，是糯米经过发酵而成的“醪糟儿”，性温软，其味甜，多产于江浙一带，现在不少家庭仍自制醪糟儿。醪糟儿洁白细腻，稠状的糟糊可当主食，上面的清亮汁液颇近于酒。“秫”，高粱的别称。杜康作秫酒，指的是杜康造酒所使用的原料是高粱。如果硬要将仪狄或杜康确定为酒的创始人，只能说仪狄是黄酒的创始人，而杜康则是高粱酒的创始人。还有一种说法叫“酒之所兴，肇自上皇，成于仪狄”。意思是说，自上古三皇五帝时起，就有各种各样的造酒方法流行于民间，是仪狄将这些造酒方法归纳总结出来，使之流传于后世的。能进行这种总结推广工作的，当然不是一般平民，所以有的书中认定仪狄是司掌造酒的官员，这也有一定的道理。有书记载仪狄作酒之后，禹曾经“绝旨酒而疏仪狄”，也从侧面证明仪狄是很接近禹的“官员”。仪狄是什么时代的人呢？比起杜康，古籍中关于仪狄的记载比较一致，例如《世本》《吕氏春秋》《战国策》中都认为他是夏禹时代的人。他到底是什么职务呢？是司酒造业的“工匠”，还是夏禹手下的臣属？他生于何地、葬于何处？关于这些，都没有确凿的史料可考。那么，仪狄是不是酒的“始作”者呢？有的古籍中还有与《世本》相矛盾的说法。例如，孔子八世孙孔鲋，他认为帝尧、帝舜都是饮酒量很大的君王。黄帝、尧、舜，都早于夏禹，早于夏禹的尧、舜都善饮酒，那么他们饮的是谁制造的酒呢？可见说夏禹的臣属仪狄“始作酒醪”是不大确切的。事实上，用粮食酿酒是一件程序、工艺都很复杂的事，单凭个人力量是难以完成的，仪狄“始作酒醪”似乎不大可能。如果说他是位善酿美酒的匠人、大师，或是监督酿酒的官员，他总结了前人的经验，完善了酿造的方法，终于酿出了质地优良的酒醪，这还是有可能的。所以，郭沫若说：“相传禹臣仪狄开始造酒，这是指比原始社会时代的酒更甘美浓烈的旨酒。”这种说法似乎更可信。

（四）杜康造酒说

关于杜康造酒，有一种说法是杜康“有饭不尽，委之空桑，郁结成味，久蓄气芳，本出于代，不由奇方”。意指杜康将剩饭放置在桑园的树洞里，剩饭在洞中发酵后，有芳香的气味传出。这就是酒的制法，并无什么奇异之处。由生活中的契机启发创造发明之灵感，这很合乎一些发明创造的规律。这段记载流传于后世，杜康便成为能够留心周围的小事，并能及时启动创作灵感的发明家了。曹操在《短歌行》中曰："何以解忧，唯有杜康。"自此之后，认为酒由杜康所创的说法似乎更多了。窦苹考据了"杜"姓的起源及沿革，认为"杜氏本出于刘，累在商为豕韦氏，武王封之于杜，传至杜伯，为宣王所诛，子孙奔晋，遂有杜氏者，士会和言其后也"。杜姓发展到杜康的时候，已经是禹之后很久的事情了，在此上古时期，就已经有"尧酒千钟"之说了。如果说酒是由杜康所创，那么尧喝的是什么人酿造的酒呢?

关于杜康，历史上确有其人。古籍中如《世本》《吕氏春秋》《战国策》《说文解字》等，都对杜康有过记载。清乾隆十九年重修的《白水县志》中，对杜康也有过较详细的记载。白水县，位于陕北高原南缘与关中平原交界处，因流经县治的一条河水底多白色石头而得名。白水县，系"古雍州之城，周末为彭戏，春秋为彭衙""汉景帝建粟邑衙县""唐建白水县于今治"，可谓历史悠久。白水县因有所谓"四大贤人"的遗址而名闻中外：一是相传为黄帝的史官、创造文字的仓颉，出生于本县阳武村；一是死后被封为彭衙土神的雷祥，生前善制瓷器；一是我国"四大发明"之一的造纸术发明者东汉人蔡伦不知缘何也在此地留有坟墓；最后就是相传为酿酒鼻祖的杜康的遗址了。原上的小小县城，是仓颉、雷祥、蔡伦、杜康这四大贤人的遗址所在地，其显赫程度不言而喻。"杜康，字仲宁，相传为县康家卫人，善造酒。"康家卫是一个至今还存在的小村庄，西距县城七八公里。村边有一道大沟，长约十公里，最宽处一百多米，最深处也近百米，人们叫它"杜康沟"。沟的起源处有一眼泉，四周绿树环绕，草木丛生，名"杜康泉"。县志上说"俗传杜康取此水造酒""乡民谓此水至今有酒味"。有酒味固然不确，但此泉水质清冽甘爽是事实。清流从泉眼中汩汩涌出，沿着沟底流淌，最后汇入白水河，人们称它为"杜康河"。杜康泉旁边的土坡上，有个直径五六米的大土包，以砖墙围护着，传说是杜康埋骸之所。杜康庙就在坟墓左侧，凿壁为室，供奉杜康造像，可惜如今庙与像均被毁。

据县志记载，往日，乡民每逢正月二十一，都要带上供品，到这里来祭祀，组织"赛享"活动。这一天热闹非常，搭台演戏，商贩云集，熙熙攘攘，直至日落西山人们方兴尽而散。如今，杜康墓和杜康庙均在修整，杜康泉上已建好一座凉亭。亭呈六角形，红柱绿瓦，五彩飞檐，楣上绘着"杜康醉刘伶""青梅煮酒论英雄"的故事图画。尽管杜康的出生地等均系"相传"，但据考古工作者在此一带发现的残砖断瓦考定，商周之时，此地确有建筑物，这里产酒的历史也颇为悠久。唐代大诗人杜甫于“安史之乱”时，曾携家人来此投靠其舅氏崔少府，写下了《白水舅宅喜雨》等多首诗，诗句中有“今日醉弦歌”“坐开桑落酒”等饮酒的记载。酿酒专家们对杜康泉水也做过化验，认为水质适于造酒。1976 年，白水县人在杜康泉附近建立了一家现代化酒厂，定名为“杜康酒厂”。用该泉水酿酒，产品名“杜康酒”，曾获得国家轻工业部全国酒类大赛的铜杯奖。无独有偶，清道光十八年重修的《伊阳县志》和道光二十年修订的《汝州全志》中也都有关于杜康遗址的记载。《伊阳县志》中的《水》条里，有“杜水河”一语，释曰“俗传杜康造酒于此”。《汝州全志》中说“杜康叭在城北五十里”处。今天，这里倒是有一个叫“杜康仙庄”的小村庄，人们说这里就是杜康叭。“叭”，本义是指石头的破裂声，而杜康仙庄一带的土壤又正是由山石风化而成的。从地隙中涌出许多股清冽的泉水，汇入村旁流过的一条小河中，人们称这条河为杜水河。令人感到有趣的是，在傍村的这段河道中，生长着一种长约一厘米的小虾，全身澄黄，蜷腰横行，为别处所罕见。

此外，生长在这段河道上的鸭子生的蛋，蛋黄泛红，远较他处的颜色深。此地村民由于饮用这段河水，竟没有患胃病的。在距杜康仙庄北约十公里的伊川县境内，有一眼名叫“上皇古泉”的泉眼，相传杜康在此取过水。如今在伊川县和汝阳县，已分别建立了颇具规模的杜康酒厂，产品都叫杜康酒。伊川的产品、汝阳的产品连同白水的产品合在一起，年产量达一万多吨，这恐怕是杜康当年无法想象的。史籍中还有少康造酒的记载。少康即杜康，不过是不同年代的不同称谓罢了。那么，酒之源究竟在哪里呢？窦苹认为“予谓智者作之，天下后世循之而莫能废”，这是很有道理的。劳动人民在经年累月的劳动实践中，积累了造酒的方法，经过有知识、有远见的“智者”的归纳总结，后代人按照先祖传下来的办法一代一代地相袭相循，流传至今。这个说法比较接近实际，也是合乎唯物主义认识论的。

二、西方酒起源传说

古代埃及人认为酒是由奥西里斯（Osiris）首先发明的，因为他是死者的庇护神。酒可以用来祭祀先人，超度亡灵。古代美索不达米亚人推崇挪亚（Noah）为酿酒始祖。挪亚不仅在洪水之后重新创造了人类，还赐给人类美酒以躲灾避难。美索不达米亚人甚至还确定了酿酒起始地——埃里温（Erivan）。

古代希腊人拥有自己的酒神，他的名字叫狄俄尼索斯（Dionysus），是奥林匹克诸神中专与酒打交道的圣仙。古代罗马人根据古希腊的传说，认定酒是由巴克斯（Bacchus）之子主宰的。

三、现代学者对酒的起源的看法

（一）酒是天然产物

最近有科学家发现，在漫漫宇宙中，存在一些天体，就是由酒精组成的。它们所蕴藏的酒精，如制成啤酒，可供人类饮几亿年。这说明什么问题？说明酒是自然界的一种天然产物。人类不是发明了酒，而是发现了酒。酒的最主要的成分是酒精（学名是乙醇，分子式为 CHCHOH），许多物质可以通过多种方式转变成酒精。如葡萄糖可在微生物分泌的酶的作用下，转变成酒精：只要具备一定的条件，就可以将某些物质转变成酒精，而大自然完全具备产生这些条件的基础。我国晋代的江统在《酒诰》中写道："酒之所兴，肇自上皇，或云仪狄，一曰杜康，有饭不尽，委余空桑，郁积成味，久蓄气芳，本出于此，不由奇方。"在这里，古人提出剩饭自然发酵成酒的观点，是符合科学道理及实际情况的。江统是我国历史上第一个提出谷物自然发酵酿酒学说的人。总之，利用谷物酿酒的工艺并非人类发明的，而是人类发现的。方心芳先生则对此做了具体的描述："在农业出现前后，贮藏谷物的方法较为粗放。天然谷物受潮后会发霉和发芽，吃剩的熟谷物也会发霉，这些发霉发芽的谷粒，就是上古时期的天然曲蘖，将之浸入水中，便发酵成酒，即天然酒。人们不断接触天然曲蘖和天然酒，并逐渐接受了天然酒这种饮料，久而久之，就发明了人工曲蘖和人工酒。"现代科学对这一问题的解释是：剩饭中的淀粉在自然界微生物分泌的酶的作用下，逐步分解成糖分、酒精，自然转变成酒香浓郁的酒。在远古时代人们的食物中，采集的野果含糖分高，无须经过液化和糖化，最易发酵成酒。

（二）果酒和乳酒——第一代饮料酒

人类有意识地酿酒，是从模仿大自然的杰作开始的。我国古代书籍中就有不少关于水果自然发酵成酒的记载。如宋代周密在《癸辛杂识》中曾记载山梨被人们贮藏在陶缸中后竟变成了清香扑鼻的梨酒；元代的元好问在《蒲桃酒赋》的序言中也记载了某山民因避难山中，堆积在缸中的蒲桃也变成了芳香醇美的葡萄酒。古代史籍中还有所谓“猿酒”的记载，当然这种猿酒并不是猿猴有意识酿造的酒，而是猿猴采集的水果经自然发酵所生成的果酒。远在旧石器时代，人们以采集和狩猎为生，水果自然是主食之一。水果中含有较多的糖分（如葡萄糖、果糖）及其他成分，在自然界中微生物的作用下，很容易自然发酵生成香气扑鼻、美味可口的果酒。另外，动物的乳汁中含有蛋白质、乳糖，极易发酵成酒，以狩猎为生的先民们也有可能意外地从留存的乳汁中得到乳酒。在《黄帝内经》中，记载了一种叫作“醴酪”的食物，这是我国乳酒的最早记载。根据古代的传说及对酿酒原理的推测，人类有意识酿造的最原始的酒类品种应是果酒和乳酒，因为水果的汁和动物的乳汁极易发酵成酒，所需的酿造技术较为简单。

（三）谷物酿酒始于农耕时代还是先于农耕时代

探讨谷物酿酒的起源，有两个问题值得考虑：谷物酿酒源于何时？我国最古老的谷物酒属于哪类？对于后一个问题，将在后面啤酒部分作详细介绍。关于谷物酿酒始于何时，有两种截然相反的观点。传统的酿酒起源观认为，酿酒技术是在农耕之后才发展起来的。这种观点早在汉代就有人提出，汉代刘安在《淮南子》中说：“清盎之美，始于耒耜。”现代许多学者也持有相同的看法，有人甚至认为当农业发展到一定程度，有了剩余粮食后，人们才开始酿酒。另一种观点认为，谷物酿酒先于农耕时代。如在 1937 年，我国考古学家吴其昌先生曾提出一个很有趣的观点：我们祖先种稻种黍的最初目的，是酿酒而非做饭。吃饭实际是从饮酒中发展出来的。这种观点在国外是较为流行的，但一直没有证据。时隔半个世纪，美国宾夕法尼亚大学人类学家索罗门·卡茨博士发表论文，又提出了类似的观点，他认为人们最初种植粮食的目的是酿制啤酒，人们先是发现采集而来的谷物可以酿造成酒，而后开始有意识地种植谷物，以便保证酿酒原料的供应。他为该观点补充了以下论据。在远古时代，人类的主食是肉类不是谷物，既然人类赖以生存的主食不是谷物，那么对人类种植谷物的解释也可另辟蹊径。国外有关专家发现在一万多年前的远古时代，人们已经开始酿造谷物酒，而那时，人们仍然过着游牧生活。综上所述，关于谷物酿酒的起源有两种主要观点，即先于农耕时代、后于农耕时代新观点的提出，以及对传统观点进行再探讨，对研究酒的起源和发展以及促进人类社会的发展都是极有意义的。

第二节　中国酒的发展

一、第一阶段

公元前4000—公元前2000年，即由新石器时代的仰韶文化早期到夏朝初年，为第一个阶段。这个阶段，经历了漫长的2000年，是我国传统酒的启蒙期。用发酵的谷物来炮制水酒是酿酒的主要形式。这个时期是原始社会的晚期，农民们无不把酒看作是一种含有极大魔力的饮料。

二、第二阶段

从公元前2000年的夏王朝到公元前200年的秦王朝，历时1800年，为第二个阶段。这一阶段为我国传统酒的成长期。在这个时期，由于有了火，出现了五谷六畜，加之曲的发明，使我国成为世界上最早用曲酿酒的国家。醴、酒等品种的产出，仪狄、杜康等酿酒大师的涌现，为中国传统酒的发展奠定了坚实的基础。就在这个时期，酿酒业得到了很大发展，并且受到重视，官府设置了专门酿酒的机构，酒由官府控制。

三、第三阶段

从公元前200年的秦王朝到公元1000年的北宋，历时1200年，是我国传统酒的成熟期。在这一阶段中，《齐民要术》《酒诰》等科技著作问世；新丰酒、兰陵美酒等名优酒开始涌现；黄酒、果酒、药酒及葡萄酒等酒品也有了发展；李白、杜甫、白居易、杜牧、苏东坡等酒文化名人辈出。各方面的因素促使中国传统酒的发展进入了灿烂的黄金时代。

四、第四阶段

从公元1000年的北宋到公元1840年的晚清时期，历时840年。中国的经济、科学技术水平仍然走在世界前列，中、西交往频繁，制酒技术得到提高，是我国传统酒的提高期。其间由于西域的蒸馏器传入我国，从而促进了举世闻名的中国白酒的发明。明代李时珍在《本草纲目》中说："烧酒非古法也，自元时起始创其法。”

五、第五阶段

从1840年到解放初期，历时一百多年，是我国传统酒的变革期。19世纪后期，我国开始了现代化葡萄酒厂的建设。著名实业家、南洋华侨富商张弼士在山东烟台开办“张裕葡萄酒公司”。这是我国第一家现代化葡萄酒厂。该公司拥有葡萄园千余亩，引入、栽培了欧美知名的葡萄品种120余种，并从国外引进了压榨机、蒸馏机、发酵机、白橡木贮酒桶等成套设备，先后酿出红葡萄酒、白葡萄酒、味美思、白兰地等16种酒。继张裕公司之后，全国其他一些地区如北京、天津、青岛、太原也相继建立了葡萄酒厂。但是，由于这一时期葡萄酒主要供洋商买办等少数人饮用，并没有获得多大发展。同时，我国现代啤酒生产在这一时期也开始兴起。1900年，俄国人最先在哈尔滨开办啤酒厂；1903年，英国人和德国人在青岛联合开办英德啤酒公司；1912年，英国人在上海建起啤酒厂，即现在的上海啤酒厂的前身。当时，这些啤酒厂生产的啤酒也只供应外国侨居和来华的外国人，加之当时中国人对啤酒的饮用尚未习惯，以及制造啤酒用的酒花也完全依靠进口，价格昂贵，所以啤酒的产销量极其有限。

六、第六阶段

新中国成立到现在，是我国酿酒事业的空前繁荣期。20世纪后期，新中国成立后，酒业生产得到迅速恢复和发展，无论是在产量、品质、制作工艺还是在科学研究等方面都有了空前的增长和提高。为了满足市场需求，除了白酒和黄酒，从20世纪50年代起，我国啤酒产量与日俱增，到1988年，成为仅次于美国、德国的世界第三啤酒产销大国。另外，葡萄酒的产量也大大提高，配制酒、药酒的产量和品种也不断地丰富。在酿酒原料方面，广泛开辟各种新途径，特别是改变了过去主要以糖食为原料酿造白酒的传统。目前，在白酒酿造中所用到的非粮食原料已达数百种。在酿酒设备方面，变手工操作为机械操作，进入半自动化和自动化生产时期，并在酿酒工艺、技术方面大胆地进行了改革和创新，汲取国外先进经验，培养具有专业技术的酿酒人员，设立了有关酿酒发酵的研究所，把研究成果运用到生产中，取得了显著的效果，对整个酿酒事业的发展产生了很大的推动作用，使我国酒的产量不断增加，品质风味精益求精。如今，高税利的酒类产业已成为国家财政收入的一个重要来源。根据市场需求，近年来，国家不断调整酒类生产规划，提倡大力发展啤酒、葡萄酒、黄酒和果酒产业，扩大优质名牌白酒的生产规模，逐步增加低度白酒的生产比例，确定了酿酒业发展的新方向。

第三节　酒的性质

一、酒的定义

什么是酒？自古以来人们就十分关心这个问题。在漫长的历史进程中，尽管有这样那样的研究活动，人们对酒的真正构成还是不十分了解。当有机化学、微生物学、酿酒工艺学等学科在现代取得了突破性进展后，人们才渐渐揭开了酒的面纱，看清了它的真面目。酒是用粮食、水果等含淀粉或糖的物质经发酵制成的含乙醇的饮料。酒的最重要的成分是乙醇（又名酒精），分子式为“C_2H_5OH”。

二、乙醇的物理特性

常温下呈液态，无色透明，易挥发，易燃烧，刺激性较强。可溶解酸、碱和少量油类，不溶解盐类冰点较高（-10℃），不易冻结。纯酒精的沸点为78.3℃，燃点为24℃。酒精与水相互作用释放出热，体积缩小。通常情况下，酒度为53°的酒液中酒精分子与水分子结合得最为紧密，刺激性相对较小。

三、酒度

酒度就是乙醇在酒中的含量，是酒中所含有的乙醇量的表现形式。酒度的表示方法传统上有三种方式：英制（Sikes）、美制（Proof）和欧洲方式（GL）。从1983年开始，欧洲共同体（包括英国）统一实行GL标准，即按乙醇所占液体容量的百分比作为标准的乙醇含量表现形式。目前，国际上大多数国家都沿用此标准，我国也是采用此种方法来表示饮料中的乙醇含量。只有美国和拉美一些国家现在仍沿用Proof方式表乙醇含量。

（一）欧洲酒度

欧洲酒度也称国际标准酒度，是由法国著名化学家盖·吕萨克（Gay-

Lusaka）发明的，故缩写为GL，以百分比的形式表现：Alcohol%（V/V）。它是指在20℃条件下，每100毫升酒液中含有的乙醇量。酒度可以用酒精计直接测出。如果实测酒液温不是20℃时，可以查对《酒度·温度换算表》，计算出饮料中准确的乙醇含量。

（二）美制酒度

美制酒度是指在15.5℃的条件下，200毫升的酒液中所含有的乙醇美制酒度以Proof作为计量单位。

（三）英制酒度

英制酒度是18世纪由英国人克拉克（Clark）创造的一种酒度计算方法。它是指在11℃的条件下，比较相同容量的水和酒，当酒的重量是水的重量的12/13时，它的酒度定为1 Sikes。

（四）酒度换算

三种酒度表示方法之间是可以换算的，具体的换算方法为：

标准酒度 ×1.75 = 英制酒度

标准酒度 ×2 = 美制酒度

英制酒度 ×8/7 = 美制酒度

（五）鸡尾酒的酒度计算

鸡尾酒种类较多，大部分鸡尾酒都含有一定量的酒精，但随着社会的发展和人们对口味的需求，少部分鸡尾酒发展为无酒精鸡尾酒，主要适合于女士、儿童以及对酒精过敏者饮用。一般情况下，鸡尾酒是由基酒、辅料和装饰料等组成的。根据它的组成，我们可以依据标准酒度的概念，来初步计算鸡尾酒的酒度。

鸡尾酒的酒度 = 基酒的酒度 × 基酒的量 /（基酒的量 + 各种辅料的量）×100%

（注：冰块的融化量忽略不计）

例：鸡尾酒“蓝泻湖”酒度的计算

基酒：40°的伏特加酒30毫升；

辅酒：蓝柑桂酒20毫升、柠檬汁30毫升；

装饰物：柠檬片1片，橙子片1片，红车厘子1颗，酒签1只；

载杯：阔口香槟杯；

制法：

（1）将基酒和辅酒放入调酒壶；

（2）调酒壶内放入冰块摇匀；

（3）用酒签串好的柠檬片、橙子片、红车厘子作装饰。

特点：色泽艳丽、口味甘甜；

“蓝泻湖”酒度 = 40% × 30 /（30 + 20 + 30）× 100% = 15%

所以，鸡尾酒“蓝泻湖”酒度是 15°。

第四节　酒的生产工艺

从机械模仿自然界生物的自酿过程起，人类经过千百年生产实践，积累了丰富的酿酒经验。在现代各种科学技术的推动下，酿酒工艺已成为一种专门的工艺。酿酒工艺研究如何酿酒，如何酿出好酒。每一种酒品都有自己特定的酿造方法，在这些方法之中存在一些普遍的规律——酿酒工艺的基本原理。

一、酒精发酵

酒精的形成需要一定的物质条件和催化条件。糖分是酒精发酵最重要的物质，酶则是酒精发酵必不可少的催化剂。在酶的作用下，单糖被分解成酒精、二氧化碳和其他物质。此反应式是法国化学家盖·吕萨克在 1810 年提出的。据测定，每 100 克葡萄糖理论上可以产生 51.14 克酒精。酒精发酵的方法很多，如白酒的入窖发酵，黄酒的落缸发酵，葡萄酒的糟发酵、室发酵，啤酒的上发酵、下发酵等。随着科学技术的飞速发展，发酵已不再是获取酒精的唯一途径。虽然人们还可以通过人工化学合成等方法制成酒精，但是酒精发酵仍然是最重要的酿酒工艺之一。

二、淀粉糖化

用于酿酒的原料并不都含有丰富的糖分，而酒精的产生又离不开糖。因此，要想将不含糖的原料变为含糖原料，就需进行工艺处理——把淀粉溶解于水中。当水温超过 50℃时，在淀粉酶的作用下，水解淀粉生成麦芽糖和糊精；在麦芽糖酶的作用下，麦芽糖又逐渐变为葡萄糖。这一变化过程称为淀粉糖化。从理论上说，100 千克淀粉可掺水 11.12 升，生产 11.12 千克糖，再产生 56.82 升酒精。淀粉糖化过程一般为 4~6 小时，糖化好的原料可以用于酒精发酵。

三、制曲

淀粉糖化需用糖化剂，中国白酒的糖化剂又叫曲或曲子。用含淀粉和蛋白质的物质做成培养基（载体、基质），并在培养基上培养霉菌的全过程即为制曲。常用的培养基有麦粉、麸皮等，根据制曲方法和曲形的不同，白酒的糖化剂可以分为大曲、小曲、酒糟曲、液体曲等种类。大曲主要用小麦、大麦、豌豆等原料制成；小曲又叫药曲，主要用大米、小麦、米糠、药材等原料制成；麸曲又称皮曲，主要用麸皮等原料制成。制曲是中国白酒重要的酿酒工艺之一，曲的质量对酒的品质和风格有极大的影响。

四、原料处理

为了使淀粉糖化和酒精发酵取得良好的效果，就必须对酿酒原料进行一系列处理，不同的酿酒原料的处理方法不同，常见的方法有选料、洗料、浸料、碎料、配料、拌料、蒸料、煮料等。但有些酒品的原料处理过程相当复杂，如啤酒的生产，就要经过选麦、浸泡、发芽、烘干、去根、粉碎等处理工艺。酒品的质地优劣首先取决于原料处理得好坏。

五、蒸馏取酒

对于蒸馏酒以及以蒸馏酒为主体的其他酒类，蒸馏是提取酒液的主要手段。将经过发酵的酿酒原料加热至 78.3℃以上，就能获取气体酒精，冷却即得液体酒精。在加热的过程中，随着温度的变化，水分和其他物质掺杂的情况也会变化，从而形成不同质量的酒液。蒸馏温度在 78.3℃以下取得的酒液称为“酒头”；蒸馏温度为 78.3℃ ~100℃取得的酒液称为“酒心”；蒸馏温度为 100℃以上取得的酒液称为“酒尾”。“酒心”杂质含量低，质量较好，酒头次之，酒尾最差。为了保证酒的质量，酿酒者常有选择性地取酒，我国很多名酒均采用“掐头去尾”的取酒方法。

六、老熟陈酿

有些酒初制成后不堪入口，如中国黄酒和法国勃艮第（Burgundy）红葡萄酒；有些酒的新酒品起来往往淡寡单薄，如中国白酒和苏格兰威士忌酒。这些酒都需要贮存一段时间后方能由芜液变成琼浆，这一存放过程称为老熟或陈酿。酒品贮存对容器的要求很高，如中国黄酒用坛装泥封，放入泥土中贮存；法国勃艮第（Burgundy）红葡萄酒用大木桶装，室内贮存；苏格兰威士忌使用橡木桶装；中国白酒用瓷瓶装，等等。无论使用什么容器贮存，均要求坚韧、耐磨、耐蚀、无怪味、密封性好，才能陈酿出美酒。老熟陈酿可使酒品挥发增醇、浸木夺色。精美优雅、盖世无双的世界名酒无不与其陈酿的方式方法有密切的关系。

七、勾兑

在酿酒过程中，由于原料质量的不稳定、生产季节的更换、不同的工人操作等，不可能总是获得质量完全相同的酒液，因而就需要将不同质量的酒液加以兑和（即勾兑），以达到预期的质量要求。勾兑是指一个地区的酒兑上另一个地区的酒，一个品种的酒兑上另一个品种的酒，一种年龄的酒兑上另一种年龄的酒，以获得色、香、味、体更加协调典雅的新酒品。可见，勾兑是酿酒工艺中重要的一环。勾兑工艺的关键是选择和确定配兑比例，这不仅要求准确地识别不同酒品千差万别的风格，而且要求将各种相配或相克的因素全面考虑进去。勾兑师的个人经验往往起着决定性作用，因此，要求勾兑师具有很强的责任心和丰富的经验。

第五节　酒的分类

世界上酒水的品种繁多，分类的方法也不一，常见的酒水分类方法主要有：

一、按酒的生产工艺分类

酒的酿制生产工艺有三种方式：发酵、蒸馏、配制。生产出来的酒也分别被称为发酵酒、蒸馏酒和配制酒。

（一）发酵酒

发酵酒是指将酿造原料（通常是谷物与水果汁）直接放入容器中加入酵母发酵酿制而成的酒液。饭店里常用的发酵酒有葡萄酒、啤酒、水果酒、黄酒和米酒等。

（二）蒸馏酒

蒸馏酒是将经过发酵的原料（或发酵酒）加以蒸馏提纯，而获得的含有较高酒精度数的液体。通常可经过一次、两次甚至多次蒸馏，便能取得高浓度、高质量的酒液。饭店里常用的蒸馏酒有：金酒、威士忌、白兰地、朗姆酒、伏特加酒、特基拉酒和中国的白酒茅台酒、五粮液等。

（三）配制酒

配制酒的方法很多，常用的有浸泡、混合、勾兑等几种配制方式。

1. 浸泡制法

浸泡制法多用于药酒的酿制，方法是将蒸馏后得到的高度蒸馏酒液或发酵后经过滤清的酒液按配方放入不同的药材或动物，然后装入容器中密封起来。经过一段时间的浸泡后，药的有效成分溶解于酒液中，人饮用后便会得到不同的治疗效果，具有强身健体的作用。如国外的味美思酒（Vermouth）、比特酒（Bitter）、中国的人参酒和三蛇酒等。

2. 混合制法

混合制法是把蒸馏后的酒液（通常采用高度蒸馏酒液）加入果汁、蜜糖、牛奶或其他液体混合制成。如国外许多常见的利口酒就是采用此种方式配制而成的。

3. 勾兑制法

勾兑制法是一种酿制工艺，通常可以将两种或数种酒兑和在一起。例如，将不同地区的酒勾兑在一起，高度数酒和低度数酒勾兑在一起，年份不同的酒混合勾兑在一起，以使其形成一种新的口味，或者得到色、香、味更加完美的酒品。

二、按餐饮习惯分类

按西餐配餐的方式不同，酒水可分为八个类型，即餐前酒、佐餐酒、甜食酒、餐后酒、蒸馏酒、啤酒、软饮料及混合饮料与鸡尾酒。

（一）餐前酒（Aperitif）

餐前酒也称开胃酒，是指在餐前饮用的，喝了以后能刺激人的胃口使人增加食欲的饮料。开胃酒通常用药材浸制而成。餐前酒分为味美思、必打士等品种。

（二）佐餐酒（Table Wine）

佐餐酒即葡萄酒（wine），是西餐配餐的主要酒类。欧洲人的传统就餐习俗讲究只饮葡萄酒配餐而不饮其他酒水。不像中国人那么无拘束，任何酒水都可以配餐喝。佐餐酒包括红葡萄酒、白葡萄酒、玫瑰红葡萄酒和汽酒。佐餐酒是用新鲜的葡萄汁发酵制成，含有酒精、天然色素、脂肪、维生素、碳水化合物、矿物质、酸和丹宁酸等营养成分，对人体非常有益。

（三）甜食酒（Dessert Wine）

甜食酒是在西餐就餐过程中佐助甜食饮用的酒品。其口味较甜，常以葡萄酒为基酒加葡萄蒸馏酒配制而成。常用的甜食酒的品种有钵酒、雪利酒等。

（四）餐后酒（Liqueur）

餐后酒也就是利口酒，供餐后饮用的、含糖分较多的酒类，饮用后有帮助消化的作用。这类酒有多种口味，其原材料分为两种类型：果料类和植物类。果料类包括水果、果仁果籽等；植物类包括药草、茎叶类植物、香料植物等。制作时以蒸馏酒或食用酒精为原料，加入各种配料（果料或植物）和糖蜜酿制而成。

（五）蒸馏酒（Spirit）

蒸馏酒又称烈性酒，是指经过蒸馏提纯，酒度在38°以上的酒。这类酒主要包括金酒（Gin）、威士忌（Whisky）、白兰地（Brandy）、朗姆酒（Rum）、伏特加（Vodka）和特基拉（Tequila）和中国白酒等多个品种。烈性酒大多用于酒吧中净饮和在调制鸡尾酒时作为基酒使用。

（六）啤酒（Beer）

啤酒是用麦芽、水、酵母和啤酒花直接发酵酿制而成的低度酒。它被人们称为“液体面包”，含有酒精、碳水化合物、维生素、蛋白质、二氧化碳和多种矿物质，营养丰富，是世界销量最大的酒精饮料，广为人们喜爱。

（七）软饮料（Soft drink）

软饮料是指所有不含酒精成分的无酒精饮料，此类饮品品种繁多，不可胜数。在酒吧中通常饮用的软饮料有五类：茶、咖啡、碳酸饮料、果汁和矿泉水。

（八）混合饮料与鸡尾酒（Mixed Drinks& Cocktails）

混合饮料与鸡尾酒是指由两种以上的酒水或无酒精饮料混合在一起调配饮用的饮品通常在餐前饮用或在酒吧中饮用，一般有酒吧服务人员现场为宾客调制生产。

三、按酒精含量分类

按酒精含量的多少划分，酒可分为低度酒、中度酒、高度酒和无酒精饮料四种类型。

（一）低度酒

酒精度数在 20° 以下的酒为低度酒，常用的有葡萄酒、桂花陈酒、香槟酒和低度药酒以及部分黄酒和日本清酒。

（二）中度酒

酒精度数在 22° 到 40° 之间的酒被称为中度酒，常用的有餐前开胃酒（如味美思、茴香酒等）、餐后甜酒（钵酒、雪利酒）等。国产的竹叶青、米酒等也属于此类。

（三）高度酒

高度酒是指酒精度数在 40° 以上的烈性酒，一般国外的蒸馏酒都属于此类酒。国产的如茅台、五粮液、汾酒、泸州老窖等白酒也属于此类酒。

（四）无酒精饮料

无酒精饮料泛指所有不含酒精成分的饮品，如奶及奶制品、矿泉水、果汁等。在餐饮经营企业，它也被称为软饮料或“水”。如单纯经营无酒精饮料的营业场所，就被称为“水吧”。

第六节　酒的生理效用与社会效用

一、酒的生理效用

（一）酒可以减肥

肥胖是人体面临的可怕敌人，它可以导致许多疾病的发生。减肥，是当代人们最关心的问题之一。酒可以助减肥，酒是节制饮食的理想饮品。1 克酒精可以释放大约 7 卡热量（1 克碳水化合物为 4 卡，1 克蛋白质为 4 卡，1 克脂肪为 9.3 卡），一位身体健康的人每天可以吸收 120 克酒精，从而获得 840 卡热量，大约相当体力劳动日需热量的 1/4（以 3000 卡 / 日计算）。一位著名的医学专家根据这个数据进行了一次科学实验，他从被实验者的饮食内取消了相当于 840 卡热量的食物，并代之含有 120 克酒精的饮料。实验结果证明，被实验者的体质没有因节食和饮酒而下降，可是体重却减轻了许多。事实上，在有些国家里，长期以来就存在以酒代食来减肥的民间方法，有些做法起源甚至可以追溯到几千年之前。酒的减肥功能在很早以前就为人们所认识了。从现代医学角度来看，采用饮酒节食必须遵循一定的规定，按科学方法实施。首先，参加饮酒节食者要根据自己的年龄、体质、体重、情绪等情况，以及气候干扰酒品质量等因素，全面地、正确地制定出每天每次饮酒的摄取量。每千克人体 24 小时内可吸收 2.4 克酒精，如果饮酒节食者体重达 75 千克，每天最多可摄取 180 克酒精，以 10° 的低度酒品计算，大致相当于饮用 1800 毫升的酒。其次，饮酒节食宜采用干型酒品，因甜型酒品含糖较多，不利于减少脂肪的堆积。

（二）酒可以开胃

酒精、维生素 B、酸类物质等都具有明显的开胃功能，它们能刺激和促进人体腺的分泌，如口腔中的唾液、胃中的胃液以及鼻腔的湿润程度。正确适量饮用酒品佐食，可以增进食欲，并保持一个相当长的时间。人们在生活中常有这样的体会，一边饮酒一边吃菜，食欲数小时不减，只吃菜而不饮任何饮料，即使菜吃得很少，也保持不了多长时间，进餐后不久便会感到口干舌燥，食欲消失。人的食欲主要表现在口腔、胃和鼻等方面，嗅到香味引起的“垂涎三尺”和“饥肠辘辘”形象地表达了它们之间的关系。食欲兴奋程度可以通过观察和测定来确认。有人做过一次有趣的实验，受验人被分为两组分开同时开始进餐，一组进餐者可以用酒佐食，另一组什么饮料也不喝。数分钟后，用嗅觉敏感记录仪记下的曲线就表明不喝饮料的进餐者的嗅觉敏辨能力迅速下降，而被允许饮酒的进餐者的嗅觉敏辨力一直保持正常，直到进餐收尾时依然如故。然而，并不是所有的酒品都具有开胃功能，啤酒和烈性酒常常会抑制食欲，使人不能正常进食。啤酒之所以能抑制食欲，主要是由于啤酒中的二氧化碳可很快使人腹胀。因为二氧化碳溶解在啤酒中，一旦被人体摄入，在体内温度作用下，便会产生大量气体，从而让人感到腹胀而饱。高度数烈性酒具有强烈的刺激作用。大量的酒精进入人体内，会造成一定程度的蛋白质凝固渗透压力，引发其他一些生理化学反应，大大减少了腺的分泌量，引起口干舌燥、鼻子火辣辣等感觉，从而抑制了人的食欲。为了正确佐食助兴，进餐时的酒品选择十分重要，否则饮酒反倒成为进餐中的一种负担。

（三）酒可以药用

酒的药用功能很早就为世界各国人民所认识。远在公元前，古埃及人、古罗马人和中国人都有过这方面的精辟论断。我国古代有“酒为百药之长”“饮必适量”之说，古罗马人则视酒为“生命之水”，法国人甚至把白兰地当作包治百病的“药汤”。酒的杀菌功能是颇负盛名的。自古以来，医药界就用酒来消毒，至今，人们仍大量使用酒精作为消毒剂，75% 浓度的酒精可以使细菌的蛋白质迅速凝固，从而达到灭菌的目的。酒精可以杀死许多对人体有害的细菌，其中包括令人胆战心惊的伤寒菌。除了酒精以外，酒液中的总酸类物质也可以消灭不少细菌。有一位科学家从红葡萄酒中分离出一种不知名的成分，这种成分具有很强的灭杀葡萄球菌的作用。它同时还可以杀死其他一些细菌。普通葡萄酒可以杀死痢疾杆菌。古时候，酒的杀菌功能就曾为人们带来好处，古罗马人将酒掺在被敌人破坏污染的饮水中以使远征大军得到清洁的饮水。中世纪时，人们将葡萄酒加入霍乱流行地区的水中，用来消毒饮用水。今天，人们也还常常在生活中用酒来解毒杀菌。吃生海鲜时喝上两盅酒可以起到暖胃杀菌的作用。酒浸的杨梅是很好的止泻药。生瓜果蔬菜放在加入少许酒的水中浸泡可以消毒和增加香味，烹调时使用的料酒也具有一定的灭菌作用。人们用酒来灭菌的事例在生活中比比皆是。除灭菌以外，酒还有其他药用功能：葡萄酒对医治支气管炎、流行性感冒、结肠炎、痔疮、菌痢、腹泻等疾病具有比较显著的疗效；它还可以为贫铁症患者入药；常喝葡萄酒的人很少患膀胱结石症；葡萄酒还是良好的镇静剂。绍兴黄酒常有“药酒当鸡”的说法，滋补强壮功能赛过营养丰富的鸡；即墨老酒的医疗功效更加卓越它可以祛风散寒、活血散瘀、透经通络、舒盘止痛、治疗产后腹痛及产后风等病。中国白酒常有夏清暑、冬御寒、止呕泻、除瘴气等药用功能。另外，啤酒、果酒、露酒都有一定的药用功能，更不用说那些名目繁多、举不胜举的药酒，它们几乎进入到医疗的每一个领域。从某种意义上讲，酒比许多药物具有更大安全性和可靠性，千百年来人们偏爱用酒入药。今天医药界仍很看重酒的作用，这都说明了酒具有良好的药用功能。

二、酒的社会效用

在人们的日常生活中，酒不仅被当作一种饮料，它还是人际关系的“润滑剂”和个人的“壮胆剂”，它能起到调节人际关系的作用。中国有句俗语：“无酒不成席。”酒在我们的社会生活中无所不在。从古到今，中国人一向重视友谊，友人相逢，无论是久别重逢，还是应邀而逢，都要把酒叙情，喝个痛快。现在人们在饮酒时还编了许多酒令和酒歌，如“酒逢知己千杯少，能喝多少喝多少，能喝多不喝少，一点不喝也不好”“一杯酒，开心扇”“五杯酒，亲情胜过长江水”等。

（一）酒能怡情

1. 酒令

饮酒行令，是中国人在饮酒时助兴的一种特有方式，是中国人的独创。它既是一种烘托、融洽饮酒气氛的娱乐活动，又是斗智斗巧、提高宴饮品位的文化艺术。酒令的内容涉及诗歌、谜语、对联、投壶、舞蹈、下棋、游戏、猜拳、成语、典故、人名、书名、花名、药名等方面的文化知识，大致可以分为雅令、通令、筹令三类。

（1）雅令

雅令的行令方法是：先推一人为令官，或出诗句，或出对子，其他人按首令之意续令，续令必在内容与形式上相符，不然则被罚饮酒。行雅令时，必须引经据典，分韵联吟，当席构思，即席应对。这就要求行酒令者既有文采和才华，又要敏捷和机智，所以它是酒令中最能展示饮者才思的项目。在形式上，雅令有作诗、联句、道名、拆字改字等多种形式，因此，又可以称为文字令。

（2）通令

通令的行令方法主要为掷骰、抽签、划拳、猜数等。通令的运用范围广，一般人均可参与，很容易营造酒宴中热闹的气氛，因此较为流行。但通令撸拳奋臂，叫号喧争，有失风度，显得粗俗、单调、嘈杂。通令较为常见的行酒令方式主要有猜拳、击鼓传花。

①猜拳。即用五个手指做成不同的姿势代表某个数，出拳时两个人同时

报一个十以内的数字，以所报数字与两个手指数相加之和相等者为胜，输者须喝酒。如果两个人报的数字相同，则不计胜负，重新来一次。

②击鼓传花。在酒宴上宾客依次坐定位置，由一人击鼓，击鼓的地方与传花的地方是分开的，以示公正。开始击鼓时，花束依次传递，鼓声一落，花束落在谁的手中，谁就得罚酒。因此，花束的传递很快，每个人都唯恐花束留在自己的手中。击鼓的人也应有一定的技巧，有时紧，有时慢，营造一种捉摸不定的气氛，从而加剧场上的紧张气氛，一旦鼓声停止，大家都会不约而同地将目光投向接花者。如果花束正好落在两个人手中，则由两人通过猜拳或其他方式决定胜负。

（3）筹令

所谓筹令，是把酒令写在酒筹之上，抽到酒筹的人依照筹上酒令的规定饮酒。筹令运用较为便利，但是制作酒筹要费许多工夫，要做好筹签，刻写令辞和酒约。筹签多少不等，有十几签的，也有几十签的，这里列举几套比较宏大的筹令，其内涵之丰富可见一斑。

①名士美人令。在36枚酒筹上，先写美人西施、神女、卓文君、随清娱、洛神、桃叶、桃根、绿珠、纤桃、柳枝、宠姐、薛涛、紫云、樊素、小蛮、秦若兰、贾爱卿、小鬟、朝云、琴操20枚美人筹，再写名士范蠡、宋玉、司马相如、司马迁、曹植、王献之、石崇、韩文公（韩愈）、李白、元稹、杜牧、白居易、陶谷、韩琦、范仲淹、苏轼16枚名士筹。然后分别装在美人筹筒和名士筹筒中，由女士和男士分抽酒筹，抽到范蠡者与抽到西施者交杯，而后猜拳。以此类推，抽到宋玉与神女、司马相如和卓文君、司马迁与随清娱、曹植与洛神等的男女交杯，并猜拳。

②觥筹交错令。制筹48枚，凹凸其首，凸者涂红色，凹者涂绿色，各24枚。红筹上写清酒席间某人饮酒：酌首座一杯，酌位尊一杯，酌年长一杯，酌年少一杯，酌肥者一杯，酌瘦者一杯，酌身短者一杯，酌身长者一杯，酌先到一杯，酌后到一杯，酌后到二杯，酌后到三杯，酌左一杯，酌左第二杯，酌左第三杯，酌右一杯，酌右第二杯，酌右第三杯，酌对座一杯，酌量大三杯，酌主人一杯，酌多子一杯，自酌一杯。绿筹上分写饮酒的方式：左分饮，右分饮，对座代饮，对座分饮，后到代饮，后到分饮，量大代饮，量大分饮，多子者代饮，多妾者分饮，兄弟代饮（年世姻盟乡谊皆可），兄弟分饮，酌者代饮（自酌另抽酌者分饮，饮全，饮半，饮一杯，饮两杯，饮少许，缓饮，免饮）。酒

令官举筒向客，抽酒筹的人先抽红筹，红盖上若写着“自酌一杯”，则本人再抽一枚绿筹，而绿筹上若写“饮两杯”，抽筹者就得饮两杯酒；若绿筹上写着“免饮”，抽筹者即可不饮酒。如果抽酒筹的人抽到的红筹写“酌肥者一杯”，则酒席上最胖的人须抽绿筹，绿筹上若写“右分饮”，则与身边右边的人分饮一杯酒；绿筹上若写“对座代饮”，则对座的人饮一杯。其他则以此类推。

2. 文人与酒

人们的喜、怒、哀、乐、悲、欢、离、合等种种情感，往往都可借酒来抒发和寄托。我国历史上的很多文人都与酒结下了不解之缘。古今不少诗人、画家、书法家，都因酒兴致勃发，才思横溢，下笔有神，酒酣墨畅。他们不是咏酒、写酒，就是爱酒、嗜酒，特别是嗜酒的文人，大多被赋予与酒有关的雅号，比如“酒圣”“酒仙”“酒狂”“酒雄”“酒鬼”“醉翁”等。他们留下了脍炙人口的诗词歌赋、生动有趣的传说故事，一直为后人所津津乐道。三国时期的政治家、军事家兼诗人曹操在《短歌行》中写道：“对酒当歌，人生几何？譬如朝露，去日苦多。慨当以慷，忧思难忘。何以解忧？唯有杜康。”这首诗抒发了人生苦短的感慨，也可以说是文人“借酒消愁”的代表作。晋代有名的“竹林七贤”，不问政治，在竹林中游宴，饮美酒、谈老庄、作文赋诗。阮籍是“竹林七贤”之一，他与六位竹林名士一起饮酒清谈，演绎了一桩桩酒林趣事。阮籍饮酒狂放不羁，但最令世人称道的还是他以酒避祸，开创了以醉酒掩盖政治意图的先河。据说，司马昭想为其子司马炎向阮籍之女求婚。阮籍既不想与司马氏结亲也不愿得罪司马氏，只得以酒避祸，一连沉醉六十多天。最后靠着醉酒摆脱了这个困境。东晋的田园诗人陶渊明写道：“酒中有深味。”他的诗中有酒，他的酒中有诗，他的诗篇与他的饮酒生活，同样有名气，为后世所称颂。他虽然官运不佳，只做过几天彭泽令，便赋“归去来兮”，但为官和饮酒的关系是那么密切。少时衙门有公田，可供酿酒，他下令全部种粳米作为酒料，连吃饭大事都忘记了。还是他夫人力争，才分出一半公田种稻，弃官后没有俸禄，于是喝酒就成了问题。然而回到四壁萧然的家，最初使他感到欣喜和满足的竟是“携幼入室，有酒盈樽”。唐朝诗人白居易一向视诗、酒、琴为三友。他自名“醉尹”，常常以酒会友，引酒入诗，“绿蚁新醅酒，红泥小火炉。晚来天欲雪，能饮一杯无。”“春江花朝秋月夜，往往取酒还独倾”，这些诗句都是他嗜酒的佐证。他一生不仅以狂饮著称，而且以善酿出名。他为官时，分出相当一部分精力研究酒的酿造。他发现酒的好坏，重要的影响因素之一是水质如何。但配方不同，也可用“浊水”酿出优质的酒。白居易上任一年多自惭毫无政绩，却为能酿出美酒而沾沾自喜。在酿酒的过程中，他不是发号施令，而是亲自参加实践。诗仙李白，是唐代首屈一指的大诗人，自称“酒仙”。李白诗风雄奇豪放，想象力丰富，富有浓厚的浪漫主义色彩，对后世影响很大。李白一生嗜酒，与酒结下不解之缘。据统计，在李白 1050 首传世诗文中，说到饮酒的有 170 首。在他那些热烈奔放、流光溢彩的著名诗篇中，十之七八不离酒。他欣喜惬意时不忘酒，有诗句“人生得意须尽欢，莫使金樽空对月”“烹羊宰牛且为乐，会须一饮三百杯……将进酒，杯莫停……钟鼓馔玉不足贵，但愿长醉不愿醒”；怀念亲友，与亲友分离时，酒又成了必不可少的寄情物，有诗句“抽刀断水水更流，举杯消愁愁更愁”；在生活中感到忧愁、伤感、彷徨之时，又要借酒排遣与抒情，有诗句“金樽清酒斗十千，玉盘珍羞直万钱，停杯投箸不能食，拔剑四顾心茫然”“醒时同交欢，醉后各分散”；在谈到功名利禄时，有诗句“且乐生前一杯酒，何须身后千载名”；即使是在怀古的诗作中也没有离开酒，“姑苏台上乌栖时，吴王宫里醉西施”，真可谓诗酒不分家。当时杜甫在《饮中八仙歌》中极度传神地描绘了李白：“李白斗酒诗百篇，长安市上酒家眠。天子呼来不上船，自称臣是酒中仙。”后人称李白为“诗仙”“酒仙”。为了怀念这位伟大的诗人，古时的很多酒店里，都挂着“太白遗风”“太白世家”的招牌，此风曾一度流传到近代。“白日放歌须纵酒”是唐代“诗圣”同时也是“酒圣”杜甫的佳句。据统计，在他现存的 1400 多首诗中，文字涉及酒的有 300 多首，占总量的 21%。和李白一样，杜甫一生也是酒不离口，杜甫在与李白交往中，两人在一起有景共赏、有酒同醉、有情共抒，“醉眠秋共被，携手同日行”就是他们之间友谊的最生动的写照。同样，在他壮游天下的时候，在他游历京城的时候，在他寓居成都的时候，在他辗转于长江三峡与湘江之上的时候，都始终以酒为伴。晚年的杜甫，靠朋友的接济为生，但还是拼命饮酒，以至于喝了太多酒，衰弱之躯难以承受，在一个凄凉的晚上病逝于湘江的一条破船上。唐代诗人王维的《渭城曲》：“渭城朝雨浥轻尘，客舍青青柳色新。劝君更尽一杯酒，西出阳关无故人。”可谓情景交融，情深意切，当时就被谱曲传唱，至今仍颇受人们的喜爱。北宋著名的文豪苏轼，极其嗜酒，他在《虞美人》中写道：“持杯月下花前醉，休问荣枯事。此欢能有几人知，对酒逢花不饮，待何时？”从他的“明月几时有，把酒问青天”也能感受到苏东坡饮酒的风度和潇洒的神态。苏轼一生与酒结下不解之缘，到了晚年，更是嗜酒如命。他爱酒、饮酒、造酒、赞酒，在他的作品中仿佛飘散着酒的芳香。如“明月几时有，把酒问青天”“酒酣胸胆尚开张”等。大家都说，是美酒点燃了苏轼文学创作灵感的火花。“苏门四学士”之一的黄庭坚曾说，苏轼饮酒不多就烂醉如泥，可醒来后“落笔如风雨，虽谑弄皆有义味，真神仙中人。”著名的诗句“欲把西湖比西子，淡妆浓抹总相宜”就是东坡在西湖湖心亭饮酒时，在半醉半醒的状态下的乘兴之作。在他的《和陶渊明（饮酒）》诗中写道：“俯仰各有态，得酒诗自成。”意指外部世界的各种事物和人的内心世界的各种思绪，千姿百态，千奇百怪，处处都有诗，一经喝酒，这些诗就像涌泉一样喷发而出，这是酒作为文学创作催化剂的最好写照。北宋著名散文家欧阳修是妇孺皆知的醉翁（自号），他那篇著名的《醉翁亭记》从头到尾一直“也”下去，贯穿了一股酒气。山乐水乐，皆因为有酒。“醉翁之意不在酒，在乎山水之间也。山水之乐，得之心而寓之酒也”，这正是无酒不成文、无酒不成乐的真实写照。南宋著名女诗人李清照的佳作《如梦令·昨夜雨疏风骤》《醉花阴·薄雾浓云愁永昼》《声声慢·寻寻觅觅》也堪称酒后佳作。“昨夜雨疏风骤，浓睡不消残酒。试问卷帘人，却道海棠依旧。知否，知否，应是绿肥红瘦。”“薄雾浓云愁永昼……东篱把酒黄昏后，有暗香盈袖。莫道不销魂，帘卷西风，人比黄花瘦。”“寻寻觅觅，冷冷清清，凄凄惨惨戚戚。乍暖还寒时候，最难将息。三杯两盏淡酒，怎敌他，晚来风急！雁过也，正伤心，却是旧时相识。”生动地表现了作者喜、愁、悲不同心态下的饮酒感受。书法家王羲之曾在兰亭集聚文友40余人，“流觞曲水，列坐其次。虽无丝竹管弦之盛，一觞一咏”“畅叙幽情”，书文作记，至今脍炙人口。清代画派“扬州八怪”中的郑板桥、黄慎等都极爱在酒酣时乘兴作画，据说常有“神来之笔”。同一时期，《醉翁图》《穿云沽酒图》一类的绘画作品也大多属于酒后之作。明清两朝产生了许多著名的小说家。他们在小说中都有很多关于酒事活动的生动描写。比如，施耐庵著的《水浒传》中的“景阳冈武松醉酒打猛虎”“宋江浔阳楼酒醉题反诗”；罗贯中在《三国演义》中写道“关云长停盏施英勇，酒尚温时斩华雄”，曹操与刘备“青梅煮酒论英雄”；曹雪芹在《红楼梦》中描写“史太君两宴大观园，金鸳鸯三宣牙牌令”等。现代文学巨匠鲁迅笔下的“咸亨酒店”，在今天还吸引着许多慕名前来参观的中外游客。他们喝绍兴老酒，吃茴香豆、豆腐干，趣味无穷，整个酒店洋溢着中国酒文化的浓郁风味。

（二）酒对人体的危害

酒能为人民群众的生活带来许多情趣，可是，由于有人饮酒不得要领也带来了许多烦恼。如有些人自恃酒量大，从不红脸而狂饮滥灌，结果烂醉如泥，丑态百出；有些人爱酒如命，嗜酒成瘾，每每贪杯不已而饮酒过度，结果损害了健康，更有些人因酒后失去控制而肇事，严重影响人身安全，并造成国家和个人财产的损失，可谓乐极而生悲。人的酒量大小是由人体对酒的消化功能所决定的。但是，每个人对酒精的消化都有一个限度，超过限度，就可能引起麻烦。每当人们喝酒之后，酒精首先进入到胃部，胃黏膜将其中的一部分吸收之后，酒精再转入肝脏。肝脏是人体代谢酒精的主要器官。在生物酶的作用下，肝脏将大部分酒精分解为乙醛酸，再分解为水和二氧化碳。另一小部分酒分别通过肺部（2.5%）和尿道（2.5%）排出体外。人体每千克重量每 1 小时平均可分解 0.1 克酒精。在分解过程中，大量的生物酶和肝糖被消耗掉，如果酒精摄入体内的量过大，肝脏是不胜负担的。在短时间饮用大量的酒精（比如干杯、划拳、猜酒、劝酒、罚酒等），肝脏还来不及将乙醇分解，使之进入血管，滞留在体内，刺激身体器官；也来不及将已分解成的乙醛再进行分解，乙醛便进入血液，循环全身。由于乙醛的药理作用比乙醇强几百倍，对身体产生的影响将更大。长时期饮用过量的酒精，将会导致肝脏细胞变性，使之更新换代分解乙醇和乙醛的功能，最后造成肝病暴发，还可能引起记忆力减退、智力下降、神经衰弱等症状，极易诱发诸如高血压、胃溃疡、结核症、精神错乱、呼吸道癌症等疾病。

那么，饮用多少酒精才适量呢？一般来说，24 小时内，正常人每千克体重可以消化 2.4 克酒精。经计算，50 千克重的人每天可消化 120 克酒精，大约相当于每天饮用 40° 白酒 150 克。如果正常人每千克体重在 24 小时内负担 2.4 克以上的酒精时，饮酒便会过度，产生比较严重的酒精中毒症状。酒精中毒俗称醉酒，它与人体血液中的乙醇乙醛含量有很大关系。当浓度达 0.05% 时，人会感到舒展，思维敏捷，自我感觉较好，语言流畅，这是饮酒适量的表现。当浓度达 0.1% 时，人便有了醉意，平衡失调，语言错乱，行动迟钝，有时会表现得过分高兴，有时会表现得十分悲伤。当浓度达 0.2% 时，人便喝醉了，视觉呈双重影像，站立不稳，东倒西歪，语言出格，动作粗暴。当浓度达 0.3% 时，人就喝得烂醉，思维完全混乱，视觉一片模糊。当浓度上升至

0.4%~0.5% 时，人会昏厥，呼吸呈不规则状态，反应消失，括约肌松弛。当浓度进一步上升至 0.6%~0.7% 时，呼吸和心跳就会停止，一命呜呼。醉酒包含着杀机，饮者切勿过度。那些追求“一醉方休”、向往“醉生梦死”生活的人应以此为戒。发生了醉酒，可用许多方法解酒，以减少对身体的伤害。我国民间常用生蛋和鲜牛奶、霜柿饼煎汤、干桑葚加糖煎汤、米醋、浓茶等醒酒。中医还有很多种解酒醒酒偏方，功效显著，又不损害身体。西医用药剂解酒，甚至可以消除脸红、心跳和乙醛引起的不适之感，效果良好。我们华夏祖先对酒的危害早有认识，我国最早的医典《黄帝内经》中说道:“以酒为浆，以妄为常，醉以入房，逆于生乐，起居无节，故半百而衰也。”著名的《饮膳正要》(元忽思慧著)中说道:“……少饮为佳，多饮伤神损寿，易人本性，其毒甚也。饮酒过度，丧生之源。”古人对嗜酒弊端的认识，至今有着重大的现实意义。

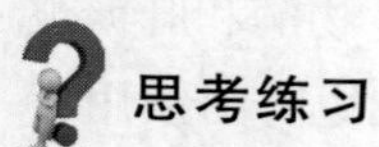

1. 如何理解酒的定义？
2. 乙醇的物理特性有哪些？
3. 如何理解“酒度”？
4. 按餐饮习惯分类酒如何分类？

第二章 葡萄酒

学习目标

A. 知识目标

1. 了解中外葡萄酒的历史；
2. 熟悉葡萄酒的成分；
3. 了解世界著名的葡萄品种；
4. 掌握葡萄酒分类标准；
5. 掌握葡萄酒的命名规则；
6. 了解葡萄酒软木塞知识；
7. 了解水位和缺量概念；
8. 熟悉世界各国葡萄酒条形码常识。

B. 能力目标

1. 掌握葡萄酒酿造方法；
2. 具备品评葡萄酒的酒品与风格的能力；
3. 能熟练运用葡萄酒与菜肴搭配的基本规则；
4. 学会葡萄酒的储存。

第一节　葡萄酒概述

葡萄酒是指自然发酵新鲜采集的葡萄汁而获得的酒精饮料。在经过一定的发酵酿制后，葡萄酒成为一种有活性的东西。如果发酵的物质是其他水果、草本植物或谷类植物而不是葡萄的话，那只能称为果酒。只有用葡萄汁发酵酿制的酒才能称为葡萄酒。

OIV（国际葡萄与葡萄酒组织）1996 年定义：WINE（葡萄酒）是用新采

摘下来的葡萄按当地传统方法压榨并发酵而获得的含有食用酒精的饮料，酒精含量不低于 8.5%。

一、葡萄酒的历史

（一）外国葡萄酒历史

考古学家证明，葡萄酒文化可以追溯到公元前 4 世纪。起源不太明确的葡萄酒酿造技术从没有停止过改进，而实际上这又是一个自然的发展过程。多少世纪以来，葡萄酒曾是一种保存时间很短的手工作坊产品。今天，大型商业化的葡萄酒产品应归功于一些发明创造，如高质量的玻璃容器和密封的软木瓶塞，以及 19 世纪法国药物学家巴斯德对发酵微生物结构的发现。葡萄酒的演进、发展和西方文明的发展紧密相连。

葡萄酒最早的起源是公元前 6000 年的格鲁吉亚。葡萄酒大约是在古代的肥沃新月（今伊拉克一带的两河流域）地区，从尼罗河到波斯湾一带河谷的辽阔农作区域某处发祥的。这个地区出现的早期文明（公元前 4000—公元前 3000 年）归功于肥沃的土壤。这个地区也是酿酒用的葡萄最初开始茂盛生长的地区。随着城市的兴盛取代原始的农业部落，怀有领土野心的古代航海民族从最早的腓尼基（今叙利亚）人一直到后来的希腊、罗马人，不断将葡萄树种与酿酒的知识散布到地中海乃至整个欧洲大陆。罗马帝国在公元 5 世纪灭亡以后，分裂出来的西罗马帝国（法国、意大利北部和部分德国地区）里的基督教修道院详细记载了关于葡萄的收成和酿酒的过程。这些记录帮助人们培植出在特定农作区最适合栽种的葡萄品种。

公元 768 年至 814 年统治西罗马帝国的查理曼大帝，其权势也影响了此后的葡萄酒发展。这位伟大的皇帝预见并规划了法国南部到德国北部葡萄园遍布的远景，位于勃艮第（Burgundy）产区的科尔登 - 查理曼顶级葡萄园也一度是他的产业。

大英帝国在伊丽莎白一世女皇的统治下，成为拥有一支强大的远洋商船船队的海上霸主。其海上贸易将葡萄酒从许多个欧洲产酒国家带到英国。英国对烈酒的需求，也促成了雪利酒、波特酒和马德拉酒类的发展。

在美国独立战争的同时，法国被公认为最伟大的葡萄酒生产国家。杰弗逊（美国独立宣言起草人）曾在写给朋友的信中热情地谈及葡萄酒的等级，并且也极力鼓动将欧陆的葡萄品种移植到新大陆来。这些早期在美国殖民地栽种、采收葡萄的尝试大部分都失败了，而且在美国本土的树种和欧洲的树种交流、移植的过程中，无心地将一种危害葡萄树至深的害虫给带到欧洲来，其结果便是19世纪末的葡萄根瘤蚜病，使绝大多数的欧洲葡萄园毁于一旦。不过，若要说在这一场灾变中有什么值得庆幸的事，那便是葡萄园的惨遭蹂躏启发了新的农业技术，促使欧洲酿制葡萄酒版图的重新分配。自20世纪开始，农耕技术的迅猛发展使人们可以保护作物免于遭到霉菌和蚜虫的侵害，葡萄的培育和酿制过程逐渐变得科学化。世界各国也广泛通过立法来鼓励制造信用好、品质佳的葡萄酒。今天，葡萄酒在全世界气候温和的地区都有生产并且有数量可观的不同种类葡萄酒可供消费者选择。

（二）中国葡萄酒的历史

据考证，我国在西汉时期以前就已开始种植葡萄并有葡萄酒的生产了。司马迁在著名的《史记》中首次记载了葡萄酒。公元前138年，外交家张骞奉汉武帝之命出使西域，看到“大宛左右以蒲陶为酒，富人藏酒至万余石，久者数十岁不败。俗嗜酒，马嗜苜蓿。汉使取其实来，于是天子始种苜蓿，蒲陶肥饶地。及天马多，外国使来众，则离宫别馆旁尽种蒲陶，苜蓿极望”（《史记·大宛列传》）。大宛是古西域的一个国家，在中亚费尔干纳盆地。这一例史料充分说明我国在西汉时期，已从邻国学习并掌握了葡萄种植和葡萄酿酒技术。《吐鲁番出土文书》中有不少史料记载了公元4—8世纪期间吐鲁番地区葡萄园种植、经营、租让及葡萄酒买卖的情况。从这些史料可以看出，在那一历史时期葡萄酒生产的规模是较大的。

东汉时，葡萄酒仍非常珍贵，据《太平御览》卷九七二引《续汉书》云：“扶风孟佗以葡萄酒一升遗张让，即拜凉州刺史。”足以证明当时葡萄酒的稀罕。葡萄酒的酿造过程比黄酒酿造要简单，但是由于葡萄原料的生产有季节性，终究不如谷物原料那么方便，因此葡萄酒的酿造技术并未大面积推广。在历史上，内地的葡萄酒生产，一直是断断续续维持下来的。唐朝和元朝从外地将葡萄酿酒方法引入内地，而以元朝时的规模最大，其生产主要是集中在新疆一带。元朝时，在山西太原一带也有过大规模的葡萄种植和葡萄酒酿造的历史，而此时汉民族在葡萄酒的生产技术上基本是不得要领的。汉代虽然曾引入葡萄及葡萄酒种植和生产技术，但却未使之传播开来。汉代之后，中原地区大概就不再种植葡萄，一些边远地区时常以贡酒的方式向后来的历代皇室进贡葡萄酒。唐代时，中原地区对葡萄酒已是一无所知。唐太宗从西域引入葡萄，《南部新书》丙卷记载："太宗破高昌，收马乳葡萄种于苑，并得酒法，仍自损益之，造酒成绿色，芳香酷烈，味兼醍醐，长安始识其味也。"宋代类书《册府元龟》卷九七〇记载，高昌故址在今新疆吐鲁番东20多千米，当时其归属一直不定。唐朝时，葡萄酒在内地有较大的影响力，从高昌学来的葡萄栽培技术及葡萄酒酿法在唐代可能延续了较长的时间，以至在唐代的许多诗句中，葡萄酒的芳名屡屡出现。有脍炙人口的著名诗句："葡萄美酒夜光杯，欲饮琵琶马上催。"（王翰《凉州词》）刘禹锡也曾作诗赞美葡萄酒，诗云："我本是晋人，种此如种玉，酿之成美酒，尽日饮不足。"白居易、李白等都有吟葡萄酒的诗。当时的胡人在长安还开设酒店，销售西域的葡萄酒。元朝统治者对葡萄酒非常喜爱，规定祭祀太庙必须用葡萄酒，并在山西的太原，江苏的南京开辟葡萄园，至元年间还在宫中建造葡萄酒室。明代徐光启的《农政全书》卷三十中记载我国栽培的葡萄品种："水晶葡萄，晕色带白，如着粉形大而长，味甘；紫葡萄，黑色，有大小两种，酸甜两味；绿葡萄，出蜀中，熟时色绿，至若西番之绿葡萄，名兔睛，味胜甜蜜，无核则异品也；琐琐葡萄，出西番，实小如胡椒……"

二、葡萄酒的成分

（一）葡萄

葡萄是葡萄酒最主要的酿制原料，葡萄的质量与葡萄酒的质量有着紧密的联系。据世界葡萄酒组织确认世界著名的葡萄共计有70多种，其中我国约有35个品种。葡萄的分布主要在北纬53度至南纬43度的广大区域。按地理分布和生态特点可分为：东亚种群、欧亚种群和北美种群，其中欧亚种群的经济价值最高。

1. 葡萄的成分

葡萄包括果梗与果实两个部分，果梗质量占葡萄的4%~6%，果实质量占6%~94%。不同的葡萄品种，果梗和果实比例不同，收获季节多雨或干燥也影响两者的比例。果梗含大量水分、木质素、树脂、无机盐、单宁，含少量糖和有机酸。由于果梗含有较多的单宁、苦味树脂及鞣酐等物质，如酒中含有果梗成分，会使酒产生过重的涩味，因此葡萄酒一般不带果梗发酵，应在破碎葡萄时除去。葡萄果实包括果皮和果核两个部分：果皮含有单宁和色素，这两个成分对酿制红葡萄酒很重要。大多数葡萄的色素只存在于果皮中，因此葡萄因品种不同而形成各种颜色。果皮还含芳香成分，它赋予葡萄特有的果香味。不同品种香味不同。果核含有有害葡萄酒风味的物质，如脂肪、树脂、挥发酸等。这些物质不能带入葡萄液中，否则会严重影响葡萄的品质，所以在破碎葡萄时，尽量避免压碎葡萄核。

2. 葡萄的生长环境

（1）阳光

葡萄需要充足的阳光。通过阳光、二氧化碳和水三者的光合作用所产生的碳水化合物，提供了葡萄生长所需要的养分，同时也是葡萄中糖分的来源。不过葡萄树并不需要强烈的阳光，较微弱的光线反而更利于光合作用的进行。除了光线外阳光还可以提高葡萄树和表土的温度，使葡萄容易成熟。另外，经阳光照射的黑葡萄可使颜色加深并提高酿酒口味和品质。

（2）温度

适宜的温度是葡萄生长的重要因素。从发芽开始，须有 10℃以上的气温，葡萄树的叶苞才能发芽。发芽以后，低于 0℃以下的春霜会冻死初生的嫩芽。枝叶的生长也须有充足的温度，以 22℃ ~25℃之间最佳，严寒和高温都会让葡萄生长的速度变慢。在葡萄成熟的季节，温度越高则葡萄的甜度越高，酸度也会跟着降低。日夜温差对葡萄的影响也很重要，要防止低温冻死葡萄叶苞和树根。

（3）水

水对葡萄的影响相当多元，它是光合作用的主要因素，同时也是葡萄根自土中吸取矿物质的媒介。葡萄树的耐旱性较强，在其他作物中无法生长的干燥、贫瘠土地上都能长得很好。一般而言，在葡萄枝叶生长的阶段需要较多的水分，成熟期则需要较干燥的天气。水和雨量有关，但地下土层的排水性也会影响葡萄树对水的摄取。

（4）土质

葡萄园的土质对葡萄酒的特色及品质有非常重要的影响。一般葡萄树并不需要太多的养分，所以贫瘠的土地特别适合葡萄的种植。太过肥沃的土地使葡萄树枝茂盛，反而生产不出优质的葡萄。除此之外，土质的排水性、酸度、地下土层的深度及土中含矿物质的种类，甚至表土的颜色等，也都极大地影响葡萄的品质和特色。

3. 葡萄采摘

葡萄采摘的时间对酿制葡萄酒具有重要意义，不同的酿造产品对葡萄的成熟度要求不同。成熟的葡萄，有香味，果粒发软，果肉明显，果皮薄，皮肉容易分开，果核容易与果浆分开。一般情况下，制作干白葡萄酒的葡萄采摘时间比制作干红葡萄酒的葡萄采摘时间要早。因为葡萄收获早，不易产生氧化酶，不易氧化，而且葡萄含酸量高时，制成的酒具有新鲜果香味。制造甜葡萄酒或酒精度高的甜酒时，要求葡萄完全成熟时才能采摘。

（二）葡萄酒酵母

葡萄酒是通过酵母的发酵作用将葡萄汁制成酒的。因此酵母在葡萄酒生产中占有很重要的地位。优良葡萄酒除本身的香气外，还包括酵母产生的果香与酒香。酵母的作用能将酒液中的糖分全部发酵，使残糖在 4 克 / 升以下。此外，葡萄酒酵母具有较高的二氧化硫抵抗力，较高的发酵能力，可使酒液含酒精量达到 16%，且有较好的凝聚力和较快沉降速度，能在低温 15℃或适宜温度下发酵，以保持葡萄酒新鲜的果香味。

（三）添加剂

添加剂指添加在葡萄发酵液中的浓缩葡萄汁或白砂糖。通常优良的葡萄品种在适合的生长条件下可以产出合格的制作葡萄酒的葡萄汁，然而由于自然条件和环境等因素，葡萄含糖量常不能达到理想的标准，这时需要调整葡萄汁的糖度，加入添加剂以保证葡萄酒的酒精度。

（四）二氧化硫

二氧化硫是一种杀菌剂，它能抑制各种微生物的活动。然而葡萄酒酵母抗二氧化硫能力强，在葡萄发酵液中加入适量的二氧化硫可以使葡萄发酵顺利进行。

三、葡萄酒酿造方法

经过数千年经验积累，现今葡萄酒的种类不仅繁多且酿造过程复杂，有各种不同的烦琐细节。

（一）筛选

采收后的葡萄有时夹带未成熟或腐烂的葡萄，特别是在不好的年份。此时酒厂会在酿造前认真筛选。

（二）破皮

由于葡萄皮含有单宁、红色素及香味物质等重要成分，所以在发酵之前，特别是红葡萄酒，必须破皮挤出葡萄肉，让葡萄汁和葡萄皮接触，以便让这些物质溶解到酒中。破皮的过程必须谨慎，以避免释出葡萄梗和葡萄籽中的油脂和劣质单宁，影响葡萄酒的品质。

（三）去梗

葡萄梗中的单宁收敛性较强，不完全成熟时常常带刺鼻草味，必须全部或部分去除。

（四）榨汁

所有的白葡萄酒都要在发酵前进行榨汁（红酒的榨汁则在发酵后），有时不需要经过破皮、去梗的过程而直接压榨。榨汁的过程必须特别注意压力不能太大，以避免苦味和葡萄梗味。

（五）去泥沙

压榨后的白葡萄汁通常还混杂有葡萄碎屑、泥沙等异物，容易引发霉变，发酵前需用沉淀的方式去除。由于葡萄汁中的酵母随时会开始酒精发酵，所以沉淀的过程需在低温下进行。红酒因浸皮与发酵同时进行，所以不需要这个程序。

（六）发酵前低温浸皮

这个过程是新近发明的，还未被普遍采用，其目的在于增进白葡萄酒的较浓郁的水果香。已有红酒开始采用这种方法酿造。此法在发酵前低温进行。

（七）酒精发酵

葡萄的酒精发酵是酿造过程中最重要的一步，其原理可简化成以下形式：

葡萄中的糖分＋酵母菌——酒精（乙醇）＋二氧化碳＋热量

通常葡萄糖本身就含有酵母菌。酵母菌必须处在 10℃ ~32℃的环境下才能正常发酵。温度太低，酵母活动变慢甚至停止；温度过高，则会杀死酵母菌，使酒精发酵完全终止。由于发酵的过程会使温度升高，所以温度的控制非常重要。一般白葡萄酒和红葡萄酒的酒精发酵会持续到所有糖分皆转化成酒精为止，而甜酒的制造则是在发酵的中途加入二氧化碳停止发酵，以保留部分糖分在酒中。酒精浓度超过 16% 也会中止酵母的发酵，酒精强化葡萄酒即是运用此原理，在发酵半途加入酒精，停止发酵，以保留酒中的糖分。

（八）培养与成熟

1. 乳酸发酵

完成酒精发酵的葡萄酒经过一个冬天的贮存，到了隔年的春天温度升高至 20℃ ~25℃时会开始乳酸发酵。

由于乳酸的酸味比苹果酸低很多，同时稳定性高，所以乳酸发酵可使葡萄酒酸度降低且更稳定不易变质。并非所有葡萄酒都会进行乳酸发酵，特别是适合年限短即饮用的白葡萄酒，常特意保留高酸度的苹果酸。

2. 橡木桶中的培养与成熟

葡萄酒发酵完成后，装入橡木桶使葡萄酒成熟。

（九）澄清

1. 换桶

每隔几个月贮存于桶中的葡萄酒必须抽换到另外一个干净的桶中，以除去沉淀于桶底的沉积物。这个程序同时还可以让酒稍微接触一下空气，以避免难闻的还原气味。

2. 黏合过滤

黏合过滤是利用阴阳电子结合的特性，产生过滤沉淀的效果。通常在酒中添加含阳电子的物质如蛋清、明胶等，与葡萄酒中含阴电子的悬浮杂质黏合，然后沉淀达到澄清的效果。

3. 过滤

经过过滤的葡萄酒会变得稳定清澈，但过滤的过程多少会减少葡萄酒的浓度和特殊风味。

4. 酒石酸的稳定

酒中的酒石酸遇冷会形成结晶状的酒石酸化盐，虽无关酒的品质，但有些酒厂为了美观，还是会在装瓶前用 -4℃的低温处理。

四、世界著名的葡萄品种

目前世界上有超过 6000 种可以酿酒的葡萄品种，但能酿制出上好葡萄酒的葡萄品种常用的有 50 种左右，大致可以分为白葡萄和红葡萄两种。白葡萄，颜色有青绿色、黄色等，主要用于酿制起泡酒及白葡萄酒。红葡萄，颜色有黑、蓝、紫红、深红色，果肉有的深色，有的与白葡萄一样呈青绿色，因此白肉的红葡萄去皮榨汁之后可用于酿造白葡萄酒，例如黑皮诺（Pinot Noir）

虽为红葡萄品种，但也可以酿造香槟及白葡萄酒。

（一）世界著名的白葡萄品种

1. 霞多丽（Chardonnay）

产地：法国勃艮第、香槟、美国加州

特点：世界最出名的白葡萄品种。年轻时带有苹果、梨子、柠檬的香气。陈酿后有哈密瓜、菠萝、黄油香气。除了酿造干白，霞多丽也多酿成起泡酒。

2. 长相思（Sauvignon Blanc）

产地：法国波尔多、法国卢瓦尔河谷、新西兰马尔堡

特点：酿成的葡萄酒酸度高，口感清爽，酒体轻盈。带有青草、芦荟、番石榴的味道，还带有非常特别的"猫尿"味。

3. 灰皮诺（Pinot Gris）

产地：法国阿尔萨斯

特点：该品种为黑皮诺的变种，皮的颜色呈粉红或棕红色，因此酿成的白葡萄酒颜色为较深的金黄色，甚至带一点粉红色。所酿成的葡萄酒酒精浓度高，除了果香外，还具有香料味，适合久藏。

4. 赛美蓉（Semillon）

产地：法国波尔多

特点：该品种糖分高，皮薄。此品种酿成干白并无过人之处，酒香淡，口感厚实，但酸度不足，香气呈香草、橘子、蜜糖、烤面包味。其长处在于酿造贵腐甜酒，因为此品种皮薄，所以容易感染贵腐菌。法国苏玳最著名的伊甘酒庄甜酒就是用这种葡萄酒酿造的，所酿成的甜酒带有蜂蜜和蜜渍糖果的香味。

5. 雷司令（Riesling）

产地：德国、澳大利亚

特点：堪称世界上最优良细致的品种，晚熟，适合生长于寒冷地区。带有苹果、杏仁、蜂蜜香气，陈年后有汽油味。酸度和甜度均衡，适合久存。

6. 琼瑶浆（Gewurztraminer）

产地：法国阿尔萨斯、意大利

特点：早熟，果皮呈粉红色，所酿成的葡萄酒呈金黄色，带有荔枝、玫瑰花香、菠萝和桃子风味，被称为"香水酒"。酒精含量高，酸度经常不足。该品种主要用来酿制干白葡萄酒。

（二）世界著名的红葡萄品种

1. 赤霞珠（Cabernet Sauvignon）——红霞连天赤如火，珠圆玉润惹人怜

产地：法国波尔多、美国加州、澳大利亚库纳瓦拉

特点：品丽珠与长相思杂交，皮厚、粒小、籽多，高色素，高单宁，酒体丰满，深宝石红。年轻时带有薄荷、黑醋栗、青椒、李子、樱桃、紫罗兰、胡椒香气，陈酿后带有雪松、香草、烟熏、咖啡、皮革等风味。该品种是“红葡萄品种之王”，酿酒时搭配美乐品种。用餐搭配牛肉为宜。

2. 梅洛、美乐、梅鹿辄（Merlot）

产地：法国波尔多

特点：“红葡萄酒的公主”，皮薄，单宁含量低，果香浓郁，口感轻柔，宝石红。带有李子、草莓、巧克力的味道，梅洛酿造的葡萄酒是刚刚接触葡萄酒朋友较为青睐的类型。

3. 黑皮诺（Pinot Noir）

产地：法国勃艮第、香槟

特点：“红葡萄品种之后”，非常适合酿名贵红葡萄酒。皮薄易腐，浅宝石红，酸度高，单宁细腻，平衡性良好，年轻时带有杏仁、草莓、樱桃香气，陈酿后带有蘑菇、皮革的香气。同时，黑皮诺也是调配香槟酒重要的红葡萄品种。

全球最贵的葡萄酒DRC（Domaine de la Romanée-Conti，罗曼尼康帝酒庄）就是黑皮诺酿造的。

4. 西拉（子）（Shiraz）

产地：法国罗纳河谷、澳大利亚巴罗萨

特点：适合在温和气候下生长，所酿成的葡萄酒颜色深黑，以紫罗兰和黑色浆果香为主，陈酿后发展出烟熏、黑胡椒以及薄荷香气，单宁含量高，口感浓郁，酒体厚实，具有不错的陈年能力。

5. 歌海娜（Grenache）

产地：西班牙

特点：歌海娜具有十分明显的酒体丰满，然而看起来颜色较轻，呈半透明色泽，通常具有橙皮、西柚、蜜饯水果和肉桂香气。歌海娜葡萄酒的香料气息使它成为烟熏肉、烟熏蔬菜和许多地方菜肴的完美搭档。酒精是辣椒素的溶解剂（辣椒素是辛辣食物的热量单位），高酒精度的歌海娜葡萄酒有助于

减轻辛辣食物的灼热感。

6. 马尔贝克（malbec）

产地：波尔多、阿根廷

特点：阿根廷马尔贝克红酒通常具有黑醋栗、蓝莓、李子、雪松、香草的香气，陈酿后马尔贝克会呈现丁香、黑胡椒、巧克力、咖啡和烟草的烟熏深邃味道（黑酒）。酒体介于赤霞珠和梅洛之间，既有赤霞珠那种挺拔高大的结构，又有梅洛那种圆润丰满的韵致，整体风格兼具赤霞珠的冷峻和梅洛的妩媚，就像晚上在布宜诺斯艾利斯邂逅的那位神情凝重但又激情似火的探戈女郎。

7. 佳美（Gamay）

产地：法国勃艮第的博若莱（Beaujolais）

特点：汁多皮薄，酿成的葡萄酒颜色呈淡紫色，单宁含量低，口感清淡，富含新鲜草莓、樱桃果香。主要用于生产浅龄易饮的葡萄酒，不宜久存，其中以博若莱新酒最为出名。

8. 品丽珠（Cabernet Franc）

产地：法国波尔多和卢瓦尔河谷

特点：解百纳的最早品种，早熟，单宁和酸的含量都比较低，所酿成的葡萄酒通常带有覆盆子和紫罗兰的香气，伴有铅笔芯味。在波尔多主要用来与赤霞珠和梅洛混合。

9. 蛇龙珠（Cabernet Gernischt）

张裕公司在赤霞珠和品丽珠基础上培育出来的品种。赤霞珠、品丽珠、蛇龙珠这三个品种酿制的葡萄酒具有相似的特点，故可称为“解百纳”型葡萄酒。

五、葡萄酒种类

（一）按色泽分类

1. 白葡萄酒

白葡萄酒选择白葡萄或浅红色果皮的酿酒葡萄，经过皮汁分离，取其果汁进行发酵酿制而成。这类酒的色泽应近似无色，有浅黄带绿、浅黄或禾秆黄，颜色过深不符合白葡萄酒色泽要求。

2. 红葡萄酒

红葡萄酒选择皮红肉白或皮肉皆红的酿酒葡萄，采用皮汁混合发酵，然后进行分离陈酿而成。这类酒的色泽应成自然宝石红色或紫红色或石榴红色等，失去自然感的红色不符合红葡萄酒色泽要求。

3. 桃红葡萄酒

桃红葡萄酒是介于红、白葡萄酒之间，选用皮红肉白的酿酒葡萄，进行皮汁短期混合发酵，达到色泽要求后进行皮渣分离，继续发酵，陈酿成为桃红葡萄酒。这类酒的色泽是桃红色、玫瑰红或淡红色。

（二）按含糖量分类

1. 干葡萄酒

含糖（以葡萄糖计）小于或等于 4g/L 的葡萄酒为干葡萄酒。

2. 半干葡萄酒

含糖（以葡萄糖计）4g/L~12g/L 的葡萄酒为半干葡萄酒。

3. 半甜葡萄酒

含糖（以葡萄糖计）12g/L~45g/L 的葡萄酒为半甜葡萄酒。

4. 甜葡萄酒

含糖（以葡萄糖计）大于 45g/L 的葡萄酒为甜葡萄酒。

（三）按是否含二氧化碳分类

1. 静止葡萄酒

在 20℃时，二氧化碳压力小于 0.05Mpa 的葡萄酒为静止葡萄酒。

2. 起泡葡萄酒（Sparkling Wine）

起泡葡萄酒酿制是把一定量的二氧化碳与酒一起保留在酒瓶内。采用的主要方法是：

（1）香槟酒法

香槟酒法是一种常用的方法。发酵后将酒静置在发酵桶内约 6 个月，然后装瓶并加进发酵剂和糖，在酒瓶中进行第二次发酵，产生的二氧化碳与酒保留在瓶内，使葡萄酒有泡。

（2）密闭罐法

密闭罐法与香槟酒法不同，第二次发酵在密闭罐中进行。把葡萄酒流入罐内，加热达16小时进行人工陈化，冷却后泵入另一罐内并加进发酵菌和糖。第二次发酵需 15 天，在泵入另一罐后，在冷冻过程中澄清，然后在压力下静止，用特殊的过滤器和装瓶机过滤并装瓶。密闭罐法生产的酒较一般，价格较便宜。

（3）转移法

转移法出现较迟，如同香槟酒法，其第二次发酵在酒瓶中进行，使质量得以提高，且有密闭罐法经济的优点。转移法是把在瓶中除去酵母的酒与第二次发酵的沉淀物一起在压力下移入罐内静置，和密闭罐法一样过滤装瓶。

（4）浸渍法

浸渍法是四种方法中最便宜的一种，只用于生产廉价的起泡葡萄酒。将葡萄酒流入已泵入二氧化碳的特殊加压罐，在压力下装瓶。另一种做法是在压力下，把静止葡萄酒装入瓶中，而后加二氧化碳。无论哪一种做法，浸渍法生产的酒开瓶后起泡时间很短。

（四）按饮用方式分类

1. 开胃葡萄酒

开胃葡萄酒在餐前饮用，主要是一些加香葡萄酒，酒精度一般在 18% 以上。这种酒是通过在加度葡萄酒中加入某种植物或植物种子而制成，如味美思（Vermouth）。

2. 佐餐葡萄酒

佐餐葡萄酒同正餐一起饮用，主要是一些干型葡萄酒，如干红葡萄酒，干白葡萄酒等。

3. 强化葡萄酒

强化葡萄酒也叫加度葡萄酒，在餐后饮用。这是一种在发酵中或发酵后加入葡萄白兰地或其他烈酒，以增加度数的葡萄酒。如果在发酵中加入白兰地，其作用是抑制发酵，让未发酵的糖留在葡萄酒中。加度葡萄酒主要有波尔图酒（Porto）、雪利酒（Sherry）、马德拉酒（Madeira）、马拉加酒（Malaga）和马沙拉酒（Marsala）。

六、葡萄酒的酒品与风格

葡萄酒的酒品与风格是由色、香、味、体等因素组成的，所谓风格，即色、香、味、体作用于人的感官并给人留下的印象。不同的酒品，具有不同的风格，甚至同一酒品，也会有不同的风格。

酒品的风格是怎么形成的呢?

（一）色

色是人们首先接触到的酒品风格。世界上酒的颜色种类之丰富，大大出乎人们的意料，不仅红、橙、黄、绿、青、蓝、紫各种颜色应有尽有，而且变化层出不穷。

酒品色泽之所以如此繁多，第一个主要原因应归功于大自然的造化。酒液中的自然色泽主要来源于酿酒的原料，如红葡萄酿出来的酒液呈绛红或棕红色，这是葡萄原料的本色。自然色给人以新鲜、纯美、朴实的感觉。在可能的前提下，酿酒者都希望尽可能多地保持原料的本色。

酒品色泽形成的第二个重要原因是生产过程中自然生色。由于温度的变化、形态的改变等原因，原料本色也随之发生了变化，如蒸馏白酒在经过加温、汽化、冷却、凝结之后，改变了原来的颜色而呈无色透明。自然生色在不少酒品的酿造过程中是不可避免的现象，如果产生出来的新色泽对消费者没有什么影响，生产者一般不会采取措施去改变或限制自然生色的形成。

酒品色泽形成的第三个主要原因是增色。增色有两种方式：一是非人工增色，二是人工增色。非人工增色大多发生在生产过程中，酒液改变了原来的色泽，但并非生产者有意识的行为，比如陈酿中的酒染上容器的颜色。人工增色则是生产者有意识的行为，目的在于使酒液色泽更加美丽，以迎合消费者心理，悦于购买，比如不少酒品生产者所使用的调色剂。非人工增色有着有利的一面，但是不少病变或质变也会导致色泽的改变，比如酒液中微生物繁衍，会导致混浊；又比如被有害物质污染而产生色变（铜锈可使酒液发蓝）。人工的干扰和影响，饮者往往对人工调色剂持有一定的戒心。酒的色泽千差万别，表现出的风格情调也不尽相同。消费者对各种色泽的爱好也不一样，若要确定哪种酒品色泽风格最好，是很难的。专家们一般认为：凡是符合设计要求的色泽，凡是取悦消费者的色泽，都是可取的。好的酒品色泽应该能充分表现出酒品的内在质地和个性，使人观其色就产生嗅其香和知其味的感觉。在审度酒品色泽风格时，要注意到外界因素的影响，比如光波的强度、包装容器的衬色、室内的采光度等。增色亦然，生产者采用人工增色来改善酒品风格，然而滥用调色剂会使酒色风格呈现不协调，以致酒的香、味、体等风格也受影响。

（二）香

香是继色之后作用于人的另一种酒品风格。我国酒品生产十分讲究香的优雅，尤其是白酒生产对香型的风格的形成更为注重。人们甚至以酒品香型特点来归类划分白酒的品种。区别酒品香型要靠嗅觉。嗅觉部分位于鼻子黏膜的最上部。当气味分子接触鼻膜后，便溶解于嗅腺分泌液中而刺激嗅神经、嗅球及嗅束延至大脑中枢，发生了嗅觉。为了获得明显的嗅觉，最好的方法是头部略微下低，把酒杯放于鼻下。酒中香气自下而上进入鼻孔，使香气在闻的过程中容易在上鼻甲上产生空气涡流，使香味分子多接触嗅膜。在呼气时也能感到香味物质，它是随着呼出的气流由咽喉通过鼻子的。当咽下酒时，挡住鼻咽的小舌张开，因为酒是由口而入，似乎与鼻子的嗅觉无关，我们一般认为是“味感”，但实际上是由嗅觉来决定的。在品酒时，我们称作的“后味”，不仅是由滋味组成，也是由嗅觉来判断的。葡萄酒香气可以分为第一类香气（源于原料）；第二类香气（源于发酵），酒精发酵带来的发酵面包味、酵母味和酒香味，苹果酸、乳酸发酵带来的黄油和坚果味；第三类香气（源于陈年）：木桶陈酿时会带来香气包括肉桂、丁香、豆蔻、烘烤、皮革、野味、煮熟水果、湿树叶、坚果等香气。

（三）味

味在酒品诸风格中给人的印象最深，是饮者最关心的酒品风格。酒味的好坏，基本上确定了酒的身价。名酒佳酿大都味道优美，风格动人。人们常常用甜、酸、苦、辛、咸、涩、怪七味来评价酒品口味风格。

1. 甜

世界酒品中，以甜为主要口味的酒数不胜数，含有甜味的酒则更多了。甜味可以给人以舒适、滋润、圆正、纯美、丰满、浓郁、绵柔等感觉，深受饮者的喜爱。酒品甜味主要来源于酒质中含有的糖分、甘油和多元醇类等物质，这些物质具有甜味基因或助甜基因，入口以后，使人感到甜美。糖分普遍存在于酿酒原料之中，果类中含有大量葡萄糖，茎根植物中含有丰富的蔗糖，谷类中的淀粉在糖化作用下会转变成麦芽糖和葡萄糖。只要它们不在发酵中耗尽，酒液就会有甜味。再者，人们常常有意识地加入这样或那样的糖饴、糖粉、糖醪、糖汁、糖浆，以改善酒品的口味。甘油和醇甜物质大多在酿酒过程中产生，如谷类中的植酸可以在发酵时被水解为环乙六醇和磷酸，前者为醇甜物，后者可促使甘油的生成。醇类中的丁四醇比蔗糖还甜两倍。

甜的来源包括：

（1）糖，源于原料，包括葡萄糖、果糖、阿拉伯糖、木糖。

（2）醇，源于发酵，包括乙醇、甘酒、丁二醇、肌醇、山梨醇。

（3）香气，香在口腔中的表现为甜的感觉，例如甜香。

2. 酸

酸味是世界酒品中另一主要口味特点。现代消费者都十分偏爱非甜型酒品。由于酸味酒常给人以醇厚、干洌、爽快、开胃、刺激等感觉，尤其相对甜味来说，适当的酸味不粘挂，清肠沥胃，尤其使人感到干净、干爽，故常以“干”字替之。干型口味中固然还包括了辛、涩等味觉，但酸是其主体味感。酸性不足，酒便寡淡乏味；酸性过大，酒呈辛辣粗俗。适量的酸可对烈酒口味起缓冲作用并在陈酿过程中逐步形成芳香脂。酒中的酸性物质可分为挥发性和不挥发性两类，不挥发酸是导致醇厚感觉的主要物质，挥发酸是导致回味的主要物质。

酸的来源包括：

（1）源于原料，包括酒石酸、苹果酸、柠檬酸等。

（2）源于发酵，包括琥珀酸、乳酸、醋酸等。

3. 苦

苦味并不一定是不好的口味，世界上有不少酒品专以味苦著称，比如法、意两国的比特酒；也有不少酒品保留一定的苦味，比如啤酒中的许多品种。苦味是一种特殊的酒品风格。苦味切不可滥用，它具有较强的味觉破坏功能，人的苦觉可以引起其他味觉的麻痹。酒中恰到好处的苦味给人以净口、止渴、生津、除热、开胃等感觉。酒中的苦味一方面由原料带入，比如含单宁的各类香料；另一方面产生于酿酒过程中，比如过量的高级醇会引起酒味发苦发涩，又如生物碱所产生的苦味等。

4. 辛

辛又为辣，酒品的辛味虽不同于一般的辣味，但由于它们给人的感受很接近，人们常以辛辣相称。辛不是饮者所追求的主要酒品口味，辛给人以强刺激，有冲头、刺鼻、兴奋、颤抖等感觉。高浓度的酒精饮料给人的辛辣感受最为典型。酒质中的醛类是辛味的主要来源，另外，过量的高级醇或其他超量成分，也会引起辛味的感觉。

5. 咸

一般来说，咸味不是饮者所喜好的口味。咸味的产生大多起因于酿造的工艺粗糙，使酒液中混入过量盐分。可是，少量的盐类（如 NaC1），可以促进味觉的灵敏，使酒味更加浓厚。如墨西哥人常在饮酒时，吸食盐粉，以增加特基拉酒的风味。

6. 涩

涩味常与苦味同时发生，但并不像苦味那样受饮者青睐。这是由于涩给人以麻舌、收敛、烦恼、粗糙等感觉。原料处理不当，会使过量的单宁、乳酸等物质融入酒液，产生涩味。

7. 怪

凡不属于上述口味风格而又为某些饮者喜欢的口味，人们称之为怪味。怪味和杂味都是不常见的口味。怪味最大的特点是与众不同，给人以难以名状的感受。怪味是个含混不清的概念，因为一些人可以称某一种口味为怪，而另一些则不以为然，这恐怕也是怪味之所以“怪”的缘故。

（四）体

体是酒品风格的综合表现。

酒体是葡萄酒给口腔带来的一种或轻或重，或淡或稠的感觉。轻度酒体感觉像脱脂牛奶；中度酒体感觉像低脂牛奶；丰满厚重酒体感觉像全脂牛奶、奶油。

葡萄酒的酒体取决于酒精度（酒精的乙醇分子容易与其他分子结合，所以它显得比较“黏”）、残留糖分、可溶性风味物质（果胶、酚类、蛋白质等）、酸度。前三种成分的含量越高，葡萄酒的酒体就越重；酸度越高，葡萄酒的酒体就会显得越轻。有些葡萄酒不仅酸度高，残留糖分含量也高，那它的酒体就会显得丰满厚重。

1. 判断酒体的方法

（1）比较，多喝是最有效的方法。

（2）注意回味时间的长短，回味越长说明酒体越厚重。

（3）观察挂杯时间的长短，挂杯时间越长说明酒体越厚重。

（4）酒体与色泽关系：酒体越丰满，葡萄酒色泽越深浓。

2. 红葡萄酒体比较

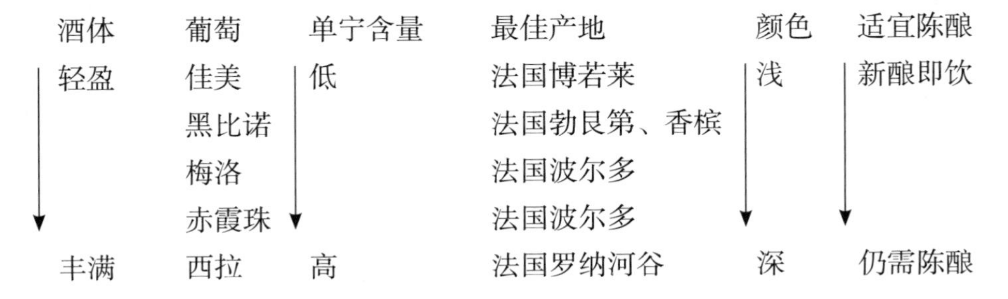

酒体	葡萄	单宁含量	最佳产地	颜色	适宜陈酿
轻盈	佳美	低	法国博若莱	浅	新酿即饮
	黑比诺		法国勃艮第、香槟		
	梅洛		法国波尔多		
	赤霞珠		法国波尔多		
丰满	西拉	高	法国罗纳河谷	深	仍需陈酿

3. 白葡萄酒体比较

雷司令——长相思——霞多丽

（轻盈）——→（丰满）

七、葡萄酒的命名

（一）以庄园的名称命名

以庄园的名称作为葡萄酒的名称，是生产商保证质量的一种承诺。所谓庄园，系指葡萄园或大别墅。该类酒名的命名标准是以该酒的葡萄种植、采收、酿造和装瓶都须在同一庄园进行。这类命名方法多见于法国波尔多地区出产的红、白葡萄酒。例如：玛根庄园、拉图尔庄园、滴金庄园等。

（二）以产地名称命名

以产地名称命名的葡萄酒，其原料必须全部或绝大部分来自该地区。如：夏布利、梅多克、博若莱等。

（三）以葡萄品种命名

以作为葡萄酒原料的优秀葡萄品种命名的葡萄酒，如：雷司令、霞多丽、赤霞珠等。

（四）以同类型名酒的名称命名

借用名牌酒名称也是葡萄酒命名的类型之一。此类酒一般都不是名酒产地的产品，但属于同一类型，因此酒名前必须注明该酒的真实产地。如美国出产的勃艮第、夏布利葡萄酒，都使用了法国名酒产品的名称。

八、葡萄酒与菜肴搭配

酒与菜的配置如同牡丹绿叶，互相协调，法国人把一桌没有葡萄酒的饭菜比作“没有阳光的春天”。五光十色、芬芳醉人的葡萄酒与美味佳肴的和谐配置，使人置身于艺术的享受和酒文化的熏染之中，给人留下难忘的印象。酒与菜的配置是一种传统文化艺术。使葡萄酒的特点、个性与所搭配的菜肴的香味一致，就可以充分体现出葡萄酒的精美绝伦。酒与菜的搭配原则，通常是风味对等、对称、和谐，为饮者所接受和欢迎。从科学佐食角度来看，佐助酒品应该符合下述两个基本要求：（1）有助于食品色香味等风格的充分表现；（2）不抑制胃口和人体的消化功能。根据佐助的基本原理，葡萄酒与菜肴基本的配搭原则为“甜酒配甜食，酸味食物搭配酸度较高的酒，苦味的酒与苦味的食物相搭配，咸的食物与酸度较高的酒搭配，地菜配地酒，红酒配红肉，白酒配白肉”。

目前，世界众多国家中广泛流行的法国酒菜的一般搭配方法具有一定的代表性，现按进餐顺序说明如下：

（一）餐前小吃

选用开胃酒及具有开胃功能的酒品，如：味美思、苦味酒、餐前鸡尾酒和雪利酒。

（二）汤类

一般不配酒，特别情况下可用一些较深色的雪利酒和玛德拉酒。

（三）冷盘

选用低度干白葡萄酒，如德国摩塞尔白葡萄酒、法国布地、阿尔萨斯白葡萄酒。

（四）头菜

选用干白葡萄酒，淡红葡萄酒或低度干红葡萄酒。

（五）主菜

1. 鱼蟹海鲜

选用高酒度（12°~14°）干白葡萄酒，如德国莱茵白葡萄酒，法国勃艮第白葡萄酒，波尔多白葡萄酒等。

2. 肉禽野味

选用高酒度（12°~16°）干红葡萄酒，肉类（鸡肉、小牛肉、猪肉）最好选用 11°~13° 的干红葡萄酒，如法国的博若莱、马孔、波尔多红酒、意大利干蒂红酒；红肉类（牛羊肉、火鸡肉）选用 13° 以上的干红葡萄酒，如法国圣艾美侬酒、意大利红葡萄酒等。

3. 干酪

可选用除甜型葡萄酒以外的任何一种葡萄酒，也可以继续沿用主菜的酒品。

（六）甜食

选用甜葡萄酒或葡萄汽酒，如法国香槟、苏玳及德国雷司令甜型或半甜型。

（七）餐后酒

可选用甜食酒、鸡尾酒、一部分蒸馏酒和利口酒等，如：雪利酒、白兰地、科涅克、波尔图酒等。

但是红葡萄酒对于一些菜肴是不适合搭配的，这些被称为红葡萄酒杀手：

1. 蒜头

蒜头与单宁结合产生苦味，最好搭配干白。

2. 醋

醋的香味是葡萄酒遭遇醋酸菌感染变质所产生的味道，最好搭配玫瑰红或是半甜的白酒，因为带一点甜味可以中和醋酸。

3. 辣

辣与单宁结合越来越辣，最好搭配酒精度高的干白。

4. 甜点

甜点与单宁结合产生苦味，要搭配甜酒。

九、葡萄酒的储存

葡萄酒的储存至关重要，保管得当会延长酒的寿命，提高酒质，避免遭受损失。葡萄酒的储存应注意以下几点：

（1）要存放在阴凉的地方，最好保存在 10℃ ~13℃的恒温状态下。温度过低会使葡萄酒的成熟过程停止，而温度太高又会加快成熟速度，缩短酒的寿命。

（2）保持一定的湿度 65%~76%。空气过于干燥，酒瓶的软木塞会干缩，空气就会进入瓶内，酒质变坏。所以，存放在酒窖或酒柜内的葡萄酒多是将酒平放或倒立，以使酒液浸润软木塞。

（3）避免强光照射。阳光直射，会使葡萄酒颜色变黄。因此，通常用深棕色或绿色瓶装酒。

（4）勿将葡萄酒与油漆、汽油、醋、蔬菜等在一起存放，否则，这些物品的气味很容易被葡萄酒吸收破坏酒香。

（5）避免震动，防止酒液浑浊，损坏酒的质量。

十、葡萄酒软木塞

常见的葡萄酒塞有天然软木塞、合成塞、螺旋塞等，除此之外还有玻璃塞和皇冠瓶帽。

酒塞到底有什么用？其实酒塞本身，最早不过是为了密封葡萄酒存在的。

后来随着保存葡萄酒的时间越来越长，人们发现酒塞还起了个很重要的作用——做葡萄酒陈年的看门人。其实不是和大部分商家宣传的那样，软木塞和橡木没任何关系。所有高品质木塞的材料都来自栓皮栎树的树皮。而制作软木塞中最重要的，其实是千万别把任何味道带入酒里。

我们如今广泛使用木塞的目的，只是因为它可以适当的透透空气。通过氧气与葡萄酒的接触，会让酒液中的各种色素分子变得稳定，同时芳香物质变得更为多样化。

当然作为葡萄酒“守护神”美誉的软木塞也能反映一些你的储酒情况。如果你的酒存储条件有问题了，软木塞可能出现下面五种情况：

1. 霉塞

造成霉塞的原因是酒塞存储环境的湿度较高，给霉菌提供了完美的生长环境。当然不必担心，只要霉菌没染到木塞下端，直接把塞口擦干净就好。

2. 裂塞

造成裂塞的原因主要有：

（1）20 年以上的老酒，木头腐朽，会比较脆弱。

（2）开瓶方法不当，导致塞裂。

（3）储存条件太干燥，如果不是老酒，有可能是储存条件太干，酒瓶没有直立摆放。

（4）还有就是开瓶方法太粗暴。

解决办法是：

（1）如果是老酒，请使用老酒开瓶器。

（2）不是老酒的话把酒瓶直立摆放就好。

（3）请拒绝超市开瓶器，用海马刀就可以。

3. 涨塞

造成涨塞原因主要是：

（1）受热或剧烈晃动。

（2）工艺问题导致的二次发酵。

无论什么原因都不是好迹象，保存或运输一定有问题。所以如果涨塞情况严重，请直接联系商家退货。

4. 漏液

造成漏液的原因主要是：

（1）随涨塞一起产生。

（2）木塞比较干，密封不够好。

（3）木塞质量问题。

（4）酒庄把酒灌得太满（比如勃艮第家的 Leroy）。

（5）老酒。

漏液对酒的影响大小比较难讲，还是以口感说话为好。

5. 嘬塞

造成嘬塞的原因主要是：

（1）酒陈放时间长了。

（2）过气了。

嘬塞对于老香槟来说是正常，只要不过松就好。而普通的非年份香槟发生嘬塞，那这瓶酒很可能是过气了。

十一、酒刀

酒刀是葡萄酒服务中不可缺少的侍酒师伴侣，酒刀有多种类型。

据说使用酒刀可以分为六重境界：

（1）第一境界：塑料螺旋开瓶器。

（2）第二境界：普通海马刀或蝶形开瓶器。

（3）第三境界：电动开瓶器或针孔开瓶器。

（4）第四境界：老酒开瓶器。

（5）第五境界：特制钢化酒刀。

（6）最高境界：酒刀之王“拉吉奥”。

十二、水位和缺量

在葡萄酒中，水位（Fill Level）是一个反映葡萄酒保存状态是否良好的术语，通常指葡萄酒液面的较高位置。提到水位，就不得不提缺量（Ullage）。Ullage 源自法语中的 Ouillage。大多数情况下，它指的是葡萄酒液面（即水位）和软木塞之间的空间和间距，同时也可表示一些老年份葡萄酒随时间蒸发的酒液（或在橡木桶内陈年的葡萄酒所蒸发的部分酒液）。

一般来说，葡萄酒装瓶之初的水位是较高的，而且如今的装瓶流水线上，也会给葡萄酒适量填充惰性气体（多为氮气）来杜绝氧化。装瓶封瓶后，虽然有软木塞阻隔，但葡萄酒还是能“自然呼吸”，因为软木塞有透气性，少量的氧气能进入瓶内。这个过程使葡萄酒变得更加成熟复杂，也导致了部分酒液通过软木塞蒸发，形成缺量。酒少了，水位也就下降了。

如果葡萄酒水位较低，它的缺量空间就更大，氧气越多，葡萄酒就更容易被氧化，也说明其储存条件可能不是很好。但是，水位太低不总是意味着消极方面，对于一些单宁含量丰富的葡萄酒，也能加速它的成熟。

不管如何，尽可能挑选高水位的葡萄酒。如果你拥有一箱同款葡萄酒，从水位较低的开始喝，因为它可能成熟得较快。

1. HF：高填充液位（High Fill）

多指刚出厂时候的水位，一些新酒和陈年时间不长的葡萄酒的液面大都在这个位置。

2. IN：颈肩（Into Neck）

这个位置一般可以说是最完美的水位，不过对于长期陈年的老酒来说，一般很难保持。

3. BON：瓶颈底部（Base of Neck）

通常，处于这个水位的葡萄酒都还算不错，如果超过 10 年还能保持这样那就很完美了。

4. VTS：顶肩（Very Top Shoulder）

15 年及以上的葡萄酒一般为这种水位。

5. TS：上肩（Top Shoulder）

通常，超过 20 年的葡萄酒会处于这个位置，不过前提是这种酒的陈年潜力可达 20 年。

6. HS：高肩（High Shoulder）

20~30 年左右的葡萄酒保持这样属于正常，但 40 年以上还能保持这个液位就非常不错了。

7. MS：中肩（Middle Shoulder）

通常，这种水位的酒很有可能是因为存放不当或木塞漏气而发生了氧化，因为即使陈年 40 年也一般不会在这个位置。

8. LMS：中下肩（Low-Mid Shoulder）

这种酒可能基本已经开始变质了，最好不要购买。

9. LSB：下肩（Low Shoulder and Below）

买这种酒的风险极大，除非你不打算喝。

如果陈年数十年的老酒的水位还很高，就要提防是不是遇到了假酒。

十三、世界各国葡萄酒条形码

（一）条形码常识

葡萄酒条形码共由 13 个数字组成，可以分为四个号段，分别为 1–3 位、4–8 位、9–12 位、13 位，最后一位是校验码。如以南澳的格兰特·伯爵酒庄的 GB88 葡萄酒的条形码为例，其条形码为“9315705012403”：

1–3 位：共 3 位，对应条码的“931”，是澳大利亚的国家代码之一（“930”“939”都是澳大利亚的代码，由国际上分配）。

4–8 位：共 5 位，对应条码的“57050”，代表着生产厂商代码，为格兰特·伯爵酒庄，由厂商申请，国家分配。

9–12 位：共 4 位，对应条码的“1240”，代表着厂内商品代码，由厂商自行确定。

第 13 位：共 1 位，对应该条码的“3”，是校验码，依据一定的算法，由前面 12 位数字计算而得到。

（二）注意事项

（1）依照国家进口食品管理办法的规定，进口葡萄酒都必须贴中文标签。

（2）进口商在加贴中文标签时，不覆盖酒厂的条码，无须加印进口商条码。

（3）进口商在加贴中文标签时，覆盖酒厂的条码，须在中文标签中加印进口商条码，或在原酒厂的授权下使用原酒厂的条形码。

（4）进口商如向海关申请进口葡萄酒条形码，那么这瓶进口葡萄酒上标的条形码就是以“69”开头，而不是原产国的条形码。

（5）如果中文标签上的条形码是以“69”开头，而又没有向海关申请进口葡萄酒条形码，但仍然打着进口酒的旗号在叫卖，这时就应注意这个所谓进口酒很有可能是假的。当然条形码也并非是检验酒真伪的唯一标准，也有很多国外历史比较悠久且产量比较少的酒，酒庄就不会申请条形码。

第二节　葡萄酒的品评与服务

一、葡萄酒的品评

（一）味觉

味感是由呈味物质作用于舌头的黏膜和舌面上的味觉细胞，再传入大脑皮层引起的。但不是舌的整个表面，而是在舌尖、舌两侧和舌根有味感，这些部位都分布着不同型式的味觉乳头。在舌头的中部和背面则没有这种味觉乳头，因而感觉不到滋味物质的刺激，它们只有压力、冷、热、光滑、粗糙、发涩等感觉。嘴唇、舌头的黏膜、牙床和硬腭对滋味没有感觉，但软腭、喉头、会厌（喉头上面的半圆形软骨）等处，分布着味觉感受器，因此它们都有味的感受能力。基本味觉可以分为甜、酸、苦、咸四种。它们分布在舌的四个区。一般来讲，舌尖部分对甜咸感觉最为灵敏。甜味的灵敏区在舌尖的顶端，咸味的敏感区在舌头侧面的边缘，苦和酸的感觉则以舌后部较灵敏。舌体的两侧边缘对于酸的感觉最灵敏，舌根部是苦味感觉的最灵敏区舌头上和口腔内对滋味感觉的程度分布很不均匀。舌头的后部和软腭、喉头等区域对滋味的感觉比前部来得时间长而持久。舌尖部反应细致而迅速，产生的感受却瞬息消失。

为了在品尝时能够得到均匀而正确的味觉印象，必须使喝进嘴的一口酒尽可能地在口内均匀分布于所有的味觉区。所以，这时必须灌洗舌头并同时吸进少量的空气。把酒在舌头上前后滚转，以产生均匀的刺激。如果只接触到一部分，则所得到的滋味印象将不鲜明，再喝第二口时印象就会改变。必须尽可能做到每口酒都要喝得一样多，吞下或吐出时间一样长。做对照鉴定时，更需如此。在得到主要的最明显的印象以后，即将酒吐出或咽下，再体会嘴中的后味。只有完全掌握了对滋味的品尝技术，才会得到真正的欣赏。

（二）余味（Length）

1.“余味”的概念

“余味”这个术语来描述各种味觉要素、平衡感、韵味在口腔内延续的时间。时间能持续 20 至 30 秒就是一款不错的葡萄酒。如果一款葡萄酒的余味能持续45秒以上，则说明该酒风味浓郁，是经过精工酿造而成的。

余味的舒适度和长短在决定酒的质量时舒适度更重要。余味的味感持续性主要以酸、苦、涩为基础，干白以酸为主，红酒决定余味的是单宁，以酸、苦、涩为主。

2. 葡萄酒的余味表现

（1）优质干白余味表现为香而微酸，口腔清爽。

（2）优质干红余味表现为醇香，单宁的丰满滋味。

3. 单宁在余味上的表现分类

优质单宁：源于优良、名贵的葡萄品种。

苦味单宁：源于普通的葡萄品种。

酸味单宁：源于所有的葡萄品种。

粗糙单宁：存在于生葡萄酒。

木味单宁：源于橡木桶。

生青味单宁：源于不成熟的葡萄。

（三）品酒要求

1. 品酒的环境要求

品酒最好是在安静、空气新鲜、没有烟雾与直射阳光但比较明亮的场所。如与两三知己在家欢聚畅叙，欣赏一下美酒，也会增加气氛和效果。对于吸烟者来说，在品酒欣赏期间最好不要吸烟，为了得到真正的果香与酒香，吸烟者应尽可能将手洗净，以去掉手指上烟草的味道。

2. 品酒的温度要求

酒的温度对风味有很大的影响。同一种酒在不同的温度下，欣赏效果不同。

（1）葡萄酒香气越浓郁，侍酒温度相对越高：侍酒温度高，会加强葡萄酒中芳香型分子的挥发，从而提高品鉴的愉悦度。

（2）葡萄酒单宁越高，侍酒温度相对越高，因为侍酒温度低，会增加单宁的紧涩感，尤其当温度低于10℃以下，单宁会极为苦涩，从而大大影响葡萄酒的口感。

（3）葡萄酒酸度越高，侍酒温度相对越低，低温时口腔味蕾对酸度敏感性强。

（4）葡萄酒甜度越高，侍酒温度相对越低，因为低温时口腔味蕾对甜度敏感性弱，不至于因过甜导致不适感。

3. 葡萄酒杯在品酒中的重要性

（1）葡萄酒杯使用的历史

在葡萄酒的历史进程里，每时每刻都发生着变化，而葡萄酒杯的形状、材质也在不断发生改变。从西方葡萄酒杯的使用历史看，古罗马时使用厚重的金属容器，文艺复兴与工业革命时期多使用彩色厚重开口的装饰性酒杯，“二战”后多使用透明轻薄收口的功能性酒杯。

（2）现代酒杯之父

Riedel（睿戴）家族的第九代传人—— Claus J. Riedel（卡尔斯·睿戴）先生于 1958 年推出史上第一个功能性酒杯，研发出革命性杯型：透明无装饰，收口造型，轻盈壁薄。“形式依循功能”这一全新概念于此成形，Claus J. Riedel（卡尔斯·睿戴）也因此被称为现代酒杯之父。

（3）品酒与酒杯的重要关系

针对不同葡萄品种特色所设计的功能性酒杯，能将蕴含于酒本身的讯息，完美地传达到人体的感官。品酒过程中有四重感官体验。

①香气：功能性酒杯能充分表达葡萄酒香气的质量和浓郁度。

②酒体：功能性酒杯能提升口感上对酒体的不同层次的体验（清淡、奶油般浓郁圆润、丝滑、丝绒般的柔顺感）。

③口味：功能性酒杯能提升葡萄酒的果香、矿物味、酸度或苦味，创造出更均衡的口感。

④余韵：功能性酒杯能让余韵感受体验更愉悦、柔和、谐调和悠长。

（4）杯型选择的重要性

酒杯的不同形状、杯口的宽窄、杯口的切割方式、杯梗的长短都会对葡萄酒的口感产生影响。杯肚较小的酒杯会更利于聚拢香气，对于香气淡的葡萄酒会有更好的效果；杯肚较大的酒杯比较利于酒液的呼吸，比较利于表现浓郁型的葡萄酒。杯口较大的酒杯，香气一般会比较弱；杯口较小的酒杯，一般来说香气会更浓郁，更容易捕捉。另外，不同形状的酒杯，摇杯后酒液的挂杯面积也不一样，从而会对香气分子的挥发速度产生影响，一般来说郁金香型的酒杯挂杯面积较大，香

图 2–1　郁金香杯

气挥发较快；而棱角比较明显的酒杯，挂杯面积较小，香气挥发速度相对会慢一些。

（5）酒杯的品鉴与感官之旅

不同形状的葡萄酒杯会造成杯中酒面形状之差异，造成酒入口方式的不同。入口后的葡萄酒，因接触舌头的部位不同而产生不同的刺激程度，从而影响到葡萄酒在口中的品尝。舌尖部分对甜最敏感，前半段两侧对咸最敏感，中后段的两侧对酸最敏感，舌后端对苦最敏感。

4. 葡萄酒与酒杯的搭配

酒杯总的要求是杯壁洁净，高脚，口小腹大。香气是品酒的一个重要方面。如何使酒的香气容易散发并集中嗅到鼻内，这就要在酒杯上做文章。这种酒杯口小腹大，酒杯玻璃无色透明，无气泡，无花纹，满容 220 毫升，酒倒入的高度是杯内面积最大的部分，约在杯子 1/3~2/5 的高度，酒量在 40~50 毫升。

图 2–2 红葡萄酒杯

（1）红葡萄酒——郁金香型高脚杯

用郁金香型高脚杯的理由是持杯时，可以用拇指、食指和中指捏住杯茎，手不会碰到杯身，避免手的温度影响葡萄酒的最佳饮用温度；杯身容量大则葡萄酒可以自由呼吸；杯口略收窄则酒液晃动时不会溅出来，且香味可以集中到杯口。

（2）白葡萄酒——小号的郁金香型高脚杯

用小号的郁金香型高脚杯的理由与红葡萄酒相同。用小号杯的理由是白葡萄酒饮用时温度要低，白葡萄酒一旦从冷藏的酒瓶中倒入酒杯，其温度会迅速上升。为了保持低温，每次倒入杯中的酒要少，斟酒次数要多。

图 2–3 香槟杯

（3）香槟（起泡葡萄酒）——杯身纤长的直身杯或敞口杯

用直身杯或敞口杯的理由是为了让酒中金黄色的美丽气泡上升过程更长，从杯体下部升腾至杯顶的线条更长，让人欣赏和遐想。

（4）干邑——郁金香球形矮脚杯

用矮脚杯的理由是持杯时便于用手心托住杯身，借助人的体温来加速酒的挥发。

5. 赏酒的次序

在进行多类型酒的欣赏时，要有先后次序，否则得不到应有的效果。一般是先清淡后浓郁，先新后陈，先干后甜，先白后红，先低度后高度。

图 2-4　白兰地杯

（四）品酒过程

品尝葡萄酒需要通过眼睛来观察酒的颜色，用鼻子来嗅酒的香气，以口来尝酒的味道。下面简单介绍品饮的方法。

1. 观色

颜色好比葡萄酒的脸，通过酒的颜色可以判断葡萄酒的年份、特点等。通常情况下，葡萄酒的颜色必须纯正，具有光泽（澄清、光亮）。首先，用食指和拇指握着酒杯的柄脚部，将酒杯置于腰高处，低头垂直观察酒的液面，看其液面是否有失光感或有其他现象。其次，将酒杯倾斜，观察靠近杯口酒液的色泽。最后，将酒杯倾斜或摇动，使酒均匀地分布在酒杯内壁上，静止后，观察内壁上形成的无色酒柱，即挂杯现象。对起泡葡萄酒要注意观察气泡的大小、数量和持久性及细腻程度。

（1）"水色边缘"，"水色边缘"宽度越大（2 毫米），表示属浅龄酒；宽度越小，表示是成熟的葡萄酒。

（2）"本色边缘"，"本色边缘"如果宽度只有数毫米，表示属浅龄酒；如边缘宽度约有 1 厘米，表示是成熟的葡萄酒。

（3）"酒眼"或者"酒窝"（Eye 或 Bowl），酒眼颜色深的葡萄酒可预测到在舌间会有强烈口感。酒眼颜色较浅的葡萄酒，酒质比较细致优雅。

（4）红葡萄酒深浅与单宁含量成正比，色深浓，则有醇厚度、丰满、单宁感强；色浅，则味淡味短。

（5）新葡萄酒颜色鲜艳，紫红色或宝石红；陈酒为硅红或瓦红。

（6）颜色与口感有平行性质，必须相互协调平衡。

（7）新葡萄酒气泡有颜色，陈年的无色。

（8）白葡萄酒贮存越久颜色越深，红葡萄酒越陈颜色越浅。

2. 闻香

用鼻可以闻出绝大多数酒的香味，但有些香味只能是在喝到嘴里之后，才能品评出来。

在葡萄酒的香味中，着重有两点：

（1）果香（Aroma）

果香是描述来自葡萄的悦人的水果香气。不同葡萄品种具有各自独特的香气，合格的、舒适的果香可称为：优美的、柔和的（delicate），合意的、适宜的（agreeable）、爽净的（clean）、水果香（fruity）、愉快的、舒适的（pleasant）、新鲜的（fresh）。这些都应根据合意的程度，给以恰当的评价与打分。

（2）酒香（Bouquet）

酒香是描述由发酵和陈酿得来的芳香。“发酵酒香（Fementation bouquet）”是在酒的加工工艺中获得的，瓶贮酒香是酒瓶密封后缓慢发展而来的。为了得到好的酒质，葡萄酒必须使用上等的葡萄品种制成，然后慢慢地在木桶或瓶中改善风味。例如：极好的（葡萄采收）年份（Great vintage）的佐餐酒，在装瓶后可能会损失它们的一些“冒尖的（sharp）”味道和风味，但在装瓶后的15年甚至20年或更长的年月里缓慢达到饮用高峰。这时的酒可以称为“柔软的（soften）”，获得更少的“粗糙感（roughness）”和“涩感”。长年瓶贮的葡萄酒果香部分会有所损失，但在瓶贮过程中风味得以改善。这样我们也就比较容易识别什么是经过瓶贮发展而来的“瓶贮酒香”了。

影响葡萄酒质量的异味有很多种。如：过多使用二氧化硫（SO_2）的刺激味（二氧化硫是防止酒的氧化和防止微生物使酒败坏）。还会产生硫化氢（H_2S）的臭鸡蛋味，这是由于在制酒过程中，不慎将硫黄落入酒中造成的。有时会有醋味和似醋的味道，这是管理不善致使醋酸菌在酒中繁殖、产生醋酸而引起的。

“酵母气味”出现在刚发酵后不久就装瓶的新酒里，或是出现在进行下胶澄清处理的新酒中采用在炎热的气候生长并采收过晚的葡萄酿制的酒，可能会出现类似葡萄干的气味。“软木塞气味（cork taste）”是种很讨厌的气味，是由于软木塞腐烂并溶入葡萄酒中引起的。“木桶气味（woody）”是葡萄酒在木桶里长时间贮存，特别是在小的木桶中贮存引起的。这种味在一些红葡萄酒、某些甜食葡萄酒（Dessert wine）和勃艮第（Burgundy）酒中是可以接受的，但其他的干白佐餐酒如果有这种味就很不好了。“氧化味（Oxidized）”是由于葡萄酒，特别是佐餐酒氧化。它的色泽会产生“改变色”（变深、变棕），常常伴随着棕色破败病。

葡萄酒的香气一般可以分四次来闻。第一次闻香——“静止闻香”，先在酒杯中倒入 1/3 容积的葡萄酒，将酒杯端起不能摇动，稍稍弯腰将鼻孔接近于酒面闻香，在静止状态下分析葡萄酒的香气。第一次闻到的气味很淡，只能闻到扩散性强的那部分香气。第二次闻香——“晃动闻香”，摇动酒杯，使葡萄酒呈圆周运动，促使挥发性强的物质释放。先在摇动过程中看，后在摇动结束后闻香。摇动使杯内壁湿润并使上部充满挥发性物质，使其香气浓郁幽雅，这时闻到的是葡萄酒的综合香气。第三次闻香——“摇甩闻香”，主要用于鉴别香气中的缺陷。第四次闻香——“空杯留香”，主要用于对芳香型葡萄酒的品鉴。

3. 品尝

对葡萄酒的味道感受最全面的是舌。葡萄酒中甜、酸、苦、咸味都有，但主要是甜味和酸味。品尝葡萄酒应先将酒杯举起，杯口放在嘴唇之间，并压住下唇，头部稍往后仰，轻轻地向口中吸拢，并控制住吸入的酒量，使葡萄酒均匀地分布在平展的舌头表面，然后将葡萄酒控制在口腔前部。每次吸入的酒应在 6~10 毫升之间，不能多，也不能少。当葡萄酒进入口腔内，闭上嘴唇，头微向前倾，采用舌头和面部肌肉的运动摇动葡萄酒。可将口微张，轻轻地向内吸气，这样可使葡萄酒的气味进入鼻腔后部。葡萄酒在口腔内流动和存留时间为 10 秒左右，咽下少量葡萄酒，然后用舌头舔牙齿和口腔内表面以鉴别尾味。

好葡萄酒标准是口感平衡，包括酸度、酒精、单宁、甜度、果香五个要素的平衡。口感平衡的含义是指五个要素中，酸度、单宁的涩和酒精这三个都具有刺激感，单一出现时都会让人感到不悦。而果香和糖分尽管挺讨人喜欢，但很容易发腻。奇妙之处就在于，一瓶佳酿的愉快体验，就是这五种因素互相影响的结果。

（1）酸度

葡萄酒的酸度起到支撑风味的作用，在平衡状态下，酸度负责让酒尝起来非常有活力，并且让人感觉清爽，可以一杯接一杯地喝。假如酸度太少，会使葡萄酒尝起来太过松弛、平淡。相比之下如果不平衡，也就是说其他风味无法包容酸度的刺激，那葡萄酒尝起来就太过尖酸。所以一瓶尝起来尖酸的酒，其实不一定真是高酸，有可能是因为其他风味太弱的因素。

（2）甜度

甜度包括一款酒中的糖分、醇以及我们对果香的感受。一款酒越甜，就越需要足够的酸度来平衡。例如冰酒，虽然甜，但其本身也是酸度最高的酒，正是因为这种高酸与高甜的平衡，才让你喝的时候有甜而不腻之感。即使是普通的干型酒，有时入口也有香甜的感受，这种甜味其实是由醇和果香带来的。

（3）酒精

酒精度不够，葡萄酒喝起来会显得不够圆润饱满。酒精度太高，在喝完以后又会有种灼烧感，葡萄酒的余味也会因此变短，这时候就需要充足的果香来平衡。

（4）单宁

单宁在葡萄皮中大量存在，它是构成红葡萄酒口感结构的主要元素。如果单宁的作用明显，可以感受到舌面和口腔壁上的收敛感。单宁的平衡受两个因素制约：一方面是单宁本身的品质，如果单宁劣质或不成熟，即使很少也很粗糙，让人感到涩口，而成熟优良的单宁，就算总量很大，也只带来收敛感；另一方面，是否有足够的果香匹配，越是单宁高的葡萄酒越需要有浓郁的果香去平衡。要强调的是白葡萄酒几乎不含单宁，它的结构感主要依靠在果香和酸度的平衡体现。

（5）果香

这里的果香不单是指葡萄自身香气，包括发酵和陈酿后带来的所有香气，都属于果香。足够的果香在一瓶葡萄酒中是至关重要、无与伦比的，缺乏果香的酒喝起来稀薄、清淡，酸涩感也会显得突兀。

葡萄酒中的平衡，是一个微妙的相互作用，一个元素的增加会使另一个元素的感知模糊，因此能够达到平衡的好酒，并不是说每种成分的分配比都完全相同，而是说在口感表现上，没有任何一个维度表现得过于突出，超出整体。

二、葡萄酒的服务程序

（一）点酒

1. 站位

站在客人右侧约 30 厘米处，左手持点酒单于身前，右手握笔随时准备记录。

2. 呈送酒水牌

用双手将酒水牌递送给客人，恭候客人点选。

3. 记单

记录时不可俯身将点酒单置于客人面前的餐台上。

4. 推销

适时、适度地向客人介绍酒品，描述语言应简洁明了，给客人留以思考和比较选择的时间，切忌催促客人或以指令性语气与客人进行交谈。为客人指示酒单中的酒品时，切忌以手指或手中的笔指指点点，应该保持掌心向上的指示方式。

5. 倾听

集中精神注意观察客人的表情，与客人交谈时声音应以能使客人听清且不干扰其他客人为标准。

6. 复述报出酒水名

客人点酒完毕时，服务员必须认真地用清晰的语言重复客人所点的酒水名称及数量。这是服务员对客人负责，对酒吧负责，更是对自己负责的必要工作环节，是服务员为客人点酒规范要求中绝不可忽视的重要环节。

7. 特殊处理

对客人提出的特殊要求，在酒吧条件允许的情况下，方可对客人做出承诺，并在点酒单中加以明确说明。

8. 致谢

点酒结束后要及时收回酒水牌，并向客人表示谢意。

（二）送酒

当客人点了整瓶葡萄酒后，应先将葡萄酒瓶擦干净，用干净的餐巾包住酒瓶，商标朝外。将红葡萄酒放入酒篮内。冷藏过的白葡萄酒应放在冰桶内，冰桶内应放入六成满的冰块和少量的水，并将一块干净的布巾盖在冰桶上。将酒篮放在桌上主客人右手边方便的地方，将冰桶送到靠近主客人（点酒水的客人）右侧方便的地方。

（三）示瓶

站在主客人的右侧，左手托瓶底，手与瓶底之间垫一块干净的布巾，叠成整齐形状；右手持不带标签的那一面靠近瓶颈的部分，以方便握瓶和显示标签。酒的标签朝向客人并距客人面部约 0.5 米，以方便客人查看与鉴定酒的名称、产地、葡萄品种及级别等。

（四）开瓶

用小刀将酒瓶口的封口锡箔纸割破撕下，用干净的餐巾布把瓶口擦干净。用酒刀划开红葡萄酒瓶口处的封纸，酒钻对准瓶塞的中心处用力钻入，转动酒钻上面的把手，酒钻深入至瓶塞 2/3 处时，两手各持一个杠杆往下压，把木塞慢慢起开。注意红葡萄酒酒瓶应始终保持 30° 角斜卧于酒篮的状态，切不可将酒瓶直立操作。酒瓶塞拔出后，放在一个垫有花纸的小盘中，送给客人检验。服务员要用口布将瓶口残留杂物认真擦除。斟倒少许酒给主客人品尝。

（五）醒酒

醒酒（Decanting）主要是为了两个目的，一是让年轻的葡萄酒接触到更多的氧气，从而加速单宁软化、充分释放封闭的香气，这个过程俗称“呼吸（Breathing）”。通常情况下，年轻的葡萄酒需要醒 40~60 分钟；陈年葡萄酒醒酒时间相对要短。二是把陈年老酒中的沉淀除掉，也叫滗酒和换瓶。

陈年红葡萄酒需要经过滗酒程序以后方可呈送至餐桌，以防止酒瓶中的沉淀物质直接斟入酒杯，影响红葡萄酒的品质。滗酒是将立起存放两个小时后的红葡萄酒开启，并轻缓稳妥地借助背景烛光，将瓶中酒液倒入另一个玻璃瓶中。经过滗酒程序的陈年红葡萄酒佳酿方可送至客人餐桌。一般红葡萄酒虽无须经过滗酒程序，但在整个侍酒过程中应该注意尽量减少服务过程中对酒液的晃动。

（六）斟酒

站在客人的右边，侧身用右手为客人斟酒。每斟一杯酒应换一个位置，移至下一个客人的右手，再继续斟酒。

女士优先，顺时针方向移动斟红葡萄酒时，右手持酒篮，标签面朝上为客人斟酒，酒瓶颈下垫干净布巾以防酒液滴落。

斟白葡萄酒时，应用布巾包住瓶身，露出标签，再为客人斟倒。斟倒时瓶口与杯沿保持 1~2 厘米的距离，瓶口不能接触杯子。红葡萄酒斟至酒杯中的 1/3 满；白葡萄酒斟至酒杯中的 2/3 满。斟毕，持瓶的手向内旋转 90°，同时离开杯具上方，使最后一滴酒挂在酒瓶口上而不落在桌上或客人身上。然后，左手用布巾擦拭瓶颈和瓶口，再给下一位客人斟酒。

将红葡萄酒酒篮放回主客人右侧；白葡萄酒放回冰桶内冷藏，并用布巾盖在冰桶上。

最后，感谢客人，离开餐桌。

（七）添酒

当客人杯中的酒几乎喝完时，应为客人重新斟酒，不要让客人的酒杯空着，直至将瓶中的酒全部斟完或客人表示不需要时为止。在斟倒白葡萄酒时，为了保持杯中的酒是低温的，应待酒杯中的酒不足1/3时再添酒，否则会影响杯中酒的温度和味道。

（八）斟酒服务要点及注意事项

（1）不同品种的葡萄酒饮用时对温度的要求是不一样的。红葡萄酒应在室温饮用，若能在饮用前打开瓶塞适当醒酒，可以使酒更加香醇；白葡萄酒应在8~12小时内饮用。

（2）红葡萄酒若陈年较久，常会有沉淀，服务时不要上下摇动。若沉淀物较多，为了避免斟酒时产生混浊现象，要经过滗酒处理。

（3）开启瓶塞后，要仔细擦拭瓶口，但注意切忌将污垢落入瓶内。开启后的封皮、瓶塞等物不要直接放在桌上，应用小盘盛放，在离开餐桌时一并带走。

（4）斟倒红葡萄酒时，要连同酒篮一起斟倒；斟倒白葡萄酒后，应放回冰桶内保持冷藏，并用干净的布巾折成三折，盖在冰桶上面，露出瓶颈。

（5）斟倒酒水时，动作应优雅大方，脚不要踏在椅子上，手不可搭在椅背上。

（6）国际上比较流行的斟酒服务顺序为：客人围坐时，顺时针依次服务。先为女宾斟酒，后为女主人斟酒；先女士，后先生；先长者，后幼者，妇女处于绝对优先地位。

（7）正式饮宴上，服务员应不断向客人杯内添加酒液，直至客人示意不要为止。当客人喝空杯内饮料而服务人员仍袖手旁观是严重的失职表现。若客人以手掩杯、倒扣酒杯或横置酒杯，都是谢绝斟酒的表示，这时切忌强行倒酒。

（8）葡萄酒服务操作应做到饮用温度把握准确，服务礼仪完美到位，动作正确、迅速、简便、优美，给客人以艺术的享受。

（九）香槟酒的服务操作

有气泡的香槟酒，因为瓶内有气压，故软木塞的外面套有铁丝网帽以防止软木塞弹出。香槟酒饮用前冷藏，最好是放置2小时以上。冰镇香槟酒的两点好处：一是改善味道，二是斟酒时可控制气体外溢。开瓶后瓶内的酒最好一次喝完，如想留下来，要用特制的瓶塞盖好，并放在阴凉的地方贮存。在香槟酒的服务中，最重要的环节是开瓶。环节如下：

（1）左手握住瓶颈下方，右手拇指压住瓶盖，右手将瓶口的包装纸揭去，并将铁丝网套锁口处的扭缠部分松开。

（2）在右手除去网套的同时，左手拇指需适时按住即将冲出的瓶塞，将酒瓶倾斜 45° 角，不要将酒瓶口对准客人，然后右手以餐巾布替换左手拇指，捏住瓶塞。

（3）当瓶塞冲出的瞬间，右手迅速将瓶塞向右侧揭开。

（4）如瓶内气压不够，瓶塞受压力冲出前，可用右手捏紧瓶塞拔出。

（5）为避免酒液喷出，开瓶时的响声越轻越好。

开瓶后马上斟用。斟酒时，最好采用捧斟法。对于起泡酒或香槟酒的斟酒服务，采用两次倒酒方法。初倒时，酒液会起很多泡沫，倒至杯的 1/3 处待泡沫稍平息，再倒第二次。斟酒不能太快，切忌冲倒，这样会将酒中的二氧化碳冲起来，使泡沫不易控制而溢出杯子。待所有杯子斟满后，将酒放回冰桶中，以保持起泡酒的冷度，这样可防止发泡。要注意的是香槟杯必须干燥，即“酒要冷，杯不冷”，而且不能在香槟杯中加冰块。

第三节　“旧世界”著名国家葡萄酒

一、法国葡萄酒

法国拥有葡萄栽培不可缺少的温度、水质、气候及阳光。因此，产量、品质和种类均居世界之冠。以优质葡萄为原料酿制的法国著名葡萄酒，更为世界饮者所瞩目，被视为珍品。法国葡萄酒主要生产地区为香槟区（Champagne）、卢瓦尔河谷（Loire Valley）、阿尔萨斯（Alsace）、勃艮第（Burgundy）、波尔多（Bordeaux）、罗纳河谷（Rhone Valley）、朗格多克—鲁西永（Languedoc Roussillon）、普罗旺斯（Provence）。

（一）法国葡萄酒等级

法国有“葡萄酒王国”之誉，为了保持这个美称，该国从生产到销售对质量的管理都相当严格，通过法律手段做出明文规定，并且建立了名酒的名品监制制度。它确保了法国名葡萄酒的商业地位，并为法国葡萄酒的等级分类和识别葡萄酒优劣提供了依据。法国酒法将葡萄酒分为四个等级，只要符合规定的标准，国家有关的葡萄酒机构就予以承认，这四个等级的高低如下所示。

1. 法定产区葡萄酒 AOC

AOC 在法文中的意思为“原产地控制命名”。原产地地区的葡萄品种、种植数量、酿造过程和酒精含量等都要得到专家认证，只能用原产地种植的葡萄酿制，绝对不可和其他产区的葡萄汁勾兑 AOC。产量大约占法国葡萄酒总产量的 35%。

酒瓶标签标示为 Appellation + 产区名 + Controlee。AOC 级别的葡萄酒还可以细分为多级，葡萄酒产区名标明的产地越小，酒质越好。

（1）最低级是大产区名 AOC，如：Appellation + 波尔多产区 + Controlee。

（2）次低级是次产区名 AOC，如：Appellation + MEDOC 次产区 + Controlee。

（3）较高级是村庄名 AOC，如：Appellation + MARGAUX 村庄 + Controlee。

（4）最高级是城堡名 AOC，如：Appellation + Chateau Lascombes 城堡 + Controlee 。

由此可知，对于法国葡萄酒，仅仅了解各大产地名称是不够的，还需要知道一定的葡萄酒庄的名称。因为很多上好的波尔多红葡萄酒的酒标上往往并不会出现波尔多的字样，甚至不会出现次产区的名称，而仅仅是酒庄的名称，酒庄的名称就代表了其葡萄酒。例如，波尔多的红葡萄酒以梅多克的最为著名，但是一瓶好的梅多克红酒，经常在其酒标上是找不到梅多克（Medoc）字样的。

2. 优良地区葡萄酒 VDQS

（1）优良地区葡萄酒 VDQS 是普通地区餐酒向 AOC 级别过渡所必须经历的级别。如果在 VDQS 时期酒质表现良好，则会升级为 AOC。

（2）其产量只占法国葡萄酒总产量的 12%。

（3）酒瓶标签标示为“Appellation + 产区名 + Qualite Superieure”。

3. 地区餐酒 VIN DE PAYS（Wine of Country）

（1）地区餐酒的标签上可以标明产区。

（2）仅限于使用酒标上标示的产区内的葡萄酿造。

（3）其产量约占法国葡萄酒总产量的 15%。

（4）法国绝大部分的地区餐酒产自南部地中海沿岸。

（5）酒瓶标签标示为“Vin de Pays + 产区名”。

4. 日常餐酒 VIN DE TABLE（Wine of the Table）

（1）日常餐酒是最低档的葡萄酒，作日常饮用。

（2）日常餐酒可以由不同地区的葡萄汁勾兑而成，如果葡萄汁来自法国各产区，可称法国日常餐酒。

（3）日常餐酒中最好的酒被升级为地区餐酒。

（4）不得用欧共体外国家的葡萄汁。

（5）其产量约占法国葡萄酒总产量的 38%。

（6）酒瓶标签标示为“Vin de table”。

（二）法国葡萄酒的主要产区

1. 波尔多

波尔多是全世界最佳的优质葡萄酒产区，也是举目公认的世界著名高级葡萄酒的摇篮。风行世界的名葡萄酒有半数之多产于法国，而其中属波尔多产区的酒品就占一半的数量。世界各国一提起法国葡萄酒便会立刻联想到波尔多、勃艮第。这两地均盛产优质的红、白葡萄酒，尤其是波尔多的红葡萄酒，无论在色、香、味还是在典型性上均属世界一流，特别是以味道醇美柔和、爽净而著称。那种悦人的果香和永存的酒香，誉以“葡萄酒王后”的美誉应当之无愧。

波尔多地区位于法国西南部，在法国最大的省纪龙德省境内以及加龙河和多尔多涅河在此交汇合成为纪龙德河。这三条河又把该省分成 3 个自然区，这 3 个自然区构成了著名的波尔多葡萄酒产区。波尔多地区葡萄酒产值占纪龙德省农业总产值的 60%，以产地命名的优质葡萄酒（A.O.C）产量占了法国全国同类葡萄酒总产量的 30%。波尔多葡萄酒畅销 150 多个国家和地区。波尔多自然区的主要葡萄酒产区都以产地的地名和古代城堡命名，现称为酒堡（chateau）。北区的梅多克、圣艾美侬和波美候都生产著名的红酒，南区的格拉夫斯则生产白酒和红酒，苏玳则以生产甜白葡萄酒著称。波尔多红酒的度数一般在 12°~13.5°，干白葡萄酒约在 11.5°~12.5°，甜白葡萄酒约在 13°以上。

（1）梅多克（Medoc）

梅多克红酒举世无双，堪称世界红酒中的最好品种，以美味均衡著称。

1855 年波尔多分级文件就是以梅多克地区为主，所以又叫梅多克列级。供应商选出 51 个优秀葡萄园，分为 5 个等级，称为苑 cru，名牌产品从高到低以头苑、二苑、三苑、四苑和五苑 5 个等级分类。头苑梅多克有 3 家：

①拉菲堡酒（Chateau Lafite-Rothschild）

此酒色泽深红清亮，酒香扑鼻，口感醇厚，绵柔，以清雅著称，属干型。最宜陈酿久存，越陈越显其清雅之风格。

②玛歌堡酒（Margaux）

玛歌酒以“波尔多最婀娜柔美的酒”闻名，酒液呈深红色，酒体协调、细致，各路风格恰到好处，属干型，早在 17 世纪就出口到英国。

③拉图堡酒（Chateau Latour）

拉图酒质丰满厚实，越陈越具其纯正坚实、珠光宝气的风格，属干型，早在 18 世纪就已出口到英国。

（2）圣·艾美侬（St.Emilion）

圣·艾美侬是法国最古老的酒城，产红、白葡萄酒，以红酒最受欢迎。圣·艾美侬葡萄酒分为两大等级，名头苑有 12 个品种，名苑有 70 个城堡。其中，最有名的酒当数乌召尼酒，此酒在过去一个时期曾经统治过圣·艾美侬。乌召尼堡红酒特点鲜明，色泽深沉，浓醇、劲足、果香悦人，属干型。另外，白马酒红酒后来者居上，现已超过乌召尼酒而名列该酒区之首。另外这两个酒庄今年在 2021 年已经宣布退出列级庄的行列。白马酒风格精致，醇厚浓烈，色呈深红发乌，香气馥郁扑鼻，口味丰富圆满，人称“热情洋溢”之酒，属干型。

（3）波美侯（Pomerol）

波美侯葡萄酒与圣·艾美侬葡萄酒比较接近，风格特点相似，但前者比后者酒质较固定，酒味顺畅。波美侯葡萄酒分为 5 个等级。最著名的是柏翠或者帕图斯，该酒呈深红色，果香馥郁，口感绵柔圆正，回味无穷。该酒风格兼有梅多克和圣·艾美侬葡萄酒的特点，属干型。

（4）格拉夫斯（Graves）

该区位于波尔多南部，生产红、白葡萄酒。“Graves”的意义，似与碎石有点关联，主要是指该地的碎石松土生长了茂密的葡萄，某些红酒的资质甚至比梅多克还要丰厚。该地所产的白葡萄酒非常柔顺新鲜，分干和半干两种，标签上印有“SEC”或“DEMISEC”。该区最著名的品种是：Chateau-Haut-

Brion 侯伯王，它是世界上公认的最佳红酒之一。此酒风格典雅优美，酒体丰满，酒质稳定。

（5）苏玳（Sauternes）

苏玳是著名的贵腐甜白葡萄酒产地，此酒口味甘甜长润，酒度在 13°~16° 之间，酒劲足而不烈，风格独特。生产工艺考究，堪称世上一绝，从选料上的用心良苦便可略见一斑。苏玳白葡萄酒是选用晚采收的葡萄酿制的，就是让葡萄在阳光下充分曝晒，并有意折断葡萄叶，到葡萄成熟后再等待其破皮、发霉、水分消失。这种侵袭葡萄的霉菌称为蚕微菌，它会溶解果皮中的蜡质，使果粒的水分蒸发，将果汁浓缩，提高果粒的糖分，因而能酿出浓郁的葡萄酒。人们称这种过熟发霉现象为“高贵的腐败”，即“贵腐”。苏玳白葡萄酒的名品分为 3 个等级：其中依坤酒（Chateau yquem）被誉为“贵腐甜酒的最完美代表”。风格优雅无比，色泽金黄华美，清澈透明，口感异常细腻，味道甜美，香气怡然。此酒越老越美，由于精工细制，控制产量，因此身价百倍，它也是世界最贵的葡萄酒之一。

2. 勃艮第（Burgundy）（法：Bourgogne，英：Burgundy）

勃艮第位于法国东部，是法国乃至世界最著名的葡萄酒产区之一，主要生产红、白葡萄酒，以红酒最著名。该酒区中拥有许多举世闻名的名牌酒品，深受人们喜欢，因其味道浓烈，粗壮，被冠以“葡萄酒之星”的美称。酒标上的 Estate 字样与波尔多的 Chateau 意义相同，Estate 是由若干个小型葡萄园组成的。勃艮第红酒类的度数约在 9.5°~13° 之间，其中布娇莱红酒在 9.5°~10.5° 左右，金坡地红酒在 12.5°~13° 左右，白葡萄酒类一般在 12.5° 之间。勃艮第产区的葡萄酒又可细分为 3 个产区：

（1）金坡地葡萄酒（Coted’or）

金坡地葡萄酒在勃艮地酒中占有十分重要的地位，集中了酒品中名酒的精华。金坡地葡萄酒又可分为两大类：夜坡地酒（Cote-de-Nuits）和伯恩坡地酒（Cote-de-Beaune）。最有代表性的名品——佛斯尼·罗马奶红酒（Vosne-Romanee）在世界上享誉很高，它的 5 个品种一直为人们所传颂。

拉罗马奶·孔蒂（La romanee-Conti）居首位，以“酒中玲珑”而著称，色泽棕红优雅，酒体协调完美，风格独特细腻，余香绵绵，迷人至极，妙不可言，属干型。

拉罗马奶·圣仙（La romanee-St-Vivant）色深红，酒体温柔绵软，嗅香悦人，属干型。

拉罗马奶（La romanee）与孔蒂风格近似，虽优美细腻不及后者，但却更加生动、丰满，属干型。

拉大舍（La tache），色泽红润，口味鲜嫩，圆正盈实，给人以深不可测之感。

拉黎氏室（La richbourg）其绵柔风格胜过其他品种，酒体坚实充裕，久存而醇美无比，属干型。

（2）南勃艮第葡萄酒（Bourgogne Sud）

南勃艮第葡萄酒风格多变，品种丰富，很多名牌产品畅销全世界。它们为夏龙坡地酒（Cote Chalonnaise）、马孔酒（Macconnais）和保祖利（Beaujolais）三大类。其中：

普依富塞（Pouilly-Fuisse）是勃艮第白葡萄酒的杰出代表，呈浅绿色，光滑平润，清雅干洌，鲜美可口，属干型。

风磨红葡萄酒（Moulin-a-vent）被称为“保祖利之王”，酒液呈棕红或深红色，口香显著，口味干洌，以鲜爽著称，属干型。

墨丘利（Mercury）以轻快爽口闻名于世，酒液呈棕红或深红色，入口时，给人以清新纯洁的美感，堪称勃艮第红酒之一绝。

（3）夏布利葡萄酒（Chablis）

夏布利以产干白葡萄酒闻名，是勃艮第（Burgundy）白葡萄酒中的佳品。酒的外观呈近无色和淡黄色，澄清透明，果香浓郁、醇正，酒味爽口。其产品分为四大类：夏布利大苑（Chablis Grand Cru）、夏布利头苑（Chablis Premier Cru）、小夏布利（Petit Chablis）和夏布利（Chablis），其中夏布利大苑白葡萄酒最好，色泽金黄带绿，清澈透明、香气轻盈优美，口味细腻、雅致，是一种原体味最浓的酒。

3. 香槟区（Champapagne）

（1）香槟酒概述

香槟产区位于巴黎东北部，以盛产高级起泡葡萄酒而闻名于世。法国规定只有在香槟地区采用特定的葡萄品种和生产方法酿造的起泡葡萄酒，才能叫作香槟酒（Champagne），其他地区虽然用同样的生产工艺进行酿造，也只能叫起泡葡萄酒。这类酒产于德国的有赛克特（Sekt），产于意大利的有阿诗蒂（Asti），产于其他国家的只能称为“起泡葡萄酒”。史载，香槟是由法国屋特维兰修道院酿酒修士唐·佩里尼在17世纪末发明，至今已有300多年的历史。经过多年的改进，形成了一个独立的香槟酒酒种。香槟是法国境内地处最北端的葡萄酒产地，寒冷的气候使葡萄成熟得非常缓慢。整个香槟产区允许7个品种：莫尼艾品乐、黑皮诺和霞多丽、阿芭妮，小美斯丽，白皮诺以及灰皮诺。香槟酒通常也是由这几个品种混合而成的，也有仅用其中的一种或两种来酿制的。其中，黑皮诺是酿造香槟酒的骨干品种。香槟酒的生产，必须选用莫尼艾品乐、黑皮诺和霞多丽葡萄为原料，经破碎、分离、发酵等工艺处理后，形成香槟酒的酒基。酒基经滗酒、澄清、过滤和勾兑，稳定之后加入酵母及适量的糖，装入瓶中进行二次发酵，这就是著名的香槟酒法。将上述酒液的瓶口压入软木塞，用铁丝扣紧，再把酒瓶卧放于10℃~12℃的地窖中发酵2~3年，瓶口朝下移至人字形的木架上。按定的时间间隔，逐瓶地人工进行转瓶，使瓶口向下越来越直立，使酒内的酵母、蛋白质等沉淀物，均紧密地积于瓶颈处，这个过程持续长达数月，最后酒瓶完全倒立起来，沉淀集聚在瓶口处。将上述瓶酒直立倒置浸于−30℃冷冻液中，使瓶颈处的沉淀物和部分酒液迅速冻结，开启瓶塞，清除冻结杂物，并补充同质量的酒液，立即压入蘑菇形瓶塞，用铁线笼头加固，将酒液上下摇匀后，耐心地储藏一段时间，封口、贴标装桶。成品香槟酒的瓶内压力在5~6个大气压，大约等同于载重卡车内胎的压力。所以，装起泡葡萄酒的酒瓶很厚、强度很大，开瓶时必须十分小心。

（2）香槟酒的分类

①按照葡萄的收获年份划分，可以分为年份香槟酒（Vintage）和非年份香槟酒（Non-Vintage）。年份香槟酒是指气候好的年份，这一年可以生产高品质的一流葡萄，从而酿出优质的香槟酒。大部分优质的香槟酒都是年份香槟酒，年份香槟酒要留下20%作为非年份香槟酒的勾兑原料。非年份香槟酒又叫小年份葡萄酒，其葡萄的成熟度等不如年份香槟酒的原料质量高。根据法国政府相关法令规定，小年份的酒最少需陈酿一年，而年份香槟酒最少需陈酿三年。有的厂家将不同年份的酒进行勾兑，从而保持了香槟酒连续不断的风格。

②按照香槟酒的含糖量划分，可以分为六级：绝干型（Extra Brut），含糖量小于0.5%；自然型（Brut），含糖量0.5%~1.5%；特干型（Extra Sec），含糖量1.5%~3.0%；干型（Sec）含糖量3.0%~5%；半干型（Demi Sec），含

糖量 5%~7%；甜型（Doux），含糖量 7% 以上。好的香槟酒其糖分不能太多，一般越甜的香槟酒价格越低。

③按照香槟酒的颜色划分，可以分为 3 种类型：白香槟酒，采用霞多丽葡萄品种酿制而成，酒的外观呈禾秆黄色至无色；桃红香槟酒，外观呈粉红色；黑白香槟酒，采用黑皮诺葡萄品种酿制而成，酒的外观呈金黄色。

（3）凡质量优良的香槟酒，应当具备 4 个条件：色泽明丽，澄清透明；启塞时响声清脆悦耳；泡沫洁白，起泡持久；具有醇正清雅、优美和谐的果香，并具有清新、爽怡的口感。

香槟酒是一种庆祝用酒，是世界上最富有魅力的葡萄酒，被称为葡萄酒之王。酒精度通常为 11%，可以在任何场合与任何食物配饮。

（4）名品

香槟产区有一万多个葡萄园，产品的 1/3 供出口。著名的香槟品牌有玛姆香槟（Mumm）、酩悦香槟（Moet Chandon）、凯歌香槟（Veuve Clicquot Ponsardin）、路易王妃香槟（Roe-derer）等。其中玛姆香槟（Mumm）产于香槟地区的玛姆酒厂。这种香槟诞生于 1827 年，很快就成为“王室香槟”，为欧洲所有王室选用。玛姆酒一直坚持用传统的方法酿酒，被公认为最佳的香槟。著名的玛姆香槟酒有玛姆红（Mumm Cordn Rouge）、玛姆纳劳（Mumm Rene lalou）、P J 好时代彩瓶年份香槟（Perrier Jouet Belle Epoque）。

（5）香槟酒酒标

①品牌名：Comtes de Chanpagrne。

②酒商名：Taittinger。

③具体产地标示。除了标明“法国生产”外，还会有酒商所在城镇的标示。

④生产年份。多数香槟酒无年份，此瓶香槟 1995 年生产。

⑤干甜程度标示。香槟酒都会在酒标上标明干甜程度。此款酒为极干型（Brut）。

⑥葡萄品种。葡萄品种通常不标，此款酒为“白中白（Blanc de Blancs）”。

⑦无特别的 AOC 标示，不过只要有香槟（Champagne）的字样就自动被认为是 AOC。

⑧生产者代码。

⑨容量。该瓶香槟的容量为 750 毫升。

⑩酒精含量。

有些香槟酒的酒标带有颜色标示，如玫瑰红香槟则会在酒标上标上 Rose 的字样，但是白香槟不标颜色。

4. 法国其他地区葡萄酒

（1）罗纳河坡地产区名酒（Cote de rhone）

隆酒（Rhone wine），此种红酒是佐食香肠、炸鸡、禽肉、冷盘等菜肴的佳品。靠山区 Hermitage 的红酒，半数以上醇厚而强劲，最著名的 Chateauneuf-Du-Pape，酒质厚实，颇能满足一般嗜者的需要，而且价格适中。

（2）罗亚河谷产区名酒（Val de loire）

位于法国西部的罗亚河谷一带，如今仍然保留着 17—18 世纪法国贵族所建的城堡，这里也是法国较著名的葡萄产区。罗亚酒（Loire wine）酒质清淡柔顺，包括干、甜、无泡、起泡、红、白、淡红各类，其中最好的应首推 Pouilly—Fume 白葡萄酒，它产自东区，是佐食鱼、贝类的极佳产品。另外，Sancerre 白葡萄酒，以鲜美驰名，畅销世界各地。

（3）阿尔萨斯产区名酒（Alsace）

位于法国东北部的阿尔萨斯是法国的边陲重镇、历史上曾受德国统治。阿尔萨斯所产的白葡萄酒，品质接近德国风格，以“干”为主。此酒果味香浓，以风味和新鲜为特点，最著名的酒是雷司令（Riesling）、西万尼（syIvaner）

（4）普罗旺斯（Provence）

位于法国南部的普罗旺斯主要生产红白葡萄酒和桃红葡萄酒，葡萄品种主要是歌海娜和西拉。

（5）朗格多克—鲁西永（Languedoc Roussillon）

位于法国西南部的朗格多克—鲁西永是近年新崛起的产区，性价比高。

二、意大利葡萄酒

有一句话可以说明意大利葡萄酒的地位，“喝葡萄酒开始于法国，止于意大利。”意大利是世界上最大的葡萄酒生产和消费国，意大利葡萄酒享誉全世界。

（一）意大利葡萄酒质量等级分类

1.DOC 葡萄酒

DOC 全称为“控制来源命名的葡萄酒（DenominazIone di Orgint Controllata）”，意大利法律对这种葡萄酒所用葡萄的产地、品种、产量及酿酒工艺、老熟程度等都做出具体的要求，为意大利生产高质量的葡萄酒奠定了基础。

2.DOCG 葡萄酒

DOCG 葡萄酒为“保证及控制来源命名的高级葡萄酒（DenominazIone di Origine Controllata Garantite）”，简称 DOCG。这类酒品与 DOC 相同，但要求比 DOC 更严格。

3.Vino Da Tavola 葡萄酒

这是指除“控制产地命名”外所有意大利佐餐葡萄酒。为了避免葡萄品种名称与葡萄酒种各类名称混淆，依照意大利的习惯，酒名的第一个字母用大写，而葡萄名称的第一个字母用小写。例如：Barbera 巴贝拉葡萄酒，barbera 则为巴贝拉葡萄品种。意大利生产红葡萄酒、白葡萄酒、深红葡萄酒、葡萄汽酒及味美思等多种类型的葡萄酒，其中以红酒最著名。

（二）意大利葡萄酒名品

1. 干蒂红葡萄酒（Chianti）

干蒂红酒是意大利的代表酒品之一，酒液呈红宝石色，清亮透明。以绵柔、润滑、芳醇著称的陈年干蒂（Chianti reserve）可贮存 7 年。最好的干蒂酒产自 Chianti classico（干蒂）地区，瓶颈上有黑公鸡的标志。通常用矮胖绿色玻璃瓶加盖封装，置于柳条筐内。

2. 巴巴莱斯科红葡萄酒（Barbaresco）

此酒主要产于皮埃蒙特地区，相当干，需要 2 年以上的贮藏期，其中 1 年在木桶内成熟。它是意大利最好的红酒，色泽深沉乌红，光彩悦目，口味醇厚，稳健浓郁，圆正，酒体完美。

3. 巴罗洛（Barolo）

主要集中在皮埃蒙特地区，是意大利最有名的红酒之一。酒液深红发黑，焦红好看，酒香奇特，口味浓郁，回味长久，以陈酿 4~7 年，此间至少在木桶内贮存 2 年的产品为最佳，属干型。

4. 布鲁涅洛酒（Brunello di Montalcino）

此酒产于托斯卡纳地区，是一种非常干的红葡萄酒，需较长时间的贮存，其中包括瓶内老熟。该酒酒香醇厚、丰满、典型性好。

5. 蒙特布查诺高级葡萄酒（Vino Nobile di Montepulciano）

此酒产于托斯卡纳地区，为非常干的红葡萄酒，需在瓶内贮存 2 年以上。

（三）意大利葡萄酒的瓶型

带有稻草包裹的意大利瓶仅仅是用于装意大利酒，这是意大利酒的一个特征，又叫“稻草酒”。但由于意大利手工劳动的价格不断升高，其产量已大大降低了。所以，很多较好的意大利酒，现在有改用波尔多瓶的趋势。

三、德国葡萄酒

德国葡萄酒产区主要集中在莱茵河及摩塞尔河沿岸。德国葡萄酒的酿造特点是葡萄完全成熟后，放置一定时间再采摘，酿成的酒别具风味。这是执德国之牛耳的约翰尼斯堡的葡萄园在偶然的机会中发现的方法。用迟摘法而产生的德国佳酿酒在世界上享有盛誉。德国以产白葡萄酒为主，其生产比例占 70%，主要品种是雷司令；红葡萄酒占 30%，主要品种为黑皮诺。

（一）德国葡萄酒的质量等级分类

德国葡萄酒主要可分四个等级，即佐餐葡萄酒，乡土葡萄酒，特定地区优质佳酿葡萄酒和带头衔的优质佳酿葡萄酒。各等级均在酒标上标出，而且名副其实，显示出德国葡萄酒在质量管理上的严格性。

1. 佐餐葡萄酒（Tabel Wein）

此酒相当于法国的 Vins de Table，酿酒处对地域不限，原则上以德国国内所产的同类品质的葡萄酒相混合，也可与其他国家葡萄酒混合，但是如果所混合的外国酒超过 25% 时，不得称为德国葡萄酒。

2. 乡土葡萄酒（Land Wein）

此酒相当于法国 Vins de Pays，是一种最好的佐餐葡萄酒，没有甜的，有干、半干之分。

在德国，此酒占佐餐葡萄酒总产量的 10%。

3. 特定地区优质佳酿葡萄酒（Qualitatswein.b.A 简称：Q.b.A）

此类酒品必须经过官方控制中心的分析检测的品尝鉴定，下达检测号码后方可销售。它相当于法国的 V.D.Q.S 级葡萄酒，是一种高级酒，为一定地域内的优质葡萄酒。这种酒是德国葡萄酒中的骨干酒类，占总产量的 74% 左右。酒精含量不低于 7%，具有浓郁的果香，酸度适宜，使饮者能在各方面享受到德国葡萄酒的独特风格。

4. 带头衔的优质佳酿葡萄酒（Quali tatswein mit pradikat 简称：Q.M.P）

它是最高级的葡萄酒，为特选品。这类酒首先必须符合特定地区优质佳酿酒的各项要求，由标上牌名的同郡内的同一品质者勾兑而成，而且迟摘者与迟摘者混合，早摘者与早摘者混合。这是德国人最喜爱、最引以为自豪的纯天然葡萄酒，在标签上印有以下名词：

（1）Kabinet：用成熟的初期采摘下的葡萄酿成的酒。

（2）Spatlese：用迟摘的葡萄酿成的酒。

（3）Auslese：用串选的葡萄酿成的酒。

（4）Beerenauslese：用粒选的葡萄酿成的酒，即从干的葡萄中，一粒粒选出最佳者酿成的酒。此种酒甜似蜂蜜，可作为点心酒。

（5）Trockenbeerenauslese：干果选粒。

（6）Eiswein：冰酒。用结冰的葡萄酿造的甜型酒。

（二）德国葡萄酒的产区

1. 莱茵河（Rhein）

莱茵河沿岸地区的主要产酒地为法尔茨（Pfalz）、莱茵高（rheingau）、莱茵黑森（Rheinhessen）。莱茵产区生产白、红、淡红葡萄酒及葡萄汽酒，以白葡萄酒最驰名。酒液成熟圆正，带甜味。莱茵葡萄酒通常装在茶色酒瓶中。名品有：

（1）约翰尼斯堡白葡萄酒（Johonnisberjer）：为德国最优秀的酒品之一，以产地命名。它的最好品种是宫酒（Schloss），此酒呈黄绿色，香气清淡，口味圆正，绵柔醇厚，属干型。

（2）尼尔斯泰纳白葡萄酒（Niersteiner）：德国莱茵的黑森林地区酿制的一种半干白葡萄酒。酒液呈黄色略带红亮，香气奇特，口味微甜，圆润适口。

2. 摩泽尔（Mosel）

摩泽尔指摩泽尔、萨尔、鲁万尔 3 个主要产区。具有典型的德国葡萄酒的风味，主要生产干葡萄酒。酒液清澈，口味新鲜，摩泽尔葡萄酒通常装在绿色酒瓶中。最受欢迎的名品有：

（1）布劳纳贝尔格白葡萄酒（Braunberger）：它是该区第一名酒，至今仍雄风不减。酒液呈淡黄色，色泽优雅，香气扑鼻，口味醇正，舒适，属干型。

（2）博恩卡斯特勒朗中酒（Bernkasteler Doktor）：呈淡黄色，清亮透明，香气清芬，口味干洌，爽适，新鲜，属干型。

四、西班牙（Spain）

尽管西班牙是以其雪利酒闻名的，但是它生产的大部分酒是红葡萄酒、白葡萄酒和玫瑰红佐餐酒。西班牙的面积只比美国的加利福尼亚州大一点，却有450万英亩（约182万公顷）的葡萄园，其葡萄园比其他任何国家都多。平均年产量为30亿升，这使得西班牙跻身于世界五大葡萄酒生产国之列。西班牙生产的葡萄酒的品质及成分由国家中央监控系统保证，该系统成立于1972年由Instituto Nacional de Denominaciones de Origen（INDO）进行管理。

INDO划分出了41个（1995年）葡萄生长区域，这些区域内生产的酒都有denominacion de origen（DO）的称号。每种DO酒都有自己的管理委员会（Consejo Regulador），主要任务是监督和控制每个界定生产区域生产葡萄酒的水平。这些规定同法国的Appellation Controlee系统相似。西班牙有半数以上的葡萄园受这一体系管理，从葡萄生长的萌芽阶段直到将酒装瓶的整个生产过程全部囊括在内。里奥哈的酒自1991年就被授予DOC（Denominacion de Origen Califcada）称号，这是西班牙酒的最高级别。向美国出口佐餐酒最多的两大区域是里奥哈和凯特罗那。

（一）里奥哈（Rioja）

里奥哈的葡萄园在西班牙东北部，占地约110 000英亩（约49 500公顷），沿埃布罗河绵延80英里，距离西比利牛斯山脉不远，离法国的波尔多也只有200英里。里奥哈有两大主要的人口密集地——哈罗镇和洛格罗尼奥。哈罗镇是传统的葡萄酒生产中心，至今仍然保持着16世纪的外观。而华丽的现代都市洛格罗尼奥则是地方首府及商务金融中枢。里奥哈的大部分酒厂一般都建在从洛格罗尼奥通往哈罗的公路沿线上。

里奥哈的葡萄园平均高度约高出海平面约457米以上。用在高地生产的葡萄酿的酒比用较低和较暖的地方种植的葡萄酿出的酒清淡。大部分葡萄园位于埃布罗河的两岸，埃布罗河从比利牛斯山向东流入地中海。共有7条支流横贯里奥哈地区，其中向西流的一条叫作“Rio Oja”。Rio实际上是“河流”

的意思，与 Oja 相连，表示流入埃布罗河的山间小溪。这条支流在马德里东北部 165 英里处。

里奥哈红葡萄酒发酵后（通常在木质容器内），装入 225 升的橡木桶（bordelesas）中陈酿。

陈酿的酒至少要存放 3 年（至少有 1 年在木桶里）。极好酒则要在木桶里陈酿 2 年，然后在瓶里陈酿 3 年。

尽管法律并未做出正式规定，习惯上里奥哈产的红葡萄酒经常用美国产的白橡木桶陈酿。白葡萄酒发酵后，一般用不锈钢容器保存（过去习惯用橡木桶陈酿 2 年或 2 年以上）。用木桶陈酿，再加上里奥哈种植的葡萄固有的品质，使得里奥哈出产的酒具有独一无二的特征和味道。

贴有“m”标签的里奥哈红葡萄酒通常口感醇厚，颜色深沉，富含单宁酸，通常用勃艮第式的酒瓶装运。贴有“claret”标签的里奥哈酒则在颜色和口感上都比较清淡，它通常用波尔多式的酒瓶装运。

1560 年，里奥哈的葡萄酒商成立了协会，规范和保证出口酒的品质和原产。官方葡萄酒管理机构——Consejo Regulador de la DeDenominacionde rioja 成立于 1925 年。

（二）凯特罗那（Catalonia）

凯特罗那位于西班牙的东北部地区，最著名的葡萄酒原产地是佩内德斯。佩内德斯位于巴塞罗那的南面，已经有 2500 多年生产葡萄酒的历史。它也是西班牙最重要的葡萄酒产区之一，拥有 6 万英亩（约 2.43 万公顷）的葡萄园，其中有 3.5 万英亩（约 1.42 万公顷）是用来生产 DO 佩内德斯酒的。佩内德斯不仅生产优良的佐餐酒，也是世界上最大的用香槟法生产汽酒的产区之一。凯特罗那最著名的生产商大概就是图斯酒厂。图斯葡萄园位于地中海的凯特罗那的境内，在巴塞罗那以西 20 英里，环绕着佩内德斯城。该城是佩内德斯省的首府。

五、匈牙利葡萄酒

匈牙利自古即为葡萄酒生产大国，在法国文章诗词中，常常可以看到来自匈牙利的名酒，尤其是著名的都凯甜酒 Tokaj。该酒是当时欧洲皇室贵族最爱的葡萄酒之一。匈牙利四周环陆，典型的大陆型气候，夏季酷热，冬季严寒，西部大湖巴拉通湖为欧洲最大湖泊，是该国重要的葡萄酒产区之一。比较特别的是匈牙利秋季特殊的气候，惯有的阴霾常笼罩天际，有利于酿造出可口的贵腐甜酒。

东北部地区以生产优质葡萄酒而闻名，主要得益于这里的土壤、地形和气候十分适合葡萄的种植。匈牙利海拔最高的马特拉山的山麓地带风光秀丽，并拥有该国最大的葡萄种植区，面积达 7000 公顷。此地的葡萄酿酒业历史悠久，形成于 13 世纪至 14 世纪之间，15 世纪时已经产生有组织的葡萄酒贸易。这里的“雷司令”等白葡萄酒为匈牙利国内最佳。马特拉地区最大的一个酿酒商每年能够向多个欧洲国家供应数百万瓶葡萄酒。匈牙利的四大葡萄酒产区都位于东北部，从布达佩斯往北分别是：Matraal ja（马特拉）、Eger（埃盖尔）、Bukkal ja（布克）与 Tokaj-Hegyal ja（托卡伊）。

马特拉是匈牙利红酒国内产区最重要的四大葡萄酒产区之一。它严谨、坚固、繁荣，并且拥有匈牙利最大的葡萄园区，以生产东欧最好的葡萄酒而享誉欧洲。马特拉葡萄酒产区，位于匈牙利东北部的珍珠市，距离首都布达佩斯 80 公里，海拔在匈牙利最高的马特山山麓地带，风光秀丽。该区葡萄种植面积达 7000 公顷，葡萄园主要分布在马特拉山的南麓，葡萄酒年产量 1 亿多公升。据史料记载，马特拉地区酿酒历史悠久。传说 700 年前，法国人入侵马特拉山区的珍珠城堡，把三个美丽的童贞女锁进黑暗的地下室，让她们在沐浴之后赤身裸体地踏踩葡萄，第一瓶马特拉葡萄酒就是这样产生的。马特拉山是葡萄的发源地。马特拉葡萄酒产区的葡萄酒酿造业历史悠久，形成于 1200—1300 年之间，在 15 世纪时已经进行有组织的葡萄酒贸易。这里的雷司令等白葡萄酒为欧洲最佳。由于质量上乘，马特拉葡萄酒被欧盟指定为会议用酒。马特拉拥有得天独厚的地理位置。它坐落在多瑙河冲积平原，北纬 46 度，东经 18 度，这是葡萄生长的最佳经纬度。马特拉葡萄园覆盖了整个珍珠市，著名的欧洲第二大河多瑙河，从斯洛伐克南部流入匈牙利，恰好从马特拉葡萄园穿过，充分满足了马特拉葡萄对水的需要。而气候的温和是马特拉葡萄园得天独厚的第二个因素。马特拉位于温和的大陆性气候区，但它特殊的地理位置，又决定了它除具有欧亚大陆性气候外，还兼受地中海气候和大西洋气候影响，它们为马特拉的大陆性气候增添了温和潮湿的特点。而西部的阿尔卑斯山山脉，东北喀尔巴阡山山脉，从西向东北连成一线，把马特拉葡萄园环抱其中，犹如一道天然屏障，阻挡了来自欧洲三个方向的强风侵袭，葡萄生长最适合的便是这种温和、稳定的气候。马特拉葡萄酒产区得天独厚的第三个因素，则是它独特的土壤。马特拉有匈牙利著名的林区。夏季里泉水潺潺不尽地从山里流向山下，群山之中，还隐藏了沉睡了一千年的火山群。周围是肥沃的火山灰和高低不平的山谷带。马特拉的葡萄产区就在这片山谷中。当海拔升高时，越来越多的玄武岩颗粒、火山岩和凝灰岩与黄土混合在一起，可能是土壤里富含微量元素和白圭，马特拉地区的白葡萄酒酸味浓、质量高、易变清且好保存。也可能因为马特拉山脚种植葡萄的土壤是覆盖在火山岩上的，昼夜都可保热的缘故，马特拉地区的红葡萄酒以均衡、优雅与耐久存而斐声海内外。

马特拉山山麓地带的埃盖尔，是一座具有巴洛克式建筑风格的城市。中世纪时，埃盖尔盛产白葡萄酒。15—16 世纪时，移居来的南斯拉夫人带来了酿造红葡萄酒的葡萄品种。"埃盖尔公牛之血"是如今匈牙利最有名的干红葡萄酒之一。该酒采用不同品种、单独采摘的葡萄酿造而成，集中了四五种不同葡萄酒的特点，清香醇厚、回味悠长。关于"公牛之血"名字的由来，最为广泛流传的是这个版本——早年土耳其人进攻埃盖尔时，由当地军人、市民、郊区农民组成的军队在饱餐战饭之后，借着酒酣耳热的兴奋劲儿，向土耳其人发动了猛攻。埃盖尔人满脸通红，很多人还在脸上洒上了葡萄酒，土耳其人见状误以为他们将公牛的鲜血涂在了脸上，惊慌恐惧之下溃不成军、四散奔逃……"公牛之血"就此得名。

匈牙利红酒中的托卡伊（Tokaji）葡萄酒，自 1650 年问世以来，一直以其独一无二、顶级优质而享誉世界。这种葡萄酒是用留在葡萄藤上任其腐烂的葡萄酿造而成，用它酿成的酒具有全酒质、高浓度酒精和高浓度的酸，酿成世界为数不多的几种神奇葡萄酒之一。法国的路易十四称其为"酒中之王，王室之酒"，几百年来它一直是欧洲王室的贡酒。托考伊奥苏葡萄酒酒味甜润醇美，琥珀色的酒液晶莹剔透，是匈牙利的"国酒"，也是匈牙利人最为珍视的民族品牌。在托卡伊葡萄酒中，顶级的产品是阿苏（ASZÚ）和绍莫罗得尼（Szamorodni）。绍莫罗得尼须至少酿制 2 年（橡木桶 1 年，瓶内 1 年）才能上市。在每一瓶酒的颈部贴有匈牙利国徽——一种最高的荣誉和品质保证。从生产到销售都受国家严格的监控，就连酒瓶的形状和尺寸，国家用法律的形式固定下来。在阿苏和绍莫罗得尼中，又以阿苏为最高级，它是托卡伊的终极产品，至少须酿制 3 年。瓶子上 ASZÚ 字样下面有一个 3~6 的数字，后面的文字是"Puttonyos"，意思是篓，一篓大约 25 千克。在制作过程中一个装有优质托卡伊干葡萄酒的木桶内加入几箩 aszú 浓汁的意思。3 箩的要酿制 5 年，6 箩的要酿制 8 年才能装瓶上市。瓶子上都有酿造的年份，当然是年份越久价钱越贵。

作为一处文化景观，托考伊葡萄酒产区充分展示了匈牙利东北部葡萄酒生产的悠久历史和灿烂文化。整个托考伊地区既是葡萄和葡萄酒的产区，同时也是自然和人文景观完美结合的游览胜地。这里从 12 世纪就开始人工种植葡萄，被认为是世界最早的葡萄种植园和葡萄酒加工地。但直到奥匈帝国时期，这里酿制的托考伊葡萄酒才真正在欧洲流行起来。在这里，从种植园、农舍、酒窖到教堂，全部被保护起来。托考伊地区每年都举办葡萄节、品酒会等民间活动，形成了极具当地文化特色的旅游区，吸引了众多国内外游客。

第四节 “新世界”著名国家葡萄酒

一、美国葡萄酒

自从 1933 年撤销禁酒令之后，美国尤其是加利福尼亚州生产的葡萄酒质量有了显著的提高，吸引了众多的欧洲葡萄酒厂商到美国取经。美国有 45 个州主要生产葡萄酒，其他州还生产一些水果酒（5 个不生产葡萄酒的州分别是阿拉斯加州、内布拉斯加州、北达科他州、南达科他州和怀俄明州）。除了意大利，美国所种植的葡萄和生产的葡萄酒种类比其他任何国家都多。其口感和质量也各有不同，达到令人吃惊的地步。

（一）加利福尼亚州

加利福尼亚州是传统的葡萄酒产地。它那长久温和的、阳光充足的气候孕育了品质极佳的葡萄。许多梦幻般的葡萄园和酿酒厂将传统与现代技术较好地结合起来，为各种场合、各阶层和各种口味的人生产出了不同种类的葡萄酒，每种酒都有自己的价值和特点。在加州的 58 个县中，有 45 个县种植了超过 327 000 英亩（约 132 435 公顷）的葡萄。加利福尼亚州的葡萄最初是由墨西哥的修道士在 18 世纪 60 年代引进的。在淘金热的年代里，酒商从欧洲引进最好的葡萄品种，种植在加利福尼亚州各地。这些商人中最著名的是一位匈牙利伯爵 Agoston Haraszthy，他经常被人称为“美国葡萄种植之父”。

加利福尼亚州分葡萄酒生产地区和葡萄栽培地区，其数目每月都大幅度增长，最著名的地区有：

（1）北部海岸：Napa Valley，Sonoma County，Mendocino County，Lake County。

（2）中北部海岸：Monterey County，Santa Clara，Livermore。

（3）中部河谷：San Joaquin Valley。

（4）中南部海岸：San Luis Obispo，Santa barbara。

（二）纽约州

在纽约州，种植葡萄和酿造美酒有着悠久的历史。北美的第一批移民在纽约州富饶的河谷里发现了大批野生的威提司葡萄。由于阳光、土壤和气候条件都很适宜，威提司葡萄都能得以繁茂地生长。葡萄种植者和酿酒商都细心地呵护着这片野生作物，有些种植者还把当地葡萄与威提司葡萄进行杂交，培植杂交品种。早期在纽约州种植威提司葡萄会遇到以下问题：

（1）葡萄藤不耐寒。

（2）选择了错误的葡萄根茎。

（3）病虫害和其他威胁葡萄藤健康的问题不易确定。

（4）土壤的贫瘠程度不易鉴别。

葡萄种植者和葡萄酒商未将威提司葡萄与当地葡萄杂交，而是成功种植了该葡萄，并于 1961 年生产出纽约州的第一份谐同耐酒。纽约州是美国第二大种植葡萄和酿酒的州［占地 36 000 英亩（约 14 580 公顷），1994 年生产超过 3500 万加仑（约 13 230 万升）的酒］。以野生威提司葡萄、法—美杂交葡萄和威提司葡萄为原料，生产各种口味的白葡萄酒、红葡萄酒、汽酒、甜酒和冰镇饮料等。凡是贴上纽约州生产的标签的酒，不论是否有等级，必须含有至少 75% 的纽约州种植的葡萄。风景秀丽的芬格湖地区、哈得逊河谷地区、长岛地区和伊利湖地区是纽约州最大的葡萄种植和葡萄酒生产区域。

（1）芬格湖地区

芬格湖清澈深邃的湖水使该地区气候很温和，而页岩河床又使得土壤很干燥。湖水的慢热使葡萄春季生长缓慢，避免霜冻的危险，当秋季晚上气温较低时又可以保暖。芬格湖葡萄园位于纽约西北 350 英里处，紧挨五大湖。尽管该湖在 1982 年 10 月才获得正式的称号，但是它种植葡萄和酿酒的历史可以追溯到 19 世纪 20 年代。

（2）哈得逊河谷地区

哈得逊河谷地区是北美最早生产葡萄酒的地区之一，其历史可追溯到16世纪末。当时，从法国移民来的霍更斯（Huguenots）开始在莫红克山区种植葡萄。1609年，当他沿河而上时，发现河岸边长满了野生的卡托巴（Catawba）和孔卡德（Concord）葡萄藤。从那时起，这个地区的葡萄酒就酿自于这些野生葡萄。近年来，消费者对纽约州产的优质葡萄酒的需求日益增长，使得这一地区葡萄园不断发展壮大。1982年7月，哈得逊河谷获得了它的称号。

（3）长岛地区

在18世纪早期，福涅在卡霍格拥有广大的葡萄园，并获得当地印第安人嫁接技术的帮助，种植威提司葡萄。美国刚刚独立，纽约第一任州长授予鲍理查（Paul Richards）在该岛出产葡萄酒的专卖权，任何在那种植葡萄的人都要向他交纳特许权使用费。19世纪，威廉·罗伯特（William Robert）子在弗拉辛皇后区大规模地试验葡萄品种。在他的目录中甚至出现了馨芳德（Zinfandel）葡萄，北福克地带是种植葡萄和酿酒的理想场所，一年中葡萄的生长期接近210天（与法国的波尔多地区和加利福尼亚州的纳帕河谷相同）。它是世界上唯一的三面环水的葡萄生长地区，其冬季气温极少低于0℃，而且湿度低，是生产酿酒葡萄的最佳场所。

（4）伊利湖地区

这里夏天日照时间长，有排水性能好的沙砾层和页岩土壤，再加上伊利湖对当地气候的温和调节，使这里成为东部最佳的葡萄生长场所。伊利湖在1983年11月获得葡萄酒生产区域的称号。

二、澳大利亚葡萄酒

澳大利亚生产葡萄酒的历史仅有200年左右。新南威尔士的第一任总督，于1788年1月26日引进了葡萄藤。当时他带领一支由11艘船只组成的舰队抵达悉尼港，带来了从里约热内卢剪切下来的葡萄藤。在18世纪末期，由皇家海军考察队发现了猎人河谷。英国人于1824年抵达澳大利亚，开始种植多种葡萄，以期找到最适合酿酒的品种。他苦干多年，直到1828年才建立了澳大利亚第一座葡萄园——卡顿（Kirkton）葡萄园。该葡萄园坐落在新南威尔士。在不久后的1851年，德国移民在南澳大利亚的巴劳撒峡谷建立了自己的葡萄园。

澳大利亚的面积略小于美国，拥有 500 多家酒厂，但是其中的大部分规模都较小。事实上，生长于欧洲和美国加利福尼亚州的葡萄在澳大利亚都变得越发茂盛。澳大利亚最吸引人的葡萄品种（到目前为止）是 Syrah（西拉）葡萄，也叫作 Shir 葡萄。西拉葡萄颜色为黑色，酿出的酒色深、醇厚，存放时间较长，并带有野黑莓、李子和黑醋栗的味道。

澳大利亚共有三个主要的葡萄种植区域：新南威尔士、南澳大利亚和维多利亚。昆士兰州、塔斯马尼亚州和西澳大利亚也生产葡萄酒，只是规模较小。

澳大利亚葡萄酒的法律规定：（1）特定品种葡萄酒的命名法（1904 年）。特定品种葡萄酒要求在酒中至少有 85% 是采用该种葡萄酿造的。（2）葡萄种植区域法（1994 年）。酒标上的葡萄种植区域是指该酒有 85% 或者更多是用特定区域的葡萄酿造的。（3）添加糖分法。澳大利亚的葡萄酒是不允许添加糖分的（不允许向未发酵的葡萄汁中加糖），但是可以加酸（向未发酵的葡萄汁或酒中加酸）。

三、阿根廷葡萄酒

阿根廷是新世界葡萄酒代表性国家，是南美洲最大的葡萄酒生产商，也是世界上第四大生产商及葡萄酒消费市场。红葡萄酒是阿根廷最好的酒，有加本力苏维翁、梅洛红以及最著名的马尔贝克葡萄品种。葡萄庄园天气炎热干燥，时时需要进行浇灌，一般来说每年收成量非常大。门多萨地区靠近智利的圣地亚哥，葡萄庄园位于安第斯山脉的脚下，气候近乎完美的凉爽。受西班牙和意大利影响深远，最有系统的葡萄园和酒厂均是由该两国的移民后裔设立的。法国人引进的马尔贝克是阿根廷最重要的葡萄，另外还有产于阿根廷的白葡萄特伦特斯，全国有 40% 的葡萄园地种植，与马尔贝克共占总种植面积的 40%。没有人确切知道为什么马尔贝克葡萄在此地区生长得如此之好，但马尔贝克于19世纪在波尔多地区由于加本力苏维翁葡萄的出现而失宠。由马尔贝克酿制的葡萄酒是阿根廷最富果香和令人满意的葡萄酒。在白葡萄酒中，阿根廷的莎当妮品质优良，浓情干白葡萄酒也芳香无比。

（一）阿根廷葡萄酒法律

为有效控制葡萄酒生产质量，阿根廷国家农业技术研究院（Instituto

Nacional de Tecnologia Agropecuaria）于 1999 年提出了一系列方案，经政府核定而成为阿根廷法定产区标准（D.O.C.）的法令。唯有符合资格的葡萄酒标签上可以注明“D.O.C.”法定产区的字样。施行至今，已核定四个法定产区，分别是路冉得库约（Lujan de Cuyo）、圣拉斐尔（San Rafael）、迈普（Maipu）和法玛提纳山谷（Valle de Famatina）。

法定产区的内容包括四个重点：

（1）必须全部使用划定的法定产区内生产的葡萄。

（2）每公顷不得种植超过 5500 株葡萄藤。

（3）每公顷葡萄产量不得超过一万千克。

（4）葡萄酒必须在橡木桶中培养至少一年，并且必须在瓶中熟成至少一年。

这样的法定产区标准限制了葡萄的种植不至于滥产，也同时保障了葡萄酒的基本质量。但实际上，许多有分量的酒庄仍然没有实行 D.O.C. 标准，依旧沿袭传统方式栽种、照顾和酿造，继续坚持自我风格。

（二）阿根廷葡萄酒产区

1. 门多萨（Mendoza）

门多萨是阿根廷最大最著名的葡萄酒产地，全阿根廷有 2/3 的酒就产自门多萨，它也是仅次于波多尔的世界第二大葡萄酒生产基地。门多萨内还分成五个区域，靠近安第斯山脉门多萨上游的是门多萨的核心产区，几乎所有著名的酒厂都坐落于此。这里的马尔贝克主要以强劲浓郁著称。葡萄园遍布门多萨，一直延伸到西边的安第斯山脉，每年收获的葡萄基本上都用来酿造葡萄酒。整个门多萨有大小酒厂两千多家，每家酒厂都有自己的葡萄园。这里酿造出了阿根廷最好的葡萄酒，但价格并不昂贵，一瓶折合人民币两百多块的红葡萄酒已是中上等的好酒。门多萨地区主要代表产区：

（1）路冉得库约（Lujan de Cuyo）

位于阿根廷门多萨北部地区，海拔 900 米，出产酸度良好的葡萄，是阿根廷精品葡萄酒的摇篮地。其中的 Bodega y Cavas de Weinert（温拿特酒庄）在阿根廷是数一数二的酒厂，红酒全部以木桶陈化，而且绝大部分用法国橡木桶。

（2）圣拉斐尔（San Rafael）

圣拉斐尔位于阿根廷门多萨地区，安第斯山下，出产高品质葡萄酒。马尔贝克是当地最好的红酒。

（3）迈普（Maipu）

迈普是阿根廷历史悠久的知名葡萄酒产区，被认定为阿根廷最精华的葡萄酒产区。迈普属于阿根廷门多萨省北边的葡萄酒产区，在门多萨省首府的南方，拥有绝佳的种植环境，一致被认定为阿根廷最精华的葡萄酒产区。此地出产优质葡萄酒。

2. 圣胡安省（San Juan）

圣胡安省是阿根廷第二大葡萄酒产区，它的葡萄种植区域与葡萄酒的产量都位居阿根廷第二。这里有一系列相邻的山谷。这个地区的葡萄种植区海拔从 1200 米到 600 米，适合种植多种葡萄。此地出产优质葡萄酒。

3. 拉里奥哈省（La Rioja）

拉里奥哈省位于阿根廷的西部。拉里奥哈省是阿根廷的法定产区之一，产优质葡萄酒。拉里奥哈省内的 San Huberto（桑胡伯图）酿酒厂是阿根廷最知名的酿酒厂之一，已有 100 年的历史。

4. 法玛提纳山谷（Valle de Famatina）

法玛提纳山谷位于阿根廷拉里奥哈省西北部。这个大区域包括两部分：西部，靠近安第斯山脉，是著名的伯迈约山谷（Bermejo Valley），东部是安提纳可勒斯科罗拉多斯山谷（Antinaco-Los Colorados Valley）。许多重要的酒窖分布于法玛提纳山谷产区。这里不仅出产红葡萄酒也出产白葡萄酒，栽种的红白葡萄品种多样。

5. 里奥内格罗省（Río Negro）

里奥内格罗省是阿根廷最南端的葡萄酒产区。这里所产葡萄的甜酸度比较平衡，让人想起欧洲的葡萄。这里有适合种植优质葡萄的山谷，有出产优质马尔贝克的酒厂，直接向欧洲出口。

6. 萨尔塔省（Salta）

萨尔塔省有个著名的葡萄酒产区叫萨尔查奇思山谷（Valles Calchaquíes），这条山谷坡度变化比较大（海拔由 1700 米至 2400 米），种植了 1700 公顷的葡萄。该产区同时生产白葡萄酒和红葡萄酒。

（三）阿根廷著名葡萄酒

1. 索拉诺（Solano）

球王马拉多纳倾情代言阿根廷原瓶进口索拉诺葡萄酒。索拉诺

(Solano),意即太阳之子,阳光照耀的地方。此名字源于阿根廷本土文化——印加文明对太阳的崇拜。太阳是印加文明的图腾,更是优质葡萄酒的图腾。因为优质的葡萄酒源自优质的葡萄,优质的葡萄源自优越的自然环境,优越的自然环境必须具备充足的阳光照射。他们的葡萄园是由原住民世代发展传承下来的,位于最适宜葡萄生长的纬度33度的安第斯山脉的乌科山谷里。这里的土地原生态无污染,土壤多为干旱的沙土壤,更有来自安第斯山脉融化的雪水灌溉。光照十分充足,全年有三百多天晴天,雨水稀少。白天天气炎热,夜晚又十分凉爽,温差较大。这里还有最适合葡萄生长的800~1100米的海拔。这样的气候,土壤,地理位置是世界上独一无二的,使得生长在这里的葡萄成长缓慢,不仅能保持浓郁的香气,也使得葡萄皮里的多酚和单宁完整生成,成为世界最优质的酿酒葡萄,从而酿造出最具本土特色的、最优质的葡萄酒。索拉诺系列葡萄酒入口层次分明、果香回味悠长、酒体饱满丰富、风味热烈奔放。它集合了阿根廷本土文化与葡萄酒文化的内涵与精髓,在大师级酿酒师的精心酿制下,通过人工采摘,人工分拣,单一品种自然发酵的原生态酿制手法,结合古老传统的特别工艺,现已成为阿根廷本土品牌及优质葡萄酒的代表。索拉诺形象独特,标签造型源自印加人建造马丘比丘城所用的石块的不规则梯形形状,既古老又现代。索拉诺正以其"产区小气候,品质原生态"的品牌定位,"古老与现代完美结合"的品牌个性,以及杰出的性价比带领阿根廷本土品牌走向世界。

2. 卡氏家族酒庄

一款由卡氏家族和拉菲·罗斯柴尔共同推出的杰出品。拉菲·罗斯柴尔和卡氏家族最初始于1988年共同提出一个美妙的想法:将门多萨的高纬度土地上栽种的马尔贝克葡萄与卡本妮苏维翁结合,酿出一种风味独具的美酒。其代表了两个家族、两类文化(法国与阿根廷)、两种葡萄、唯一的酒。每串葡萄都由人手采摘,摘选之后去梗压榨,进入不锈钢发酵槽按传统方法进行循环式发酵。两种葡萄浸皮时间不同:卡本妮苏维翁需25~35天,马尔贝克需10~12天。每个年份的酒都经14个月陈放,所用橡木桶全部来自拉菲·罗斯柴尔集团自己的造桶厂。

3. 安第斯

安第斯Amancaya,阿根廷与波尔多两处风格完美融合的代表作。高比例的马尔贝克以及时间相对较短的陈放令安第斯的果味更为突出。酒的名字

Amancaya 为印第安语，这是一种生长在高纬度的安第斯山上的美丽花朵。酒取之为名以志纪念。其产区在阿根廷门多萨产区。

葡萄品种是 50% 卡本妮苏维翁和 50% 马尔贝克，陈化期 12 个月，在法国橡木桶中陈化，其中 15% 是新型橡木桶，85% 是一年年龄的橡木桶。该款酒色泽美丽，明亮的深红色，散发着十足的果香，有红果、樱桃、覆盆子等味道；口中充满了烟熏的香草和橡木味，口感匀和、清新，单宁十分均衡，余味悠长。总体评价是“酒质富裕，十分的波尔多风格，充满了雪松、醋栗、无花果和咖啡的芬芳，并暗含烟草的味道，余味绵长。”

4. 凯洛（Caro）

凯洛带有双方所期望得到的两片土地、两个家族、两类文化相融合的独特气质。马尔贝克葡萄所带来的典型阿根廷风味及与赤霞珠调配而得到的更为优雅和复杂的结构使酒体丰满而细腻，体现了阿根廷与波尔多风格之间的平衡与调谐。其产区在阿根廷门多萨产区。葡萄品种是 50% 卡本妮苏维翁和 50% 马尔贝克。陈化期 18 个月，在法国橡木桶中陈化，其中 80% 是新型橡木桶。该款酒色泽美丽深沉；充满了浓郁的气味，有炙烤、香草、覆盆子、黑莓的味道；口感稠密、果味十足。尤其 2004 年的凯洛混合了清新而馥郁的芬芳，是一款充沛、均衡，单宁如丝般柔顺的葡萄酒。总体评价是“充满了黑莓、黑醋栗的芬芳，口感殷实，有可可的味道。余味馥郁而有炙烤的滋味。”

四、智利葡萄酒

智利这个国家从 1548 年开始就生产葡萄酒，其葡萄种植技术起源于欧洲。当时西班牙征服者带来了葡萄藤，这些葡萄藤在智利的气候和土壤下成长茂盛。第一批葡萄藤是 1548 年由传教士从秘鲁经由阿塔卡马沙漠带到智利的。这些葡萄藤首先在科皮亚波省被种植，该省位于圣地亚哥北部 500 英里处。遗憾的是，最初种植的葡萄属于低档次的蜜轩（Mission）葡萄（当地人称为 Pas）。这种葡萄在 19 世纪上中叶美国加利福尼亚州酿酒时经常被使用。1851 年，一位法国葡萄种植学家从法国引进了重要的葡萄藤，将它们种植在中心河谷肥沃的土壤中。智利国土南北大约 2650 英里长，150 英里宽，但是大部分地区只有 100 英里宽。智利的国土面积为 292 257 平方英里，比美国的德克萨斯州略大。北部与秘鲁和玻利维亚毗邻，东部与阿根廷接壤，西临太平洋。智利的葡萄园遍布在从北部的科金博到南部的瓦尔迪维亚的狭长地带内，距离长达900多英里。智利拥有多达14.8万英亩（约6公顷）的葡萄园，平均产量大约为1亿6千万加仑（4450万箱），出口到美国130万箱。在智利，人均消费葡萄酒7.9加仑。

智利有三大葡萄种植区域，最大的地区在南部。这些地区主要生产红葡萄酒，此外还生产少量的白葡萄酒。这里还大量种植Pas葡萄，在当地被称为蜜轩葡萄。第二大葡萄种植区域，同时也是最重要的葡萄种植区域，是中央河谷，位于昂卡瓜河（在圣地亚哥首府）与马乌莱河（在塔尔卡南端）以北。中部河谷的气候与法国波尔多地区、美国北加利福尼亚的纳帕河谷和索那马河谷的气候十分相似。葡萄园白天沐浴在阳光中，从太平洋吹来的微风使气温不至于过高，又在安第斯山的庇护下躲过暴风雨的袭击。这一葡萄种植区域包括阿空加瓜、卡萨布兰卡、库查瓜、库里科欧黑根、雷皮欧、圣地亚哥塔尔卡和瓦尔帕莱索。这些地区每年的降雨量少于20英寸，所以需要引水灌溉，这样葡萄才得以茂盛生长。第三大主要葡萄种植区域在极北端，在阿空加瓜河谷和阿空加瓜河沿岸接近科金博的地区，并一直延伸到阿特卡马沙漠的边缘。在这里，亚历山大的木卡（Muscat）葡萄生长得十分茂盛，酿成的酒酒精含量较高，经常作为生产智利强化型葡萄酒和白兰地酒的基酒。最著名的白兰地酒Psc，就是用亚历山大木卡葡萄和蜜轩葡萄混合酿制而成，该酒就产于这一区域。

葡萄根瘤蚜病不能侵入智利是基于以下几个原因：智利位于太平洋的西海岸；安第斯山脉的东侧，有些山峰海拔高达23 000英尺；在南极北面；在阿特卡马沙漠北侧。这些因素决定了葡萄根瘤蚜病不可能进入智利。除此之外，智利还不会受到霉菌的影响，无论是粉状的还是绒毛状的（霉菌是一种真菌病毒，它能够使葡萄在未成熟之前叶子就脱落腐烂）。然而，葡萄孢属菌还是能在这里的葡萄园生长，同时也必须使用杀菌剂以防止霉菌横行。在葡萄酒的生产过程中，向葡萄汁里加水或在葡萄酒调节酸度时添加糖分这两种做法，在智利都是非法的。

从南部凉爽的2个区，到北部热带沙漠气候的5个区，智利葡萄种植区的气候呈梯度排列。在智利，葡萄的种植季节与北半球恰好相反，葡萄第一批开花一般发生在9月的第一个星期，而收获通常是在第二年的3月初，并一直持续到4月的第一周或第二周。

五、南非葡萄酒

在17世纪50年代早期，荷兰人最早在好望角栽种葡萄，并且于1659年2月2日首次酿出了葡萄酒，而第一批蒸馏葡萄酒（白兰地酒）的生产却是在1672年。1679年荷兰人发现了思第林布思迟城，现在它已经成为南非的葡萄酒制造业中心之一。在1685年，来自法国的胡格诺派教徒带来了他们酿造波尔多酒、勃艮第酒和罗讷河谷酒的秘诀。在此后的30年里，好望角的葡萄酒随着荷兰东印度公司的扩张，传播到欧洲和远东。甚至务实的英国人在1806年占领了好望角之后，也不远万里来到这里酿酒，以降低进口税，这在无形中促进了好望角葡萄酒业的发展。早期好望角生产的都是味道厚重的甜葡萄酒，基本上以木卡葡萄为原料生产。其中最著名的酒是Constantia（卡斯汤提亚）酒，以至于现在人们仍然对这种富有传奇色彩的酒在生产过程中是否可以添加酒精有争议。到了18世纪，卡斯汤提亚酒在欧洲已经备受推崇，出现在许多知名人物的酒窖里，像拿破仑、俾斯麦、惠灵顿公爵和路易十六等。

好望角葡萄园位于南纬32度到35度之间，在大陆的西南角，那里是典型的地中海式气候。好望角葡萄酒产区划分为三个主要部分。这三部分又可以进一步细分为16个小区。像法国波尔多地区一样，这些小地区之间的土壤与气候差别也很大，生产的酒也各具特色，所以有必要进一步明确。有的小区虽然面积只有几平方公里，但能生产非常有特色的葡萄酒。

南非原产地葡萄酒（Wine of Origin）的法规（1990年修正）基本上以传统的欧洲国家的法规为基础，与法国的Appellation Controlee（AOC）制度相似，以下是一些相关条款：

（1）添加糖分在南非是被严令禁止的；

（2）二氧化硫的最大使用限量在0.02%；

（3）由南非葡萄酒和烈性酒委员会发布的官方证明表明了酿酒所用的葡萄品种、收获期和原产地，该证明必须贴在瓶颈上；

（4）凡是贴上“原产地葡萄酒（Wine of Origin）”标签的酒必须100%来自指定的区域；

（5）葡萄园酒必须是由登记在册的葡萄园生产的，所用的葡萄也来自这个葡萄园；

（6）最高级别是 Wine of Origin Superior（WOS），只授予品质极为出众的酒。

思考练习

1. 如何理解影响葡萄生长的环境因素？
2. 简述葡萄酒酿造过程。
3. 葡萄酒色泽形成的原因是什么？
4. 起泡葡萄酒的酿造方法有几种？
5. 如何理解葡萄酒的香气来源？
6. 如何理解酒体概念？
7. 如何品鉴葡萄酒？
8. 葡萄酒与菜肴搭配的基本规则有哪些？
9. 葡萄酒的储存要注意哪些原则？
10. 什么是水位和缺量？

第三章
配制酒

学习目标

A. 知识目标

1. 熟悉开胃酒知识；
2. 熟悉甜食酒知识；
3. 掌握利口酒知识；
4. 了解苦艾酒知识。

B. 能力目标

1. 掌握配制酒的服务技巧；
2. 能区分常见的甜食酒；
3. 能识别常见的利口酒。

配制酒在过去主要以葡萄酒为基酒，人们把它归为葡萄酒类，但现在配制酒的酒基可以是原汁酒，也可以是蒸馏酒，还可以两者兼而有之。配制酒的名品多来自欧洲，其中以法国、意大利等国最有名。配制酒的品种繁多，风格各不相同。

第一节　开胃酒

开胃酒（Aperitif）或称餐前酒，顾名思义，在餐前饮用能增加食欲。能开胃的酒有许多，如威士忌、俄得克、金酒、香槟酒，某些葡萄原汁酒和果酒也是比较好的开胃酒精饮料。开胃酒的概念是比较含糊的，随着饮酒习惯的演变，开胃酒逐渐被专指为以葡萄酒或蒸馏酒为基酒，加入植物的根、茎、叶、药材、香料等配制而成，在餐前饮用，能增加食欲的酒精饮料，分为味美思（Vermouth）、必打士（Bitter）、茴香酒（Anis）三类。开胃酒有两种定义，前者泛指在餐前饮用能增加食欲的所有酒精饮料，后者专指以葡萄酒基或蒸馏酒基为主的有开胃功能的酒精饮料。

一、味美思（Vermouth）

味美思有悠久的历史。据说古希腊王公贵族为求滋补健身、长生不老，用各种芳香植物调配开胃酒，饮后食欲大振。到了欧洲文艺复兴时期，意大利的都灵等地渐渐出现以苦艾为主要原料的加香葡萄酒，即味美思。希腊名医希波克拉底是第一个将芳香植物在葡萄酒中浸渍的人。到了17世纪，法国人和意大利人将味美思的生产工序进行改良，并将它推向世界。至今世界各国所生产的味美思都以苦艾为主要原料。所以，人们普遍认为，味美思源于意大利，而且至今仍然是意大利生产的味美思最负盛名。我国正式生产国际流行的味美思是从1892年烟台张裕葡萄酿酒公司的创办开始的。张裕公司是我国生产味美思最早的厂家。味美思的生产工艺，要比一般的红、白葡萄酒复杂。它首先要生产出干白葡萄酒做原料。优质、高档的味美思，要选用酒体醇厚、口味浓郁的陈年干白葡萄酒作为原料。然后选取二十多种芳香植物，或者把这些芳香植物直接放到干白葡萄酒中浸泡，或者把这些芳香植物的浸液调配到干白葡萄酒中去，再经过多次过滤和热处理、冷处理，经过半年左右的贮存，才能生产出质量优良的味美思。总的来讲，味美思就是以葡萄酒为基酒，加入各种植物的根、茎、叶、皮、花、果实以及种子等芳香性物质加工而成。味美思以意大利、法国生产的最为著名。最佳味美思产区是介于意大利、法国两国交界的高山边缘一带。

（一）味美思的酿造工艺

味美思是加香葡萄酒中最闻名的品种。一般来说，味美思是以白葡萄酒为基酒（以中性干型者为佳），调配各种香料（包括苦艾、大茴香、苦橘皮、菊花、小豆蔻、肉豆蔻、肉桂、白术、白菊、花椒根、大黄、丁香、龙胆、香草等）经过搅拌、浸泡、冷却、澄清、装瓶等工序酿制而成。根据不同的品种，调配方法也各异，如：白味美思酒还需加入冰糖和食用酒精或蒸馏酒，红味美思再加入焦糖调色。味美思的储藏方式和葡萄酒相同，但不必像葡萄酒那样卧放。开瓶后的味美思应该放在冰箱里冷藏并在6周之内饮用完。味美思在使用前应进行冰镇，用量通常在每杯3盎司（约85克）以内。味美思的制作方法有四种：第一种，在已制成的葡萄酒中加入药料直接浸泡；第二种，预先制造出香料，再按比例加至葡萄酒中；第三种，在葡萄汁发酵期，将配好的药料投入发酵；第四种，在制好的味美思中再用。

（二）味美思的种类及名品

世界上著名的味美思分四类，它们是：

1. 白味美思（Vermouth Blanc，或 Bianco）

白味美思的色泽金黄，香气柔美、口味鲜嫩。含糖量在 10%~15%，酒度 18°。

2. 红味美思（vermouth Rouge，或 Roso）

红味美思色泽呈琥珀黄色，香气浓郁，口味独特，含糖量 15%，酒度 18°。

3. 干味美思（Vermouth Dry，或 Secco）

干味美思根据生产国的不同，颜色也有差异，如法国干味美思呈草黄棕黄色；意大利干味美思是淡白、淡黄色，含糖量均不超过 4%，酒度 18°。

4. 都灵味美思（Vermouth de turin，或 Torino）

都灵味美思调香用量大，香气浓烈扑鼻，有多种香型。如桂香味美思、金香味美思等。

味美思最著名的有两种，即甜型和干型。甜型味美思酒，香味大、葡萄味较浓、较辣、较有刺激，喝后有甜苦的余味，略带橘香，以意大利生产最为著名，含葡萄酒原酒 75%。甜味美思是调制曼哈顿鸡尾酒的必备材料。为了配合其甜味，意大利味美思的酒标多为彩色艳丽的图案，分红、白两种。著名的酒牌有：马丁尼（Martini）、卡佩诺（Carpano）、利开多纳（Riccadonna）、仙山露（Cinzano）、甘怡（Gancia）。干型味美思涩而不甜，香微妙而令人陶醉，以法国产的干型味美思最有名，含葡萄原酒至少 80%。美洲人都喜欢纯饮，它也是调制马丁尼鸡尾酒的绝佳配料。名品有：杜法尔（Duval）、香白丽（Chambery）、诺丽·普拉（Noilly Prat）。

味美思酒经陈年后，颜色会加深，但不会影响酒度。由于它有提神开胃，帮助消化的作用，常在饭前饮用，故属于开胃酒的一种。

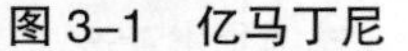
图 3–1　亿马丁尼

图 3–2　千马丁尼

图 3–3　百马丁尼

二、必打士（Bitter）

必打士又称苦精或苦酒，是从古药酒演变而来，有滋补的效用。必打士种类繁多，有清香型，也有浓香型；有淡色，也有深色。但无论是哪种必打士，苦味和药味是它们的共同特征。用于配制必打士的调料主要是带苦味的草卉和植物的茎根与表皮，如阿尔卑斯草、龙胆皮、苦橘皮、柠檬皮等。总的来讲，必打士是用葡萄酒和食用酒精作酒基，调配多种花草及植物的茎、根、皮等制成，最后加入奎宁。现在必打士的生产越来越多地采用酒精直接与草药精掺兑的工艺。酒精含量一般在 16°~40° 之间，有助消化、滋补和兴奋的作用。下面介绍一些酒吧常见的苦酒。

图 3–4　金巴利

（一）金巴利（Campari）

金巴利产于意大利的米兰，它是意大利最受欢迎的开胃酒。其配方已超过千年历史。它是用橘皮、奎宁及多种香草调配而成。酒液呈棕红色，药味浓郁，口感微苦而舒适，酒度 26°。金巴利在世界酒坛上的地位超然，有多种喝法，其中以金巴利加甜味美思最受欢迎。另外，金巴利加橙汁、西柚汁、金巴利加汤尼水、金巴利加冰块、金巴利加苏打水都是非常流行的喝法。

（二）杜本纳（Dubonnet）

杜本纳产于法国巴黎，是法国最好的开胃酒。它是用金鸡纳树皮及其他草药浸制葡萄酒中制成的。酒液呈深红色，药香突出，苦味中带甜味，风格独特。杜本纳有红、黄、干三种类型，以红杜本纳最出名，酒度 16°。

（三）希奈尔酒（Canar）

意大利的一种开胃葡萄酒。呈琥珀色，味苦，含有奎宁等香料，酒度 18°，常加冰或苏打水调制，用橙皮装饰后饮用。

（四）苏滋（Suze）

苏滋产于法国。香料是龙胆草的根块。酒液呈橘黄色，微苦，酒度 16°。

（五）安古斯杜拉酒（Angostura）

一种红色苦味朗姆酒，由委内瑞拉医生西格特（Siegert）在 1824 年发明，起初用作退热药酒，现广泛作为开胃酒。主要产地在特立尼达和多巴哥等地。

（六）妃尔奶·布兰卡（Fernet branca）

妃尔奶·布兰卡产自意大利的米兰，是著名的苦味酒之一，此酒号称“苦酒之王”，酒度 40°，尤其适用于醒酒健胃等功用。

除以上介绍外，还有法国利莱酒（Lillet）、比尔酒（Byrrh）、亚马·皮托酒（Amerpicon），美国的阿波茨（Abbotts'）等。

三、茴香酒（Anis）

茴香酒又称为“模仿者”。1915 年，苦艾酒成为“禁酒运动”的替罪羊，还被打上“万恶之源”的标记。几乎是在禁止苦艾酒命令下达后不久，茴香酒便问世了，茴香酒成为苦艾酒的替代品。在众多酿制蒸馏师中，有位名叫保罗·里卡尔（Paul Ricard）的蒸馏师，他把他的试验品带到各种酒吧并邀请酒吧内的酒客们免费品尝，他的调试成果也因此更加完美。1932 年，保罗·里卡尔开始商业化生产“Ricard”，真正的法国马赛茴香酒（Le vrai pastis deMarseille）。至今茴香酒已经成为法国最受欢迎的开胃酒之一。茴香酒经常与鱼、贝壳类、猪肉和鸡肉等菜肴搭配饮用。此外，添加色素和焦糖，可以加强其口感，但是该饮品的主要特性仍然是“茴芹的

图 3–5　培诺

口感”。如今在法国，茴香酒仍然是消耗量最大的开胃酒。茴香酒是用茴香油与食用酒精或蒸馏酒配制而成的。茴香油一般从八角茴香和青茴香中提取，前者多用于开胃酒的制作，后者多用于利口酒的制作。茴香酒有无色和染色之分，酒液视品种而呈不同颜色。一般都有较好的光泽，茴香味，馥郁迷人，味重而刺激，酒度在25°左右。茴香酒以法国产最著名，名品有：里卡尔（Ricard）、培诺（Pernod）、巴斯的士（Pastis51）、奥作（Ouzo）、亚美利加诺（Americano）、比赫（Byrh）、拉法爱尔（Raphael）、辛（Cin）。

第二节　甜食酒

甜食酒（Desser Wines）是西餐中配最后一道菜——甜食时饮用的酒品而得名，其主要特点是口味较甜。

这种酒的酒精含量超过普通餐酒的一倍，开瓶后仍可保存，搬运时也无须特别照顾。著名的甜食酒大多产于欧洲南部，如葡萄牙、西班牙、意大利、希腊、匈牙利、法国等。

一、雪利酒，又译雪梨酒、些厘酒（Sherry）

雪利酒产于西班牙的加的斯，是西班牙的国酒。不同国家有着不同的称呼方式：西班牙称为赫雷斯（Jerez）、法国称为塞勒士（Nerds）、英国称为些厘或雪梨酒（Sherry）。雪利酒堪称“世界上最古老的上等葡萄酒”。大约在基督纪元前100年，腓尼基商人在西班牙的西海岸建立了加迪斯港，往内陆延伸又建立了一个名为赫雷斯的城市（即今天的雪利市），并在雪利地区的山丘上种植了葡萄树。据记载，当时酿造的葡萄酒口味强烈，在炎热的气候条件下也不易变质。这种葡萄酒（雪利酒）成为当时地中海和北非地区交易量最大的商品之一。绝大多数的雪利酒在西班牙酿造成熟后被装运到英国装瓶出售。1967年，英国法庭颁布法令，只有在西班牙赫雷斯区生产的葡萄酒才有权称为雪利酒（Sherry），所有其他风格类似并且带有“雪利”字样的葡萄酒，必须说明其原产地。

（一）雪利酒的种类及特点

西班牙的雪利酒有六个品种，归为两大类：菲诺（Fino）、奥罗露索

（Oloroso），其他均属这两类的变型酒品。

1. 菲诺雪利酒（Fino）

菲诺类雪利酒以清淡著称。酒液淡黄而明亮，是雪利酒中色泽最淡的酒品。其香气精细而优雅，给人清新之感，酒度17°~18°，属干型。口感干洌、爽快、清淡、新鲜。由于雪利酒并不以“酿酒年份”来区分品质，因此酒龄并不起重要作用。同时，雪利酒往往是由各地的产品混合而成，所以买一瓶菲诺，往往也弄不清它的年份。即使标明装瓶年份，也很难说明酒的内在质量。购买瓶装菲诺类酒最好取其新近装瓶的，现买即喝最合适，因为装瓶贮存时间一久，就会失去它原有的新鲜度。菲诺类酒品最多存两年，此类酒品常被用作开胃酒，实际上佐以小吃或配汤都可以，需冰镇后饮用，常见的菲诺类雪利酒有以下几种：

（1）阿蒙提拉多（Amontillado）

阿蒙提拉多雪利酒用途最广，销路最大，是菲诺的一个品种。它是陈年的菲诺，呈琥珀色，至少陈酿8年，有绝干、半干型。香气带有核桃仁味，口感干洌而清淡，酒度在16°~18°之间，适合一般口味。

（2）芒阐尼拉（Manzanilla）

它是西班牙人最喜爱的酒品。酒液微红，清亮，香气温馨醇美，口感干洌，清爽，微苦，劲略大，常有杏仁苦味的回香，酒度在15°~17°。陈酿时间短的称为Manzanilla Fino，陈酿时间长的称为Manzanilla pasada。

（3）巴尔玛（Palma）

巴尔玛雪利酒是菲诺的出口学名，分为1档、2档、3档、4档，档数越高，酒越陈。

2. 奥罗露索雪利酒（Oloroso）

“Oloroso”西班牙字意为“芳香”，有“芳香雪梨”之称。酒液呈金黄棕红色，透明度极好。香气浓郁扑鼻，具有坚果香气特征，而且越陈越香。口味浓烈，柔绵、干洌但有甘甜之感，酒度一般在18°~20°，酒龄较长的其酒度可达到24°~25°。天然的奥罗露索雪利酒是干性的，但有时也添加糖，而仍以奥罗露索名称出售，这种酒是特用来代替点心（或佐甜食）或喝咖啡前后喝的。但很多人喜欢把它当作晨间的兴奋剂或午后或晚上的饮料。如果用它来作开胃酒，须作冰镇处理。常见的奥罗露索类雪利酒有以下几种：

（1）巴乐·谷尔答图（Palo Cortado）

巴乐·谷尔答图是雪利酒中的珍品，市场上很少供应。它的风格很像菲诺，但却属奥罗露索类，人称“具有菲诺酒香的奥罗露索”。它既干洌又醇浓，大多陈酿20年才上市。

（2）阿莫罗索（Amoroso）

它是一种甜雪利酒，又称“爱情酒”。酒液呈深红色（是用添加剂制成的），香气与奥罗露索很接近，但不那么突出，口味凶烈，劲足力大，甘甜圆正，深为英国人所喜爱。

图3-6　雪利酒

（3）雪利乳酒（Cream Sherry）

雪利乳酒是极甜的奥罗露索类，首创于英国。酒液呈红色，香气浓郁，口味甜。常用于代替波特酒而在餐后饮用，此酒在美国的销售量较大。

以上介绍的各种雪利酒中，有很多世界知名的酒牌，如：桑德曼（Sandeman）、克罗夫特（Croft）、公扎雷·比亚斯（Gonzalez Byass）等。

（二）雪利酒的酿制过程

雪利酒酿造法与一般白葡萄酒大致相同，但也有其独到之处。

1. 葡萄品种与采摘

西班牙的雪利酒一般是从9月初开始酿制（这时葡萄已充分成熟），到10月中旬结束。开始采摘的葡萄是早熟品种巴诺米洛，然后摘香味特殊的佳利酿、阿里山大玫瑰香、麝香葡萄干等。收葡萄时，不能一次把葡萄全部摘下来，而要先选摘成熟了的，未成熟待成熟后再采。采下来成熟葡萄，摆在稻草席子上（席铺在地上）。摆的时候要一串挨着一串，不要重叠。白天让其受太阳曝晒，晚上用帆布盖好（防露水润湿或雨水淋湿）。曝晒是西班牙独创的提高葡萄含糖量的好方法（比阴干的方法快，且不易霉烂）。曝晒过程中，要经常仔细检查，发现腐烂的立即拿走，以免扩大。曝晒时间凭经验而定，正常的好天气（秋季）一般晒四五天即可。

2. 破碎与榨汁

破碎葡萄仍沿用古老的方法——脚踩。最清澈的葡萄汁可直接收入木桶中，待葡萄渣再无葡萄汁流出时，移至压榨机中进行压榨。第一次榨出来葡萄汁与踩出来的汁混在一起。因其是用经曝晒除去大部分水分的葡萄压榨出来的，故含糖量很高，一般为 260 克 / 升以上。这种混合汁经澄清后即可用于发酵。

葡萄渣用水湿润后，连续进行第二、第三次压榨，榨出来的浓汁另外发酵，其酿制的酒含酒精度低，一般当地销售或再蒸馏制白兰地。

3. 发酵

将澄清后的葡萄汁移至 480~500 升的橡木发酵桶中，每 100 千克葡萄汁加入 25~30 克二氧化硫，以杀死葡萄汁中的杂菌，2 小时后接种酵母种液，接种量为 5%~6%。维持 30℃温度，进行主发酵，大约经 3 个星期后葡萄汁中糖分很少，发酵几乎停止。此时马上换桶，将沉淀在主发酵桶底下的大量酒脚和新酒分开，避免新酒带上酒脚味或硫化氢味。

换桶后的葡萄酒中，尚残存少量糖分，仍可在发酵桶中继续进行发酵，称之为后发酵，可延长至两三个月之久。

4. 加白兰地混合

加白兰地混合，在正月或二月，用虹吸的方法将上层清酒液输送到消过毒的木桶中，虹吸法可使酒与酒完全分离，并在每波达（容器 500 千克）中添加 8~10 千克上等白兰地（酒精浓度 76%~78%），这一方面是提高葡萄酒中的酒精含量；另一方面抵抗杂菌侵害。

5. 换桶除渣

换桶除渣，添加白兰地后，任其静置沉淀，到夏季时，重新换桶除渣，并再加一次白兰地。若不够清亮，可在每 16 千克酒中加入新鲜牛血 2 千克或 12 个鸡蛋蛋白，搅拌一下，也有用皂土的，用法是先将皂土溶于一部分白兰地或葡萄酒中，再倒入酒桶中，静置沉淀。

6. 冷、热处理

用虹吸法吸出清亮葡萄酒，在 50℃ ~60℃或 58℃ ~65℃温度下，进行 2~3 个月的处理；接着移至 −10℃冷库的酒桶中，进行冷处理。然后过滤、去渣、换桶。

7. 贮藏陈酿

将上述处理后的葡萄酒移入酒窖的木桶中，贮藏 2~4 年，陈酿期间，酒色逐渐变深，口味变得复杂而柔和，从容器中浸出的橡木香味溶解于酒中。氧化葡萄酒中的多种物质，生成酸与酒精的复杂化合物。如果酒窖是温暖干燥的地方，则葡萄酒蒸发的水分多于蒸发的酒精，故酒精浓度略有增加；如果酒窖是低温较潮湿的地方，则变化不大，有时酒精浓度略有下降。贮酒桶在生成膜以后，不再洗涤，使微生物始终保存在木桶上，而使酒具有独特的酯类香气。另一个特殊操作工艺是不使酒桶装满酒，当地人说，这样便于氧化，以加速老熟。

8. 调和装瓶

西班牙多采用分级调和方法。即在一系列装有不同年期陈酒的酒桶之间，每年一次或数次从较陈的酒桶中取出一定数量的葡萄酒（一般是 10%~25%），再从陈酿期较短的酒桶里取出同量的酒补足，这样由陈到新依次调和，一直到最新的贮酒桶，每年将一定数量的陈酒装瓶上市，质量不会有多大变化。

（三）雪利酒特殊制法

1. 弗洛尔（Flor）

像西班牙这种温暖的气候，酒很容易因为气温过高而腐坏。为了阻止这个缺点，西班牙人想到一个绝妙方法：一般酒在橡木桶发酵时，为了防止发霉，都是将酒满满地装入桶中；但雪利酒却反其道而行之，酒农会故意留下 1/3 的空间，让酒接触到空气，而产生一层由天然的酵母菌孢子构成的白色薄膜，当地人称为开花（flor）。这层 flor 不仅保护底下的酒免于氧化，保持它明亮的酒色，并且创造出更佳的口感与新鲜、强烈、令人垂涎三尺的面包香气。如果在酒液上长出一层“flor”，呈灰色泡沫层，铺盖在液面时，即可成为干性轻质的菲诺雪利酒。反之，奥罗露索雪利酒就没有这种酒花，或者只有很少一点。在这种情况下喷洒一些白兰地就可以将其消除。等葡萄酒出现变为菲诺或奥罗露索的趋势时，就可将酒抽出来，盛入另一个木桶中，做一次换桶工作。在这时要取出酒样，检查酒度。如果有不足规定的指标，就应逐渐添加白兰地酒精，使其酒度提高到预定的程度。如将来要制作成菲诺类型的雪利酒，则应将酒度调整至 16°；如果制作成奥罗露索类型的雪利酒，则应将酒度提高到 17° 到 18°。此时添加酒精的手续，是最后区别雪利酒两个典型性的具体方法。雪利酒在专门的贮酒库中（通风、通气）经过一段时间的贮存，达到规定的年龄（一般不超过3年），即可对酒进行有关方面的后处理，同时也可做成其他类型的雪利酒。

2. 索立拉（Solera）

索立拉是特殊的陈年系统，让雪利酒可以同时兼具新酒的清新与老酒的醇厚，这种方法是把成熟过程中的酒桶分为数层堆放（堆栈层数每个酒厂都不太一样，少者仅 3 层，最多则可达到 14 层）。最底层的酒桶存放最老的酒，最上层的则是最年轻的酒。每隔一段时间，酒厂会从最底层取出一部分的酒装瓶准备出售，再从上层的酒桶中取酒，依顺序补足下层所减少的酒，例如：取第二层补第一层，取第三层补第二层……如此一来便能借着老酒为基酒，以年轻的酒调和，便能让雪利保持永恒的风味，同时保持陈年酒体的连续性。

二、波特酒（Port wine）

若说雪利酒是西班牙的国酒，那葡萄牙便是以波特酒为国酒了。波特酒是世界上最著名的甜葡萄酒之一。17 世纪末 18 世纪初，葡萄酒酿造出来后通常运往英国，但当时并没有发明玻璃酒瓶和橡木塞，于是用橡木桶作为运输容器。由于路途遥远，葡萄酒很容易变质。后来酒商就在葡萄酒里加入中性的酒精（葡萄蒸馏酒精），这样酒不容易腐败，保证了葡萄酒的品质，这就是最早的波特酒。波特酒的工艺特殊，在葡萄发酵的中途，为了要保留它所含的天然葡萄糖分，加入葡萄酒精，即白兰地酒，以终止其继续发酵，使酒变得甜蜜而醇厚，故而这种酒的酒精含量较高，达 15°~20°，超过一般葡萄酒故被称为强化葡萄酒。波特是葡萄牙的第二大城市，也是一个著名的港口。葡萄牙生产的葡萄酒大都是集中在这个城市里进行调配和包装，然后出口。因此这个地名就成了甜葡萄酒的代名词。在国际上只要一提起“波特”这个名字，大家便会想到甜红葡萄酒。

根据葡萄牙政府的政策，如果酿酒商想在自己的产品上注明“波特（Port）”，必须满足三个条件：

（1）用杜罗河上游的奥特·斗罗地域所种植的葡萄为原料酿造。为了提高产品的酒度，用来兑和的白兰地也必须使用这个地区的葡萄酿造。

（2）必须在杜罗河口的维拉·诺瓦·盖亚酒库（Vila Nova gaia）内陈化和贮存，并从对岸的波特港口运出。

（3）产品的酒度在 16.5° 以上。

如不符合上述三个条件中的任何一个，即使是在葡萄牙出产的葡萄酒，也不能冠以“波特”字样。

图 3–7　波特酒

（一）波特酒的分类

1. 好年成波特酒（Vintage Port）

是由已被公认的好年成葡萄酿制的波特酒，可以适当勾兑其他葡萄苑的好年成葡萄酒，但是必须是同一年的葡萄酒。法律规定，好年成波特酒必须在橡木桶中最少陈酿 2 年。装瓶后继续陈酿，10 年后成熟，其寿命长达 35 年。口味醇厚，果香酒香协调，甜爽温润。商标上注明年成号。

2. 类好年成波特酒（Vintage Character Port）

以各种年份的葡萄酒勾兑，陈酿于橡木桶中 4 年，就可马上饮用。柔顺圆正，果香悦人。常被误解为好年成波特酒，因此而得名。其实其特点更近似于宝石红波特酒。

3. 陈年波特酒（Crusted port 或 Crusting Port）

用几种高质量的葡萄酒勾兑，陈酿于橡木桶中 4 年，装瓶后陈放 5~6 年，有明显沉淀后出售。

4. 陈年茶红波特酒（Fine Old Tawny Port）

在木桶中陈酿 10 年、20 年或更长时间，其酒色为茶红色因此而得名。柔顺圆正，豪华富贵，醇厚浓正、香气悦人，坚果型香味。

5. 陈年宝石红波特酒（Fine Old Ruby Port）

由几种优质葡萄酒勾兑，在木桶中陈酿近 4 年，−9℃ ~ −8℃低温处理后装瓶，果香突出，口味甘润。

6. 茶红波特酒（Tawny Port）

由红葡萄酒和白葡萄酒勾兑，木桶中陈酿 6~8 年，酒体柔顺，坚果型香气。

7. 宝石红波特酒（Ruby Port）

这是酒龄最短的波特酒。在木桶中陈酿不到 1 年，所以仍保持新葡萄酒的色彩。酒体丰满，果性十足，只适于幼龄时饮用，不宜长期窖藏。

8. 单葡萄苑波特酒（Single-quinta port）

由单一葡萄苑产的葡萄酒酿制成的波特酒。有非好年成、好年成、茶红等类型。

9. 晚期装瓶好年成波特酒（Late Bottled Vintage Port）

简称 LBV。是延长木桶陈酿期的好年成波特酒，陈酿 4~6 年。有的厂商用特大年成号标在商标上。

10. 收获日期波特酒（Vintage-dated Tawny Port）

质量上乘的陈年茶红波特酒，注有收获年份和日期，还有装瓶年份。在木桶中陈酿 20 年或 50 年，绝不要与好年成波特酒相混。收获日期波特酒不在瓶中陈酿。有时商标上还可见到“Matured in Wood”“Reserve”“Reserva”“Bottled in dates”的字样。

11. 白波特酒（White Port）

用白葡萄酿制的干型的波特酒，其风味和柔顺的雪利（Sherry）酒相似，常作为开胃酒。少数却是甜型的，例如 Ferreira 酒商产的“Superior White”就是其中之一。

（二）波特酒的酿造方法

波特酒是采用葡萄牙杜罗河谷的葡萄品种酿制而成的。葡萄必须完全成熟，糖度在 23~26Brix 之间，采摘时要剔除霉烂变质的，并尽量小心避免碰伤。酿造波特酒的主要问题，是取足够的生长在温暖地区成熟葡萄的色泽。一般采用在葡萄破碎时，加入二氧化硫约 100mg/L 在葡萄浆中，并加热到 50℃约 24 小时，或者瞬时加热到 60℃，甚至更高温度，这样葡萄皮中的色泽就会很快提取出来。现在趋向采用在葡萄破碎后，加热到 80℃，2~3 分钟的工艺。发酵可采用野生或人工培养酵母，初发酵时间为 2~4 天。如同酿制一般的红葡萄酒一样，要经常捣汁，待残糖降到所需的程度（酒精度达到 6°~8°）时，即将皮渣分离。酒液泵至贮酒桶，加入酒度为 76°~78° 的原白兰地，使之中断发酵而进入贮存阶段。按照葡萄牙的酿酒法律规定，生产波特酒所用的葡萄酒精，只能用杜罗河流域以及由此向南 320 公里的里斯本周围生产的佐餐葡萄酒蒸馏而得到，其他任何地方和任何方式生产的酒精都不允许用来生产波特酒刚发酵完的强化葡萄酒只有通过足够时间的贮藏，才能改善其风味，一般需贮藏 2~4 年。贮存后，在第二年春季开始的时候，杜罗地区大大小小的以葡萄园、作坊和“农家”为单位（按统一的工艺要求）生产的葡萄酒，用一些木质的“酒船”将这些酒运到波特的各个酒厂的酒库中进行长期陈酿。在陈酿过程中，还要经过热灭菌、冷冻处理等工序，它们不仅对葡萄酒起到澄清和稳定的作用，而且还起到促进葡萄酒的老熟的作用。当然，陈酿的关键是在木桶（或木船）中贮存（目前也有用水泥池和露天老熟的新方法）。在温度较少变化的酒窖中存放 4~6 年，存放过程中还要进行 2~3

次换桶波特酒的上品贮存时间要求达到4~6年。实际上，波特酒究竟贮存多长时间比较好，是根据世界各国消费者的要求而言。有的国家的消费者喜欢鲜红或紫红的，具有芬芳果香的波特酒，这种贮存时间短的新酒，其酒龄一般为1~2年。有的国家的消费者喜欢色泽为茶红色的，具有浓郁陈酒香味，口味柔和润口的波特葡萄酒，这种贮存时间长的老酒，它的酒龄多在4~6年，甚至有的酒龄达到10年以上。波特酒既可纯饮，也可佐餐。波特酒一般在天气凉爽或较冷时饮用；在打开瓶陈酿波特酒之前，应让瓶子直立3~5天；开瓶后至少放置1~2小时才可饮用；无须冷藏。波特酒开瓶后寿命很短，必须在数周内饮用完，陈酿波特酒在开瓶8~24小时内就会变质。

三、马德拉酒（Madeira）

马德拉酒产于葡萄牙的马德拉岛上，是以地名而命名的酒品。根据历史记载，1419年，葡萄牙水手吉奥·康克午·扎考发现了马德拉岛。15世纪，马德拉岛广泛种植甘蔗和葡萄。17世纪，马德拉酒开始销往国外。1913年，马德拉葡萄酒公司成立，由威尔士与山华公司（Welshe& Cunha）和亨利克斯与凯马拉公司（Henriquez&OLD RESERVE Camara）组建。经过数年的发展，又有数家酿酒公司加入，后来规模不断扩大，成立了马德拉酒酿酒协会。28年后，该协会更名为马德拉酿酒公司。1989年，公司采取控股联营经营策略，投入大量资金，改进葡萄酒包装和扩大销售网络，使马德拉葡萄酒成为著名品牌。马德拉公司多年来进行了大量的投资，提高了葡萄酒的质量标准，并在2000年完成了制酒设备的革新，从而为优质马德拉酒的生产和熟化提供了先进的硬件支撑。

马德拉酒是根据所要获得的酒品的不同类型，用当地的葡萄酒和白兰地为基本原料，然后再经过一系列的保温、加热及贮存等处理后，进行勾兑而成的，酒度在16°~18°。马德拉酒是酿造周期最长的一种酒，也是世界上寿命最长的酒，最多可达百年之久，所以又称为“幸存者”。与雪利酒不同，马德拉酒属干型白葡萄酒类，越不甜越好喝，作为饭前开胃酒饮用最佳。马德拉酒在饮用前将酒存放几天，然后把瓶直立起来，直到所有沉淀物沉到瓶底才可慢慢倒出。马德拉酒有6周的保存时间，饮用时不加冰，应冷藏后饮用。马德拉酒是以品种和商标的知名度来判别其品质，分为四大类：

（一）舍西亚尔（Sercial）

舍西亚尔是最不甜的一类。酒液呈金黄或淡黄，色泽艳丽，香气芬芳，人称“香魂”，口味醇厚、浓正。西餐中常用它作料酒。

（二）弗德罗（Verdelho）

弗德罗也是干型酒，但比舍西亚尔稍甜一点。酒色金黄，光泽动人，香气优雅，口味干洌，醇厚、纯正。

（三）布阿尔（Baul）

布阿尔属半干型酒，色泽呈栗黄或棕黄，香气强烈有个性，口味甘润，浓醇，最适合作甜食酒。

（四）玛尔姆赛（Malmsey）

玛尔姆赛在马德拉酒家族中享誉最高，属甜型酒。此酒色呈褐黄或棕黄，香气悦人，口味极佳，甜润爽适，比其他同类产品醇厚浓正，给人富贵豪华之感。

马德拉酒中还有一些值得一提的酒品，如甘霖酒（Rainwater）、南部酒（Southside），索雷拉（Solera），其中甘霖酒起源于美国，综合了清淡与柔和，有甘霖风味，另外，索雷拉一直被人们视为珍品，它的平均年龄为 80 岁。著名的马德拉酒的名牌产品有：马德拉酒（Madeira Wine）、鲍尔日（Borges）、巴贝都王冠（Crown Barbeito）、法兰加（Franca）。

四、马萨拉酒（Marsala）

马萨拉酒产于意大利西西里岛西北部的马萨拉（Marsala）一带，是由葡萄酒和葡萄蒸馏酒勾兑而成的，它与波尔图酒、雪利酒齐名。酒呈金黄带棕色，香气芬芳，口味舒爽、甘润。根据陈酿的时间不同，马萨拉酒的风格也有所区别。陈酿 4 个月的酒称为精酿（Fine），陈酿 2 年的酒称为优酿（Superiore），陈酿 5 年的酒称为特精酿（Verfine）。马萨拉酒饮用时装在顶端带有螺丝的桶中，可以直立。较为有名的马萨拉酒有：厨师长（Gran Chef）、佛罗里奥（Florio）、拉罗（Rallo）、佩勒克利诺（Pellegrino）等。

除此之外，优秀的甜食酒还有西班牙的马拉加（Malaga）、法国的原甜葡萄酒（Vin doux naturel）、阿尔及利亚的米斯苔尔酒（Mistelle）、西班牙和葡萄牙的莫斯卡苔尔酒（Moscatel）。

第三节　利口酒

利口酒又译力娇酒。利口酒的原词“Liqueur”属于拉丁语，其真正的含义是“溶解或使之柔和”，同时也可以解释为“液体”。早在公元前4世纪，在希腊科斯岛上，有“医学之父”美称的霍克拉特斯（Hppkrates）就已经开始尝试在蒸馏酒中溶入各种药草来酿制一种具有医疗价值的药用酒。这便是利口酒的雏形。此后，这种药用酒传入欧洲，修道士们对其进行了一系列改进，改进后不仅没削弱它的药用性，同时提高了它作为一种健康饮品的饮用性能，以至于当时的西同教堂出品的这种酒极有名气。进入航海时代，由于新大陆的发现，以及整个欧洲对亚洲生长的植物的逐步引进，用以酿制利口酒的原料也逐渐多样。18世纪以后，当时的人们更加重视水果的营养价值，这也要求利口酒的酿造工艺从所选原料到成品口味必须适应时代的需求而不断地加以改进。随着苹果、草莓、薄荷等水果和植物原料的引进更新，以及利口酒本身助消化这一功能的改进和提高，利口酒终于名正言顺地成为欧洲人不可或缺的一种餐后酒。不仅如此，又因为水果利口酒所拥有的浓郁香味和艳丽色彩，也引起了当时身处欧洲上流社会中的贵妇们的极大关注，甚至还曾出现刻意追求服装及佩戴珠宝的颜色都要与杯中利口酒的色彩相搭配的流行风潮。这种在社会地位和影响范围上的空前提高和扩大，不仅为利口酒赢得“液体宝石”这一美称，也促使越来越多的生产厂家以更大的热情、更多的精力投入到利口酒的研制上。他们争先恐后地想要利用各种水果配制出色彩更趋艳丽的利口酒。

利口酒是以食用酒精和其他蒸馏酒为基酒，配制的各种调香物品，并经过甜化处理（一般要加入1.5%的糖蜜）的酒精饮料。具有高度或中度的酒精含量，颜色娇美，气味芬芳独特，酒味甜蜜。此酒有舒筋活血，帮助消化的作用，故法国人称为Digestifs，在餐后饮用。在宴会中饮用利口酒都在餐后，侍者用精美的银盘，放置很多只容量为2盎司的利口酒杯，请客人取用，使宴会达到最高潮。利口酒因含糖较高，相对密度大，色彩鲜艳，常用来增加鸡尾酒的颜色香味、突出其个性。仅以数滴利口酒之量，就可以使一杯鸡尾酒改变其风格，利口酒更是调和彩虹酒不可缺少的材料。另外，还可用利口酒来做烹调、烘烤、制冰激凌、布丁以及些甜点等。

一、利口酒的种类

（1）水果类：有些以水果为原料成分制成并以水果的名称命名，如樱桃白兰地酒等。

（2）种子类：用果实的种子制成的利口酒，如杏仁酒等。

（3）香草类：以花、草为原料制成的利口酒，如薄荷酒、茴香酒等。

（4）果皮类：以某种特殊香味的果皮制成的利口酒，如橙皮酒。

（5）乳脂类：以各种香料和乳脂调配出各种颜色的奶酒，如可可奶酒等。

图 3-8 樱桃白兰地

图 3-9 杏仁白兰地

图 3-10 绿薄荷

图 3-11 蓝橙甜酒

图 3-12 可可甜酒

二、利口酒的酿造方法

利口酒是用食用酒精加香草料、糖配制成的，因其所用的原料不同，操作方式各异，归纳起来有以下几种：

（1）浸渍法：将果实、药草、木皮等浸入葡萄酒或白兰地中，再经分离而成。

（2）滤出法：利用吸管的原理，将所用的香料全部滤到酒精里。

（3）蒸馏法：将香草、果实、种子等放入酒精中加以蒸馏即可。这种方法多用于制作透明无色的甜酒。

（4）香精法：将植物性的天然香精加入白兰地或食用酒精等烈酒中，再调其颜色和糖度。

三、利口酒的名品

（一）水果类利口酒

水果类利口酒主要由三部分构成：水果（包括果实、果皮）、糖料和酒基（食用酒精、白兰地或其他蒸馏酒），一般采用浸渍法制作，口味新鲜、清爽，宜新鲜时饮用。著名的水果利口酒有：

1. 橙皮甜酒（Curacao）

橙皮甜酒产于荷兰的库拉索岛，以产地而命名。该酒是由橘子皮调香浸制的利口酒，颜色多样有透明无色、绿色、蓝色等。橘香悦人，清爽，优雅，味微苦，适宜作餐后酒和混合酒的配酒，如白兰地柯布勒（Brandy Cobbler）、旗帜（Flag）、橘子香槟（Orange Champagne）、蓝魔（Blue Devil）等混合酒均是以橙皮甜酒作辅助材料配制成的。

2. 君度力娇（Cointreau）

君度力娇是由法国的阿道来在18世纪初创造的，经过一个半世纪的奋斗，君度家族已成为当今世界最大的酒商之一。君度力娇酒畅销世界145个国家。在当今的绝大多数酒吧、西餐厅是不可缺少的。它是法国人引以为荣的标志。酿制君度酒的原料是一种不常见的青色的像橘子的果子，其果肉又苦又酸，难以入口。这种果子来自海地的毕加拉、西班牙的卡娜拉和巴西的皮拉。君度厂家对于原料的选择是非常严格的。在海地，每年的8月和10月之间，青果子还未完全成熟便被摘下来，为了采摘时不损坏果实，当地农民使用一种少见的刀，在刀下系个塑料袋，当果子砍下后便掉入袋中，然后将果子一切为二，用勺子将果肉挖出，再将只剩下皮的果子切成两半，放在阳光下晒干。果子经严格的挑选才能用。巴西和西班牙对青果子的处理稍有不同，摘下的果子皮一半晒干，另一半则在新鲜时放入酒精内浸泡一段时间，然后收集样品寄往法国，由酿酒师鉴定后方可使用。君度酒的制作程序高度保密，主要是因为君度世代家族对这个企业的质量高度重视和珍视。

图 3–13　君度力娇

要尽情体会君度的魅力，莫过于加冰块饮用，酒味芳浓柔滑，轻尝浅啜，乐趣无穷，方法是：在古典杯中加 3~4 块小冰块，然后将一份或两份君度酒，慢慢倒入杯内，待酒色渐透微黄，以柠檬皮装饰即可享受清凉甘甜的美酒。除此之外，君度香橙也是调制鸡尾酒的配料，如著名的边车、玛格丽特等便是其中两例。

3. 金万利（Grand manier）

金万利产于法国的科涅克地区，是用苦橘皮浸制调配成的。酒度在 40° 左右，分红、黄两种。橘香突出，口味凶烈，劲大、甘甜、醇浓。

除此之外，白橙味甜酒、椰子甜酒也是很好的水果利口酒。

（二）草本类植物利口酒

草本类植物利口酒配制原料是由草本植物组成的，制酒工艺颇为复杂，往往带有浓厚的神秘色彩，配方及生产程序严格保密，名品有：

1. 修道院酒（chartreuse）

修道院酒是世界闻名的利口酒，有利口酒女王之誉。因其在修道院酿制并具有治疗病痛的功效，又有灵酒之称。此酒系法国格朗多 · 谢托利斯（Grand Chartreuse）修道院独家制造。配方保密从不披露，经分析表明：它是以葡萄酒为酒基，浸制 100 多种草药（包括龙胆草、虎耳草、风铃草等）再加以蜂蜜，成酒后需陈放 3 年以上，有的长达 12 年之久（如 V.E.P6 年陈酿）。修道院酒分绿酒（Chartreuse verte）和黄酒（Chartreuse Jaune）。修道院酒一般作纯饮时少量品饮，也可用来调制鸡尾酒。

2. 泵酒，又译当酒或修士酒（Benedictine）

原酒简称 D.O.M，是拉丁语 DEO OPTIMO MAXMO 的缩写，意思是献给至高至善的主。此酒同样具有神秘之感，它产于法国的诺曼底地区，参照教士的炼金术配制而成，祖传秘方。经鉴定分析，泵酒是用葡萄蒸馏酒作酒基，用 27 种草药调香（包括当归、丁香、肉豆蔻、海索草等）再掺兑蜂蜜配制而成。泵酒在世界上获得成功之后，生产者又用泵酒与白兰地对和，制出另一种产品：B&B（Benedictine and Brandy），同样受到热烈欢迎，它们的酒精含量均为 43°。

3. 杜林标（Drambuie）

杜林标产于英国，是一种用草药、威士忌和蜂蜜配制成的利口酒。此酒根据古传秘方制造。秘方由爱德华·查理王子的一位法国随从在 1945 年带到苏格兰的。因此在该酒商标上印有“Prince charles Edward's liquer”字样。此酒在美国十分流行，常用于餐后酒或兑水饮用。

图 3–14　加利安奴

4. 加利安奴（Galliano）

加利安奴甜酒产自一个世纪以前的意大利，是以意大利的英雄加利安奴将军命名的酒品。它是以食用酒精作基酒，加入了 30 多种香草酿造出来的金色甜酒，味道醇美，香味浓郁，将其盛放在高身而细长的酒瓶内。在加利安奴甜酒里，融合了英雄与浪漫的情怀，它给人带来欢乐、温暖，是调酒常用的配料。加利安奴热冲酒（依次将 20 毫升的加利安奴酒、浓咖啡和奶油滤入热冲杯中，依酒品的比重不同，而呈金黄色、咖啡色、乳白色的多彩颜色）是时下很流行的热饮。

（三）种子利口酒

种子利口酒是用植物的种子为原料制成的利口酒。一般用于酿酒的种子多是含油高，香味烈的坚果种子，著名的酒品有：

1. 茴香利口酒（Anisette）

茴香利口酒起源于荷兰的阿姆斯特丹，是地中海诸国最流行的利口酒之一。制酒时，先用茴香和酒精制成的香精，兑以蒸馏酒精和糖液，然后搅拌，再进行冷处理，以澄清酒液。茴香酒最著名的酒厂是法国波尔多地区的玛丽莎。

2. 杏仁利口酒（Liqueurs d'amandes）

杏仁利口酒以杏仁和其他果仁做酿酒原料，酒液绛红发黑，果香突出，口味甘美，以法国、意大利的产品最好。如意大利的亚马度、法国的果核酒等均是著名的杏仁利口酒。

（四）利口乳酒

利口乳酒是一种比较稠浓的利口酒。用来作利口乳酒的原料可以是水果、草料也可以是植物的种子，名品有：

1. 咖啡乳酒（Creme de Cafe）

该酒是以咖啡豆为原料酿制的，先烘焙粉碎咖啡豆，再进行浸制、蒸馏、勾兑、加糖、澄清、过滤而成，酒度为 26° 左右，主要产于咖啡生产国。著名的咖啡利口酒有：咖啡甜酒（Kahlua）、玛丽泰（Tia Maria）。

2. 可可乳酒（Creme de Cacao）

该酒用可可豆配制而成，主要产于西印度群岛，与咖啡乳酒的制作方法相似。

图 3–15　咖啡乳酒

第四节　苦艾酒

苦艾酒（Absinthe）是一种有茴芹、茴香味的高酒精度酒，主要原料是茴芹、茴香及苦艾（wormwood）药草（即洋艾），这三样经常被称作“圣三一”。此酒芳香浓郁，口感清淡而略带苦味，并含有 45° 以上高酒精度，酒液呈蓝绿色，草绿色，棕黄色，或者无色。

捷克传统的苦艾酒中含有茴香成分，但很多人不喜欢茴香味道，所以为迎合大众的口味，大部分捷克苦艾酒是极少有茴香成分的。有茴香成分的苦艾酒饮用时常加 3~5 倍的溶有方糖的冰水稀释，形成乳白色，即悬乳效果，口感先甜后苦，伴着悠悠的药草气味。悬乳效果是否明显取决于茴香成分的高低，是优质苦艾酒的标志，成因主要是酒内含植物提炼的油精的浓度大，水油混合后会造成混浊的效果。

西班牙苦艾酒一般为草绿色，绿色主要是茴香的提取液带来的。悬乳状效果只有几款比较明显，大部分悬乳状并不明显且价格低廉。

法国，曾是苦艾酒发展最兴隆的国家，其苦艾酒一般为棕黄色。法国除了有很好的葡萄酒，也出很好的苦艾酒，Lemercier 系列先后获得世界烈酒奖的银奖与铜奖。

瑞士是苦艾酒的起源地，两百多年前一名瑞士医生发明的一种加香加味型烈酒，最早是在医疗上使用，后来却成为不少人迷恋的杯中物。苦艾酒被禁售后，通常地下作坊生产。为了掩人耳目，瑞士地下作坊苦艾酒为无色的，这样可以跟官员们说不是苦艾酒，而是其他酒。2013 年后，瑞士的苦艾酒大部分是无色的，蓝色的瓶子象征瑞士蓝蓝的天空。苦艾酒另一种较粗犷的被称为波希米亚饮法的方式是将方糖燃烧后混入苦艾酒，再加水饮用。

现在中国市场上最容易与苦艾酒混淆的是茴香酒，因为这些酒中含有苦艾酒的基本成分之一“茴香”，所以很容易被人误以为是苦艾酒。另一种因翻译的原因，接近苦艾酒，最容易混淆的是“Vermouth”，很多人将其翻译成苦艾酒，实际它正确的中文名是味美思。真正的苦艾酒为“Absinthe”，而非“L’Absinthe”或“D’Absinthe”等。很多酒为了冒充苦艾酒，通常取名跟“Absinthe”类似的名字，比如“L’Absinthe”“D’Absinthe”“Absente”等，为了让人一眼看去像“Absinthe”，通常“L’”“D’”的字样很小。这样的酒一般为利口酒，在标贴的不显眼处也会有“Liqueur”的标示，纯正的苦艾酒不会有这样的标示。

第五节　配制酒的服务

一、开胃酒的饮用与服务操作

开胃酒在餐前饮用，一般可用开胃品来佐餐，如小点心、干酪等。开胃酒有以下几种饮用方法：净饮或掺兑（加冰块、果汁、汽水和矿泉水）。开胃酒的服务操作要当着客人的面进行。

不同的酒品，其标准用量及服侍方法也有差异。净饮的味美思、苦味酒的标准用量为 50 毫升 / 杯。味美思一般冰镇后饮用（可用冰块或冰箱贮藏的方法降温）；Fernet Branca、苦味酒可用苏打水冲兑，加冰块饮用；茴香酒的标准用量为 30 毫升 / 杯，20 毫升 / 小杯。一般以清水冲兑饮用，方法是先加酒，然后加入水，量为所用酒量的 5 倍至 10 倍，最后加入冰块。另外金巴利配一片柠檬皮，苏滋可冲兑石榴水和柠檬水。

二、甜食酒的饮用与服务操作

根据酒品本身的特点和不同国家的饮用习惯，甜食酒的品种中有的作为开胃酒，有的作为餐后酒。如：雪利酒中的菲诺类（Fino）酒品，常被用来作开胃酒，而奥罗露索类（Oloroso）酒品则可用来佐甜食，用作为甜食酒。波特酒的饮用时机，视不同国家的饮用习惯而有差异：如英语国家常将其作餐后酒饮用，法、葡、德以及其他国家常用其作餐前酒。一般来说，甜食酒中干型酒，可作开胃酒；较甜熟的甜食酒可作为餐后酒，以常温提供。波特酒也可作为佐餐酒。

甜食酒中的雪利酒和波特酒都用专门杯具服侍。甜食酒的标准用量为 50 毫升 / 杯。不同的酒品，饮用温度也有差异。作为餐前酒的甜食酒，需冰镇以后饮用；如果作餐后酒可以常温服侍。另外，陈年波特酒因有沉淀多需要进行滗酒处理。

三、利口酒的饮用与服务操作

利口酒多用于餐后饮用，以助消化。利口酒每份的标准用量是 25 毫升，用利口酒杯或雪利酒杯提供。

因利口酒的酿制原料不同，酒品的饮用温度和方法也有差异。一般地说，水果类利口酒，其饮用温度由饮者决定，基本原则是果味越浓，甜度越大，香气越烈的酒，其饮用温度越低越好。低温处理时，可采用溜杯、加冰块或冷藏等方法。草本类植物利口酒，如茴香利口酒，修道院酒，泵酒等宜冰镇饮用。不同的酒品，冰镇方法不同。泵酒作溜杯处理，酒瓶留在室内，修道院酒用冰块降温，酒瓶置于冰箱中。所有乳酒加冰霜效果最佳。植物种子制成的利口酒，如茴香利口酒等一般采用常温饮用，但也有例外，茴香酒常作冰镇处理，冷藏的方法较适宜。另外，可可乳酒、

图 3–16 利口酒杯

咖啡乳酒采用冰桶降温后饮用。

利口酒的饮用方法有多种，怎样品尝才能达到越喝越香醇的效果呢？最好选用纯度高的利口酒，倒在专用杯里，用嘴一点点慢慢啜，细细品，但是很多人觉得这样喝太甜太腻，利口酒的另外的几种饮用方法：

第一，兑饮法。也就是加苏打水，或矿泉水，无论哪一种甜酒，喝前先将酒倒入平底杯中，其数量约为杯子容量的60%，再加满苏打水即可。如觉得水分过多，可添加一些柠檬汁以半个柠檬的量较合适，在上面可再加碎冰。若是鸡尾酒的话，可加入适量柠檬汁。

第二，碎冰法。先做碎冰，即用布将冰块包起，用锤子敲碎，然后将碎冰倒入鸡尾酒杯或葡萄酒杯内，再倒入甜酒，插入吸管即可。

第三，其他。也可将利口酒加在冰激凌或果冻上饮用。做蛋糕时，还可用它来代替蜂蜜使用。

第四，利口酒还可以作为增加冰激凌颜色或味道的饮料。

思考练习

1. 简述味美思的酿造工艺。
2. 简述必打士的酿造过程。
3. 简述茴香酒的产生历史。
4. 雪利酒的种类及特点有哪些？
5. 阐述雪利酒的酿制过程。
6. 阐述波特酒的分类和酿造过程。
7. 阐述马德拉酒的分类和酿造过程。
8. 利口酒酿造方法有哪些？

第四章 烈酒

学习目标

A. 知识目标

1. 了解干邑白兰地的生产过程；
2. 熟悉威士忌酒的生产工艺和特点；
3. 了解金酒、伏特加、朗姆、特基拉酒的知识。

B. 能力目标

1. 熟练掌握白兰地品饮与服务；
2. 能根据金酒、伏特加、朗姆、特基拉酒的基本服务规则，提供规范服务。

第一节 白兰地

白兰地是英文“Brandy”的译音，它是以水果为原料，经发酵、蒸馏制成的酒，“白兰地”一词属于术语，相当于中国的“烧酒”。通常，人们所称的白兰地专指以葡萄为原料，通过发酵再蒸馏制成的酒。而以其他水果为原料，通过同样的方法制成的酒，常在白兰地酒前面加上水果原料的名称以区别其他种类。比如，以樱桃为原料制成的白兰地称为樱桃白兰地（Cherry Brandy），以苹果为原料制成的白兰地称为苹果白兰地（Apple Brandy，Apple Jack）。

白兰地起源于法国干邑镇（Cognac）。约在 16 世纪中叶，为便于葡萄酒的出口，减少海运的船舱占用空间及大批出口所需缴纳的税金，同时也为避免因长途运输发生的葡萄酒变质现象，干邑镇的酒商把葡萄酒加以蒸馏浓缩后出口，然后输入国的厂家再按比例兑水稀释出售。这种把葡萄酒加以蒸馏后制成的酒即为早期的法国白兰地。当时，荷兰人称这种酒为“Brandewijn”，意思是“燃烧的葡萄酒（Burnt Wine）”。

1701年，白兰地遭到禁运，酒商们用干邑镇盛产的橡木做成橡木桶，把白兰地贮藏在木桶中以待时机。1704年战争结束，酒商们意外地发现，本来无色的白兰地竟然变成了美丽的琥珀色，酒没有变质，而且香味更浓。这种制作程序也很快流传到世界各地。1887年以后，法国改变了出口外销白兰地的包装，从单一的木桶装变成木桶装和瓶装。

白兰地是以葡萄为原料，经过榨汁、去皮、去核、发酵等程序，得到含酒精较低的葡萄原酒。再将葡萄原酒蒸馏得到无色烈性酒，将得到的烈性酒放入橡木桶储存、陈酿，再进行勾兑以达到理想的颜色芳香味道和酒精度，从而得到优质的白兰地，最后将勾兑好的白兰地装瓶。白兰地酒度在40°~43°之间，虽属烈性酒，但由于经过长时间的陈酿，其口感柔和，香味醇正，饮用后给人以高雅、舒畅的享受。白兰地呈美丽的琥珀色，富有吸引力，其悠久的历史也给它蒙上了一层神秘的色彩。白兰地酿造工艺精湛，特别讲究陈酿时间与勾兑的技艺，其中陈酿时间的长短更是衡量白兰地酒质优劣的重要标准。酿造白兰地对贮存酒所使用的橡木桶很讲究。由于橡木桶对酒质的影响很大，因此，木材的选择和酒桶的制作要求非常严格。最好的橡木是来自于干邑地区利穆赞和托塞斯两个地方的特产橡木。由于白兰地酒质的好坏以及酒品的等级与其在橡木桶中的陈酿时间有着紧密的关系，因此，酿藏对于白兰地来说至关重要。世界上很多国家都生产白兰地，但以法国白兰地最著名。法国白兰地大多是用葡萄酒蒸馏陈酿而成的，其中以法国南部科涅克地区所产的白兰地最醇、最好，被称为“白兰地之王”。

一、干邑（Cognac）白兰地

马爹利、人头马、轩尼诗等著名的干邑（又名科涅克）白兰地早已风靡世界，近两年来，这些公司更是将市场营销的重点转向亚洲，特别是在中国大陆，进行大规模的广告促销活动，销量激增。据1994年统计，人头马产品在中国大陆的销量每年增长40%以上；另外中国大陆和香港地区已成为轩尼诗公司十大市场之一。

（一）干邑酒的命名

法国凡生产葡萄酒的地区都或多或少地生产一定数量的白兰地，但生产的白兰地要作为国家名酒却有一定地区的范围限制。作为国家名酒，不仅地区有限制，而且葡萄品种，葡萄种植面积，生产设备、生产工艺也都有限制。凡不符合规定条件的均不能叫作国家名酒。

法国生产国家名酒的地区限制，是由国家立法机关正式确定后由政府公布的，并有专门机构监督执行。

1909 年 5 月 1 日，法国政府公布了一条关于法国国家名酒干邑的法令。这条法令规定，只有在科涅克地区（包括夏朗德省境内及附近 7 个区，其中以大香槟区和小香槟区最著名）生产的白兰地才能称为国家名酒，并受到国家的保护。科涅克地区白兰地被称为干邑，所有的干邑都是白兰地，但不是所有的白兰地都可称干邑。原因很简单：产葡萄的地方，都可以用葡萄酒来蒸馏白兰地，然而却无法把白兰地变成干邑，因为法国科涅克地区阳光、温度、气候、土壤极适于葡萄的甜酸度，用来蒸馏白兰地是最好的，另外所用蒸馏设备技术，都是无与伦比的。

干邑酒的特点十分独特，酒液是琥珀色，洁亮有光泽，酒体优雅健美，口味精细考究，风格豪壮英烈，酒度 43°。有人说科涅克和夏朗德当地人一样，态度诚恳，性情稳健，自信干练。

（二）干邑酒的天然条件

1. 葡萄的品种

法国政府规定，制造干邑白兰地的主要葡萄品种有 3 个，都是白葡萄。它们是白玉霓、可伦巴、白疯女。以上 3 个品种正符合生产科涅克白兰地的要求，即酸度大，产酒精低。这也是科涅克生产优质白兰地的关键因素。

2. 土壤

科涅克地区存在不同类型的土壤，因此才产生不同类型的白兰地，其类型是：第一，香槟区白兰地，土壤中含钙极丰富；第二，波尔得尔白兰地，它来源于科涅克的脱钙土壤；第三，波瓦白兰地，这个地区的土壤经常是潮湿的。

3. 气候

科涅克地区的气候对白兰地的质量也有影响。夏朗德的气候属于大陆气候，大西洋和日龙得的海洋气候缓和了它邻近地区气候变化的温度，保持住大气中的一定湿度。每年月和整个春季下雨的次数很多，动土播种葡萄以前，土壤中已积蓄了一定量的水分。6月气温相当高，7、8月的气候很干燥，有利于葡萄成熟。葡萄采收的时间较晚，一般要拖至10月甚至11月初。这是一个断断续续充满阳光的季节。科涅克地区的西风和西北风对某些地区的土壤也起了一定的影响。如近海地区的含铅土壤同夏朗德东部、科涅克中部地区的土壤相同。但却生产不出质量相同的科涅克白兰地。

（三）干邑的生产过程

1. 葡萄酒发酵

大约有98%用于蒸馏的葡萄酒来自圣埃米利永的葡萄。葡萄酒要在大酒缸中发酵3~5个星期，既不允许添加酵母，也不允许加入二氧化碳。这样就会得到酒精含量低，酒酸含量高的葡萄酒。葡萄酒必须要在春天之前进行蒸馏，因为大约在那个时候自然发生的第二次发酵过程会降低酒酸的含量。每生产1升的干邑需要9升的基酒。

2. 蒸馏器

正方形的砖炉作为底基，上面为小型铜质蒸馏器，称为夏朗德，其容量不超过3000升。称为天鹅颈的弯曲钢管把蒸馏器和置于冷槽中的钢质旋管凝结器连接起来。

第一次蒸馏使葡萄酒沸腾大约需要3个小时，热量要保持稳定，这样蒸汽和白兰地的成分就会通过天鹅颈经由冷却管凝结起来。得到奶汁状液体称为粗酒，其酒精含量为26%~32%。

第二次蒸馏把粗酒再放回到蒸馏器中重新加热。首先出来的头酒——加入下面的粗酒中进一步再循环，中间部分为精酒，这时的酒液酒精含量为70%，而尾酒要放到下面等蒸馏的粗酒中，以便提取出任何遗留的酒精。

3. 成长

新得到的干邑要在利穆赞森林或特兰雪森林的橡木桶中成长。这些酒桶的桶木要露天放置2年以上除去木质中过多的单宁才能使用。在许多干邑作坊中，新的酒桶用来盛放新的白兰地，这是因为未成熟的烈性酒可以抵抗住强烈单宁的影响，并能从新橡木中吸取颜色。1年以后，这些酒要放进略微陈旧的橡木桶中，使它停止从橡木中吸收过多的木质特性，最后再移到一只较陈旧的大号橡木桶中。色泽较浅白、酒体轻盈的干邑只有在陈旧的橡木桶中成长才可以生产出更精美的烈性酒。

酒桶必须要注满，并抽样检验，确保其成长为可饮用的产品，可以添加入少量的蔗糖或焦糖。由于酒桶的橡木会吸收白兰地，而烈性酒以通过木头中的细孔呼吸到氧气。这样白兰地在与橡木的接触中，橡木桶的溶解物质与它的衍生物对白兰地的老熟和产生酒色影响极大。色泽变成了美丽的琥珀颜色，并且呈现出一种醇厚的芳香味道。

但是在这个过程中也会有一些损失。事实上法国消费税法允许每年损失5%的纯酒精，但是这种损失通常为2%~3%。这样的损失会受到潮湿或干燥的环境的影响，因为如果酒窖过于潮湿，白兰地将会失去其力度，而假如过于干燥的话，白兰地会很快地蒸发掉。这就是要精心细致地照管白兰地的原因所在。它需要投入大量资金，因为白兰地变得越陈年，其承担的经济风险也就越大。最陈久和最珍贵的干邑存放在酒窖中的一个特别位置，称为天阁。每一间作坊都有存放在酒桶中的酒，直存放到50~70年这么久，这时要把它换到玻璃中，因为进一步地成长会使烈酒带有过多的木质特征。然后它就静静地存放起来，直到需要用它来调兑最佳质量的干邑。

4. 调兑

酒堡负责生产风格一致的科涅克，从而可以立即鉴定出是哪一间特定作坊的产品。他们不断地从不同的酒桶中取样，检查其颜色、酒香和味道，从而决定哪一些酒桶中酒应调兑在一起。任何一种牌子都含有许多不同年龄和类型的白兰地，一次只能调兑一步，在两次调兑中间需要放置一段长的时间，从而使这些白兰地完全融合在一起。

干邑白兰地原则上必须用白玉霓、可伦巴和白疯女葡萄酒蒸馏制成。但许可用赛美蓉、长相思、白罗麦、白约南松、蒙提尔葡萄酒蒸馏的白兰地掺兑，其用量不得超过10%。凡用“Fine Champagne”这个名称的白兰地，它所含的“大香槟区”和“小香槟区”产的白兰地两者共占50%。

5. 装瓶

用蒸馏水来降低干邑的酒精度，从而达到所需要的强度；然后进行过滤、放置和装瓶，瓶塞一直要浸泡在干邑中。

（四）干邑名酒的7个产区

干邑名酒的7个产区，是经过多年逐步形成的。法国政府根据历史情况和白兰地质量的特点，用立法的形式于1909年5月1日将这7个产区固定下来，它们虽然是国家名酒，但其质量也不尽相同。现将其简要情况分述如下。

1. 大香槟区

这个产区有专为制造白兰地而种植的 11 304 公顷葡萄园。它的范围包括科涅克整个地区，并一直到夏朗德滨海省的北部和夏朗德省的西南部。科涅克的葡萄不仅产量高，而且质量好。该区产的白兰地特点是老熟时间长，因此贮藏的时间也长。

2. 小香槟区

这个产区有专为制造白兰地培植的 12 685 公顷葡萄园。它是围绕大香槟产区的南部地区种植的。小香槟区产的白兰地，质量同大香槟区接近，其味稍淡一些。

3. 波尔得尔

这个产区不大，专为制造白兰地培植的葡萄园有 3.54 公顷。栽培的地区在科涅克的西北部，夏朗德的右岸，这个区生产的白兰地质量极好。

4. 芳波瓦

这个产区专为制造白兰地培植的葡萄有 3542 公顷。它围绕着大香槟区、小香槟区和波尔得尔的产区栽培。这个产区生产的白兰地不如大香槟的白兰地细致，其特点是成熟快。

5. 蓬皮瓦

这个产区专为制造白兰地培植了 11 公顷葡萄。栽种的葡萄绕芳波瓦向西南部和南部延伸。蓬皮瓦生产的白兰地，具有一种特有的、使人感到愉快的风味。

6. 波瓦和乡土波瓦

这两个区共种植生产白兰地的葡萄 3.54 公顷。它在蓬皮瓦的西北部。这个区生产的白兰地具有大西洋气候所特有的、似用海藻烟熏制食品的风味。

（五）干邑白兰地的酒龄

法国白兰地在商标上标有不同的英文缩写，来表示不同的酒质。例如：

特别的	E—Especial
好	F—Fine
非常的	V—Ver
老的	O—Old
上好的	S—Superior
淡色	P—Pale

格外的 X—Extra

干邑 C—Cognac

法国政府为使国际上对法国名酒白兰地在酒龄方面有明确的认识，特做了如下规定：

表 4-1 法国干邑白兰地代号及酒龄规定

代号	白兰地酒龄	备注
Three star 和 V.S	不低于 2 年	三星白兰地
V.O 和 V.S.O.P	不低于 4 年	仍沿用英文缩写
X.O，Extra 和 Napoleon	不低于 10 年	拿破仑

实际上，好的白兰地是由多种不同酒龄的白兰地相掺兑而成的，上述的陈年期则是掺兑酒中最起码的年份。

三星干邑（Three Star）法国法律规定，干邑作坊生产的最年轻的白兰地只需要 18 个月的酒龄，然而有许多进口白兰地的国家，包括英国要求白兰地的最低酒龄为 3 年。三星或 V.S 术语说明是一致的。

V.S.O.P 是陈年浅白高级干邑（Very Superior Old Pale）的开头字母的缩写。享有这种标志的干邑至少要有 4 年的酒龄，然而有许多作坊在调兑时加入了更陈年的烈性酒。

精品干邑（Luxury Cognac）大多数作坊都生产质量卓越的干邑，它是由非常陈年的优质白兰地调兑而成的。这些干邑都带有享负盛名的名称，如陈年浅白非常高级干邑（V.V.S.O.P），特别陈酿（Vielle Reserve），高级陈酿（Grand Reserve），拿破仑（Napoleon），陈年干邑（X.O），特别陈年干邑（Extra），手艺高明的女厨师（Cordon Bleu），银色的细带（Cordon Argent），天堂精品（Paradis）和古玩精品（Fatique）。法国政府规定拿破仑、X.O 的酒龄不低于 10 年。至于拿破仑陈酿 40 年，X.O 陈酿 50 年的说法，多半是酒商们的宣传。

（六）白兰地的酒龄与品质的关系

白兰地的酒龄决定了白兰地的价值，陈酿时间越久，质量越好。

白兰地在老熟过程中，氧气从桶壁进入桶中影响白兰地而发生氧化过程，它在氧化过程中引起复杂的化学反应并发展酒香。另外，橡木桶的溶解物质和它的衍生物，对于白兰地老熟和产生酒香影响极大。不过，对于老熟的全部情况，只有有经验的酒窖专家才知晓目前销售的白兰地多是混合的，而且需要装瓶前几个月混合。混合时用酒精含量为40%~43%的各种白兰地加上蒸馏水、色素，装在木桶中用搅拌器搅拌，就成为混合的白兰地，几个月后再装瓶出售。

（七）干邑酒的名品

干邑酒的名品有百事吉（Bisquit）、金花（Camus）、拿破仑（Courvoisier）、长颈（F.O. V）、御鹿（Hine）、轩尼诗（Hennessy）、马爹利（Martell）、人头马（Remy Martin）、金象（Otard）、奥吉尔（Augler）、克鲁瓦泽（Croizet）、大将军（Dressure）、金马（Curries）、德拉曼（Delamain）、加斯东（Gaston de Lagrange）、阿哈笛（A.Hardy）、金币（Piecedor）、波利尼亚克（Polignac）、拉尔升（Larsen）。

（八）著名的干邑白兰地酒商

闻名世界的法国白兰地当数马爹利、轩尼诗和人头马。它们的创始人原来都是经销商。

他们的共同特点是用科涅克产区生产的原白兰地生产成品白兰地，贴上他们的商标在国内外销售。他们不同于一般经销商的地方在于都设有专门贮藏白兰地的酒窖，备有大量的橡木桶，包装设备等，并且还有自己的技术人员及工人。他们的主要工作是利用资本将农民蒸馏的白兰地或葡萄酒收购下来，加以贮存、调配，再贴上自己的商标，装瓶或装桶行销于世。现将法国最有名的三家干邑白兰地经营情况介绍如下。

1. 马爹利（Martell）

图4-1　马爹利

马爹利是一个厂商的名字。马爹利出生于爱尔兰，他于1715年来到科涅克安家落户之后，经营起白兰地。他到科涅克之后，与英国的关系没有中断。他经营的白兰地业务很快地向荷兰、德国和美国发展。1753年马爹利死后，留下一妻两子。马爹利的妻子继续经营白兰地业务。1755年的英法战争，1776年美国独立战争，也没有影响她向这两个国家出口白兰地。当马爹利的妻子死后，他的两个儿子仍旧继续经营白兰地业务。当法国和英、荷发生冲突，大陆被包围，重新威胁白兰地业务的时候，马爹利公司通过中立国的船只还是成功地对外进行贸易。法国帝国崩溃后，马爹利公司有了更大发展，他的白兰地畅销世界直到今天。

2. 轩尼诗（Hennessy）

轩尼诗也是一个厂商的名字。他原是为法国皇宫服务的爱尔兰籍军官，因厌倦部队生活而辞职，寄居到科涅克。他在科涅克喝到了白兰地后很欣赏，便买了几桶寄给他爱尔兰的亲戚和朋友。后来，他收到一些爱尔兰的来信，委托他代购干邑白兰地，由此启发了他经营白兰地业务的兴趣。1765年他成立了轩尼诗公司，到他儿子这一代便改名为轩尼诗园。轩尼诗已成为法国干邑的著名商标之一。如今亚洲已成为该公司的最大市场，约占总出口量的一半。中国大陆和香港是轩尼诗公司的十大市场之一，并于1994年升至前5名。此公司还在亚洲设立了“轩尼诗创意和成就奖”，著名导演谢晋和作曲家杜鸣心为中国两位得主。

图 4–2　轩尼诗

3. 人头马（Remy Martin）

人头马（Remy Martin）也是厂商的名字，现已成为法国白兰地的著名商标。1974年是人头马公司成立250周年纪念，为了庆祝这个日子，人头马的后代将一部分真正老白兰地投放市场。在科涅克地区，特别是大香槟产区种植葡萄的农民，每个家庭都贮藏一部分白兰地作为“珍宝”的习惯，这些珍宝常常是一代代传下去舍不得喝掉，酒销商们也保存了一些这样的白兰地。这些老白兰地，有的贮藏达几十年之久，甚至有的达上百年。250周年是一个重大的纪念日，人头马的后裔把贮藏多年的白兰地瓶装酒装在木匣中，向市场投放了38 090瓶。他们的木匣内附有一张证明，宣传这些白兰地有50年的酒龄，每瓶酒价高达850法郎。

现在，人头马公司瞄准中国这一巨大市场展开大规模的营销攻势，销量以每年40%的速度递增，特别是高档人头马产品，在亚洲（绝大部分在中国）的销量占总数的64.4%，而在欧洲仅占23.3%，

图 4–3　人头马

在美国占 11%。最近，人头马公司又推出新产品——人头马金色年代，以满足市场需求，该酒经多年贮藏，历三代酿酒名师精心酿制。

二、雅文邑（Armagnac）白兰地

雅文邑产区主要在法国西南部的热尔省。种植面积不足科涅克的一半。雅文邑的土质是砂性土，混有黏土、石灰岩和花岗岩。以砂性土上生长的葡萄制作的雅文邑为最佳。法国政府于 1909 年 5 月批准了雅文邑地区自订的名称监制制度。从此雅文邑的生产包括葡萄品种、葡萄种植、蒸馏技术、陈酿和勾兑都受到严格的控制。

为法国法律认定可作为生产雅文邑的葡萄品种有圣·艾美侬、科隆巴、白福尔等。这些葡萄的特点是酿出的葡萄酒酒度低，为 9% 左右，酸度较高，大于 1%。

雅文邑的工艺与干邑基本相似，但某些工艺有差异。其一，雅文邑的蒸馏是一次性连续蒸馏、蒸馏液的酒精浓度不能大于 60%。这样是为了使蒸出的白兰地更充满香气。其二，储酒桶的材料是用法国 monlezun 森林的黑橡木桶制成的。这种木材色黑，树液多、单宁多，有细小纹理，和酒接触的表面积校大。雅文邑复杂的风味、深的颜色都是由此演变过来的。陈酿时间较科涅克短；其三，雅文邑陈酒的鉴别标准是以 1、2、3、4、5 来表示。陈酿 1 年则是从蒸馏完毕的 5 月 1 日至来年的 5 月 1 日，用 1 表示，陈酿 2 年则用 2 表示，其他依次类推。1~3 则常用“2”，Trois Etoiles（三星），Monopole（专营），Selection Del（精选）等表示。4 则用 V.O（远年陈酿），V.S.O.P（精制远年陈酿），Reserve（佳酿），X.O（未知龄），Horse'age（无龄）表示。

雅文邑酒液呈黑琥珀色，香气浓郁。陈年或远年酒酒香袭人，留杯悠长，酒度 43%。

雅文邑名品有：卡斯塔浓（Castagno）、夏博（Chabot）、珍尼（Anneau）、莱福屯（Lafontan）、莱波斯多（Apostol）、索法尔（Sauval）、迈利本（Maniban）、桑卜（Sempe）。

三、马尔（Marc）白兰地

马尔白兰地是用葡萄渣发酵后蒸馏取酒的，透明无色，有明显的果香，

口感凶烈，刺激较大，后劲足，较容易上头，酒度是68°~71°，宜做餐后酒。马尔白兰地产于法语国家，其中法国勃艮第的马尔白兰地是最好的品种，名品有：勃艮第马尔白兰地（Marc de Bourgogne）、孔台马尔酒（Marc Franche-Comte）、香槟志老马尔酒（Vieux Marc de Champagne）。

第二节　白兰地品饮与服务

一、白兰地的品尝方式

白兰地的品尝非常讲究，因为白兰地的酿制过程是艺术加工过程，其酒香千变万化，层出不穷。

（一）对环境的要求

时间最好在上午11点左右，此时人的肚子开始感到有些饿，是人体器官最易吸收的时候。试酒时光线应暗淡，周围不能有太多的颜色，因为试酒是一项高度集中的脑力活动，不能受到任何外界的干扰。所以，试酒必须在绝对安静的环境下进行。

（二）对酒杯的要求

与平时喝白兰地的球形杯不同，鉴赏白兰地的酒杯应是高身郁金香形的，以使白兰地的香味缓缓上升。品尝者可以逐渐分析其千姿百态的、各种层次的酒味，而球形杯会使香味集中于杯子中央急剧上升，从而影响正常的品尝；另外，还要注意，试酒时不能斟得太满，以杯量的1/3为宜，要让杯子留出足够的空间，使酒香环绕不散，达到最佳的品尝效果。

图4–4　白兰地品酒杯

（三）品尝程序

1. 观色

观色即看白兰地的颜色。上乘的白兰地颜色应呈金黄色，晶莹剔透，既灿烂又不娇艳。带有暗红色的白兰地质量较差，有些是加色素所致。

2. 闻香

法国科涅克白兰地香味独特，素有“可喝之香水”的美称。高质量的白兰地，其味道并不单一，应是丰富多彩、有层次的，其香味不断翻滚，经久不散。

3. 尝味

第一口不要喝得太多，一小滴白兰地沿着舌尖，经整个舌头进入喉咙，通过舌头上不同味感区，可感受到醇香的酒味。第二口可多喝一些，感受那些温暖的、没有强烈刺激的、葡萄发酵后与橡木所形成的酒香味。

总之，白兰地的品尝是一项专门的技术，全凭自己的感受和经验。然而，我们日常品尝白兰地则要靠自己的口味而定。

二、白兰地服务规范

（一）白兰地酒杯

根据不同的场合的要求，常采用白兰地专用杯（或称球形杯）及郁金香形杯具。

白兰地酒杯是为了充分享用白兰地而特殊设计的，“闻”是享受的主要部分，窄口的设计是让酒的香味尽量长时间地留在杯内，以慢慢享受；大肚是为什么呢？白兰地的酒精含量在 40% 左右，散发较慢，大肚用来加热以利酒香散发。为了充分享其酒香，喝酒时，可手掌托杯，以使温度传至酒中，使杯内的白兰地稍加温，易于香气散发，同时又要晃动酒杯以扩大酒与空气的接触面，增加酒香味的散发。

（二）白兰地的净饮方法

白兰地主要作为餐后用酒，享用白兰地的最好方法是不加任何东西——净饮，特别高档的白兰地更要如此，这样才能品尝白兰地的醇香。倒在杯子里的白兰地以一盎司为宜，服务方式是将大肚子杯横放于桌上，以白兰地不溢出为准。同时上白兰地时会配上一杯蒸馏水，这叫追水，即喝一口白兰地，喝一口水。

（三）白兰地的兑饮方法

在高杯中倒入 28 毫升的白兰地，再倒入 5~6 倍冷藏苏打水、矿泉水或汽水，用吧匙搅拌后饮用。

第三节 威士忌与威士忌服务

一、威士忌概述

威士忌酒是以大麦等谷物为原料，经过发酵、蒸馏、陈酿、勾兑而成的酒精饮料。威士忌酒是谷物蒸馏酒中最具代表性的酒品。主要生产国有英国、爱尔兰、美国、加拿大和日本，其中英国苏格兰产的威士忌酒最负盛名。

（一）威士忌酒的历史

根据记载，爱尔兰人首次蒸馏威士忌酒是在 1172 年，后来爱尔兰人又将威士忌酒的生产技术传到苏格兰。有关苏格兰威士忌酒最早的文字记录是在 1494 年，当时的修道士约翰·柯尔（John Cor）购买了 8 筛麦芽，生产出了 35 箱威士忌酒。苏格兰人为逃避国家对威士忌酒生产和销售的税收，躲进苏格兰高地继续酿制威士忌酒。15 世纪，威士忌酒的配方与生产工艺得到肯定。“威士忌”一词源于古代居住在爱尔兰和苏格兰高地的凯尔特人的语言，古爱尔兰人称此酒为“Visge Beatha”，古苏格兰人称之为“Visage baugh”。经过年代的变迁，其称呼逐渐演变成今天的“Whisky”一词。不同的国家对威士忌酒的写法也有差异，在爱尔兰和美国写成“Whiskey”，而在苏格兰和加拿大则写成“Whisky”，发音区别在于尾音的长短。“威士忌”一词，意为“生命之水”，绝大多数人都喜欢纯饮威士忌酒。

（二）威士忌酒的生产工艺、特点

威士忌酒的酿制工艺是将上等的大麦浸于水中，使其发芽，再用木炭烟将其烘干，经发酵蒸馏陈酿而成。贮存过程最少 3 年，也有多至 15 年以上的。造酒专家认为劣质的酒陈年再久也不会变好。所以，经二次蒸馏过滤的原威士忌酒必须经酿酒师鉴定合格后才可放入酒槽，注入炭黑橡木桶里贮藏酝酿。橡木本身的成分及透过橡木桶进入桶内的空气会与威士忌酒发生作用，使酒中不洁之物得以澄清，口味更加醇厚，产生独一无二的酒香味，并且会使酒染上焦糖般的颜色。所有威士忌酒都具有相同的特征：略带微妙的烟草味。大多数威士忌酒在蒸馏时，酒精纯度高达 140~180 proof，装瓶时稀释至 80~86 proof，这时酒的陈年作用便自然消失了，也不会因时间的长短而使酒的质量有所改变。几百年来，威士忌酒大多是用麦芽酿造的，直至1831年才诞生了用玉米、燕麦等其他谷类所制的威士忌酒。到了1860年，威士忌酒的酿造又出现了一个新的转折点——人们学会了用掺杂法来酿造威士忌酒，所以威士忌酒因原料不同和酿制方法的区别可分为麦芽威士忌酒、谷物威士忌酒、五谷威士忌酒、稞麦威士忌酒和混合威士忌酒五大类。

（三）威士忌酒的酿制工艺

1. 发芽

首先将去除杂质后的麦类或谷类浸泡在热水中使其发芽，其间所需的时间视麦类或谷类品种的不同而有所差异，但一般而言需要1~2周。待其发芽后再将其烘干或使用泥煤熏干，冷却后再储放大约1个月。在这里特别值得一提的是，在所有的威士忌酒中，只有苏格兰地区所生产的威士忌酒是使用泥煤将发芽过的麦类或谷类熏干的，因此就赋予了苏格兰威士忌酒一种独特的风味，即泥煤的烟熏味，而这是其他种类的威士忌酒所没有的一个特色。

2. 磨碎

将存放一个月后的发芽麦类或谷类放入特制的不锈钢槽中加以捣碎并煮熟成汁，其间所需要的时间为8~12小时。通常在磨碎的过程中，温度及时间的控制是相当重要的环节，过高的温度或过长的时间都将会影响到麦芽汁或谷类汁的品质。

3. 发酵

在将冷却后的麦芽汁加入酵母菌进行发酵的过程中，由于酵母能将麦芽汁中的糖转化成酒精，因此在完成发酵过程后会产生酒精浓度为5%~6%的液体，此时的液体被称之为“Wash”或“Ber”。由于酵母的种类很多，对于发酵过程的影响又不尽相同，因此各个不同的威士忌酒品牌都将其使用的酵母的种类及数量视为商业机密。一般来讲，在发酵的过程中，威士忌酒厂会使用两种以上不同品种的酵母来进行发酵，最多也有使用十几种不同品种的酵母混合在一起来进行发酵的。

4. 蒸馏

一般而言，蒸馏具有浓缩的作用，因此当麦类或谷类经发酵后形成低酒精度的“Ber”后，还需要经过蒸馏的步骤才能形成威士忌酒。这时的威士忌酒酒精浓度在60%~70%之间，被称为“新酒”。麦类与谷类原料所使用的蒸馏方式有所不同：由麦类制成的麦芽威士忌酒采取单一蒸馏法，即以单一蒸馏容器进行两次蒸馏，并在第二次蒸馏后，将冷凝流出的酒掐头去尾，只取中间的“酒心（Heart）”部分；由谷类制成的威士忌酒则采取连续式的蒸馏方法，即使用两个蒸馏容器以串联方式一次连续进行两个阶段的蒸馏过程。基本上各个酒厂在筛选“酒心”的量上并无固定统一的比例标准，完全是依各酒厂的酒品要求自行决定。“酒心”的比例多掌握在 60%~70% 之间，也有的酒厂为制造高品质的威士忌酒，取其纯度最高的部分来使用。如享誉全球的麦卡伦（Macallan）纯麦威士忌酒即只取 17% 的“酒心”作为酿制威士忌酒的新酒使用。

5. 陈年

蒸馏过后的新酒必须要经过陈年的过程，使其经过橡木桶的陈酿，来吸收植物的天然香气，并产生出漂亮的琥珀色，同时也可逐渐降低其高浓度酒精的强烈刺激感。目前在苏格兰地区有相关的法令来规范陈年的酒龄时间，即每一种酒所标示的酒龄都必须是真实无误的。苏格兰威士忌酒至少要在木酒桶中酿藏 3 年以上，才能上市销售。有了这样严格的措施规定，一方面可保障消费者的权益；另一方面使苏格兰地区出产的威士忌酒在全世界建立起了高品质的形象。

6. 混配

由于麦类及谷类原料的品种众多，因此所制造的威士忌酒也存在着各不相同的风味，这时就靠各个酒厂的调酒大师依其经验和本品牌酒质的要求，按照一定的比例搭配出与众不同口味的威士忌酒，也因此各个品牌的混配过程及其内容都被视为是绝对的机密。而混配后的威士忌酒品质的好坏就完全由品酒专家及消费者来判定了。需要说明的是，这里所说的“混配”包含两种含义，即谷类与麦类原酒的混配，不同陈酿年代原酒的勾兑混配。

7. 装瓶

在混配的工艺完成之后，最后剩下来的就是装瓶了。但是在装瓶之前先要将混配好的威士忌酒再过滤一次，将其杂质去除掉，这时即可由自动化的装瓶机器将威士忌酒按固定的容量分装至每一个酒瓶当中，然后再贴上各自厂家的商标后即可装箱出售。

二、威士忌分类

（一）苏格兰威士忌（Scotch Whisky）

图 4-5　苏格兰威士忌

苏格兰威士忌酒具有独特的风格，它的色泽棕黄带红（酷似中国黄酒的色泽），清澈透明，气味焦香，略有烟熏味，使人们感觉到浓厚的苏格兰乡土气息；口感干洌、醇厚、劲足、圆正、绵柔。衡量威士忌的主要标准是嗅觉感受，即酒香气味，苏格兰威士忌是世界上最好的威士忌。苏格兰威士忌产于英国北部的苏格兰地区，主要产地为：高地（Highland）威士忌、低地（Low land）威士忌、纯麦芽威士忌（Campbeltown）、谷物威士忌（Grain Whisky）和混合苏格兰威士忌（Blended Scotch Whisky）

1. 苏格兰威士忌的制作特点

苏格兰威士忌的生产工艺极其精细、讲究，对原料、水质、蒸馏设备及方法、陈酿及混合等工序都有严格的限定。

（1）用水要求

生产威士忌的水，水质不仅质软，含杂质少，而且也极为清亮。不管是泉水、小溪水或河水，特别是泉水，当地上的水渗入地下时，经过灌木地带的泥炭层，就使泉水增添一股泥炭的芳香。用这样的水来浸渍大麦、糖化麦芽，自然会给浸渍物带来一股特殊的风味。

（2）苏格兰烘烤麦芽

苏格兰烘烤麦芽都用泥炭作燃料，泥炭燃烧产生的烟也给麦芽增添了一股特殊的烟熏芳香。采掘泥炭是有季节性的。威士忌在夏季停止生产，苏格兰高地埋藏的泥炭很丰富，农民便利用夏季从沼泽地中挖泥炭。这些从地下挖出来的泥炭形如海绵，质地潮湿。农民用铲状工具将其分割成薄层，然后，像在打麦场上摊小麦一样摊开，经过夏季的风吹、太阳晒，这样，泥炭就变形而且干燥了，再把干燥的泥炭集中堆积在旷野，以备冬季麦芽厂使用。泥炭在苏格兰麦芽厂和威士忌厂扮演着一个很突出的角色。它是威士忌酒香味的又一主要来源。

（3）蒸馏设备及方法

传统的壶式蒸馏锅是其常用蒸馏设备。蒸馏威士忌的具体方法是：用泵将发酵液打入一个贮存罐中备用，在蒸馏时将贮存罐中的发酵液放入壶锅中，用火直接加热。发酵液中含有的酒精经过加热汽化，气体挥发上升至一根铜管内，这根铜管被埋在不断流动的冷水中，挥发的酒精气体在铜管中遇冷凝结流入一个容器中。继续加热，使发酵液中的酒精全部蒸出。这种蒸馏酒英国人叫“低度酒”。这种低度酒或称粗馏酒，含酒精很低，含杂质也多。将此种低度酒重新放在较小的壶式蒸馏锅再蒸馏一次。将这次蒸馏出来的酒分成三部分。第一部分称为酒头，第二部分称为纯净的或中馏威士忌，第三部分称为酒尾。酒头酒尾质量很差，可混合在一起，加入到下次要蒸馏的粗馏酒中进行蒸馏。

优质威士忌即中馏酒精，其酒度为63%~71%，用泵从酒精贮存器中打入酒精混合槽中，在酒精混合槽中加入水，将酒精稀释到42%~44%，然后将稀释过的威士忌分别装入橡木桶中贮存，待勾兑或待售。

（4）对威士忌老熟陈酿的要求

蒸馏出来的酒精是无色的，口味比较粗糙，要改变威士忌的色泽，改粗糙味为柔和味，就要经过几年的陈酿。依照英国酒法的规定，威士忌必须在橡木桶中贮存，用至少 3 年的时间进行老熟。威士忌最合适的成熟时间，取决于威士忌所含的成分。一般说来，谷类威士忌比纯麦芽威士忌的口味轻一些，成熟得比较快一些。混合威士忌的老熟时间比纯麦芽威士忌要长些，成熟了的威士忌一般供应给威士忌销售商去勾兑。

（5）对威士忌勾兑的要求

勾兑，即将多种不同的威士忌进行混合，它是一门艺术。英国人形容这种艺术神乎其神，说它好比是个乐队的指挥，在指挥一个乐队的合奏一样。通过勾兑，威士忌获得一种“和谐”，可保证今年的质量与去年的质量基本相似。如何勾兑，在英国还处于保密时期。大家熟悉的威士忌“红方”“黑方”，在英国是名气最大、产量最多的牌子。它们是用 40 个不同威士忌厂生产的麦芽威士忌勾兑成的。

2. 苏格兰威士忌的分类及名品

（1）纯麦芽威士忌（Pure Malt Whisky）

纯麦芽威士忌是以在露天泥煤上烘烤的大麦芽为原料，用罐式蒸馏器蒸馏后，入特制木桶中陈酿，装瓶前用水稀释。此酒烟熏味浓重。陈酿5年以上的酒可以饮用，陈酿7年、8年为成品酒，陈酿15~20年者为最优质酒。贮存20年以上的陈酒，质量下降。纯麦芽威士忌深受苏格兰人喜爱，由于味道过于浓烈，所以只有10%直接销售，约90%作为勾兑混合威士忌用。名品有格兰裴蒂切（Glenfiddich）、利斐（Enliven）、马加兰（Mcallan）、阿尔吉利（Argyi）、高地公园（HighLand Park）、卡尔都（Cardu）、斯布林邦克（Springbank）、迪沃斯（Dewars）、纯麦皇牌（Glentorangie Pure Malt）。

（2）谷物威士忌（Grain Whisky）

它是采用多种谷物作为原料，一次蒸馏而成的，比如荞麦、黑麦、大麦、小麦、玉米等。主要是以不发芽的大麦作主料，用麦芽作糖化剂生产的。它的区别在于大部分大麦不发芽，不发芽就不会用泥煤烘烤，成酒后的泥炭香味也就少一些，主要是用于勾兑其他威士忌，很少在市场上零售。

（3）混合威士忌（Blended Scotch whisky）

混合威士忌，是指用纯麦和各类威士忌掺兑勾和而成的混合威士忌酒。兑和是一门技性很强的工作，是由专门的勾酒师来完成的。兑和时，不仅要考虑到纯、杂粮酒液的比例，还要顾全各种勾兑酒液的年龄、产地、口味等其他特性。经过混合的威士忌，原有麦芽味已经冲淡，嗅觉上更吸引人，很受欢迎，畅销世界各地。平时，如果人们只提到威士忌，多半是指混合威士忌而言。根据纯麦威士忌和谷物威士忌比例的多少，兑和后的威士忌有普通和高级之分。一般来说纯麦威士忌用量在50%~80%者，为高级混合威士忌；如果各类威士忌所占比重大，即为普通威士忌，混合威士忌在世界销售的品种最多，是苏格兰威士忌的精华所在，主要的名牌产品：黑方（Johnnie Walker Black Label）、红方（Johnnie Walker Red Label）、蓝方（Johnnie Walker Blue Label）、芝华士（Chivas Regal Whisky）、护照（Passport Whisky）、老伯威（Old Parr）、金铃（Bells）、顺风牌（Cutty Sark）、珍宝（J&B）、白马（White Horse Whisky）、高级白马（Ogan's）、海格（Ha1g）、高级海格（Haig Dimple）、詹姆斯·布肯南（James Buchanan）、皇家礼炮（Royal Salute Whisky）、白龄坛（Bballantine）、女王安妮威士忌（Queen Anne Whisky）、威廉朗摩威士忌（Willan Longmorn Whisky）、69酿（Vat69）、古董商（Antiquary）、风笛100威士忌（100 Pipers Whisky）。

黑方是全球首屈一指的高级威士忌，采用优质混合麦芽制成。在严格控制环境的酒库中蕴藏最少12年，成为独一无二的佳酿，芬芳醇和，麦芽味香浓，确实值得细意品尝。

红方是全球畅销的苏格兰威士忌，混合了约40种不同的单麦芽的混合威士忌，调配技术考究，具独特味道。

白马威士忌不仅饮誉世界，而且在苏格兰也有悠久历史。它是由40种以上的单威士忌巧妙地混合而成，被誉为乡土气息最浓厚的混合威士忌。那独特的酒香，是嗅觉和味觉的最大享受。

尊爵极品威士忌是经酿酒大师悉心挑选多种年份久远，以纯正天然材料制成的苏格兰一级威士忌，再经多年蕴藏，调配而成。其琥珀酒色，滴滴金黄，香冽独特的酒质与X.O科涅克不相上下。别具匠心的酒瓶设计，优雅的瓶身，配以细致的手雕花纹，衬上典雅的瓶盖尊贵高雅，每瓶附有编号，是酒质及来源的保证。以上介绍的3种苏格兰威士忌在质量上有显著区别，这充分体现在价格上：纯麦芽威士忌的价格为100%，谷物威士忌仅为纯麦芽威士忌价格的33%左右，混合威士忌为纯威士忌价格的6%左右。

（二）爱尔兰威士忌（Irish Whiskey）

爱尔兰制造威士忌至少有700年的历史了，有些专家认为威士忌的鼻祖是爱尔兰，所以才传至苏格兰。爱尔兰威士忌是用大麦（约占80%）、小麦、黑麦等的麦芽作原料酿造而成的，经过三次蒸馏，然后入桶陈酿，一般需8~15年，装瓶时不要混和掺水稀释。因原料不用泥煤烘烤，所以没有焦香味，成熟度较高，口味绵柔长润，酒度为40°，适合于制作混合酒和与其他饮料对饮。风靡世界的爱尔兰咖啡（Irish Coffee）就是以此作基酒调配成的，著名的酒牌有：尊占臣（John Jameson Whiskey）、吉姆逊父子（John Jameson Son Whiskey）、老布什米尔（Old Bushmills Whiskey）、物拉莫尔露（Tullamore Dew Whiskey）、帕蒂（Padd）、莫菲（Murphy's）、鲍尔斯（Power's）。

（三）美国威士忌（American Whiskey）

美国是世界上最大的威士忌生产国和消费国。美国成年人平均每人每年饮用16瓶威士忌，这的确是个惊人的数字。美国威士忌的制造方法没有特殊之处，只是所用的谷物不同，蒸馏出的酒精纯度也较低。美国西部的宾州，肯塔基和田纳西地区是威士忌的制造中心，美国威士忌可分为三大类：

1. 单纯威士忌（Straight Whiskey）

单纯威士忌原料为玉米、黑麦、大麦或小麦，不混合其他威士忌或谷类中性酒精，制成后放在橡木桶中至少存 2 年。所谓纯威士忌，并不是像苏格兰纯麦威士忌那样，只用一种大麦芽制成，而是以某一种谷物为主（不得少于 51%）还可以加入其他原料。单纯威士忌又分为 4 种：

（1）波本威士忌（Bourbon Whiskey）

波本（Bourbon）原是美国肯塔基州的一个地名，在波本生产的威士忌被称作波本威士忌。后来，波本威士忌成为美国威士忌的一种类别的总称。波本威士忌的原料是玉米、大麦等。玉米至少占原料用量的 51%，最多不超过 75%。经过发酵蒸馏后，装入新橡木桶里陈放 4 年，最多不超过 8 年，装瓶时要用蒸馏水稀释至 43.5°。酒液呈琥珀色，原体香味浓郁，口感醇厚、绵柔，以肯塔基州的产品最有名，价格也最高。另外，伊利诺伊州、印地安纳州、俄亥俄州、宾夕法尼亚州、田纳西州和密苏里州也生产，名品有：四玫瑰（Four Roses）、占边（Jim Beam）、老祖父（Old Grand Dad）、野火鸡（Wild Turkey）、杰克丹尼（Jack Daniel）、秀康福（Southern Comfort）、老冠（Old Crown）、老勤（Old Tyor）、老女（Old VigInia）、沃克（Walker's）。

（2）黑麦威士忌（Rye Whiskey）

黑麦威士忌是用不得少于 51% 的黑麦及其他谷物制成的，呈琥珀色，味道与前者不同。

（3）玉米威士忌（Corn Whiskey）

玉米威士忌是用不得少于 80% 的玉米和其他谷物制成的，用旧炭木桶陈酿。

（4）保税威士忌（Bottled in Bond）

它是一种纯威士忌，通常是波本或黑麦威士忌，但它是在美国政府监督下制成的。政府不保证它的质量，只要求至少陈放 4 年，酒精纯度在装瓶时为 100proof。必须是一个酒厂所造，装瓶厂也为政府所监督。

2. 混合威士忌（Blended Whiskey）

它是用一种以上的单一威士忌，以及 20% 的谷物中性酒精混合而成的。装瓶时酒度为 40°，常用来作混合饮料的基酒，共分 3 种：

（1）肯塔基威士忌是用该州所出的纯威士忌和谷类中性酒精混合而成的。

（2）纯混合威士忌是用两种以上纯威士忌混合而成的，但不加谷类中性酒精。

（3）美国混合淡质威士忌是美国的一个新酒种，用不得多于 20% 的纯威士忌和 80% 的酒精纯度 100 proof 的淡质威士忌混合而成的。

3. 淡质威士忌（Light Whiskey）

它是美国政府认可的一种新威士忌，蒸馏时酒精纯度高达 161~189 proof，用旧桶陈年。淡质威士忌所加的 100 proof 的纯威士忌，不得超过 20%。除此之外，在美国还有种称为 Sour-Mash Whiskey 的，这种酒是用老酵母（即先前发酵物中取出的）加入要发酵的原料里（新酵母与老酵母的比例为 1：2）蒸馏而成的。用此种发酵法造酒酒液比较稳定，多用于波本酒。它是 1789 年由 Elija craing 发明的。

（四）加拿大威士忌（Canadian Whisky）

加拿大威士忌多由法裔加拿大人制造。根据该国法律规定：原料必须是谷物（以玉米黑麦为主），经两次蒸馏，用木桶陈酿，上市的酒要陈 6 年以上，如果少于 6 年，必须在标签上注明，酒度是 45°。加拿大威士忌酒色泽棕黄，酒香清芬，口感轻快爽适，以淡雅著称。据专家分析，加拿大威士忌味道独特的原因有以下几个：一是加拿大寒冷气候影响了谷物的质地；二是水质；三是蒸馏出酒后，马上就加以混合。加拿大威士忌在国外比在国内更有名气，名品有：加拿大俱乐部（Canadian Club）、土鉴特醇（Seagrams V.O）、米盖伊尼斯（Me Guinness）、辛雷（Schenley）、怀瑟斯（Wisers）、古董（Antique）、金带（Gold Stripe）、加拿大宅（Canadian House）、数 8（Number Eight）、皇宝加拿大（Royal Canadian）。

三、威士忌的饮用与服务

（一）用杯

威士忌服务用杯是 6~8 盎司古典杯。用平底浅杯饮酒能表现出粗犷和豪放的风格。

图 4–6　古典杯

（二）用量

标准用量为每份 40 毫升。最常见的威士忌的饮用方法有以下 3 种：

1. 威士忌加冰块

在古典杯中，先放入 2~3 个小冰块，再加入 40 毫升的威士忌。

2. 威士忌净饮

在酒吧中，常用“Straight”或“↑”标号来表示威士忌的净饮。一般仍用古典杯，而美国人在净饮威士忌时，喜欢用容量为 1 盎司的细长小杯。

3. 威士忌兑饮

威士忌可以作调制鸡尾酒的基酒，如威士忌酸（Whisky Sour）、曼哈顿（Manhatton）、古典（Old Fashioned）等著名的鸡尾酒就是用它作基酒调制的。

4. 威士忌兑水

所兑的水可以是冰水或汽水可乐，如苏格兰苏打（Scotch Soda）即是苏格兰威士忌兑苏打水饮用，但需先加冰块，用冷饮杯服务。方法是在冷饮杯中，先放入 2~3 个小冰块，再加入定量的威士忌和八分满的苏打水，以柠檬饰杯，插入吸管供饮用。威士忌开瓶使用后，需马上加盖封闭，采用竖立式置瓶，室温保管。

第四节　金酒、伏特加、朗姆酒、特基拉酒与服务

一、金酒（Gin）

（一）金酒概述

金酒，也被称为“杜松子酒”“琴酒”“毡酒”，是以谷物为原料，经发酵、蒸馏成酒液再用杜松子以及桂皮、甘草、柠檬皮等多种香料，采取浸泡或串香工艺调香而成的酒精饮料。金酒的酒度一般在 35°~55° 之间。金酒是在 17 世纪中叶，由荷兰莱顿大学（University of Leyden）的西尔维斯（Sylvius）教授发明的。最初是作为利尿、清热的药剂使用，不久人们发现这种利尿剂香气和谐、口味协调、醇和温雅、酒体洁净，具有净、爽的自然风格，很快就被作为正式的酒精饮料饮用。金酒的怡人香气主要来自具有利尿作用的杜松子。杜松子的做法有许多种，一般是将其包于纱布中，挂在蒸馏器出口部位，蒸酒时，其味便串于酒中；或者将杜松子浸于绝对中性的酒精中，一周后再回流复蒸，将其味蒸于酒中。有时还可以将杜松子压碎成小片状，加入酿酒原料中，进行糖化、发酵、蒸馏，以得其味。有的国家和酒厂配合其他香料来酿制金酒，如荽子、豆蔻、甘草、橙皮等。后来金酒因在英国大量生产而闻名于世。

（二）金酒的分类

1. 按口味风格分类

（1）辣味金酒（干金酒）

辣味金酒质地较淡、清凉爽口，略带辣味，酒度在 80°~90°。

（2）老汤姆金酒（加甜金酒）

老汤姆金酒是在辣味金酒中加入 2% 的糖分，使其带有怡人的甜辣味。

（3）果味金酒（芳香金酒）

果味金酒是在辣味金酒中加入成熟的水果和香料，如柑橘金酒、柠檬金酒、姜汁金酒等。

2. 按产地分类

（1）荷兰金酒（Geneva）

荷兰金酒的主要产区集中在阿姆斯特丹和斯希丹（Schiedam）一带，是荷兰人的国酒。荷兰金酒以大麦芽与裸麦等为主要原料，配以杜松子酶为调香材料，经发酵后蒸馏三次获得的谷物原酒，然后加入杜松子香料再蒸馏，最后将蒸馏而得的酒贮存于玻璃槽中待其成熟，包装时再稀释装瓶。荷兰金酒色泽透明清亮，酒香味突出，香料味浓重，辣中带甜，风格独特。无论是纯饮或加冰都很爽口，酒度为 52° 左右。因香味过重，荷兰金酒一般适于纯饮，不宜作鸡尾酒的基酒。荷兰金酒常装在长形陶瓷瓶中出售。新酒叫 Jonge，陈酒叫 Oulde，老陈酒叫 Zeetoulde。

荷兰金酒的饮法比较多，东印度群岛流行在饮用前用苦精（Bitter）洗杯，然后注入荷兰金酒，大口快饮，痛快淋漓，具有开胃之功效。饮后再饮一杯冰水，更是美不胜言。荷兰金酒加冰块，再配以一片柠檬，就是世界名饮干马天尼（Dry Martin）的最好代用品。

荷兰金酒的名品主要有：亨克斯（Henkes）、波尔斯（Bols）、波克马（Bokma）、邦斯马（Bomsma）等。

（2）英国金酒（English Dry Gin）

金酒传入英国后，因为原料低廉，生产周期短，无须长期贮存，因此经济效益很高，很快就在英国流行起来。其定位为：一分钱喝个饱（Drunk for a pena）；两分钱喝个倒（Dead drunk for two pena）；穷小子来喝酒，一分钱也不要（Clean straw for nothing）。

英国金酒的生产过程较荷兰金酒简单，它用食用酒糟和杜松子及其他香料共同蒸馏而得干金酒。干金酒酒液无色透明，气味奇异清香，口感醇美爽适，既可单饮，又可与其他酒混合配制或作为鸡尾酒的基酒。英国金酒又称伦敦干金酒，意思是指不甜、不带原体味，口味比其他酒淡雅。

英国金酒也可以冰镇后纯饮。冰镇的方法有很多，例如，将酒瓶放入冰箱或冰桶，或在倒出的酒中加冰块，但大多数客人喜欢将之用于混饮（即做混合酒的基酒）。

图 4–7　吉利蓓金酒

英国金酒的名品有：老汤姆（Old Tom）、哥顿金（Gordon’s）、必发达（Beefeater）、吉利蓓（Gilbey’s）、仙蕾（Schenley）、伊丽莎白女王（Queen Elizabeth）、上议院（House of lords）、博士（Booth’s）、沃克斯（Walker’s）、怀瑟斯（Wiser’s）。

其中哥顿金酒是亚历山大·哥顿于 1769 年在伦敦创办金酒厂，将经过多重蒸馏的酒精，配以杜松子、芫荽种子及多种香草，调制出香味独特的哥顿金酒。1925 年获赠皇家特许状。今天，哥顿金酒的销量高达每秒 4 瓶。

（3）美国金酒（American Gin）

美国金酒为淡金黄色，原因是它要在橡木桶中陈放一段时间。美国金酒主要有蒸馏金酒（Distiled gin）和混合金酒（Mixed gin）两大类。通常情况下，美国蒸馏金酒的酒瓶底部有“D”字，这是美国蒸馏金酒的特殊标志。混合金酒是用食用酒精和杜松子简单混合而成的，很少用于单饮，多用于调制鸡尾酒。

（4）其他国家金酒

金酒的主要产地除荷兰、英国、美国以外，还有德国、法国、比利时等。比较常见和有名的金酒有：德国的辛肯哈根（Schinkenhager）、西利西特（Schlichte）、多享卡特（Doornkaat）；法国的克丽森（Claessens）、罗斯（Loos）、拉弗斯卡德（Lafoscade）；比利时的布鲁克人（Bruggeman）、菲利埃斯（Fillers）、弗兰斯（Fryns）、海特（Herte）、康坡（Kampe）、万达姆（Vanpamme）。

干金酒中有一种写为 Sloe gin（黑刺李杜金酒）的金酒，它不能称为杜松子酒，因为它所用的原料是一种名叫黑刺李的野生李子。Sloe gin 习惯上可以称为“金酒”，但要加上“黑刺李”，即“黑刺李金酒”。

（三）金酒的饮用与服务

在酒吧，每份金酒的标准用量为 25 毫升。金酒用于餐前或餐后饮用，饮用时需稍加冰镇。可以净饮（以荷式金酒最常见），将酒放入冰箱、冰桶或使用冰块降温。净饮时，常用利口杯或古典杯；金酒也可以对水饮用（以伦敦干金酒最常见）。著名的金汤力（Gin tonic）是最普遍的此类饮料，但需先加冰块，以柠檬片饰杯。

二、伏特加（Vodka）

（一）伏特加酒概述

1. 伏特加酒的历史

伏特加酒是俄罗斯和波兰的国酒。1818 年，宝狮（斯米尔诺夫）伏特加（Pierre Smirnoff Fils）酒厂在莫斯科建成。1930 年，伏特加酒的配方被带到美国，美国也建起了宝狮（Smirnoff）酒厂。“伏特加”是俄罗斯人对“生命之水”的昵称。

俄罗斯是生产伏特加酒的主要国家，但在德国、芬兰、波兰、美国、日本等国也都能酿制优质的伏特加酒。由于俄罗斯制造伏特加酒的技术传到了美国，使美国也一跃成为生产伏特加酒的大国之一。

2. 伏特加酒的生产工艺和特点

伏特加酒的传统酿造法是首先以马铃薯或玉米、大麦、黑麦为原料，用蒸馏法蒸馏出酒精含量高达 96% 的酒液。再使酒液流经盛有大量木炭的容器，以吸附酒液中的杂质（每 10 升蒸馏液用 1.5 千克木炭连续过滤不得少于 8 小时。40 小时后至少要换掉 10% 的木炭），最后用蒸馏水稀释至酒精含量为 40%~50% 而成。此酒不用陈酿即可出售、饮用，也有少量的酒（如香型伏特加酒）在稀释后还要经串香程序，使其具有芳香味道。伏特加酒经常用于做鸡尾酒的基酒，酒度一般在 40°~50°。酒质晶莹澄澈，无色且清淡爽口，使人感到不甜、不苦、不涩，只有烈焰般的刺激，从而形成伏特加酒独具一格的特色。

制取伏特加酒时，对酒精和水的要求都很高。使用符合要求的软水和符合食用级质量标准的优质酒精是保证成品质量的关键。由于水和酒精的质量好，生产过程中又经仔细过滤和活性炭（通常用桦木炭）脱臭处理，使伏特加酒的杂质含量极微。伏特加酒现已成为一种世界性的酒种。

（二）伏特加酒的分类

1. 根据原料和酿造方法不同分类

（1）中性伏特加酒

中性伏特加酒无色无杂味，是伏特加酒中最主要的产品。俄罗斯的伏特加酒多属于此类。

（2）加味伏特加酒

加味伏特加酒是在橡木桶中贮藏或浸泡过药草、水果（如柠檬）等，以增加芳香和颜色的伏特加酒。波兰伏特加酒多属于此类。

2. 根据生产国家不同分类

（1）俄罗斯伏特加酒

俄罗斯伏特加酒的原料有小麦、黑麦、大麦、马铃薯等。俄罗斯伏特加酒的酿造工艺是进行高纯度的酒精提炼，然后再兑水，使酒度至 40° 左右即可饮用。俄罗斯伏特加酒最初用大麦为原料，以后逐渐改用含淀粉的马铃薯和玉米，制造酒醪和蒸馏原酒并无特殊之处，只是过滤时将蒸馏而得的原酒注入白桦活性炭过滤槽中，经缓慢的过滤程序，使蒸馏液与活性炭分子充分接触而净化，将所有原酒中所含的油类、酸类、醛类、酯类及其他微量元素除去，便得到非常纯净的伏特加。俄罗斯伏特加酒酒液透明，除酒香外，几乎没有其他香味，口味凶烈，劲大冲鼻，火一般地刺激。

俄罗斯伏特加酒的名品有：波士伏特加（Bolskaya）、红牌（Stolichnaya）、绿牌（Moskovskaya）、柠檬那亚（Limonnaya）、俄国卡亚（Kurskaya）、哥丽尔卡（Gorilla）。

图 4–8 红牌伏特加

图 4–9 皇冠伏特加

（2）波兰伏特加酒

波兰伏特加酒的酿造工艺与俄罗斯伏特加酒相似，区别只是波兰人在酿造过程中加入一些草卉、植物果实等调香原料，所以波兰伏特加酒比俄罗斯伏特加酒的酒体丰富，更富韵味。名品有：兰牛（Blue Rison）、维波罗瓦（Wyborowa）、朱波罗卡（Zubrowka）。

（3）其他国家和地区的伏特加酒

①英国伏特加酒的名品有：哥萨克（Cossack）、皇室伏特加（Imperial）。

②美国伏特加酒的名品有：宝狮伏特加（Smirnoff）、沙莫瓦（Samovar）。

③芬兰伏特加酒的名品有：芬兰地亚（Finlandia）。

④法国伏特加酒的名品有：卡林斯卡亚（Karinskaya）、灰鹅伏特加（Grey Goose Vodka）。

⑤加拿大伏特加酒的名品有：西豪维特（Silhowltte）。

⑥瑞典伏特加酒的名品有：绝对伏特加（Absolut）。

（三）伏特加的饮用与服务

伏特加酒的标准用量为每一份 40 毫升，可选用利口杯（净饮时）或古典杯（净饮或加冰块时），作为佐餐酒或餐后酒，以常温服侍单饮时，备一杯凉水。快饮（干杯）是其主要的饮用方式。“大口大口地喝伏特加酒，佐之以鱼子酱和熏鱼，直至一醉方休……”常常被人们用来描述俄罗斯人和波兰人酷爱伏特加酒的情形。因伏特加是一种无臭无味又无香气的酒，非常适宜对果汁汽水饮用，而且也可作鸡尾酒的基酒。著名的鸡尾酒如螺丝钻（Screwdriver）、黑俄罗斯（Black Russian）、血腥玛丽（Bloody Mary）、盐狗（Salty Dog）都是以伏特加作为基酒调制成的。

三、朗姆酒（Rum）

朗姆酒的中外文名称很多，外文有将朗姆酒写作 Rum、Rhum、Ron，中文译作当姆酒、朗姆酒、老姆酒、甘蔗酒等。

（一）朗姆酒的特点

朗姆酒是一种带有浪漫色彩的酒，具有冒险精神的人，都喜欢用朗姆酒作为他们的饮料。朗姆酒有“海盗之酒”的雅号，英国曾流传一首老歌，是海盗用来赞颂朗姆酒的。据说，英国人在征服加勒比海大小各岛屿的时候，最大的收获是为英国人带来了喝不尽的朗姆酒。朗姆酒的热带色彩，也为冰冷的英伦之岛，带来了热带情调。

朗姆酒的主要原料是甘蔗，也可以说是用制作蔗糖所废弃的浮滓及泡滓为主，加入糖蜜及蔗汁，发酵、蒸馏取酒的。根据种类不同，有些需要在橡木桶中陈酿，以使酒液染上其色、香、味，有些则不需要贮存，这便是透明无色的朗姆酒。至于朗姆酒的具体酿造过程，非常复杂，同时也是一种机密，这是朗姆酒世家为了保持优良酒质的唯一方法。

（二）朗姆酒种类

根据不同的甘蔗原料和酿造方法，朗姆酒可分为 5 种：

1. 白朗姆酒（White Rum）

白朗姆酒（White Rum）（又称 Agric—Rhum 朗姆农酒或 Grappe 哥拉普），它是一种新鲜酒，无色透明，蔗糖香味清馨，口味甘润，醇厚，酒体细腻，酒度在 5° 左右。

2. 老朗姆酒（Old Rum）

它是经过 3 年以上陈酿的陈酒，酒液呈橡木色，美丽而晶莹，酒香浓醇而优雅，口味精细、圆正、回味甘润，比白朗姆酒更富有风味，酒度 40°~43°。

3. 淡朗姆酒（Light Rum）

它是一种在酿制过程中尽量提取非酒精物质的朗姆酒，呈淡白色，香气淡雅，适宜作混合酒的基酒。

4. 传统朗姆酒（Traditional Rum）

它是一种传统型的朗姆酒。酒液呈琥珀色，光泽美丽，透明如晶体，又称琥珀朗姆酒。甘蔗香味浓郁，口味醇厚、圆正，回味甘润。

5. 浓香朗姆酒（Great Aroma Rum）

它是一种香型特别浓烈的朗姆酒。甘蔗风味和西印度群岛的风土人情寓于其中，酒度在 54° 左右。

老朗姆酒、淡朗姆酒、传统朗姆酒和浓香朗姆酒，统称为“朗姆工酒（Industrial Rum）”，它是相对于朗姆农酒而言的。

朗姆酒是世界上消费量最大的酒品之一，主要生产地有：波多黎各、牙买加、古巴、海地、爪哇、多米尼加、特立尼达等加勒比海国家，其中波多黎各产的朗姆酒，以酒质轻淡而著称，有淡而香的特色，酒度在 40° 左右，名品有：朗利可（Ronrico）、唐 Q（DonQ）。

牙买加朗姆酒是以浓醇著称。味浓而辣，呈黑褐色，酒体丰满醇厚，酒度在40°~43.5°，名品有：摩根船长（Captain Morgan）、密叶斯，又译黑林朗姆酒（myer's）、皇家高鲁巴（Coruba royal）、老牙买加（Old jamaica）。

除此之外，跨国公司产的百加地（Bacardi）、古巴产的哈瓦那俱乐部（Ha vana Club）等也是很著名的酒牌。

朗姆酒的饮用方法与伏特加、威士忌等烈酒相同。

图 4-10 摩根船长

四、特基拉酒（Tequila）

（一）特基拉酒的酿制

特基拉酒（Tequila）产于墨西哥的特基拉小镇，是墨西哥的主要烈酒。它是以龙舌兰（Agave）植物为原料的蒸馏酒。龙舌兰的枝干像凤梨或松树。把它的枝干切成四等分，然后放进蒸汽锅内加热，取出后进行粉碎，再压榨取汁，剩下的残渣加上开水后再压一次，使之所有的糖分都流出来，然后将这些甜汁泵入发酵槽内，发酵约2天后，即可进行粗馏和精馏。这时所得到的蒸馏液酒度约为45°左右。经两次蒸馏至酒度为52°~53°，此时的酒，香气突出，口味凶烈，然后放入橡木桶陈酿。陈酿时间不同，颜色和口味差异很大。透明无色特基拉酒不需陈酿；银白色酒贮存期最多3年；金黄色酒的贮存期至少2~4年；特级特基拉酒需要更长的贮存期。根据墨西哥法规，只要使用的原料有超过51%是来自蓝色龙舌兰，制造出来的酒就有资格称为特基拉酒，其不足的原料是以添加其他种类的糖（通常是甘蔗提炼出的蔗糖）来代替，称为Mixto。有些Mixto是以整桶的方式运输到不受墨西哥法律规范的外国包装后再出售，不过，法规规定唯有100%使用蓝色龙舌兰作为原料的产品，才有资格在标签上标示“100% Blue agave”。

图 4-11 龙舌兰

（二）特基拉酒名品

特基拉烈酒越来越受到世人瞩目，销量增加很快，名品有：豪帅快语（Jose Cuervo）、索查龙舌兰（Sauza）、白金武士（Conquistador White）、阿兰达斯（Arandas）、胜利金龙舌兰（Two Fingers Gold）。

（三）特基拉酒的饮用与服务

1. 净饮

用量杯量出 28 毫升倒入杯中，同时将一个切好的柠檬块和少许盐放在小碟子内，送至客人面前。

2. 兑饮

先将 4 块冰块放入杯中，倒入 28 毫升的特基拉酒，再倒入 5~6 倍的汽水，用吧匙轻轻搅拌后送至客人面前。

3. 加冰饮用

将冰块放入古典杯，用量杯量出 28 毫升特基拉酒倒入杯中，再放入一片柠檬，送至客人的右手边。

4. 传统饮用

（1）饮用特基拉酒时，左手拇指与食指中间夹一块柠檬，在两指间的虎口上撒少许盐，右手握着盛满特基拉酒的酒杯。首先用左手向口中挤几滴柠檬汁，一阵爽快的酸味扩散到口腔的每个角落，顿感精神为之一振，接着将虎口处的细盐送入口中，举起右手，头一昂，将特基拉酒一饮而尽。45° 的烈酒和着酸味、咸味，如同火球一般从嘴里顺喉咙一直燃烧到肚子，十分精彩和刺激。这种饮法有利于消除墨西哥炎热的暑气。喝特基拉时一般不再喝其他饮料，否则会冲淡它的原始风味。

（2）将 30~45 毫升金色特基拉酒加入威士忌杯内，再把 7-Up 或苏打水倒于杯中约半杯（不能超出半杯），然后用杯垫盖住杯口，用力往桌面敲下，使其泡沫涌上，此时需马上一口饮尽。这就是著名的特基拉炮（Tequila Pop）。

思考练习

1. 什么是干邑白兰地？

2. 科涅克的 7 个产区是哪些？

3. 什么是干邑白兰地的酒龄？

4. 如何品鉴白兰地？

5. 简述白兰地服务规范。
6. 什么是威士忌?
7. 简述威士忌酒的酿制工艺。
8. 苏格兰威士忌的制作特点有哪些?
9. 简述威士忌的饮用与服务规则。
10. 分别阐述什么是金酒、伏特加、朗姆和特基拉酒。
11. 分别阐述金酒、伏特加、朗姆和特基拉酒服务规则。

第五章 鸡尾酒

学习目标

A. 知识目标

1. 了解鸡尾酒的历史；
2. 掌握鸡尾酒载杯的使用知识；
3. 熟悉鸡尾酒的创作要素；
4. 掌握鸡尾酒的创作原则；
5. 熟悉调酒师的素质与职责。

B. 能力目标

1. 掌握鸡尾酒调制技法；
2. 能根据实际情况进行鸡尾酒创新调制。

第一节　鸡尾酒概述

一、鸡尾酒定义

（一）鸡尾酒的历史

鸡尾酒非常讲究色、香、味、形的兼备，故又称艺术酒。鸡尾酒的历史算来不过一个多世纪，风行世界各国也不过几十年的光景。一直以来，人们对于鸡尾酒的态度总是褒贬不一。有人认为配制鸡尾酒是“酒盲”的行为，把好端端的极名贵的科涅克、威士忌、葡萄酒糟蹋得不成样子，多年精心酿制成的色、香、味、体全被破坏于瞬间，他们反对饮用混合酒。另一些人却认为饮用鸡尾酒美妙极了，它开辟了酒的新的色、香、味领域，它还含有只能意会不能言传的意境，饮用鸡尾酒是一种艺术享受。实践证明，鸡尾酒以它特有的魅力赢得了人们的赞誉，各种配方层出不穷，成为宴席上不可缺少的饮料。鸡尾酒自身的世界性传播可追溯到100多年前的美国，当时美国的制冰业正向工业化迈进，这无疑为鸡尾酒的迅速发展奠定了基础，使得美国成为当时鸡尾酒最为盛行的一个国家。那里的调酒师的技艺也是最为高超和美妙的。后来，美国的禁酒法造成了调酒师的外流，他们到了法国或英国后，也促成了欧洲乃至世界鸡尾酒黄金时代的到来。从19世纪末到20世纪初，美国迎来了鸡尾酒繁花似锦的时代。在20世纪初的美国，无论是历史还是文化都处于幼稚期，并且国民也是多民族构成的。所以，其饮酒文化没有被传统的习惯所束缚，在饮品和饮用方式的创新方面都表现出积极的姿态。这种风潮和行动，在第一次世界大战期间由被派遣到欧洲的军人带到了欧洲。它促进了美式酒吧或鸡尾酒的出现，并成为鸡尾酒普及的原动力。这就是说，现代的鸡尾酒是在美国完成了准备工作，并随着第一次世界大战的爆发而普及到全世界。

美国禁酒法（1920—1933年）的实施对欧洲鸡尾酒热潮的出现起了加速的作用。这一禁酒法在鸡尾酒的世界中创造出两种流派。其一，在这一期间，在美国的城市中出现了很多地下非法营业的酒馆，出现了一股避开官方耳目品尝鸡尾酒的风潮。为了在家里偷偷地饮酒，制造出和书架很相似的鸡尾酒台架（家庭酒吧），艺术装饰型的酒吧用具（冰桶、摇酒壶、苏打水虹吸瓶、搅拌棒等）以及酒杯的收藏都是当时人们极其热衷的事情。这一切也都是当时时代的特征。其二，很多酒吧服务员离开了美国而到欧洲去寻求发展，这也使美式的饮酒文化得以广泛流传。20世纪20年代的欧洲，在伦敦已出现了夜总会，欣赏爵士音乐的青年人可以一直饮酒到深夜。在1889年开业的萨波依饭店里，也引进了美式酒吧。从中午开始，酒吧便开始营业，人们在这里可以品尝到鸡尾酒。出版了被称为鸡尾酒书籍之经典的《萨波依鸡尾酒全书》（1930年）的哈里克拉德科也生活在这一时代。除此之外，在饮酒文化中发生的更为突出的变化是女性走进了酒吧。在此之前，酒吧是男人们独占的天地，但此时已是男女势力范围的空间开始发生变化的时代。就这样，鸡尾酒的世界渐渐地出现了两大潮流，其一是自由奔放的美式鸡尾酒，其二则是一边吸收美国的饮酒文化、一边又保持欧洲传统的欧式鸡尾酒。

第二次世界大战结束后，欧洲尤其是法国和意大利又再次在鸡尾酒的世界中开始发挥力量最先登场的是1945年的基尔（Kir，在20世纪60年代，这种鸡尾酒成为动荡的60年代里流行的鸡尾酒），还有马卡（Macca）、马拉加迷雾（Malaga Mist）等，这些都是以葡萄酒或利口酒为基酒的鸡尾酒。还有意大利的贝利尼（Bellini）和金色天鹅绒（Gold velvet）等以发泡葡萄酒或啤酒为基酒调制的鸡尾酒。1950年前后，在美国也出现了很多口感清爽、酒度较低的鸡尾酒，如使用搅拌器调制的筱冰鸡尾酒或以波旁和龙舌兰酒为基酒的鸡尾酒，还有清淡口味的伏特加补酒和冷饮葡萄酒等。

进入20世纪80年代后，美国掀起追求体形美和健康食品的热潮。利口酒东山再起，掺入果汁或苏打水，或者将数种利口酒混合起来制成鸡尾酒，如狙击手（Shooter）等，这类新的饮法和新型的利口酒不断出现，并开始开拓新的饮酒阶层。现在鸡尾酒的主流，无论是在日本还是在欧美，都已集中到可以被称为“回归传统”的质朴至上（Simple is best）的路线上来。无论是在伦敦，还是在纽约、东京，干马天尼、金酒补酒、伏特加补酒、意大利红葡萄酒加苏打水、血腥玛丽、橘子汁伏特加混合饮料之类的鸡尾酒仍保持其生命力。

（二）鸡尾酒的定义

鸡尾酒是由两种或两种以上的酒或由酒掺入果汁配合而成的一种饮品。具体地说，鸡尾酒是用基本成分（烈酒）、添加成分（利口酒和其他辅料）、香料、添色剂及特别调味用品按一定分量配制而成的一种混合饮品。

美国的韦伯斯特词典是这样注释的：鸡尾酒是一种量少而冰镇的酒。它是以朗姆、威士忌或其他烈酒、葡萄酒为基酒，再配以其他辅料，如果汁、蛋清、苦精、糖等以搅拌或摇晃法调制而成的，最后再饰以柠檬片或薄荷叶。

美国鸡尾酒权威厄思勃里对鸡尾酒一词作了全面深入的介绍：Cocktail（鸡尾酒）应是增进食欲的滋润剂，决不能背道而驰。按照定义，即使酒味很甜或使用大量果汁调和，也不要远离鸡尾的范畴。鸡尾酒既能刺激食欲，又能使人兴奋，创造热烈的气氛，否则就没有意义了。巧妙调制的鸡尾酒是最美的饮料。鸡尾酒必须有卓绝的味，为此，舌头的味蕾应充分张开，这样才能尝到刺激味道。如果太甜、太苦、太香就会掩盖品尝酒味的能力，降低酒的品质。鸡尾酒需要足够的冷却，所以应用高脚酒杯，烫酒最不合适，调制时需加冰。加冰量应严格按配方控制，冰块要化到要求的程度。

二、鸡尾酒命名

鸡尾酒的命名五花八门，是任何单一酒品的命名所不能及的。同一结构与成分的鸡尾酒，稍做微调或装饰改动，又可衍生出多种不同名称的鸡尾酒。而同一名称的鸡尾酒，在世界各地的调酒师中，有着各自不同的诠释。鸡尾酒的命名虽然带有许多难以捉摸的随意性和文化性，但也有些可遵循的规律。从鸡尾酒名称入手，也可粗略地认识鸡尾酒的基本结构和酒品风格。

（一）以鸡尾酒的基本结构与调制原料命名

以基本结构与调制原料命名的鸡尾酒虽说为数很多，但却有不少是流行品牌，这些鸡尾酒通常都是由一两种材料调配而成，制作方法相对也比较简单，多数属于常饮类饮料，而且从酒的名称就可以看出酒品所包含的内容。

1. 金汤力

金汤力即金酒加汤力水兑饮。19 世纪晚期，英军在印度为预防热带地区的疟疾，在英式干金酒中加入味苦的药液奎宁混合饮用。如今酒吧所采用的奎宁水（即汤力水）中奎宁的含量已很少，作为一种碳酸饮料而无药效，只是作为金酒的调缓剂，使酒液显示出清爽的苦味。

2. B&B

B&B 由白兰地和香草利口酒（Benedictine dom）混合而成，其命名采用两种原料酒名称 Brandy 和 Benedictine dom 的缩写而合成。

3. 香槟鸡尾酒（Champagne Cocktail）

该类鸡尾酒主要以香槟、葡萄汽酒为基酒，添加苦精、果汁、糖等调制而成，其命名较为直观地体现了酒品的风格。

4. 宾治（Punch）

宾治类鸡尾酒起源于印度，“Punch” 一词来自印度语中的 “Panji”，有“5 种” 之意，即宾治的原料包括 5 种成分。

根据鸡尾酒的基本结构和调制原料来命名鸡尾酒，范围广泛，直观鲜明，能够增加饮者对鸡尾酒风格的认识。其他如伏特加 7（Vodka “7”），由伏特加酒加七喜调制而成。此外，还有金可乐、威士忌可乐、伏特加可乐、伏特加雪碧等。

（二）以时间命名

以时间命名的鸡尾酒在众多的鸡尾酒中占有一定数量。这些以时间命名的鸡尾酒有些表示酒的饮用时机，但更多的则是在某个特定的时间里，创作者因个人情绪，或身边发生的事，或其他因素的影响有感而发，产生了创作灵感，创作出一款鸡尾酒，并以这一特定时间来命名鸡尾酒，以示怀念、追忆。如“忧郁的星期一”“六月新娘”“夏日风情”“九月的早晨”“开张大吉”“最后一吻”等。

（三）以自然景观命名

所谓以自然景观命名，是指借助于天地间的山川河流、日月星辰、风露雨雪，以及繁华都市、边远乡村抒发创作者的情思。创作者通过游历名山大川、风景名胜，徜徉在大自然的怀抱中，尽情享受。而面对西下的夕阳、散彩的断霞、岩边的残雪，还有那汹涌的海浪，产生了无限感慨，创作出一款款著名的鸡尾酒，并用所见所闻来给酒命名，以表达自己憧憬自然、热爱自然的美好愿望。当然其中亦不乏叹人生苦短、惜良景不再的忧伤之作。因此，以自然景观命名的鸡尾酒品种较多，且酒品的色彩、口味甚至装饰等都具有明显的地方色彩，比如“雪乡”“乡村俱乐部”“迈阿密海灌”等。此外还有“红云”“牙买加之光”“夏威夷”“翡翠岛”“蓝色的月亮”“永恒的威尼斯”等。

（四）以人物、地名命名

以人物、地名命名鸡尾酒等混合饮料，是一种传统的命名法，它反映了一些经典鸡尾酒产生的渊源，使人产生一种归属感。

1. 以人物命名

以人物命名一般指以创制某种经典鸡尾酒的调酒师的姓名命名或与鸡尾酒结下不解之缘的历史人物姓名命名的酒品。

（1）基尔（Kir，又译为吉尔）

该酒是1945年法国勃艮第地区第戎市市长诺·菲利克斯·基尔创制，以勃艮第阿丽高特（Aligote，葡萄品种）白葡萄酒和黑醋栗利口酒调制而成。

（2）血腥玛丽（Bloody Mary）

血腥玛丽鸡尾酒产生的一种说法是对16世纪中叶英格兰都铎王朝为复兴天主教而迫害新教徒的玛丽女王的蔑称而作。该酒在20世纪20年代美国禁酒时期盛行，特点是意义丰富、形神兼备、耐人寻味。

（3）汤姆·柯林斯（Tom Collins）

该酒是19世纪在伦敦担任调酒师的约翰·柯林斯（John Collins）首创，最初使用的是荷兰金酒用自己的姓名命名，称为约翰·柯林斯。后逐渐采用英国的老汤姆金酒加糖、柠檬汁、苏打水调制而成，称为汤姆·柯林斯。

2. 以地名命名

鸡尾酒是世界性饮料，多以地名命名。饮用各具地域特色和民族风情的鸡尾酒，犹如环游世界。

（1）马天尼（Martini）

马天尼的命名由来是1867年美国旧金山一家酒吧的领班托马斯（Thomas）为一名将去马天尼的客人解醉而即兴调制的鸡尾酒，并以“马天尼”这一地名命名。

（2）曼哈顿（Manhattan）

据说，这一款经典鸡尾酒是英国首相丘吉尔的母亲杰妮创制。她在曼哈顿俱乐部为自己支持的总统候选人举办宴会，并用此酒招待来宾，该酒遂以“曼哈顿”命名。

（3）自由古巴（Cuba Liberty）

自由古巴即朗姆酒可乐。古巴是在美国的援助下，从西班牙的统治下获得独立的。古巴特酿朗姆酒的英雄主义色彩和美国可口可乐式的自由精神融合在一起便产生了经典的“自由古巴”。

以地名命名鸡尾酒的还有：环游世界（Around The orld）、布鲁克斯（Bronx）、横滨（Yoko hama）、长岛冰茶（Long Island Iced Tea）、新加坡司令（Singapore Sling）、得其利（Daiquiri）、阿拉斯加（Alaska）等。

（五）以颜色命名

以颜色命名的鸡尾酒占鸡尾酒的大部分，它们基本上是以伏特加酒、金酒、朗姆酒等无色烈性酒为基酒，加上各种颜色的利口酒调制成形形色色、色彩斑斓的鸡尾酒品。

鸡尾酒原料的色调分为冷暖两种。红黄和倾向红黄的颜色为暖色，给人以兴奋、温暖、刺激、热情、艳丽之感。用暖色材料可以调制出暖色调的鸡尾酒，如使用暖色材料调制成的百万美元令人兴奋，特基拉日出让人觉得温暖，血腥玛丽给人刺激。绿蓝和倾向于绿蓝的颜色为冷色，给人以清净、冷淡、阴凉、安静、舒适和新鲜的感觉。用冷色材料可以调制出冷色调的鸡尾酒，如蓝色夏威夷、青草蜢等。

鸡尾酒的颜色主要是借助各种利口酒来体现的，不同的色彩刺激会使人产生不同的情感反应，这些情感反应又是创作者心理状态的本能体现。由于年龄、爱好和生活环境的差异，创作者在创作和品尝鸡尾酒时往往无法排除感情色彩的作用，并由此而产生诸多的联想。

1. 红色

它是鸡尾酒中最常见的色彩，主要来自调酒配料“红石榴糖浆”。通常人们会由红色联想到太阳、火、血，享受到红色给人带来的热情、温暖，甚至潜在的危险，而红色同样又能营造出异常热烈的气氛，为各种聚会增添欢乐、增加色彩，因此，红色在现有鸡尾酒中得到广泛使用。如著名的“红粉佳人”鸡尾酒就是一款相当流行且广受欢迎的酒品，它以金酒为基酒，加上橙皮甜酒、柠檬汁和红石榴糖浆等材料调制而成，色泽粉红，甜酸苦诸味调和，深受各层次人士的喜爱。以红色著名的鸡尾酒还有“迈泰”“热带风情”等。

2. 绿色

鸡尾酒的绿色主要来自著名的绿薄荷酒。薄荷酒有绿色、透明色和红色三种，但最常用的是绿薄荷酒，它用薄荷叶酿成，具有明显的清凉、提神作用。用它调制的鸡尾酒往往会使人自然而然地联想到绿茵茵的草地、繁茂的大森林，更使人感受到春天的气息、和平的希望。特别是在炎热的夏季，饮用一杯碧绿滴翠的绿色鸡尾酒，使人暑气顿消，清凉之感沁人心脾。著名的绿色鸡尾酒有“蚱蜢”“绿魔”“青龙”“翠玉”“落魄的天使”等。

3. 蓝色

蓝色常用来表示天空海洋、湖泊的自然色彩。例如著名的蓝橙酒便在鸡尾酒中频繁出现，如“忧郁的星期一”“蓝色夏威夷”“蓝天使”等。

4. 黑色

在鸡尾酒中有一种叫甘露（也称卡瓦）的西咖啡酒，其色浓黑如题，味道极甜，带浓厚的咖啡味，专用于调配黑色的鸡尾酒，如“黑色玛丽亚”“黑杰克”“黑俄罗斯”等。

5. 褐色

可可酒，由可可豆及香草做成，呈褐色。欧美人对巧克力偏爱异常，配酒时常常大量使用可可酒如“白兰地亚历山大”“第五街”“天使之吻”等。

6. 金色

用带茴香及香草味的加里昂诺酒，或用蛋黄、橙汁等，常用于“金色凯迪拉克”“金色的梦”“金青蛙”“旅途平安”等的调制。

带色的酒多半具有独特的风味。一味知道调色而不知调味，可能调出一杯中看不中喝的手工艺品；反之，只重味道而不讲色泽，也可能成为一杯无人敢问津的杂色酒。此中分寸，需经耐心细致的摸索、实践来寻求，不可操之过急。

（六）以其他方式命名

上述五种命名方式是鸡尾酒中较为常见的命名方式，除了这些方式外，还有很多其他命名方法，如：

1. 以花草、植物来命名鸡尾酒

“白色百合花”“郁金香”“紫罗兰”“黑玫瑰”“雏菊”“香蕉杧果”“樱花”“黄梅”等。

2. 以历史故事、典故来命名

如“咸狗”“太阳谷”“掘金者”等，每款鸡尾酒都有一段美丽的故事或传说。

3. 以历史或神话名人来命名

如“亚当与夏娃”“哥伦比亚”“亚历山大”“丘吉尔”“牛顿”“伊丽莎白女王”“丘比特”“拿破仑”“毕加索”“宙斯”等，将这些世人皆知的著名人物与酒紧紧联系在一起，使人时刻缅怀他们。

4. 以军事事件或人来命名

如“海军上尉”“深水炸弹”“老海军”等。

第二节　调酒常用器具与设备

鸡尾酒载杯指的是容量较小，通常只供一人饮用的各种酒杯。载杯可分为礼仪派和休闲派两种。礼仪派的鸡尾酒杯是容量在 3 盎司以下的高脚小容量的鸡尾酒杯，主要在充满庄重气氛的社交场合使用。休闲派的鸡尾酒杯容量在 3.5 盎司以上，有平底的直筒杯、水果杯等，在充满轻松气氛的休闲场所较适宜。

鸡尾酒容器指的是容量较大，通常用来盛放供多人饮用的鸡尾酒的大容量容器，如宾治盆玻璃壶等。

一、不同材质的鸡尾酒载杯和容器

（一）玻璃材质的鸡尾酒载杯和容器

绝大多数的鸡尾酒都选用玻璃载杯和容器，这主要是因为玻璃的通透性能可以很好地展示鸡尾酒色彩方面的魅力。玻璃杯材质的鸡尾酒载杯和容器分为 3 种：

1. 普通玻璃载杯和容器

酒吧中常用的普通杯具，广泛为酒吧所采用。

2. 波希米亚玻璃载杯和容器

这种玻璃透明度高，晶莹透亮，无杂色。

3. 水晶玻璃载杯和容器

这种玻璃质地较软，可以在其表面雕刻精致的花纹。折射率高，可以折射出一抹紫蓝色的色彩，弹击会发出清脆的金属音。水晶玻璃载杯和容器透明度非常好，属于高档名贵器皿，其缺点是强度和耐热性不高。

（二）水果材质的鸡尾酒载杯和容器

用新鲜水果制作成的水果杯，是盛放各种鸡尾酒的绝佳酒杯。

1. 菠萝杯

选一个较小的成熟菠萝，在它的顶部约 1/3 处切开，用一把锋利的水果刀沿着菠萝肉切一圈，再用匙羹把所有菠萝肉挖出，便成了一个可盛放多种鸡尾酒的上好酒杯。

2. 椰子杯

选椰子的时候一定要选重的，而且摇动它的时候要听到里面有很多椰汁的响声。在它的顶部约 1/3 处切开，倒出椰汁，一个上好的椰子杯就做好了。

3. 橙子杯

选皮薄而光滑的大橙子，洗净抹干，切去橙子的顶部，然后用锋利的水果刀沿着橙皮内圈剔除果肉，并尽量刮净橙子的白瓤。还可以选一大一小两个橙子，大的做成橙杯，把较小的橙皮整个翻转，然后小心地放入较大的橙杯内，这样就可以制成一个双层的橙杯。

4. 西瓜杯

选大小适宜的西瓜，洗净抹干，切去西瓜的顶部，然后用水果刀将瓜瓤去除，洗净即可。

二、常见的载杯与容器

（一）鸡尾酒载杯

1. 鸡尾酒杯

从侧面看，鸡尾酒杯的杯体近于倒三角形，底部尖尖。从风格上讲，倒三角下带一只脚的是英式鸡尾酒杯，椭圆形下带一只脚的是美式鸡尾酒杯，标准容量为 3 盎司，容量为 30 毫升或 60 毫升的鸡尾酒杯叫作马天尼类鸡尾酒杯，是马天尼类鸡尾酒的专用杯。容量较大，倒梯形下带一只脚的是异形鸡尾酒杯，可用来盛装双份的鸡尾酒。鸡尾酒杯长长的杯柱可以让人的手指有充分的空间握住酒杯，而不至于用手掌托着酒杯，使得杯中酒升温。

图 5–1　鸡尾酒杯

2. 香槟酒杯

香槟酒杯基本上有两种。一种是浅碟形下带一只脚的香槟酒杯，常用于喝香槟酒或摆放香槟塔，也可作为鸡尾酒的载杯。香槟酒杯适宜的容量是 3~6 盎司，以 4 盎司容量的香槟杯最为标准；另一种是容量为 7~10 盎司、细高圆柱形下带一只脚的香槟杯，常见的有郁金香形香槟酒杯和笛形香槟酒杯。纤长的体形设计不在于给人以雅致的形象，而是在于这种杯形可以使得香槟酒中缓缓上升的泡沫能在杯中逗留得更为长久。浅碟形香槟酒杯不但可用来盛装香槟酒，还可用来盛装香槟鸡尾酒及一些奶乳饮料，如白兰地亚历山大。

3. 啤酒杯

啤酒杯的特点是杯体容量大，杯壁厚实，有玻璃制、陶瓷制、金属制等不同材质，容量以 0.5 升和 1 升最为常见。啤酒杯有两种，一种是带把柄的，其底部直径比上口直径大；另一种是高脚无柄的，叫比尔森式啤酒杯。啤酒杯在用前应放在冰箱内或放在冰块中冰镇一段时间，这样便能使杯内啤酒的温度不会骤升。

4. 白兰地杯

白兰地杯形状肥硕，腰部丰满，杯口收敛，又称大肚杯、白兰地球形杯、小口矮脚杯等。白兰地杯的容量为6~8盎司不等，用此杯之意在于嗅（Sniff）。与鸡尾酒杯和香槟酒杯相反，白兰地杯圆大的杯体底部正适于托在温暖的手心当中，此时缓缓挥发的芳香从酒中升腾，却又被相对窄小的杯口限制在杯中，使这杯内洋溢的“世界”只能为托杯人所独享。除白兰地以外，这种酒杯还可以用来盛装热带饮料和奶乳饮料。

5. 玛格丽特杯

图 5-2 玛格丽特杯

玛格丽特杯高脚、宽口，造型独特，杯身呈梯形，并逐渐缩小至杯底，用于盛玛格丽特鸡尾酒或其他鸡尾酒。玛格丽特杯的正式称呼是九盎司杯（9 floz Coupette），在欧美非常流行。它还是草蜢等一类奶乳饮料的理想盛具。

6. 烈酒杯

烈酒杯又称静饮杯、一口杯、子弹杯。烈酒杯的主要特征是壁厚、平底、容量小，分1盎司和2盎司两种。它是酒吧内最小的平底无脚杯。功能有二：一是用以代替大量酒杯来量酒，二是用以饮用不经稀释的烈性酒，如金酒或威士忌酒。欧美一带给用这种酒杯饮酒的方式起了一个很形象的名称——“一直饮”。

7. 古典杯

图 5-3 高球杯

古典杯又称为老式杯或岩石杯，可用于品饮威士忌酒，也常用于盛装古典类鸡尾酒，现多用此杯盛装烈性酒加冰。古典杯呈直筒状，杯体短，壁厚，有“矮壮、结实”之感。还有一种带矮脚的古典杯，容量为6~8盎司。

8. 高杯

高杯又称高球杯、海波杯、高飞杯等，平底、圆筒状，用于盛载软饮、高杯类长饮鸡尾酒等，容量为8~10盎司。很多酒吧用于盛载柯林类大容量长饮鸡尾酒，因此也叫柯林杯。

9. 葡萄酒杯

葡萄酒杯的种类、形态、容量和规格最多。红葡萄酒杯的容量稍大，杯体丰满略呈球形，杯口较大。白葡萄酒杯容量较小，杯口向内侧稍做收拢，便于保存酒的香气。葡萄酒杯的杯壁较薄，杯口直径为 6 厘米左右。容量在 8 盎司以上的葡萄酒杯最为标准。

10. 雪利酒杯

雪利酒杯的容量为 3~4 盎司，从侧面看杯体略呈倒三角形，杯体又呈花苞状，下带一只高脚，它是正餐前后喝饮料的容器。从各式雪利酒到波特酒，只要是小分量的甜性酒，雪利酒杯就是最佳的选择。

图 5-4　雪利酒杯

11. 波特酒杯

波特酒杯又称钵酒杯。波特酒杯同雪利酒杯相像，只不过从侧面看其杯体底部为圆形，容量为 2 盎司。波特酒杯常用来盛装波特酒一类甜食类酒，其与雪利酒杯串着使用是允许的。

图 5-5　波特酒杯

12. 酸酒杯和菲利普酒杯

酸酒杯是容量在 4~6 盎司之间的高脚杯，杯身呈“U”字形。菲利普酒杯与酸酒杯的造型及容量大致相同，可以当作一种杯子来用，主要是酸酒类鸡尾酒和菲利浦类鸡尾酒的专用载杯。其杯柱比大多数高脚杯的杯柱要短，但仍给手指把握留下了足够的空间，以免使杯中物升温。

13. 特饮杯

特饮杯又名飓风杯、暴风杯，多用于各种特色长饮鸡尾酒。容量为 12 盎司左右。

14. 飘仙杯

飘仙杯杯形同扎啤杯类似，是一种底厚、壁厚、略收腰且带柄的玻璃杯，杯身上通常标有飘仙杯的英文字样。容量以 0.5 升、1 升居多，主要用于盛载飘仙杯类鸡尾酒，也可用扎啤杯来代替。

图 5-6　特饮杯

图 5–7　爱尔兰咖啡杯

15. 爱尔兰咖啡杯

爱尔兰咖啡杯是杯体长直的高脚杯，杯体底部呈圆形，并在侧方有把柄，容量为 8~10 盎司，常用来盛装热饮料（爱尔兰咖啡的专用载杯），以杯把拿杯不至于烫手。

16. 利口酒杯

利口酒杯原是纯饮利口酒的杯子，美国人叫它香甜酒杯。杯形小，有矮脚和高脚之分，杯身呈管状，杯口略呈喇叭状。现在常用来做彩虹类鸡尾酒的载杯。容量通常为 1 盎司或 2 盎司。

（二）鸡尾酒容器

本书中着重介绍酒吧最常用的宾治饮具（Punch Set）。宾治饮具是由宾治盆（Punch Bowl）、多只宾治杯（Punch Glasses）和宾治勺（Punch Ladle）组成的一套饮具。宾治盆的容量一般在 1~2 加仑以上［1 加仑（美）= 3.785 升，1 加仑（英）= 4.546 升］。宾治杯有的有把无脚，有的有脚无把，容量为 4 盎司以上。

宾治（Punch）是家庭派对或小型聚会常备的果汁或蛋汁类饮料，多为无酒精鸡尾酒，但也有含酒精的。聚会的主人家经常事先在宾治盆中调配好一大份可供一二十人饮用的鸡尾酒。客人到达后，可以随意地拿起陈放在一侧的宾治杯，自己用宾治勺从宾治盆中舀取鸡尾酒，再从前食台或点心台上拿一小块伴饮的小吃，然后转身漫步走进聊天的人群中去边饮边聊。这种悠闲的待客方式在欧美国家是相当普遍的。

三、其他常用器具与设备

（一）常用器具

1. 冰桶

顾名思义，冰桶是用来盛装冰块并短期保存冰块的。有的冰桶用来冷却整瓶的酒。现在流行一种电动快速制冷器，它大小如电动烤面包机，放在台面上，接通电源，在 1 分钟内即可把一罐苏打水冷却得冰凉可口，在 6 分钟内就可把一整瓶酒制冷。

图 5–8　冰桶

2. 冰夹

图 5-9　冰夹

冰夹是用来夹取冰块的器具。为了不使冰块滑落，夹子的前端呈锯齿状，一般与冰桶共同使用。

3. 摇酒壶

图 5-10　摇酒壶

摇酒壶又名调酒壶或雪克壶。常见的摇酒壶大多是不锈钢或玻璃壶，分普通型摇酒壶和波士顿型摇酒壶两种。普通型摇酒壶的标准尺寸一次可以做两杯分量，由壶盖（Top）、壶颈（隔冰器，Strainer）和壶身（Body）三部分组成，主要容量为 250~530 毫升。波士顿型摇酒壶多在花式调酒表演时使用，也叫两段式摇酒壶，包括两只锥形杯，较大的部分（外面部分）是不锈钢的，较小部分（里面部分）是玻璃的。

4. 量酒器

图 5-11　量酒器

量酒器是调制鸡尾酒使用的计量器，一般为不锈钢材质，也被称为吉格杯（Jigger）、量杯（Measure Cup）和盎司杯（Ounce Cup）。常见的量酒器有15毫升和30毫升、30毫升和45毫升（最为常用）、30 毫升和 60 毫升三种。

使用量酒器的手法有两种，一种是用拇指、食指和中指捏住量酒器中间的较细部分进行操作，另一种是用食指和中指伸直夹住量酒器中间的较细部分进行操作。向量酒器中倒入材料的时候，为了预防不慎溢出的部分流入摇酒壶或酒杯中，应使量酒器略微远离摇酒壶或酒杯。

5. 吧匙

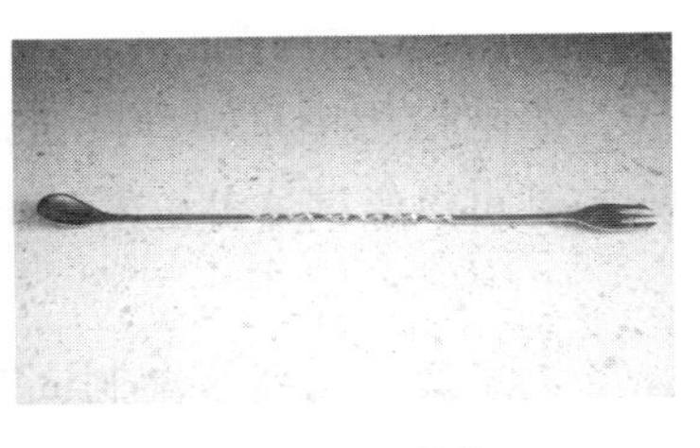

图 5-12　吧匙

吧匙又名调酒匙、吧勺或吧羹，为不锈钢制品。在调酒杯内调制鸡尾酒时，必须使用它来搅拌材料。吧匙一边是匙，另一边是一个三尖装饰叉，中间柄上呈螺旋状，适合做旋转用。可以用吧匙来搅拌饮品，用叉子摆放装饰，也可以用作计量用具，如“1 吧匙”。

6. 调酒杯

调酒杯一般使用不锈钢或厚玻璃制成。调酒杯是用来混合各种饮料的容器，杯子内侧呈圆形，利于搅拌，并附有酒嘴，容量一般为 16~18 盎司。

7. 滤冰器

调酒杯和两段式的调酒壶，本身没有过滤网，需要在调酒杯和摇酒壶中放一个合适的滤冰器，不至于把冰块一并倒入杯中。

8. 酒嘴

酒嘴可以插入除去瓶盖后的酒瓶瓶口，也称倒酒塞或瓶嘴。其主要功能是控制爵酒的速度，有不锈钢制和塑料制两种，也分为慢速、中速和快速酒嘴。另外，有一种叫作“盎司酒嘴（Ounce Cut）”的器具，它和酒嘴非常类似，是一种内部存满 1oz 液体就会自动滴落的装置。

9. 杯垫

杯垫是一种平铺在杯子底下的垫子，有软木制、金属制及塑料制等，以直径 10 厘米左右、圆形、具有吸水性的厚纸制成的成品。杯垫上一般印有酒吧、酒店或鸡尾酒制品的标示。

10. 刀具和切板

小刀可以切柠檬、柳橙等鸡尾酒的装饰水果。小刀要和切板搭配使用。

11. 开塞器和开瓶盖器

开塞器也叫开酒钻，由钻头、螺旋拉杆和压臂等部分组成，主要用于开启葡萄酒类酒瓶上的软木塞子。开瓶盖器主要用于打开瓶装的啤酒或汽水类瓶盖。

12. 苦酒瓶

苦酒瓶用于盛装苦酒，使用时轻轻挥动瓶子，就可以滴出 1 滴或微量苦酒来。

13. 酒吧专用枪

酒吧专用枪是一种按钮式的碳酸饮料配出装置，像可乐、苏打水、汤力水等都可以借助这种机器配出，方便并有可观赏性。

14. 大水罐

大水罐用来盛装配制成的几人量的饮料。它的一侧有个把柄，而在另一侧的上沿有一段嘴样突出，这是为了倾倒方便而设计的。

其他器具还有冰匙（Ice Spoon）、碎冰刀（Ice Pick）、打火机（Lighter）、吸管（Straws）、搅棒（muddler），布（Towel）、托盘（Trays）、葡萄酒酒篮（Wine basket）和水壶等。

（二）常用设备

1. 挤压罐和挤压棒

挤压罐是用瓷土烧制成的罐子，挤压棒是底部为 0.5 英寸直径的木棒，主要用来研磨薄叶、酸橙块或研碎方糖块。两者功效一致，可以互相代替。

2. 电动搅拌机

电动搅拌机也称电动混打机或搅拌器，用于较大分量地搅拌或调制冰沙类鸡尾酒以及调制新鲜水果类鸡尾酒。

3. 挤汁器

挤汁器是用于挤压、榨取柠檬等柑橘类水果汁的专用器具，有不锈钢和玻璃两种。

4. 刮丝器

一个不锈钢制的刮丝器在制作巧克力刮屑或肉豆蔻果刮粉时非常顺手。

5. 榨汁机

榨汁机用于榨取鲜橙汁或柠檬汁。

6. 冰箱或立式冰柜

冰箱或立式冰柜是用于冷冻酒水饮料，保存适量酒品和其他调酒用品的设备，大小型号可以根据酒吧规模、环境等条件选用。箱（柜）内温度要求保持在 4℃ ~8℃，通常白葡萄酒、香槟、玫瑰红葡萄酒和啤酒需要放入箱（柜）中冷藏。

7. 制冰机

制冰机是酒吧中制作冰块的机器，各种规格的都有，常用的是 20~40 千克。冰块的形状分为四方体、圆体、椭圆体和长方条等，一般使用四方体冰块。

8. 碎冰机

碎冰机是把冰块粉碎成冰屑的一种机器。

其他常用的设备还有生啤机、洗杯机、奶昔搅拌机等。

四、载杯的使用

（一）容量的确定

因载杯大小不统一，鸡尾酒调成后要么倒不满，要么装不下，怎么办呢？在调酒师行业，按照国际惯例，为了解决酒杯容量不确定对调制鸡尾酒的不利影响，通常在制定鸡尾酒酒谱的时候，每种原料的分量都以份为单位，把鸡尾酒载杯容量的八分满均分成 10 份、6 份、5 份、4 份、3 份或 2 份，根据酒杯容量确定酒水用量。

（二）酒杯的拿法

在品饮鸡尾酒时，正确的拿法是要做到潇洒雅致，一是彰显品位，二是防止手掌的温度传递到酒里。高脚酒杯用右手的拇指、食指、中指拿住杯脚下面部分，手不要碰到杯身；平底酒杯要握住酒杯下侧 1/3 处的部分；白兰地酒杯用左手食指和中指夹住杯脚，用手掌托住杯身，手的热量可以使杯身变暖，使白兰地散发出酒香。

（三）酒杯的清洁

酒杯不能用洗洁精洗涤，因为残留的洗洁精会留下余味，可以使用洗碗机。如果用手洗，步骤和方法如下：

第一步：用中性洗涤剂清洗玻璃杯，洗净后用热水冲洗，倒置至水干；

第二步：用干净的口布包住杯底，将多出的口布伸入杯中，直达底部，注意不要把指纹留在玻璃杯上；

第三步：用手指夹住口布，旋转玻璃杯，擦干内壁。

第三节　鸡尾酒的调制技法

调制鸡尾酒的技法有摇和法、兑和法、调和法、搅和法和漂浮法。可以单独使用一种方法，也可以组合使用各种方法。

一、摇和法

摇和法的必要用具是摇酒壶和量酒器。用这种方法调酒，原料能很快混合均匀，温度能迅速下降。其步骤一般为：先把冰块放入摇酒壶中，冰量一般为 3~6 块方冰块；接着用量酒器量好各种原料注入摇酒壶，扣上壶颈，盖上盖。摇动方法有单手摇、双手摇、捧摇法。

（一）单手摇

单手摇一般都用右手，同一吧台内工作的调酒师统一要求用右手，避免调酒时互相干扰。适合单手摇的摇酒壶，男性调酒师以 250 毫升的摇酒壶为宜，女性调酒师以 180 毫升的摇酒壶为宜。单手摇的方法为：用右手食指扣住壶盖，用中指压住壶颈，用其他手指夹紧壶身，手掌掌心放空避免热量传递使冰块融化。以手腕发力，左右摆动摇酒壶，同时手臂在身体右侧自然摆动，也可以在胸前斜向摆动。

（二）双手摇

适合双手摇的摇酒壶容量在 300 毫升以上，可以一次性调出两杯以上的同一款的鸡尾酒，既提高了效率，又能保证同一款型的鸡尾酒色、香、味、形一致。双手摇的方法为：用右手的拇指扣住壶盖，中指和无名指尽量托住壶底，食指和小拇指夹住壶体；左手拇指压住壶颈，中指和无名指托住壶底，其余两指扶住壶身。从身体的正面拿到靠近身体左胸前、右胸前或胸前正中间的位置上，摇酒壶向斜上方摇出，向斜下方拉回胸前，摇出拉回的过程中，双手手腕前后摆动，富有节奏地摇晃酒壶，反复摇动七八次，也称为“童子拜观音”。

（三）捧摇法

捧摇法适合大容量的两端式波士顿摇酒壶。捧摇法为：左手食指、中指的第一个指节扣住波士顿摇酒壶有机玻璃杯底部分，右手拇指扣住波士顿摇酒壶不锈钢杯底部分，其余手指扶住杯身。左手在上，右手在下，摇酒壶的位置在身体左前方，双手捧握摇酒壶，手腕向身体内侧回旋摇动。捧摇法应该上下摇晃，而不是左右摇晃。摇晃时，要有节奏感，注意倾听壶中冰块的撞击声。从 1 数到 10，让原料充分混合在一起。

无论采用哪种摇动方式，必须按操作规定摇动，直到手感到壶体很凉，壶表面有白霜出现即可。用摇和法调制一款普通的冷饮型鸡尾酒，摇动时间需 8 秒左右；调制加有鸡蛋或牛奶等的鸡尾酒时，冰融化的速度会变慢，这时要增加 1 倍以上的摇动次数，力量也要加强，摇动的时间在 6 秒以上，直至将各种原料充分混合均匀。含有气体的辅料，如汽水（碳酸饮料）、香槟酒等起泡葡萄酒、啤酒等，不能够放入摇酒壶摇晃。

用摇和法调好一杯鸡尾酒的诀窍是：①掌握好摇动时间，时间过短，原料混合不充分；时间过长，冰块会融化，味道会变淡。②运用手腕的灵活性，摇动起来有节奏感，力量要足，使原料充分混合均匀；肘部动作要利落，体现艺术性。③快速降温是调酒师追求的“变”法。用普通型摇酒壶时，摇动结束后，打开壶盖，用右手的食指按住壶颈部分，利用壶颈的过滤功能将酒滤入杯中。

用波士顿调酒壶时，摇动结束后，打开壶身，扣上事先准备好的滤冰器，把酒滤入杯中。

用完调酒壶后要将残冰倒掉，连同用过的量酒器、滤冰器一起，及时用水清洗干净，以免影响下一杯鸡尾酒的调制。

二、兑和法

用兑和法调酒时使用的用具是吧匙和量酒器。用兑和法调制的原材料必须非常容易混合。采用兑和法调酒，很重要的一点就是预先将原料和载杯冷却。兑和法一般不搅动或只轻微搅动，最多用吧匙搅动 2~4 次就足够了。原料中如果有碳酸饮料，搅动次数不超过 2 次，其具体步骤如下：

（1）准备好冰镇的载杯和酒水原料。

（2）载杯加入适量冰块。

（3）用量酒器量入酒水。

（4）用吧匙轻轻搅动即可。

三、调和法

在调制容易混合的酒水原料，且不需要或不能用其他调酒技法调制时，大多使用调和法。用调和法调酒时必须用的工具有：调酒杯、量酒器、吧匙和滤冰器。调和法的具体操作方法为：左手放平用拇指和食指扶住调酒杯，用右手的中指和无名指夹住吧匙中间带螺纹的柄。用拇指和食指拿住吧匙的上部，用手指轻轻搓动匙柄，巧妙利用冰的惯性，使吧匙背贴杯壁内侧顺时针方向旋转，搅动时只有冰块在转动，搅拌 10 多圈后即可。

（一）直接调和法

（1）选取所需的载杯（一般为平底杯）。

（2）载杯中加入适量冰块。

（3）用量酒器量入酒水。

（4）用吧匙旋转搅动至杯身起霜或够凉。

（二）调和滤冰法

（1）调酒杯中加入适量冰块。

（2）用量酒器量入酒水。

（3）用吧匙旋转搅动至杯身起霜或够凉。

（4）取出吧匙，在调酒杯上扣上滤网，将调好的酒滤入载杯。

四、搅和法

搅和法是用搅拌机进行搅拌混合的方法，主要用来调制冰沙类、刨冰类鸡尾酒以及需要混合新鲜水果的鸡尾酒。在聚会、鸡尾酒会等场合，一次大量调制鸡尾酒时，也用这种方法。

用搅和法调酒时必备的工具有搅拌机、量酒器、吧匙，有时也需要用碎冰机、刨冰机把冰块加工成碎冰、刨冰，或用冰锤将冰块敲成碎冰。原料中使用水果的话，要先将水果洗净，并切成小块。其步骤为：

（1）准备好原料，冰块要先加工成碎冰，水果要切成小块。

（2）在电动搅拌机中加入碎冰和水果块，用量酒器量入各种酒水原料。

（3）盖上盖子，打开电源开关。

（4）注意观察搅拌机的情况，发出均匀的嗡嗡声时，可关闭开关。

（5）打开盖子，冰应搅成粗粒状，水果应搅成果浆状。

（6）取下电动搅拌机的杯子部分，将饮品盛入载杯中。

五、漂浮法

漂浮法调酒时需要的工具有吧匙、量酒器，有时也用滴管。其步骤为：

（1）准备好原料，选取彩虹杯或其他载杯。

（2）用量酒器取第一种原料注入杯中。

（3）用吧匙背部抵住杯壁内侧，将第二种原料缓缓注入，动作要轻柔稳定。

（4）依次注入其他原料，即可调制出双层至七层甚至更多层的彩虹酒。

用漂浮法调制鸡尾酒时必须掌握原料的密度，密度大的在底部，密度小的漂浮在上层。漂浮法用过的调酒用具，每一次都要及时洗净后再用。

六、调酒工作程序

（一）准备工作

1. 备齐酒水

按配方把需要的酒水备齐，放在操作台上面的专用位置。该冷却酒水的要提前冷却好，也可以将酒放入冰桶中冰镇。还有些鸡尾酒是热饮，原料的温度应保持在60℃左右，温度过高会导致酒精挥发，温度过低会影响鸡尾酒的口感。

2. 备齐调酒用具

按配方把需要的调酒用具准备好。各种调酒用具都应有备用，以备不时之需。

3. 备好载杯

按配方把需要用的鸡尾酒载杯准备好。

（1）冰杯冷饮鸡尾酒的载杯通常要进行冷却处理后再用来盛酒。冰杯的主要方法有：①冰镇——将酒杯放在冰箱内冰镇。②上霜——将酒杯放在上霜机内上霜。③加冰——在杯内加冰冰镇。④溜杯——在杯内加冰块并快速旋转至杯身冷却。

（2）温杯热饮鸡尾酒需将载杯温烫加热后再用来盛酒。温杯的主要方法有：①火烤——用无烟蜡烛烧烤杯身，使其变热。②燃烧——将高度烈性酒放入杯中燃烧，至酒杯发热。③水烫——用热开水将杯烫热。

4. 备好装饰

所需的装饰物品应提前准备好。按照鸡尾酒调制的需要，装饰分为两类：一是需要提前做好的装饰，如霜口杯；二是最后加入的装饰物，大多数装饰都是待酒调好后再添加上去的。

（二）调制工作程序

1. 取瓶

把酒瓶从酒柜取下放到操作台的过程称为取瓶。取瓶时不要背对客人，应略微侧身将酒瓶从酒柜上取下，动作要准确、快捷、稳妥。

2. 传瓶

传瓶是把酒瓶从操作台上传到手中的过程。传瓶一般有从左手传递到右手或从下方传递到上方两种形式。用左手拿瓶颈传递到右手上，用右手拿住瓶子中间部位或直接用右手提及瓶颈部位，要快、要准、要稳。

3. 示瓶

也可省去传瓶的动作，从取瓶直接过渡到示瓶。示瓶时，用右手拇指、食指捏住瓶颈部分，其余手指虚扶住瓶颈，用力提起瓶身；左手掌心向上，五指并拢托住瓶底，左手从食指至小臂处在同一水平线上，与身体正面成90°，与身体左侧面成15°；酒瓶正面的酒标面向顾客，左手送，右手拉，从左到右在胸前水平移动从取瓶到示瓶是一个连贯的动作，要求动作如行云流水、一气呵成。

4. 开瓶

开瓶时，左手向外侧略翻转，右手从瓶颈下滑至瓶身，握住瓶子中部，左手打开瓶盖。可以用左手虎口即拇指和食指夹住瓶盖，也可以将瓶盖朝上放在台面上。开瓶后立即用左手食指和中指夹起盎司杯，无名指和小指卷起，贴住手掌，两臂略微抬起呈。

5. 量酒

量酒要环抱状，盎司杯要端平；用右手将酒倒入杯中，量取要求分量后，瓶口略上抬，同时向内侧旋转瓶口，使最后一滴酒也落入杯中，立即收瓶，同时将酒注入所选的调酒用具中；放下盎司杯，盖好瓶盖，酒瓶放回原位。要根据配方中要求的先后顺序配料。通常在配方中要求先注入辅料，再注入基酒。

6. 调制

注入酒水原料后，要求按配方所注明的方法调制鸡尾酒；调制动作要规范、标准、快速、美观，还要注意整洁、卫生。

7. 倒酒

调好的酒注入事先预备好的所需要的鸡尾酒载杯中。

8. 装饰

按配方的要求，用预先准备好的装饰材料，对鸡尾酒进行装饰。

（三）收尾工作程序

调酒结束后，首先要把酒水原料放回酒柜等原来的位置。酒水原料位置一旦确定后就必须相对固定不变。这主要是为了提高工作效率，使每位调酒师都熟悉酒水的位置，每次使用过的调酒用具都要及时清洗干净以备下次使用。每次调完酒后都要及时清洁、整理操作台，保持台面的整洁、干净和卫生。

第四节　鸡尾酒的创作

一、鸡尾酒的创作要素

（一）鸡尾酒创作的目的

通常，人们在创作设计鸡尾酒时一般都包含着两种目的：一种是自我感情的宣泄，另一种是刺激消费。对待自我感情的宣泄，只要不违背鸡尾酒的调制规律，能借助于各种酒在混合过程中产生的前所未有的精神力量，在调好的创新鸡尾酒中看到自我的存在，得到快感的诱发和移情，就算达到了目的。而刺激消费，是要把这款新设计的鸡尾酒首先看成是商品，那就要求设计者更好地认识与把握消费者的心理需求，进而善于发现人们潜在的需求因素，从而有效地达到促销的目的。

（二）鸡尾酒的创意

创意，是人们根据需要而形成的设计理念。理念是一款鸡尾酒新型设计的思想内涵和灵魂。能否创作出具有非凡的艺术感染力的作品，绝好的鸡尾酒创意是关键。在鸡尾酒创作过程中，创意一定要新颖，创作者的思路一定要清楚，要善于思考和挖掘，善于想象，不断形成新的理念。

（三）鸡尾酒创作的个性与特点

鸡尾酒创作要突出个性，突出特点。一杯好鸡尾酒的特点是由多方面相互联系、相互作用的个性成分所组成的。虽然每个人的个性具有无限的丰富性和巨大的差异性，但是，在设计新款鸡尾酒时所面对的材料都是有限的，即不管酒的种类再繁多，载杯再不断翻新多元化，装饰物再层出不穷、取之不尽，但终究是有极限的。而一旦将其通过人的设计，在调制过程中分类组合，设计出不同的鸡尾酒，便成为无限的了。只有设计者对表现对象的个性适应，才能产生有特色的新颖设计，有特色的作品，为鸡尾酒世界增添异彩。然而个性也可以适应，并能在不断适应中有所加强或削弱。为此，从设计者的个性考虑，首先应充分发挥其主观能动性，展现他个性所形成的风格，促其标新立异；但又不排除在不断加深对客观的认识过程中，因个性适应而形成的异化，这又能使之开拓新的设计天地。

（四）创造的联想

联想，是内在凝聚力的爆破、情感的释放，是激发感染力的动力。鸡尾酒之所以能超出酒的自然属性，以其艺术魅力扩大消费者范围，很重要的原因是鸡尾酒的联想效果，可以在人的灵魂中探险。一款鸡尾酒的设计，要通过色彩、形体、嗅觉、口感为媒介来表现深藏在设计者内心中的各种情感，如果失去联想力，也就丧失了鸡尾酒的价值，又回到它的原始属性。饮一杯“彩虹鸡尾酒”，便会联想到色彩绚丽的舞衣，舞台上旋转的舞步，这就是设计“彩虹鸡尾酒”时预期的目的。如果不去考虑创造的联想，又有谁会不厌其烦地将各种色彩不同的酒按相对密度不同一层又一层兑入小小的酒杯之中？人们可以从联想中让情感得以任意奔放。如果鸡尾酒的设计排除联想的可能性、必然性，也就失去了美的诱惑力。在设计鸡尾酒时，安排一切契机去增强创造的联想效果是绝对不容忽视的。一个美好的幻想、一个美丽的梦都可以成为一个创新鸡尾酒的最佳创意。

设计鸡尾酒时可以从多方位、多层次去体现创造的需要，反映创造的意念，渲染创造的个性，扩散创造的联想。

1. 时间侧面

时间伴着人生，丰富人生，充实季节，编织年轮。时间与生命紧紧地交织在一起，与人类生存息息相关。透过这个侧面，任何人都会有所思、有所想，也就为新款鸡尾酒的设计带来取之不尽的素材与灵感。

2. 空间侧面

空间给人无限的遐想，结构、材料构成空间，色彩体现空间，人的心灵只有在空间任意飞翔才可能真正体会空间中的天、地、日、月、朝、暮、风、云、雨、露，从而设计出空间唯美的鸡尾酒。

3. 博物侧面

世界万物都有其美丽、神奇的方面，无论是日、月、水、土，还是风、霜、雨、雪；无论是绿草，还是鲜花，对万千事物的各种理解，都可以赋予鸡尾酒设计者以美丽、神奇的联想，从而创造出独具魅力的新款鸡尾酒。

4. 典故侧面

精彩的典故，仅凭只言片语，就能形象地点明历史事件，揭示出耐人寻味的人生哲理。巧妙运用典故，会形成鸡尾酒内涵丰富的意念。在外国也多运用这种手法。

另外，在设计鸡尾酒时，设计者还可以从诸如人物、文字、历史、军事、伦理等方面展开联想创作鸡尾酒。

二、鸡尾酒的创作原则

鸡尾酒是一种自娱性很强的混合饮料，它不同于其他任何一种产品的生产，它可以由调制者根据自己的喜好和口味特征来尽情地想象，尽情地发挥。但是，如果要使它成为商品，在饭店、酒吧中进行销售，那就必须符合一定的规则，必须适应市场的需要，满足消费者的需求。因此，鸡尾酒的调制必须遵循一些基本的原则。

（一）新颖性——“新”

任何一款新创鸡尾酒首先必须突出一个“新”字，即在已流行的鸡尾酒中没有记载。此外，创作的鸡尾酒无论在表现手法，还是在色彩、口味，以及酒品所表达的意境等方面，都应令人耳目一新，给品尝者以新意。鸡尾酒的新颖，关键在于其构思的奇巧。构思是人们根据需要而形成的设计导向，这是鸡尾酒设计制作的思想内涵和灵魂。鸡尾酒的新颖性原则，就是要求创作者能充分运用各种调酒材料和各种艺术手段，通过挖掘和思考，来体现鸡尾酒新颖的构思，创作出色、香、味、形俱佳的新鸡尾酒，集多种艺术特征为一体，形成自己的艺术特色，从而给消费者以视觉、味觉和触觉等的艺术享受。因此，在鸡尾酒创作时，要将这些因素综合起来进行思考，以确保鸡尾酒的新颖、独特。

（二）易于推广——“易”

任何一款鸡尾酒的设计都有一定的目的，或者是设计者自娱自乐，或者是在某个特定的场合，为渲染或烘托气氛进行即兴创作，但更多的是一些专业调酒师，为了饭店、酒吧经营的需要而进行的专门创作。创作的目的不同，决定了创作者的设计手法也不完全一样。作为经营所需而设计创作的鸡尾酒，在构思时必须遵循易于推广的原则，即将它当作商品来进行创作。

第一，鸡尾酒的创作不同于其他商品，它是一种饮品。它首先必须满足消费者的口味需要。因此，创作者必须充分了解消费者的需求，使自己创作的酒品能适应市场的需要，易于被消费者接受。

第二，既然创作的鸡尾酒是一种商品，就必须要考虑其营利性质，必须考虑其创作成本。鸡尾酒的成本由调制的主料、辅料、装饰品等直接成本和其他间接成本构成。成本的高低尤其是直接成本的高低，直接影响到酒品的销售价格。价格过高，消费者接受不了，会严重影响到酒品的推广。因此，在进行鸡尾酒创作时，应当选择一些口味较好，价格又不是很昂贵的酒品作基酒进行调配。

第三，配方简洁是鸡尾酒易于推广和流行的又一因素。从以往的鸡尾酒配方来看，绝大多数配方都很简洁，易于调制。即使以前比较复杂的配方，随着时代的发展，人们需求的变化，也变得越来越简洁。如“新加坡司令”，当初发明的时候，调配材料有十多种。但由于其复杂的配方很难记忆，制作也比较麻烦，因此在推广过程中被人们逐步简化，变成了现在的配方。所以，在设计和创作新鸡尾酒时，必须使配方简洁，一般每款鸡尾酒的主要调配材料，控制在五种或五种以内，这既利于调配，又利于流行和推广。

第四，遵循基本的调制法则，并有所创新。任何一款新创作的鸡尾酒，要能易于推广，易于流行，还必须易于调制。在调制方法的选择上也不外乎摇和、搅和、兑和等方法。当然，在调制方法上也是可以对鸡尾酒进行创新的，如将摇和法与漂浮法结合，将摇和法与兑和法结合调制酒品等。

（三）色彩鲜艳、独特——“美”

色彩是表现鸡尾酒魅力的重要因素之一，任何一款鸡尾酒都可以通过赏心悦目的色彩来吸引消费者，并通过色彩来增加鸡尾酒自身的鉴赏价值。因此，鸡尾酒的创作者们在创作鸡尾酒时，都特别注意酒品颜色的选用。为了突出鸡尾酒的主体风格，调酒时要注意冷暖色调材料比例。一般来说，暖色诱惑力强，暖色材料应占比例小一些；冷色诱惑力较弱，冷色材料的比例可适当多一些。鸡尾酒中常用的色彩有红、蓝、绿、黄、褐等几种，使得许多酒品在视觉效果上不再有什么新意，缺少独创性。因此，创作时应考虑到色彩的与众不同，增加酒品的视觉效果。

（四）口味卓绝——“特”

口味是评判一款鸡尾酒好坏以及能否流行的重要标志，因此，鸡尾酒的创作必须将口味作为一个重要因素加以认真考虑。口味卓绝的原则是，要求新创作的鸡尾酒在口味上，首先必须诸味调和。酸、甜、苦、辣诸味必须相协调，过酸、过甜或过苦，都会掩盖人的味蕾对味道的品尝能力，从而降低酒的品质。其次，还需满足消费者的口味需求。虽然不同地区的消费者在口味上有所不同，但作为流行性和国际性很强的鸡尾酒，在设计时必须考虑其广泛性要求，在满足绝大多数消费者共同需求的同时，再适当兼顾本地区消费者的口味需求。

此外，在口味方面还应注意突出基酒的口味，避免辅料“喧宾夺主”。基酒是任何一款酒品的根本和核心，无论采用何种辅料，最终形成何种口味特征，都不能掩盖基酒的味道，造成主次颠倒。

三、鸡尾酒的创新思路

（一）鸡尾酒的色彩创新

鸡尾酒之所以如此具有诱惑力，是与它那五彩斑斓的颜色分不开的。色彩在鸡尾酒的创新中至关重要，了解和掌握鸡尾酒原料的基本色是构思鸡尾酒色彩的基础。

1. 了解鸡尾酒的不同色彩所传达的情感

红色混合饮料表达一种幸福和热情、活力和热烈的情感；紫色饮品给人高贵而庄重的感觉：粉红色饮品传达浪漫、健康的情感；黄色饮品是一种辉煌、神圣的象征；绿色饮品使人联想起大自然，从而感到年轻、充满活力、憧憬未来；蓝色饮品既可给人以冷淡伤感的联想，又是使人产生平静希望的象征；白色饮品给人以纯洁、神圣、善良的感觉。

2. 原料的基本色彩

（1）糖浆

糖浆是由各种含糖比重不同的水果制成的，颜色有红色、浅红色、黄色、绿色、白色等。较为熟悉的糖浆有红石榴糖浆（深红）、山楂糖浆（浅红）、香蕉糖浆（黄色）和西瓜糖浆（绿色）等。糖浆是鸡尾酒中常用的调色辅料。

（2）果汁

果汁是通过水果挤榨而成的，具有水果的自然颜色且含糖量少。常见有橙汁（橙色）、香蕉汁（黄色）、椰汁（白色）、西瓜汁（红色）、草莓汁（浅红色）、西红柿汁（粉红色）等。

（3）利口酒

利口酒颜色十分丰富，赤、橙、黄、绿、青、蓝、紫几乎全都包括。有些利口酒同一品牌有几种不同颜色，如可可酒有白色、褐色；薄荷酒有绿色、白色；橙皮酒有蓝色、白色等。利口酒是鸡尾酒调制中不可缺少的辅料。

（4）基酒

基酒除伏特加、金酒等少数几种无色烈酒外，大多数酒都有自身的颜色，这也是构成鸡尾酒色彩的基础之酒。

3. 鸡尾酒颜色的创意

鸡尾酒颜色的调配需按色彩对比的规律调制，特别是调制彩虹酒应注意色彩的对比并使每层等距离，如红与绿、黄与蓝是接近补色关系，暗色、深色的酒置于酒杯下部，如红石榴汁的诱惑力强，应占面积小一些；明亮或浅色的酒如白兰地、浓乳等放在上部，以保持酒体的平衡，产生一种美感。只有这样调出来的彩虹酒才会给人以美感。

鸡尾酒的色彩创新还需要将几种不同颜色的原料进行混合调制成某种颜色的鸡尾酒。

调制时应注意以下几点：

（1）由不同的两种或两种以上颜色混合后产生新的颜色。如黄与蓝混合成绿色、红与蓝混合成紫色，红与黄混合成橘色，绿与蓝混合成青绿色等。

（2）在调制鸡尾酒时，应把握好不同颜色原料的用量。某种颜色原料用量过多则色深，量少则色浅，用量不对调制出的酒品就达不到理想的效果。

（3）注意不同原料对颜色的作用。冰块是调制鸡尾酒不可缺少的原料，不仅对饮品起冰镇作用，对饮品的颜色和味道也起到稀释作用。冰块在调制鸡尾酒时的用量和时间长短直接影响到颜色的深浅；另外，冰块本身具有透亮性，在古典杯中加冰块的饮品更具有光泽，更显晶莹透亮，如君度加冰，威士忌加冰，金巴利加冰，加拿大雾酒等。

（4）乳、奶、蛋等原料均具有半透明的特点，且不易同饮品的颜色混合。调制中用这些原料起增白效果，蛋清增强口感，使调出的饮品呈朦胧状，增加饮品的诱惑力。

（5）碳酸饮料配制饮品时，一般在各种原料成分中所占比重较大，对饮品颜色有稀释作用，调制出的酒品颜色都较浅或味道较淡。

（6）果汁原料因所含色素的关系，本身具有颜色，应注意颜色的混合变化，例如绿薄荷和橙汁一起搅拌可使饮品呈草绿色。

（二）鸡尾酒的口味创新

人们对味道的感受是通过鼻（嗅觉）和舌（味觉）来体验的。鸡尾酒的味道是由具有各种天然香味的饮料成分来调配的，味道调配过程不同于食品的烹调。食品一般需要在烹调过程中通过煎、炒、熏、炸等加热方法，使食物中不同风味的物质挥发；而酒和果汁等饮料中主要是挥发性很强的芳香物质，如醇类、脂类、醛类、酮类、烃类等，如果温度过高，芳香物质会很快挥发，香味会消失。

1. 原料的基本味

（1）酸味：柠檬汁、青柠汁、西红柿汁等。

（2）甜味：糖、糖浆、蜂蜜、利口酒等。

（3）苦味：金巴利苦味酒、苦精及新鲜橙汁等。

（4）辣味：辣椒、胡椒等辣味调料。

（5）咸味：盐。

（6）香味：酒及饮料中有各种香味，尤其是利口酒中有多种水果和植物香味。

2. 鸡尾酒口味调配

将以上不同味道的原料进行组合即可调制出具有不同风味和口感的饮品。

（1）绵柔香甜的饮品

用乳、奶、蛋和具有特殊香味的利口酒调制而成的饮品。

（2）清凉爽口的饮品

用碳酸饮料加冰与其他酒类调制的饮品，具有清凉解渴的功效。

（3）酸味圆润滋美的饮品

以柠檬汁、西柠汁和利口酒、糖浆为配料与烈酒调制出的酸甜鸡尾酒，香味浓郁、入口微酸、回味甘甜。

（4）酒香浓郁的饮品

基酒占绝大多数比重使酒体本味突出，配少量辅料增加香味的饮品，如马丁尼、曼哈顿等。这类酒含糖量少，口感甘洌。

（5）微苦香甜的饮品

以金巴利或苦精为辅料调制出的鸡尾酒。这类饮品入口虽苦，但持续时间短，回味香甜，并有清热的作用。

（6）果香浓郁丰满的饮品

新鲜果汁配制的饮品，酒体丰满具有水果的清香味。

不同地区的人们对鸡尾酒口味的要求各不相同，在创新鸡尾酒时应根据顾客的喜好来调制。一般欧美人不喜欢含糖或含糖量高的饮品，为他们调制鸡尾酒时，糖浆等甜物质要少放，碳酸饮料最好用不含糖的。东方人如日本、中国港台顾客喜欢甜口味，为他们调制鸡尾酒时可使饮品甜味略微突出。在创新鸡尾酒时，还应注意世界上各种流行口味的趋势。

（三）鸡尾酒的装饰创新

饮品装饰是鸡尾酒创新不可缺少的环节。装饰对创造饮品的整体风格、提高饮品的外在魅力起着重要作用。装饰物的外形设计与制作都强调主观的创造性，不仅需要平时多注意观察生活，还需要带上一点灵感。一杯饮品的创意装饰能使其更添美丽色彩和诱惑力，最终成为一杯色、香、味俱佳的特殊饮品，令宾客赏心悦目。

1. 饮品装饰物的分类

饮品装饰是通过装饰物来实现的，要进行装饰物创新首先要了解装饰物的某些共有特点和装饰规律。

（1）点缀型装饰物

大多数饮品的装饰物都属于这一类。点缀型装饰物多为水果，常见的有樱桃、柠檬、橘子、菠萝块、酸橙、草莓等。这类装饰物要求体积小，颜色与饮品相协调，同时要求尽量与饮品的原味一致。

（2）调味型装饰物

调味型装饰物主要是有特殊风味的调料和水果用来装饰饮品的同时对饮品的味道会产生影响。调味型装饰物有两类，一类是调料装饰物，常见的有盐、糖粉、豆蔻粉、桂皮等，经过加工后作装饰物，例如意大利咖啡就是用桂皮搅拌的。第二类是特殊风味的果蔬装饰物，如柠檬、薄荷叶、鸡尾洋葱、芹菜等，这些果蔬植物装饰在饮品中，对饮品的味道能产生一定的影响。

（3）实用型装饰物

饮品的饮用离不开吸管、调酒棒、鸡尾酒签等，现在人们除了保留其实用性外，还专门设计成具有特殊造型用品，使其具有观赏价值。

2. 饮品装饰的规律

饮品的种类繁多，装饰方法千差万别，一般情况下，每种饮品都有各自的装饰要求。有些饮料已经形成了一种约定俗成的装饰，如马丁尼用水橄榄、曼哈顿用红樱桃装饰等。因为装饰物是饮品的主要组成部分，有时装饰物的改变就能改变饮品的名称。根据装饰功能的不同，应注意以下的装饰基本规律。

（1）依照酒品原味选择相协调的装饰物

要求装饰物的味道和香气必须同酒品原有的味道和香气相吻合，并且能更加突出饮料的特色，例如一杯酸甜口味的鸡尾酒应采用柠檬片来装饰。也就是说，当能影响鸡尾酒味的辅料中以某种果汁、菜汁或香甜酒为主时，就选用同类水果、蔬菜或香料植物来装饰。

（2）丰富酒品内涵，增加新品味

这主要是针对调味型装饰物而言的。对于已有的鸡尾酒品种在选取这类装饰物时，主要依照配方上的要求，它就像鸡尾酒的主要成分一样重要，不容随意改动。而对于新创造的酒种，则应以考虑宾客口味为主。

（3）颜色协调，表情达意

五彩缤纷固然是饮品装饰的一大特点，但也不能胡乱搭配颜色或随意选取材料。色彩本身是有一定表情性的，例如红色是热烈而兴奋的；黄色是明朗而欢乐的；蓝色是忧郁而悲伤的；绿色是平静而稳定的，它们都是调酒师与消费者感情交流的工具。“红粉佳人（Pink Lady）”用红樱桃装饰，而“巴黎初夏（April il Paris）”却用绿樱桃来装饰，都是有各自不同的用意的。

（4）形象生动，突出主题

制作形象生动的装饰物往往能表达出鲜明的主题和深邃的内涵。特基拉日出（Tequila Sunrise）杯上那枚红樱桃，从颜色到形体上都能让人联想到天边冉冉升起的一轮灿烂的红日。由此我们可以看出有些酒名往往已经为我们确定了主题，只需我们将装饰物制作得更加形象生动。这类饮品的装饰物除固定的饮品外，大多可以由调酒师发挥自己的想象力和创造性来完成。

3. 饮品装饰应注意的几个问题

在遵循上述装饰规律的基础上，在饮品装饰中还应注意以下几点。

（1）装饰物形状与杯形相协调

实际上二者在外形美的创造上是密不可分的统一体。一般规律如下：

①用平底直身杯或高大矮脚杯如哥连士杯、海波杯等，常常少不了吸管、调酒棒这些实用型装饰物，同时常用大型的果片、果皮或花瓣来装饰，体现出一种挺拔秀气的美感来，在此基础上可以用樱桃、草莓等小型果实作复合辅助装饰，增添新的色彩。

②用古典杯时，在装饰上要体现传统风格。常常是将果皮、果实或一些蔬菜直接投入到酒杯中，使人感觉稳重、厚实、醇正。

③高脚鸡尾酒杯或香槟杯常常用樱桃、橘片直接缀于杯边或用鸡尾酒签穿起来悬于杯上，表现出小巧玲珑又丰富多彩的特色来。

（2）注意不需要装饰的酒品

切忌画蛇添足。装饰对于鸡尾酒的制作来说确实是个重要环节，但并不等于说每杯鸡尾酒都需要配上装饰物，有以下几种情况不需要装饰：

①酒品表面有浓乳时，一般情况下就不需要任何装饰了，因为那飘若浮云的白色浓乳本身就是最好的装饰。

②彩虹酒即层色酒，是在小杯中兑入不同颜色的饮料形成色彩各异的带状分层饮品。这种酒不需要装饰是因为其本身五彩缤纷的酒色已经充分体现了它的美，如再装饰反而造成颜色混乱，产生适得其反的效果。

③还有一些保持特殊意境的酒品也不需要装饰物。

第五节　调酒师的素质与职责

一、调酒师的素质

（一）道德素质

1. 平等待客，以礼待人

酒吧服务的基础是尊重宾客。任何一位客人都有被尊重的需要，都要求得到以礼相待。

在酒吧服务工作中无论其社会地位、经济地位如何，平等、礼貌是人格尊重的需要，绝不能因为职位的高低和经济收入的差异而使客人得到不公正的接待、礼遇和服务。由于信仰习惯等方面原因，在礼节方面可以有所不同，但平等待客、礼貌待人是具有共同性的。因此，在提供服务时，要摒弃“看人下菜碟”的旧习气，绝对禁止以貌取人和以职取人。平等待客、以礼待人作为酒吧服务的道德规范，就是尊重客人的人格和愿望，主动热情地去满足客人合理的需要。只有当客人生活在平等的、友好的气氛中，自我尊重的需求得到满足，酒吧的服务才能发挥效能，可以平衡相互间的关系，也可以缓解客人心理上的某些消极因素。在提供以礼待人服务中，还应注意礼貌待客的延续性，让客人感到一种和谐、礼貌的氛围，不能当着客人的面彬彬有礼，而客人刚一转身离去，就板起面孔或取笑客人或背后议论客人等。因此，对于任何一位客人来说，酒吧都需要提供表里如一的礼貌服务，以取信、取悦于客人，满足其自尊和平等的需求。

2. 方便客人，优质服务

酒吧服务的价值是为客人提供服务，而各种服务必须是为满足客人的需求尤其是精神需要而进行的，方便客人可以说是酒吧经营和服务的基本出发点。一切为客人的方便着想，提供客人满意的服务，这不仅是高标准服务的标志，更是职业道德的试金石。现在，愈来愈多的酒吧为适应、方便客人餐饮、娱乐的需要，精心安排服务设施，设计服务项目和提供多功能服务，力图创造一种“宾至如归”的环境气氛。方便客人还包括不要随便打扰客人。现在倡导酒吧服务的职业道德规范，就是要在经营服务过程中，以方便客人为其出发点，不干涉客人私事，要尊重客人隐私权。酒吧要实行优质服务，而优质服务不只是一个口号，它是以方便客人为前提的，提供的是种令人满意的服务。任何服务标准都是相对的，方便了客人，客人满意才是最根本的标准。酒吧业的本质就是服务，服务的对象是每一位客人，客人永远是第一位的。在体现方便客人，优质服务的道德规范中，不仅要满足客人浅层次的生存的需要，还要注意客人的需求动态和需求趋势，以更好的服务满足客人高层次的追求享受和愉悦精神的需要。只要客人的要求是正当的，我们就没有理由不提供服务。

3. 清洁卫生，保证安全

安全是人的基本需要，也是客人外出迫切要求得到保障的需求，尤其是外国旅客对安全问题更为敏感。注意饮食卫生，加强保卫措施，完善防盗、防火设施等，都是为保证顾客安全所必需的。客人要求在一个清洁、安全的环境里消费，这是普通的正常的心理状态。清洁能使人产生一种安全感、舒适感，它能直接影响客人的情绪。因此，保持加工过程的饮食卫生，保证酒具使用前消毒，无疑将会受到客人的欢迎。酒吧卫生显得格外重要，因为酒吧的大部分饮料都不经过加热处理，制作后直接供客人饮用。这就要求酒吧工作人员严格按有关操作规程办事，确保客人的饮料卫生安全。如果饮食条件是不卫生的，就会使客人感到懊丧、厌恶，甚至愤怒。

4. 公平守信，合理营利

服务和营利不是对立的，任何一家酒吧如果只图营利，不顾信誉，粗制滥造，降低服务水平，甚至偷工减料，损害客人利益，那么，这家酒吧绝不会有良好的企业形象和长期的经济效益。现在把公平守信、合理盈利作为酒吧职业道德的规范，就是要把酒吧的经济利益与社会效益结合起来，本着向社会负责的态度，讲求公平。当前在酒吧业的经营中出现了为了获取暴利，使价格脱离大众消费水平，采用色情手段引诱消费等投机行为，这直接影响了酒吧业的形象和发展，使酒吧失去了众多消费者。要恪守信誉，合理盈利，摒弃不顾信誉、片面追求盈利而降低产品质量和服务质量的职业行为，维护酒吧的长远利益。

5. 忠于职守，廉洁诚实

忠于职守、廉洁奉公，这是酒吧工作人员在履行职业活动时必须遵守的行为规范。酒吧业的职业特点决定了调酒师的权利和义务在于服务顾客。在服务岗位上若有稍微的懈怠，怠慢了客人就意味着失职。调酒师应明确自己的工作范围，明确自己的责任和义务，在服务岗位上，尽自己的最大责任，服务于顾客。酒吧的工作绝大多数是采用现金交易，并且饮品消费价格较高，这就要求调酒师不仅要忠于职守，还必须廉洁奉公，洁身自好。

6. 团结协作，友善服务

团结协作，全面周到地对客人负责，保证全过程的服务质量，应是职业道德规范的一个重要方面。同时，在为客人的服务中，不仅需要团结协作的整体意识，还需要有良好的服务意识和服务技能，热爱本行、钻研业务，这也是服务人员职业道德的基本点。友善服务建立在调酒师良好的工作态度和工作兴趣的基础之上。如果调酒师缺乏工作兴趣或工作态度不好，会使酒吧服务无序或使客人出现尴尬情形，以至伤害顾客感情。因此工作人员一方面不要妄自菲薄，视自己的工作如差役奴仆一般，另一方面也不要看作无所谓，马虎大意，而应牢牢树立起职业意识。酒吧的工作人员养成热爱工作和生活的态度可以从中享受到人生的乐趣。调酒师友好、愉快、礼貌、热情、灵活的服务，反映了他们与人交往的水平，展示了工作人员的精神面貌和道德水准。一个热情友好、充满活力的工作人员用乐于助人的态度去接待顾客，会赢得顾客的尊敬和喜爱。到酒吧来消费的客人，都需要有一个舒适、融洽的环境，不仅可以消费饮料，而且更能结交朋友。酒吧工作人员的职责既要完成酒水调配与服务，又要同顾客交流，做顾客的忠实听众。总之，调酒师的道德素质，可以简单地概括为“真诚的服务”。

（二）基本素质

1. 身材与容貌

身材与容貌在服务工作中有着较为重要的作用。在人际交往中，优美的身材和容貌可使人视觉产生舒适感，心理上产生亲切愉悦感，所以工作人员应端庄、大方、敏捷、机灵，处处面含微笑，而且身体健康。

2. 服装与打扮

调酒师的服饰与穿着打扮，体现着酒吧的精神风貌和独特风格。服装协调着个人仪表，影响着客人对整个服务过程的最初和最终印象。打扮，是调酒师上岗之前自我修饰、完善仪表的一项必需的工作。即便身材容貌标准，服装华贵，如不注意修饰打扮，也会给人以美中不足之感。

3. 仪表

酒吧调酒师的仪表直接影响着客人对酒吧的感受。调酒师整洁、卫生、规范化的仪表，能烘托服务气氛，使客人心情舒畅。如果调酒师衣冠不整，满身油污，必然给客人留下不好的印象。因此，人员的仪表对酒吧服务是非常重要的。

4. 风度

风度是指人的言谈、举止、态度。一个人的步态、言语、动作、眼神、表情、容貌以及服装打扮，都会涉及风度的雅俗。要使服务获得良好的效果和评价，调酒师的一举一动都要符合美的要求，要使自己的风度仪表端庄、高雅。所以，在酒吧服务过程中，酒吧工作人员尤其是调酒师任何一个微小的动作都会对客人产生影响，所以服务人员行为举止的规范化是酒吧服务的基本要求。

第一，语言。调酒师的声音，就像他的外表一样，把自己展示给客人并反映出热情、关心等情绪。只有具备一定的交际能力，才能给客人提供满意的服务。

（1）语言要求

①友好：生动活泼，给人以和蔼、亲切的印象，使客人感到你的友善。

②真诚：真诚的声音表示你对客人的关心和尊重，不应有不适当的表情。

③清楚：声音必须清晰，显出友好的态度。

④愉快：愉快时的声音也容易听清。

⑤表达力：变化声音来表达你想说的意思，使客人易于理解。

（2）倾听

①把握顾客的观点和所说的事实，注意顾客谈论的内容，集中注意力不要走神。

②眼光的交流，有助于集中精神听客人说话，并表示在考虑别人所说的话。

③不应让其他人打扰，应离近一些，或者要求对方说话声音略高一些。

第二，表情。它是指从面貌或姿态上表达内心的思想感情。在酒吧服务中，酒吧工作人员表情的好坏，直接关系服务质量的高低。人的表情可分两种类型：

（1）面部表情。酒吧工作人员在服务中要用好自己的面部表情，特别是面部微笑，以赢得宾客的信任和愉悦。同时注意观察客人的面部表情，特别是眉宇间的细微变化，为服务提供依据。

（2）姿态表情。调酒师要学会从观察宾客的姿态来揣测每位宾客的心理情绪。调酒师在服务中要迎合宾客的心理，而不能用自己的姿态表情来影响宾客。

第三，神情。神情是指人的面部所显露的内心活动，即表现于外部的精神、神气、神色、神采、态度、风貌等。在酒吧服务时，情绪饱满，精力充沛，敏捷自如，谦虚恭敬，和蔼可亲，真诚热心，细致入微，神色自若，不卑不亢，宾客自会赏心悦目。

第四，眼神。即眼睛的神态。眼睛是心灵的窗户，人的内心活动，微妙的情绪变化，以及不可名状的思想意识，无不透过眼睛这两扇窗户透视出来。

第五，手势。它能独立表达某种意思。但要注意有些相同的手势在不同的国家和地区有着不同的甚至完全相反的意思。

第六，步态。步态是一种微妙的语言，它能反映出一个人的情绪。一个工作人员走路时精神饱满，步履矫健，无论常步、快步、碎步、巧步、垫步，皆尽善美，这将给宾客留下美好的印象。

总之，调酒师要具有良好的气质和风度等基本素质。

（三）专业素质

1. 服务意识

（1）角色意识

服务业给人的第一印象最重要，而工作人员的表现又是给顾客印象好坏的关键。从大多数对酒吧不满意的顾客调查中表明，服务态度不佳占第一位，其次是没被重视，最后是卫生条件差。因此，为使顾客再度光临首要是端正服务态度，而服务态度提高的关键是加强工作人员的角色意识。酒吧调酒师所担任的角色是使顾客在物质和精神上得到满足的服务角色。调酒师一定要以客人的感受、心情、需求为出发点来向客人提供服务。调酒师的角色包括两项内容：一是执行酒吧的规章制度，履行岗位职责，行使代表酒吧的角色。调酒师的一举一动，一言一行，仪容、仪表，服务程序，服务态度等方面都影响到酒吧的形象和声誉。酒吧在提供服务产品、情感产品、行为产品和环境软产品时，会受到工作人员的心情和技能的制约。如果工作人员的精神处于最佳状态，会产生使客人最为满意的优质服务产品，否则会向顾客推销不合格的服务产品，所以工作人员不能把个人的情绪带到服务中来。二是调酒师要站在顾客的角度来考虑所应提供的服务，即将心比心，提供顾客所需的热情、快捷、高雅的服务。强化服务角色，对工作人员的精神面貌、服饰仪表、服务态度、服务方式、服务技巧、服务项目等方面提出了更高、更严的要求。对工作人员的素质和服务水准提出了更高的标准。

（2）宾客意识

作为调酒师，需要有正确的宾客意识即“顾客即我”。因为工作对象是人，是人对人的工作，没有对工作对象的正确理解，就不可能有正确的工作态度。工作方法、工作效果也不可能使宾客满意。所以，调酒师必须意识到宾客是酒吧的财源，有了顾客的到来，才会有酒吧的财气，有了宾客的再次光顾，才会有酒吧稳定的效益，也就有了服务人员的自身的工作稳定和经济收入。每个工作人员都应清楚，是我们在依靠宾客，而不是宾客在依靠我们，“顾客就是上帝”，他们的需要就是我们服务工作的出发点。在任何时候、任何场合都要为客人着想，这是服务工作的基本意识。增强工作人员的宾客意识，必须首先提高员工的荣誉心和责任感。而增强荣誉心首先要学会尊重，只有尊重别人，才会受到别人的尊重。想客人所想，做客人所需，而且还应向前推进一步，想在客人所想之先，做在客人需求之前。

（3）服务意识

调酒师的服务意识是高度的从事服务自觉性的表现，是树立“客人永远是对的”思想的表现。服务意识应具有以下四项内涵：

①预测并提高或及时到位地解决客人遇到的问题。

②发生情况，按规范化的服务程序解决。

③遇到特殊情况，提供专门服务、超常服务，以满足客人的特殊需要。

④不发生不该发生的事故。

为了做到优质的服务，酒吧必须具有能提供优质服务的工作人员。我们必须随时强调服务人员的重要性，以此来增强酒吧服务人员的服务意识。

2. 专业知识

作为一名调酒师必须具备一定的专业知识才能更准确、完善地服务于客人。

①酒水知识：掌握各种酒的产地、特点、制作工艺、名品及饮用方法。并能鉴别酒的质量、年份等。

②原料的贮藏保管知识：了解原料的特性，以及酒吧原料的领用、保管使用、贮藏知识。

③设备、用具知识：掌握酒吧常用设备的使用要求，操作过程及保养方法，用具的使用、保管知识。

④酒具知识：掌握酒杯的种类、形状及使用要求、保管知识。

⑤营养卫生知识：了解饮料营养结构，酒水与菜肴的搭配以及饮料操作的卫生要求。

⑥安全防火知识：掌握安全操作规程，注意灭火器的使用范围及要领，掌握安全自救方法。

⑦酒单知识：掌握酒单的结构，所用酒水的品种、类别以及酒单上酒水的调制方法，服务标准。

⑧酒谱知识：熟练掌握酒谱上每种原料用量标准、配制方法、用杯及调配程序。

⑨掌握酒水的定价原则和方法。

⑩习俗知识：掌握主要客源的饮食习俗、宗教信仰和习惯等。

⑪英语知识：掌握酒吧饮料的英文名称、产地、特点以及酒吧服务常用英语。

3. 专业技能

调酒师娴熟的专业技能不仅可以节省时间，使客人增加信任感和安全感，而且是一种无声的广告，对维护酒吧服务的信誉起着有效作用。熟练的操作技能是快速服务的前提。专业技能的提高需要通过专业训练和自我锻炼来完成。

①设备、用具的操作使用技能。正确的使用设备和用具，掌握操作程序，不仅可以延长设备、用具的寿命，也是提高服务效率的保证。

②酒具的清洗操作规范。掌握酒具的冲洗、清洗、消毒的方法。

③装饰物切分及准备技能。掌握装饰物的切分形状、薄厚、造型等方法。

④调酒技能：掌握调酒的动作、姿势等方法以保证酒水的质量和口味的一致。

⑤沟通技巧。善于发挥信息传递渠道的作用，进行准确、迅速地沟通。同时提高自己的口头和书面表达能力，善于与宾客沟通和交谈，能熟练处理客人的投诉。

⑥计算能力。有较强的经营意识和数学概念，尤其是对价格、成本、毛利和盈亏的分析计算，反应要快。

⑦解决问题的能力。要善于在错综复杂的矛盾中抓住主要矛盾，对紧急事件有从容不迫的处理能力。

总之，酒吧工作人员只有具备必备的专业素质才能让人产生信任感。

二、调酒师职责和工作范围

（一）调酒师的职责

（1）直接向酒吧领班负责。

（2）做好营业前的准备工作。

（3）按要求布置酒吧。

（4）负责核对和清点营业前后的酒水存数。

（5）负责酒水清点、空瓶退还和酒水领取工作。

（6）直接接受客人订单和接受服务员的订单。

（7）负责一切饮料的调配工作。

（8）做好酒吧清理卫生工作。

（9）检查设备的运转情况，正确使用各种设备。

（10）负责收款和核对账目。

（二）调酒师的工作范围

1. 准备工作

（1）姿态

作为调酒师来说首先要有良好的站姿和步态，给顾客一种自信和充满活力的美感。姿态是调酒师在上岗以前必须培训和掌握的内容。

站姿要把身体重心平放在两脚上，躯干、颈部挺直，下颌略收、收腹、两肩舒展、两臂自然下垂。使头、颈、躯干和腿保持在一条垂直纵线上。两脚分开时应不超过肩宽。步态轻盈、矫健、自如。

①颈要直。下颌略收，颈部自然地伸直，双目平视。

②肩部自然下垂，放松，手臂自然摆动，两臂前后自然摆动 30 度。

③使人体重心与前进方向成一条直线，重心在脐下 2 厘米处。

④挺腰。腰、脊自然挺直。

⑤在靠近重心地方迈步。先脚跟着地，再脚掌中部和前部着地。

⑥迈步时正对前方。两腿不宜太弯。

（2）仪表

调酒师每天十分频繁和密切地接触客人，他的仪表不仅反映个人的精神面貌，而且也代表了酒吧的形象。调酒师每天上班前必须对自己的形象，包括服装进行整理。

①头发：要将头发梳理整齐，保持干净，不要仿效流行式发型。男子要定期理发，适当使用发油，发油以香味较少为宜。

②面部：女子面部化妆要清淡，口红淡薄，不要画眉涂眼，不要浓妆艳抹，应保持朴素优雅的外表，给人以自然美感。男子每日必须刮胡须、洗澡。

③颈部：颈部整洁并戴好领结，领结以黑色为佳。

④手和指甲：指甲要经常修剪、清洁，服务前应将手洗干净。女子除涂无色指甲油外不得使用其他化妆品。

⑤戒指和手表：手指和手腕为客人最注意的地方，不宜佩戴戒指、手表及时髦的首饰，结婚戒指除外。

⑥衬衫：衬衫要烫平，特别要注意领子、袖口及衣扣，不能有褶皱、破损，颜色最好是白色。穿易吸汗的汗衫，不要让汗水渗出上衣。汗衫、衬衫应每天换洗。

⑦制服：工作时要穿整齐统一的制服。裤子要显出裤线，一般要求穿黑色长裤，不能有褶皱、破损。带黑领结、穿黑色马夹、黑皮鞋、深色袜子。

（3）个人卫生

调酒师的个人卫生是顾客健康的保障，也是顾客对酒吧信赖程度的标尺度。一个调酒师要定期检查身体，以防止感染疾病。健康的身体是酒吧工作最基本的要求。健康的身体来自日常的个人卫生。做好个人卫生，养成良好的卫生习惯。

①不要随地吐痰。

②咳嗽、打喷嚏要用手或用手绢掩住面部，并立即洗手。

③工作时不要用手去接触头发和面部。

④不要用工作服擦手。

⑤品尝饮品要用干净的吸管，不可直接用客人的酒杯。

⑥不要用脏手去接触干净的杯、盘和饮料等。

⑦不要用手去接触客人用过的碟、玻璃杯、咖啡杯的边缘、餐具的叉齿、刀口等。

（4）酒吧卫生及设备检查

酒吧工作人员进入酒吧，首先要检查酒吧间的照明、空调系统工作是否正常；室内温度是否符合标准，空气中有无不良气味；地面、墙壁、窗户、桌椅打扫拭抹干净。接着应对前吧、后吧进行检查。吧台要擦亮，所有镜子、玻璃应光洁无尘；每天开业前应用湿毛巾拭擦一遍酒瓶；检查酒杯是否洁净无垢。操作台上酒瓶、酒杯及各种工具、用品是否齐全到位，冷藏设备工作是否正常。如使用饮料配出器，则应检查其压力是否符合标准或作适当校正。然后，水池内应注满清水、洗涤槽中准备好洗杯刷、消毒液，贮冰槽中加足新鲜冰块。

（5）原料准备

检查各种酒类饮料是否都达到了标准库存量，如有不足，应立即开出领料单去仓库或酒类贮藏室领取。然后检查并补足操作台的原料用酒、冷藏柜中的啤酒、白葡萄酒，贮藏柜中的各种不需冷藏的酒类以及酒吧纸巾、毛巾等原料物品。接着便应当准备各种饮料配料和装饰物，如打开樱桃和橄榄罐头，切开柑橘、柠檬和青柠，摘好薄荷叶子，削好柠檬皮，准备好各种果汁、调料等。如果允许和必要的话，有些鸡尾酒的配料可以进行预先调制，如酸甜混合物等。

（6）收款准备

在开吧之前，酒吧出纳员须领取足够的找零备用金，认真点数并换成合适面值的零票，如果使用收银机，那么每个班次必须清点收银机中的钱款，核对收银机记录纸卷上的金额，做到交接清楚。有的饭店为了防止作弊，往往规定每张发票的价值，如果发现丢失发票，酒吧工作人员须照价赔偿。因此，应检查发票流水号是否连贯无误。

2. 饮料调制

酒吧工作人员在完成上述准备工作后，便可以正式开吧迎客，接受客人订点的饮品。酒吧工作人员应掌握酒单上各种饮料的服务标准和要求，并谙熟相当数量的鸡尾酒和其他混合饮料的配制方法，这样才能做到胸有成竹，得心应手。但如果遇到宾客点要陌生的饮料，调酒师应该查阅酒谱，不应胡乱配制。调制饮料的基本原则是：严格遵照酒谱要求，做到用料正确、用量精确、点缀装饰合理优美。

3. 吧台工作期间的服务

（1）配料、调酒、倒酒应当宾客面进行，目的是使宾客欣赏服务技巧，同时也可使宾客放心，调酒师使用的饮料原料用量正确无误，操作符合卫生要求。

（2）把调好的饮料端送给宾客以后，应离开宾客，除非宾客直接与你交谈，更不可随便插话。

（3）认真对待、礼貌处理宾客对饮料服务的意见或投诉。酒吧跟其他任何服务场所一样，宾客永远是正确的，如果宾客对某种饮料不满意，应立即设法补救。

（4）任何时候都不准对宾客有不耐烦的语言、表情或动作，不要催促宾客点酒、饮酒。

不能让宾客感到你在取笑他喝得太多或太少。如果宾客已经喝醉，应用文明礼貌的方式拒绝供应饮料。有时候，宾客或因身边带钱不够而喝得较少，但倘若你仍热情接待，他下次光顾时，可能会大大消费一番。

（5）如果在上班时必须接电话，谈话应当轻声、简短。当有电话寻找宾客，即使宾客在场也不可告诉对方宾客在此（特殊情况例外），而应该回答请等一下，然后让宾客自己决定是否接听电话。

（6）为控制饮料成本，应用量杯量取所需基酒。

（7）用过的酒杯应在三格洗涤槽内洗刷消毒，然后倒置在沥水槽架上让其自然干燥，避免用手和毛巾接触酒杯内壁。

（8）除了掌握饮料的标准配方和调制方法外，还应时时注意宾客的习惯和爱好，如有特殊要求，应照宾客的意见调制。

（9）酒吧一般都免费供应一些佐酒小点，如咸饼干、花生米等，目的无非是刺激饮酒情趣，增加饮料销售量。因此，工作人员应随时注意佐酒小点的消耗情况，以作及时补充。

（10）酒吧工作人员对宾客的态度应该是友好、热情，而不是随便。上班时间不准抽烟，也不准喝酒，即使有宾客邀请，也应婉言谢绝。工作人员不可对某些宾客给予额外照顾，不能因为熟人、朋友或者见到某顾客连续喝了数杯，便免费奉送一杯。当然也不能擅自为本店同事或同行免费提供饮料。同时，也不能克扣宾客的饮料。

4. 酒吧服务结束后的清理工作

服务结束后的工作范围是打扫酒吧卫生和清理用具。将客人用过的杯具清洗后按要求贮放。桌椅和工作台表面要清扫干净。搅拌器、果汁机等容器应清洗干净。所有的容器要洗净并擦亮，容易腐烂的食品和变质的饮料要妥善贮藏。水壶和冰桶洗净后口朝下放好。烟灰缸、咖啡壶、咖啡炉和牛奶容器等应洗干净。鲜花应贮藏在冰箱中。电和煤气的开关应关好。剩余的火柴、牙签和一次性消费的餐巾，还有碟、盘和其他餐具等消费物品应贮藏好。为了安全，酒吧贮藏室、冷柜、冰箱及后吧柜等都应上锁。酒吧中比较繁重的清扫工作应放在营业结束后下次开业前安排专门人员负责，包括地板的打扫，墙壁、窗户的清扫和垃圾的清理。

三、调酒师等级标准

根据原国家旅游局、人力资源和社会保障部首批八个专业工种《工人技术等级标准》中对酒吧调酒员的要求，并结合国际上有关调酒师协会对调酒师的要求，下面将调酒师的不同等级的要求标准作简单介绍，以便大家在工作和学习过程中参照。

（一）初级调酒师

1. 知识要求

（1）具有高中文化程度或同等学力。

（2）具有良好的个人品质、礼貌及诚实的工作态度。

（3）熟悉娱乐业和餐饮业的有关法规和管理制度。

（4）掌握酒吧酒单的基本结构。熟悉酒单所供应饮品的名称、产地、特征及售价。

（5）掌握世界著名的蒸馏酒和发酵酒的名品代表、产地、基本特征及酿造期。

（6）掌握世界著名啤酒的种类及特征。

（7）掌握最著名的茶的种类、产地及沏泡方法。

（8）掌握世界著名的咖啡产地、特征及煮咖啡的方法。

（9）了解酒吧用具、器皿的性能及使用，酒吧设备的操作规范。

（10）具有基本的饮品成本核算知识。

（11）熟悉酒吧操作规程。

（12）掌握最流行的50种鸡尾酒的调配原理。

（13）掌握最基本的酒水服务知识。

（14）掌握水果的保鲜、储藏知识。

（15）具有酒吧卫生和个人卫生常识。

（16）掌握基本的专业外语词汇，具有良好的语言表达能力。

2. 技能要求

（1）掌握鸡尾酒调制的摇混、搅拌、掺兑、电动搅拌等方法。

（2）能独立配制酒吧营业前的辅料和饮品。

（3）能独立调制最常见的鸡尾酒50种，并能按饮品要求掌握用杯、选料，使其色、香、味、体符合标准。

（4）能制作鸡尾酒的各种装饰物。

（5）能操作酒吧基本的设备和用具，并了解保养方法。

（6）掌握煮咖啡和沏泡茶的方法。

（7）了解各项安全制度、防火制度、急救制度并懂得如何操作。

（8）能操作收银机，计算酒品成本。

（9）具有一定的表达能力，能讲普通话。

（10）能熟练掌握各种葡萄酒、啤酒、蒸馏酒和其他各种饮料的服务技巧。

（11）掌握酒水的储藏要求和方法。

（12）能按规范进行酒吧清扫工作。

（二）中级调酒师

1. 知识要求

（1）具有高中及以上文化程度或同等学力，并具有一定的英语基础和工作经验。

（2）具备良好的个人品质和职业道德。

（3）了解世界著名酒品的生产工艺及特征。

（4）掌握酒品的色、香、味、体，具有识别酒的质量优劣的知识。
（5）掌握不同类别鸡尾酒的特征及调制要求。
（6）掌握酒吧日常经营和管理知识。
（7）熟悉酒吧设计与布局原理。
（8）掌握水果特征及营养成分。
（9）掌握咖啡的特征、生产制作过程，选配料知识。
（10）掌握茶的种类、茶具、水温、用量、冲泡方法等。
（11）掌握乳品饮料和碳酸饮料的知识。
（12）掌握酒吧各种设备和用具的性能，使用及保养知识。
（13）掌握酒吧采购、验收、储藏、出库、上架的控制流程。
（14）掌握饮料与菜肴的搭配知识。
（15）掌握酒吧及饮品所用的基本英文专业术语和词汇。
（16）掌握一定的酒会活动的组织经营和管理知识。
（17）具有果雕和水果拼盘知识。
（18）具有插花知识和献花服务经验。

2. 技能要求

（1）熟练掌握鸡尾酒的调制方法，动作娴熟。
（2）能掌握水果拼盘造型设计、熟悉水拼的基本刀工。
（3）熟悉掌握茶和咖啡的制作技法。
（4）掌握有关冷冻饮料、果蔬饮料的制作方法。
（5）能独立自创具有色、香、味、体的鸡尾酒。
（6）控制饮品的领取、保管、销售并能控制酒品饮料成本。
（7）根据客源对象，独立编制酒单，确定酒吧经营项目。
（8）处理酒吧异常事故的能力，并能观察和控制客人饮酒的情形。
（9）负责酒吧工作的分工和服务员安排，并督促检查工作。
（10）参与组织大型酒会。
（11）具备基本的音响操作、调试能力。
（12）具备插花和制作花篮、花束、花环的知识和能力。

（三）高级调酒师

1. 知识要求

（1）具有餐旅专科或以上文化程度并具有 5 年以上工作经验。

（2）具有良好的职业道德水准和个人品质。

（3）系统掌握酒吧各种饮品的原料及制作服务的原理。

（4）掌握营养卫生学、美学、心理学、酒店营销学、酒店公关学、餐饮服务学等相关知识。

（5）通晓某一饮品的特征并能创造特色饮品。

（6）具有一定的组织酒会、冷餐会的知识和经验。

（7）具有酒吧现场经营组织和管理的知识和能力。

（8）具有原料采购、定价、制定酒单、核算成本的知识和经验。

（9）掌握饮品的季节性变换的特点及餐饮市场的发展趋势。

（10）通晓宴会服务知识及饮品服务原理。

（11）掌握酒吧的设计标准、环境布置原理。

（12）具有酒吧娱乐活动的知识和组织能力。

2. 技能要求

（1）精通各类饮品制作技术，并在某一饮品上有独特创新。

（2）具有组织、管理酒吧经营活动的能力。

（3）具有组织鸡尾酒会、冷餐会的经验，能独立设计酒单、布置和管理酒会工作。

（4）熟练掌握酒吧采购、验收、出库的流程并制定预算报告。

（5）能协调和组织酒吧的娱乐活动。

（6）有预测酒吧娱乐活动变动的能力，并能根据变化情况，决定活动的取舍。

（7）具有控制酒吧异常事故的经验和能力。

（8）指导或参与酒吧的设计和布置工作。

（9）培训和指导中级调酒师的工作。

【小知识】世界调酒师组织

1. UKBG（United Kingdom Bartender Guide）英国调酒师协会

UKBG 建于 1933 年，是调酒师最早的组织，以提倡高水平服务，鼓励并保持一种适合致力于快速有效地为顾客服务并令顾客满意的员工道德标准为宗旨。该协会主要工作是传播酒知识，培训酒吧员，积累鸡尾酒档案。

2. IBA（International Bartender Association）国际调酒师协会

IBA于1951年2月在英国成立，与会的正式代表来自英国、丹麦、法国、荷兰、意大利、瑞士、瑞典等7个国家，另外还有三四位其他代表出席。到1961年成员国增至17个，1971年24个，1981年29个，1991年32个，到2001年已发展到45个，现在仍有很多国家正在申请成为会员国。在1975年之前该协会只接受男调酒师，1975年后开始接受女调酒师为会员。国际调酒师协会1966年成立BA培训中心，教育培训年轻调酒员，帮助他们提高调酒技能和酒水知识。每年一次的课程是在约翰·怀特（John Whyte）的指导下完成，由于此人对调酒员教育的贡献，现在该课程被命名为“The John Whyte Course”（约翰·怀特课程）。另外，IBA每年举行年会，每3年举行国际鸡尾酒大赛。IBA的工作目标是增进职业调酒师的才能，正确引导和教育这个年轻的职业；具体进行四方面的工作：咨询、职业教育、调酒师比赛，以及与生产商、供应商发展相互交流。

思考练习

1. 鸡尾酒命名原则有哪些？
2. 常见的水果材质的鸡尾酒载杯和容器有哪些？
3. 鸡尾酒的调制技法有哪些？
4. 简要阐述调酒的工作程序。
5. 鸡尾酒的创作要素有哪些？
6. 鸡尾酒的创作原则有哪些？
7. 鸡尾酒的创新思路有哪些？
8. 饮品装饰应注意哪些问题？
9. 调酒师的素质与职责有哪些？

第六章 啤 酒

学习目标

A. 知识目标

1. 了解啤酒的起源和发展；
2. 了解啤酒的商标知识；
3. 了解啤酒的特征；
4. 了解啤酒的生产原料；
5. 了解啤酒的分类。

B. 能力目标

1. 了解啤酒的酿造工艺；
2. 了解啤酒的保管与服务；
3. 了解啤酒的饮用与服务操作。

啤酒（Beer）是用麦芽、啤酒花、水、酵母发酵而来的含二氧化碳的低酒精饮料的总称。我国最新的国家标准规定：啤酒是以大麦芽（包括特种麦芽）为主要原料，加酒花，经酵母发酵酿制而成的、含二氧化碳的、起泡的、低酒精度（3.5°~4°）的各类熟鲜啤酒。汉字中啤酒的啤字来自德语“Bier”的音译。

第一节 啤酒概述

一、啤酒的起源和发展

在所有与啤酒有关的记录中，伦敦大英博物馆内“蓝色纪念碑”的板碑最为古老。这是公元前3000年前后，住在美索不达米亚地区的幼发拉底人留下的文字。从文字的内容，可以推断，啤酒已经走进了他们的生活，并极受欢迎。另外，在公元前1700年左右制定的《汉谟拉比法典》中，也可以找到和啤酒有关的内容。由此可知，在当时的巴比伦，啤酒已经在人们的日常生活中占有很重要的地位了。公元600年前后，新巴比伦王国已有啤酒酿造业的同业组织，并且开始在酒中添加啤酒花。

另外，古埃及人也和苏美尔人一样，生产大量的啤酒供人饮用。公元前3000年左右所著的《死者之书》里，曾提到酿啤酒这件事，而金字塔的壁画上也处处可看到大麦的栽培及酿造情景。

由石器时代初期的出土物品，我们可以推测，现在的德国附近曾经有过酿造啤酒的文化。但是，当时的啤酒和现在的啤酒却大异其趣。据说，当时的啤酒是用未经烘烤的面包浸水，让它发酵而成的。

啤酒，这种初期的发酵饮料一直沿用古法制作。人们在长期的实践过程中发现，制作啤酒时，如果要让它准确且快速地发酵，只要在酿造过程中添加含有酵母的泡泡就行了，但是要将本来浑浊的啤酒变得清澈且带有一些苦味，却得花费相当大的心思。到了7世纪，人们开始添加啤酒花。进入15—16世纪，啤酒花已普遍地用在酿造啤酒中了。中世纪时，由于有了一种“啤酒是液体面包”，“面包为基督之肉”的观念，导致教会及修道院盛行酿造啤酒。在15世纪末叶，以慕尼黑为中心的巴伐利亚部分修道院，开始用大麦、啤酒花及水来酿造啤酒。从此之后，啤酒花成为啤酒不可或缺的原料。16世纪后半期，一些移民到美国的人士也开始栽培啤酒花并酿造啤酒。进入19世纪后，冷冻机的发明，科学技术的推动，使得啤酒酿造业借着近代工业的帮助而扶摇直上。

像远古时期的苏美尔人和古埃及人一样，我国远古时期的醴也是用谷芽酿造的，即所谓糵法酿醴。商代的甲骨文中记载有不同种类的谷芽酿造的醴；《周礼·天官·酒正》中有“醴齐”；《黄帝内经》中记载有醪醴的文字。醴和啤酒在远古时代应属同一类型的含酒精量非常低的饮料。由于时代的变迁，用谷芽酿造的醴消失了，但口味类似于醴，用酒曲酿造的甜酒却保留下来了。在古代，人们也称甜酒为醴。今人普遍认为中国自古以来就没有啤酒，但是，根据古代的资料，我国很早就掌握了糵的制造方法，也掌握了用糵制造饴糖的方法。不过苏美尔人、古埃及人酿造啤酒须用两天时间，而我国古代的醴酒则须一天一夜。《释名》曰："醴齐醴礼也，酿之一宿而成礼，有酒味而已也。"

二、啤酒的"度"

从 1983 年开始，欧共体成员国家及其他许多国家相继统一了酒精含量的计量标准——盖伊 - 卢萨卡标准（GL），即按照酒精所占液体的体积百分数来作为该液体的酒精度数。例如啤酒的酒精度在 3.5°~14° 之间，则用酒精体积分数 3.5%~14% 来表示，啤酒的酒精含量越高酒质就越好。

啤酒商标中的"度"不是指酒精含量，而是指发酵时原料中麦芽汁的糖度，即原麦芽汁浓度，分为 6°、8°、10°、12°、14°、16° 不等，例如 10° 是指每公升麦芽汁含糖 100 克。一般情况下，麦芽浓度高，含糖就多，啤酒酒精含量就高，反之亦然。例如：低浓度啤酒，麦芽浓度为 6°~8°，酒精含量 2% 左右。高浓度啤酒，麦芽浓度为 14°~20° 之间，酒精含量在 5% 左右。

三、啤酒的商标

根据《食品标签通用标准》的规定，啤酒与其他包装食品一样，必须在包装上印有或附上含有厂名、厂址、产品名称、标准代号、生产日期、保质期、净含量、酒度、容量、配料和原麦汁浓度等内容的标志。

啤酒的包装容量根据包装容器而定，国内一般采用玻璃包装，分 350 毫升和 640 毫升两种。一般商标上标的"640ml ± 10ml"，所指的即是 640 毫升的内容，正负不超过 10 毫升。

沿着商标周围有两组数字，1~12 为月份，1~31 为日期。厂家采取在商标边将月数和日数切口的办法用以注明生产日期。

啤酒商标作为企业产品的标志，既便于市场管理部门的监督、检查，又便于消费者对这一产品的了解和认知。同时它又是艺术品，被越来越多的国内外商标爱好者收集和珍藏。

四、啤酒的特征

（一）泡沫

泡沫是啤酒的主要特征之一，是衡量啤酒质量的标准之一。把啤酒徐徐倒入玻璃杯内，泡沫立即冒起，洁白细腻而且均匀持久、挂杯能保持时间在 4

分钟左右者为佳品，如果泡沫粗大且微黄、消失快又不挂杯者为劣品。

（二）颜色

现在国内生产的多数产品为淡色啤酒，光泽应是清澈透明，且呈悦目的金黄色；浓色啤酒则要求光泽越深越好。如酒色黄浊、透明度差、黏性大甚至有悬浮物，即为劣质啤酒。

（三）香气

啤酒要求具有浓郁的酒花幽香和麦芽清香，淡色啤酒突出酒花香，浓色啤酒突出麦芽香。

（四）口味

入口感觉酒味醇正清爽，苦味柔和，口味醇厚，有愉快的芳香，并且“杀口力强”（指酒中二氧化碳刺激感官所产生的特殊麻辣感）的为好酒，如有老熟味、酵母味或涩味者均属劣品。

第二节　啤酒的生产

一、啤酒生产原料

（一）大麦

大麦是酿造啤酒的重要原料，但是首先必须将其制成麦芽方能用于酿酒。大麦在人工控制和外界条件下发芽和干燥的过程即称为麦芽制造。大麦发芽后称绿麦芽，干燥后称麦芽。麦芽是发酵时的基本成分并被认为是“啤酒的灵魂”。它确定了啤酒的颜色和气味。

（二）酿造用水

啤酒酿造用水相对于其他酒类酿造要求要高得多，特别是用于制作麦芽和糖化的水与啤酒的质量密切相关。啤酒酿造用水量很大，对水的要求是不含妨碍糖化、发酵以及有害于色、香、味的物质，为此，很多厂家采用深井水。如无深井水则采用离子交换机和电渗析方法对水进行处理。

（三）啤酒花

酿造啤酒的另一个重要原料就是酒花。酒花又称啤酒花，英文名称“Hop”，作为啤酒工业的原料开始在英国使用。这种植物的学名为

Humuluslupulus，只有雌株才能结出花朵作为酿酒的原料。它给啤酒提供了有效的苦味物质、单宁、酒花油和矿物质等自身所具有的成分，增强了啤酒的防腐能力，使啤酒具有芳香、安神和调节整个人体新陈代谢的功能，并且使啤酒的泡沫洁白、细腻、持久。因此可以说是大麦和啤酒花共同构成了啤酒的灵魂。

（四）酵母

酵母是生产所有酒类都不可缺少的物质。用来酿制啤酒的酵母大部分是经过人工培养的专用酵母，称为啤酒酵母。啤酒酵母又可分为顶部（上面）发酵酵母和底部（下面）发酵酵母。上发酵酵母应用于上发酵啤酒的发酵。发酵产生的二氧化碳和泡沫会使液面产生细泡，最适宜的发酵温度为10℃~25℃，发酵期为5~7天。下发酵酵母在发酵时悬浮于发酵液中，发酵终了凝聚而沉于底部，发酵5℃~10℃，发酵期为6~12天。酵母中含有大量的蛋白质和多种氨基酸、维生素以及矿物质、核酸等营养成分。啤酒热量较高，1升啤酒的热量可达425千卡；啤酒含有多种维生素，尤以B族维生素最多；另外，啤酒中还含有蛋白质、17种氨基酸和矿物质。啤酒是一种营养丰富的低酒精度的饮料酒，享有“液体面包”“液体维生素”和“液体蛋糕”的美称。在1972年7月墨西哥召开的第九次世界营养食品会议上被推荐为营养食品。

二、啤酒酿造工艺

（一）选麦育芽

精选优质大麦清洗干净，在槽中浸泡3天后送出芽室，在低温潮湿的空气中发芽1周，接着再将这些嫩绿的麦芽在热风中风干24小时。这样大麦就具备了啤酒所必须具备的颜色和风味。

（二）制浆

将风干的麦芽磨碎，加入温度适合的开水，制造麦芽浆。

（三）煮浆

将麦芽浆送入糖化槽，加入米淀粉煮成的糊，加温。这时麦芽酵素充分发挥作用，把淀粉转化为糖，产生麦芽糖汁液。过滤之后，加蛇麻花煮沸，提炼出芳香和苦味。

（四）冷却

经过煮沸的麦芽浆冷却至5℃，然后加入酵母进行发酵。

（五）发酵

麦芽浆在发酵槽中经过8天左右的发酵，大部分糖和酒精都被二氧化碳分解，生涩的啤酒诞生。

（六）陈酿

经过发酵的深色啤酒被送进调节罐中低温（0℃以下）陈酿2个月。陈酿期间，啤酒中的二氧化碳逐渐溶解渣滓沉淀，酒色开始变得透明。

（七）过滤

成熟后的啤酒经过离心器去除杂质，酒色完全透明成琥珀色，这就是通常所称的生啤酒，然后在酒液中注入二氧化碳或小量浓糖进行二次发酵。

（八）杀菌

酒液装入消毒过的瓶中，进行高温杀菌（俗称巴氏消毒）使酵母停止作用，这样瓶中的酒液就能耐久贮藏。

（九）包装销售

装瓶或装桶的啤酒经过最后的检验，便可以出厂上市。一般包装形式有瓶装、听装和桶装几种。

第三节　啤酒的分类

一、按照颜色分类

（一）淡色啤酒

淡色啤酒俗称黄啤酒，根据深浅不同又分为三类：

（1）淡黄色啤酒，酒液呈淡黄色，香气突出，口味优雅，清亮透明。

（2）金黄色啤酒，金黄色，口味清爽，香气突出。

（3）棕黄色啤酒，酒液大多呈褐黄、草黄色，口味稍苦，略带焦香。

（二）浓色啤酒

浓色啤酒，棕红或红褐色，原料为特殊麦芽，口味醇厚，苦味较小。

（三）黑色啤酒

黑色啤酒，酒液呈深红色，大多数红里透黑，故称黑色啤酒。

二、按麦汁浓度分类

啤酒按照麦汁浓度，可以分为三类：

（1）低浓度啤酒，原麦汁浓度 6°~8°，酒精含量 2% 左右；

（2）中浓度啤酒，原麦汁浓度 10°~12°，酒精含量 3.1%~3.8%，是中国各家大型啤酒厂的主要产品；

（3）高浓度啤酒，原麦汁浓度 14°~20°，酒精含量 49%~56%，属于高级啤酒。国际上公认 12° 以上的啤酒为高级啤酒，这种啤酒酿造周期长，耐贮存。

三、按是否经过杀菌处理分类

（一）鲜啤酒

鲜啤酒即高级桶装鲜啤酒，“扎啤”是这种啤酒的俗称。这里的“扎”来自英文“Jar”的谐音，即广口杯子。这种啤酒的出现被认为是啤酒消费史上的一次革命。鲜啤酒即人们称的生啤酒，它和普通啤酒相比只是在最后一道工序未经灭菌处理。鲜啤酒中仍有酵母菌生存，所以口味淡雅清爽，酒花香味浓，更易于开胃健脾。这种啤酒在生产线上采取全封闭灌装，在售酒器售酒时即充入二氧化碳，显示了二氧化碳含量及最佳制冷效果。也就是说在任何条件下，啤酒都保持在 10°，所以喝到嘴里非常适口。鲜啤酒的保存期是 3~7 天。随着无菌灌装设备的不断完善，现在已有能保存 3 个月左右的罐装、瓶装和大桶装的鲜啤酒。此酒口味鲜美，有较高的营养价值，但酒龄短，适于当地销售。

（二）熟啤酒

熟啤酒是经过杀菌的啤酒，可防止酵母继续发酵或受微生物的影响，酒龄长，稳定性强，适于远销，但口味稍差，酒液颜色较深。

四、按传统风味分类

（一）麦酒（Ale）

用焙烤过的麦芽和其他麦芽类原料制成，比普通啤酒质浓，酒体丰满，味道也比较苦，有强烈酒花味，音译为爱儿啤酒。发酵时需较高的温度，酵母浮在上面（称顶部高温发酵），酒体颜色较黑，酒精含量4.5%，大多产于英国。现代则采用富含硫酸钙的水以上述发酵工艺酿成。浅色麦啤酒酒精含量为5%，深色麦啤酒精含量为6.5%。

（二）黑啤酒（Stout）

它比麦酒（Ale）颜色更黑，麦芽味重、较甜，啤酒花较多，因此酒花香味极浓，酒精含量是3%~7.5%，有滋补作用。主要生产国是爱尔兰和英国，其中爱尔兰的健力士黑啤（Guinness Stout）最为著名。

（三）跑特啤酒（Porter）

它是另一种麦酒（Ale），富有浓而多的泡沫，含酒花少，比较甜，没有黑啤酒（Stout）烈，酒质较浓，酒精含量为4.5%，产于英国。因最初多为搬运工等劳动阶层饮用而得名。

（四）淡啤酒（Lager）

主要原料仍是麦芽，有时加上玉米、稻米，制成后经过陈年和沉淀，再经过炭化就完成了。酒质清淡，富有气泡，采用底部低温发酵，色澄清，味不甜，有时酒精含量较高。该酒因常贮存于冰冷的酒窖中老熟而又称窖藏啤酒，美国多产此类啤酒。需要说明的是，皮尔森（Pilsner）啤酒并非是另一种类，而是捷克的皮尔森酿成的淡色窖藏啤酒，质量超群，并成为世界所有淡啤酒的典范。直到今天，皮尔森啤酒仍是窖藏啤酒中的最佳品牌。

（五）荞麦啤酒（Bock Beer）

荞麦啤酒也称波克啤酒，因在德国的波克地区酿成而得名，是种荞麦制的黑啤酒，质浓味甜，通常比一般的啤酒黑而甜，酒精含量高，冬天制春天喝。该啤酒的商标是一头站在酒桶上的山羊，知名度较高。

（六）麦芽烈啤酒（Malt Liquor）

麦芽烈啤酒泛指由麦芽酿成的一类啤酒，品牌有很多种，主要特点是酒精含量高。

（七）甜啤酒（Sweet Beer）

甜啤酒是一种加了果汁的啤酒，有时比一般淡啤酒酒精含量高。

五、按生产工艺分类

（一）顶部发酵啤酒

这类啤酒在发酵过程中酵母上浮，发酵温度较高，时间较短，发酵完毕以后酵母大多漂浮在上面。同时，因发酵过程中掺进了烧焦的麦芽，所产啤酒色泽较深，酒精含量较高。麦酒（Ale）、黑啤酒（Stout）这类啤酒属于顶部发酵啤酒。

（二）底部发酵啤酒

底部发酵啤酒是目前世界各国广泛采用的一种啤酒酿制方法。这种啤酒在酿造过程中温度较低，发酵时间比较长，发酵后期酵母沉淀，因而生产出的啤酒呈金色，口味较重。像皮尔森啤酒、慕尼黑啤酒这一类的著名啤酒采用此种发酵方法。

六、按照地区分类

（一）英伦系（上发酵）

英伦系包括清淡的 Mild Ale，苦涩的 Pale Ale，黑色的 Porter，老式的 Kolsch，清爽的 Pilsner。

（二）北欧系（下发酵）

香甜的 Weissbier，豪放的 Kellerbier，深邃的 Bock，黑色的 Schwarzbier，美国工业啤酒 Pale Lager。

（三）比利时系（上发酵和独特的自然发酵）

酸涩的 Flanders Red Ale，金黄色的 Belgain Pale Ale 和 Belgain Strong Pale Ale，黑色的 Belgain Dark Ale 和 Belgain Strong Dark Ale，香甜的 Witbier，自然发酵的 Lambic。

第四节 啤酒的保管与服务

一、啤酒的保管

啤酒应避免阳光直接照射，因为阳光中的紫外线能使啤酒加速氧化，从而产生混浊沉淀现象，影响饮用效果。实验证明，紫外线透过 2 毫米的玻璃时，因色彩不同，透过率也不一样，蓝色玻璃透过率为 85%，翠绿色为 80%，棕色只能透过 50%。因此为了保护啤酒的质量，应多选用棕色瓶装啤酒。现在很多高档啤酒选用易拉罐或铁筒包装，这样保存期会更长一些。

将啤酒贮存在干净通风的暗处，要注意清洁、温度和压力。

啤酒应在保质期内饮用。瓶装、听装熟啤酒保质期一般是优质、一级品在 120 天左右，二级品为 60 天；瓶装鲜啤酒保质期为 7 天；罐装、桶装鲜啤酒保质期一般不多于 3 天。

贮存温度要适度。温度太低会使啤酒气泡消失，酒因变质而混浊；温度在 13℃ ~16℃就会引起另一次发酵；至 16°C 以上，酒里的气体放出，成为野啤酒（Wild beer）。一般情况下啤酒贮存温度为 5℃ ~10℃，但黄啤酒贮存温度在 4.5℃左右最适宜，其他啤酒的贮存温度在 8℃左右较适宜。

啤酒的气压应保证为一个大气压。桶装啤酒打开后应尽快接上二氧化碳气罐，在整桶酒出售过程中保持压力，否则失掉碳酸气的酒会变得平淡无味。

二、病酒

啤酒是一种稳定性不强的胶体溶液，比较容易发生浑浊和病害。

（一）浑浊

啤酒浑浊通常发生在低温环境条件下，当贮存气温低于 0℃时，酒液中出现浑浊，严重时可出现凝聚物，当气温回升后浑浊自行消失。这种浑浊称为冷浑浊（或受寒而浑浊）。如冷浑浊持续时间过长，凝聚物会由白色变为褐色，气温回升后，浑浊不能完全消失，使啤酒发生病变。啤酒浑浊还发生在与空气接触条件下，如包装破损漏气，长时间敞口，内部空隙过大，都会发生浑浊现象，这种浑浊称为氧化浑浊。氧化浑浊是啤酒生产和消费的常见问题。

啤酒浑浊对人体虽没有什么严重的损害，但会影响顾客的消费心理。

（二）氧化味

氧化味又称面包味、老化味，主要原因是酒液的氧化和贮存期过久。

（三）馊饭味

馊饭味主要起因于啤酒未成熟时即装瓶，或装瓶前就已污染上细菌等。

（四）铁腥味

铁腥味又称墨水味、金属味，主要是由于酒液受重金属污染，苦口。

（五）焦臭味

焦臭味由麦芽干燥处理过头等因素所致。

（六）酸苦味

酸苦味由感染细菌等因素所致。

（七）霉烂味

导致霉烂味的主要原因有使用生霉原料、瓶塞霉变等。

（八）苦味不正

苦味不正的主要原因有酒花陈旧、酒花用量过多、水质过硬、麦汁煮沸不当、发酵不好、氧化、受重金属污染和酵母再发酵等。

三、啤酒的饮用与服务操作

啤酒的饮用可以是任何季节的任何时间。啤酒的服务操作比人们想象的要复杂得多，一杯优质的啤酒通常应考虑三个方面的条件：啤酒的温度、啤酒杯的洁净程度及倒酒的方式。

（一）啤酒的温度

啤酒中的二氧化碳是形成气泡的核心。二氧化碳的溶解度随温度的升高而降低，温度高时啤酒中二氧化碳的逸出量大，形成强烈泡腾，使二氧化碳和啤酒大量流失，温度过高则酒里的气会放出，变成野啤酒（Wild Beer）；温度低时二氧化碳逸出量少，泡沫形成慢而少，温度太低则会变味而混浊，气泡消失。啤酒的温度太高或太低都会影响啤酒的口感，一般的最佳饮用温度在8℃ ~11℃左右，高级啤酒的饮用温度在12℃左右。

（二）啤酒杯

常用的标准啤酒杯有三种形状：

第一种，杯口大、杯底小的喇叭型平底杯，俗称皮尔森杯。

第二种，类似于第一种的高脚或矮脚啤酒杯。这两种酒杯倒酒比较方便容易，常用于瓶装啤酒。现在我国很多酒吧用直身酒杯，增加了倒酒的难度。

第三种，带把柄的啤酒杯，酒杯容量大，一般用于桶装生啤酒。

洁净的啤酒杯能让泡沫在酒杯中呈圆形，保持新鲜口感。洁净的啤酒杯必须没有油污、灰尘和其他杂物。油脂对泡沫形成极大的销蚀作用，任何油污无论能否看出，都会浮在酒的液面上，使浓郁而洁白的泡沫层受到影响甚至很快消失；此外不干净的杯子还会影响口感和味道。

（三）倒啤酒的程序

一杯优质的啤酒应带有很丰富的泡沫，略高出杯子边沿0.5~1英寸且洁白细腻、颜色美观。杯中无泡沫或啤酒少、泡沫太多并溢出都会使客人扫兴。另外，应注意洁净的啤酒杯中优质的泡沫形成还取决于两个方面：①倒啤酒时杯子的倾斜角度；②保持倾斜度时间的长短。

1. 桶装啤酒服务

（1）把酒杯倾斜成 45° 角，置于啤酒桶开关下方，把开关打开，但不要开至最大。

（2）当倒至杯子一半时把杯子直立，让啤酒流到杯子的中央，再把开关打开至最大。

（3）泡沫略高于酒杯时关掉开关，酒杯里的泡沫并不是越多越好，客人绝不会欣赏泡沫量大而啤酒量少的饮料。根据杯子的大小，一般啤酒要倒入八至九分满，泡沫头 0.5~1 英寸厚为佳。

2. 瓶装和罐装啤酒服务

采用标准啤酒杯服务应将瓶装和罐装啤酒呈递给客人，待客人确认后当着客人面打开，将酒杯直立，用啤酒瓶或罐的倾斜来代替杯子的倾斜。

（1）啤酒瓶或罐直立将啤酒倒入酒杯中央。

（2）有一点泡沫头后把角度降低，慢慢把杯子倒满，让泡沫刚好超过杯沿 0.5~1 英寸。

（3）将啤酒瓶或罐放在啤酒杯旁。

衡量啤酒服务操作的标准是注入杯中的酒液清澈，二氧化碳含量适当，温度适中，泡沫洁白而厚实。

四、中外著名啤酒

（一）青岛啤酒

1. 产地

青岛啤酒股份有限公司。

2. 历史

青岛啤酒厂始建于 1903 年（清光绪二十九年）。当时青岛被德国占领，英德商人为适应占领军和侨民的需要开办了啤酒厂。企业名称为“日耳曼啤酒公司青岛股份公司”，生产设备和原料全部来自德国，产品品种有淡色啤酒和黑啤酒。1914 年，第一次世界大战爆发以后，日本乘机侵占青岛。1916 年，日本国东京都的“大日本麦酒株式会社”以 50 万银圆将青岛啤酒厂购买，更名为“大日本麦酒株式会社青岛工场”，并于当年开工生产。日本人对工厂进行了较大规模的改造和扩建，1939年建立了制麦车间，曾试用山东大麦酿制啤酒，效果良好。大米使用中国产以及西贡产；酒花使用捷克产。第二次世界大战爆发后，由于外汇管制，啤酒花进口发生困难，日本人曾在厂院内设“忽布园”进行试种。1945年抗日战争胜利。当年10月工厂被国民党政府军政部查封，旋即由青岛市政府当局派员接管，工厂更名为“青岛啤酒公司”。1947年，“齐鲁企业股份有限公司”从行政院山东青岛区敌伪产业处理局将工厂购买，定名为“青岛啤酒厂”。

3. 品种

青岛啤酒的主要品种有8°、10°、11°青岛啤酒，11°纯生青岛啤酒。

4. 特点

青岛啤酒属于淡色啤酒，酒液呈淡黄色，清澈透明，富有光泽。酒中二氧化碳充足，当酒液注入杯中时，泡沫细腻、洁白，持久而厚实，并有细小如珠的气泡从杯底连续不断上升，经久不息。饮时，酒质柔和，有明显的酒花香和麦芽香，具有啤酒特有的爽口苦味和杀口力。酒中含有多种人体不可缺少的碳水化合物、氨基酸、维生素等营养成分。常饮有开脾健胃、帮助消化之功能。原麦芽汁浓度为8%~11%，酒度为3.5°~4°。

5. 成分

（1）大麦

选自浙江省宁波、舟山地区的“三棱大麦”粒大，淀粉多，蛋白质含量低，发芽率高，是酿造啤酒的上等原料。

（2）酒花

青岛啤酒采用的优质啤酒花，由该厂自己的酒花基地精心培育，具有蒂大、花粉多、香味浓的特点，能使啤酒更具有爽快的微苦味和酒花香，并能延长啤酒保存期，保证了啤酒的正常风味。

（3）水

青岛啤酒酿造用水是有名的崂山矿泉水，水质纯净、口味甘美，对啤酒味道的柔和度起了良好作用。它赋予青岛啤酒独有的风格。

6. 工艺

青岛啤酒采取酿造工艺的“三固定”和严格的技术管理。“三固定”就是固定原料、固定配方和固定生产工艺。严格的技术管理指操作一丝不苟，凡是不合格的原料绝对不用、发酵过程要严格遵守卫生法规；对后发酵的二氧化碳，要严格保持规定的标准，过滤后的啤酒中二氧化碳要处于饱和状态；产品出厂前，要经过全面分析化验及感官鉴定，合格方能出厂。

7. 荣誉

青岛啤酒在第二、三届全国评酒会上均被评为全国名酒；1980 年荣获国家优质产品金质奖章。青岛啤酒不仅在国内负有盛名，而且驰名全世界，远销 30 多个国家和地区。2006 年 1 月，青岛啤酒中的 8 度、10 度、11 度青岛啤酒，11 度纯生青岛啤酒首批通过国家酒类质量认证。

（二）嘉士伯啤酒

1. 产地

原产地丹麦。

2. 历史

嘉士伯创始人 J.C. 雅可布森开始在其父亲的酿酒厂工作，后于 1847 年在哥本哈根郊区自己设厂生产啤酒，并以其子卡尔的名字命名为嘉士伯牌啤酒。其子卡尔・雅可布森在丹麦和国外学习酿酒技术后，于 1882 年创立了新嘉士伯酿酒公司。新老嘉士伯啤酒厂于 1906 年合并成为嘉士伯酿酒公司。直至 1970 年嘉士伯酿酒公司与图堡公司合并，并命名为嘉士伯公共有限公司。

3. 特点

知名度较高，口味较大众化。

4. 工艺

1835 年 6 月，作坊式的啤酒酿造厂在哥本哈根北郊成立，采用木桶制作啤酒。

1876 年，著名的“嘉士伯”实验室成立。1906 年组成了嘉士伯啤酒公司。从此嘉士伯之名成为啤酒行业的一匹黑马，由嘉士伯实验室汉逊博士培养的汉逊酵母至今仍被各国啤酒业界应用。嘉士伯啤酒工艺一直是啤酒业的典范之一，重视原材料的选择和严格的加工工艺保证其质量一流。

5. 荣誉

嘉士伯啤酒风行世界 130 多个国家，被啤酒饮家誉为“可能是世界上最好的啤酒”。自 1904 年开始，嘉士伯啤酒被丹麦皇室许可作为指定的供应，其商标上自然也就多了一个皇冠标志。嘉士伯公共有限公司自 1982 年始相继与中国广州、江门、上海等啤酒厂合作生产中国的嘉士伯。

（三）喜力啤酒

1. 产地

原产地荷兰。

2. 历史

喜力啤酒始于 1863 年。G.A. 赫尼肯从收购位于阿姆斯特丹的啤酒厂 De Hoo-ibeg 之日开始，便关注啤酒行业的新发展。在德国，当酿酒潮流从顶层发酵转向底层发酵时，他迅速意识到这一转变的重大意义。为寻求最佳的原材料，他踏遍了整个欧洲大陆，并引进了现场冷却系统。他甚至建立了公司自己的实验室来检查基础配料和成品的质量，这在当时的酿酒行业中是绝无仅有的。正是在这一时期，特殊的喜力 A 酵母开发成功。到 19 世纪末，啤酒厂已成为荷兰最大且最重要的产业之一。G.A. 赫尼肯从的经营理念也被他的儿子 A.H. 赫尼肯承传下来。自 1950 年起，A.H. 赫尼肯喜力成为享誉全球的商标，并赋予它以独特的形象。为此，他仿照美国行业建立了广告部门，同时还奠定了国际化的组织结构的基础。

3. 特点

口味较苦。

4. 荣誉

喜力啤酒在 1889 年的巴黎世界博览会上荣获金奖；在全球 50 多个国家的 90 个啤酒厂生产啤酒。喜力啤酒已出口到 170 多个国家。

（四）比尔森啤酒

1. 产地

原产地为捷克斯洛伐克西南部城市比尔森，已有 150 年的历史。

2. 工艺

啤酒花用量高，约 400g/100L，采用底部发酵法、多次煮沸法等工艺，发酵度高，熟化期 3 个月。

3. 特点

麦芽汁浓度为 11%~12%，色浅，泡沫洁白细腻，挂杯持久，酒花香味浓郁而清爽，苦味重而不长，味道醇厚，杀口力强。

（五）慕尼黑啤酒

1. 产地

慕尼黑是德国南部的啤酒酿造中心，以酿造黑啤闻名。慕尼黑啤酒已成为世界深色啤酒效法的典型，因此，凡是采用慕尼黑啤酒工艺酿造的啤酒，都可以称为慕尼黑型啤酒。慕尼黑啤酒最大的生产厂家是罗汶啤酒厂。

2. 工艺

慕尼黑啤酒采用底部发酵的生产工艺。

3. 特点

慕尼黑啤酒外观呈红棕色或棕褐色，清亮透明，有光泽，泡沫细腻，挂杯持久，二氧化碳充足，杀口力强，具有浓郁的焦麦芽香味，口味醇厚而略甜，苦味轻。内销啤酒的原麦芽汁浓度为12%~13%，外销啤酒的原麦芽汁浓度为16%~18%。

（六）多特蒙德啤酒

1. 产地

多特蒙德在德国西北部，是德国最大的啤酒酿造中心，有国内最大的啤酒公司和啤酒厂。自中世纪以来，这里的啤酒酿造业一直很发达。

2. 工艺

多特蒙德啤酒采用底部发酵的生产工艺。

3. 特点

多特蒙德啤酒酒体呈淡黄色，酒精含量高，醇厚而爽口，酒花香味明显，但苦味不重，麦芽汁浓度为13%。

（七）巴登·爱尔啤酒

1. 产地

巴登·爱尔啤酒是英国的传统名牌啤酒，全国生产爱尔兰啤酒的厂家很多，唯有巴登地区酿造的爱尔啤酒最负盛名。

2. 工艺

以溶解良好的麦芽为原料，采用上部发酵，高温和快速的发酵方法。

3. 特点

爱尔啤酒有淡色和深色两种，内销爱尔啤酒原麦芽汁浓度为11%~12%，出口爱尔啤酒的原麦芽汁浓度为16%~17%。淡色爱尔啤酒色泽浅，酒精含量高，酒花香味浓郁，苦味重，口味清爽。深色爱尔啤酒色泽深，麦芽香味浓，酒精含量较淡色的低，口味略甜而醇厚，苦味明显而清爽，在口中消失快。

（八）司都特啤酒

1. 产地

英国。

2. 工艺

司都特啤酒采用上部发酵方法，用中等淡色麦芽为原料，加入 7%~10% 的焙焦麦芽或焙焦大麦，有时加焦糖作原料。酒花用量高达 600g~700g/100L。

3. 特点

一般的司都特啤酒原麦芽汁浓度为 12%，高档司都特啤酒的原麦芽汁浓度为 20%。司都特啤酒外观呈棕黑色，泡沫细腻持久，为黄褐色；有明显的焦麦芽香，酒花苦味重，但爽快；酒精度较高，风格浓香醇厚，饮后回味长久。

（九）其他著名啤酒品牌

贝克：德国啤酒，口味殷实。

百威：美国啤酒。酒味清香，因橡木酒桶所致。

虎牌：新加坡啤酒，在东南亚知名度较高。

朝日：日本啤酒，味道清淡。

健力士黑啤：爱尔兰出产，啤酒中的精品，味道独特。

科罗娜：墨西哥酿酒集团，世界第一品牌。

泰国狮牌：最独特的啤酒，味苦，劲烈。

思考练习

1. 如何理解啤酒的“度”的概念？
2. 衡量好啤酒的特征有哪些？
3. 啤酒主要的生产原料是什么？
4. 简述啤酒的酿造工艺过程。
5. 鲜啤和熟啤的区别是什么？
6. 什么是顶部发酵啤酒？
7. 什么是底部发酵啤酒？
8. 啤酒的保管应注意哪些问题？
9. 啤酒产生“病酒”的表现有哪些？
10. 啤酒的正确饮用应考虑哪些方面因素？

第七章 中国酒

学习目标

A. 知识目标

1. 了解中国酒的基本概念和基本分类；
2. 了解中国白酒的基本概念和生产要素；
3. 了解中国黄酒的基本概念和生产要素；
4. 了解露酒的基本概念和生产要素；
5. 了解清酒的基本概念和生产工艺。

B. 能力目标

1. 掌握中国酒酒度的表示方式；
2. 掌握白酒、黄酒、露酒和清酒的分类；
3. 掌握不同类型白酒的工艺特点和香味特征；
4. 掌握黄酒的品评；
5. 掌握露酒的鉴别方法；
6. 掌握不同类型中国酒的饮用和服务。

第一节 中国酒概述

一、中国酒的基本概念

中国酒是指由中国人自己发明创造，或在技术上兼收并蓄并长期改进发展，具有中华民族特色的独特酿造工艺酿制而成的一大类酒精饮料，包括曲酒、黄酒以及露酒等。

由于长期以来黄酒和曲酒在传统中国酒中处于优势地位，因此典型的中国酒一般是指以酒曲作为糖化发酵剂，以粮谷类为原料酿制而成的黄酒和曲酒以及以其为酒基生产的露酒。而从广义上讲，中国酒也可泛指在中国生产的其他各类饮料酒。

二、中国酒酒度的表示方式

一般而言，凡是酒精含量在 0.5%~65%（体积分数）的饮料酒均可称为酒类。根据我国最新的饮料酒分类国家标准 GB/T17204-2008 规定，酒精度在 0.5%（体积分数）以上的酒精饮料，都被称为饮料酒，包括各种发酵酒、蒸馏酒和配制酒。中国酒的酒精度表示与世界上其他国家的酒类相同，酒度的表示有体积分数、质量分数以及标准酒度三种方式。用体积分数表示酒度，即 20℃时每 100 毫升酒中含有纯酒精的体积（mL），在我国，白酒、黄酒和葡萄酒均用此法表示；而啤酒则常用质量分数表示，即 20℃时每 100 克酒中含有纯酒精的质量（g）。欧美各国常用标准酒度表示蒸馏酒的酒度，虽然标准酒度的测定方法不同，但大多数采用体积分数 50% 为标准酒度 100 度。

对于蒸馏酒，中国酒的酒度测定方法为：在标准温度 20℃时，用酒精比重计直接读出的体积分数；而非蒸馏酒类则需蒸出酒精后，进行酒精比重计测定和温度换算。

三、中国酒的种类和命名

从大的分类上说，中国酒除了包括占主要地位的黄酒和曲酒外，还有各种类型的传统酒类如果酒、药酒、乳酒等，以及近代由于受国外影响而迅速发展起来的葡萄酒、啤酒和洋酒等。由于生产历史悠久、原料多样、工艺技术繁杂等多种因素，中国酒种类很多，分类方法也不尽统一。有根据酿造方法和酒的特性的分类，也有根据酒度的分类，还有根据原材料或根据产地、名胜、名人、典故、色泽、用曲、添加剂等进行的分类。

（一）中国酒的分类

与世界其他国家的饮料酒分类方式一样，中国酒也可按照酿造方法和酒的特性进行基本分类，即划分为发酵酒、蒸馏酒、配制酒三大类别。

1. 发酵酒

发酵酒是指酿酒原料被微生物糖化发酵或直接发酵后，利用压榨或过滤的方式获取酒液，经储存调配后所制得的饮料酒。发酵酒的酒精度相对较低，一般为 3%~18% 左右，其中除酒精之外，还富含糖、氨基酸、多肽、有机酸、维生素、核酸和矿物质等。

根据我国最新的饮料酒分类国家标准 GB/T17204-2008 规定，发酵酒是以粮谷、水果、乳类等为主要原料，经发酵或部分发酵酿制而成的饮料酒，包括啤酒、葡萄酒、果酒（发酵型）、黄酒、奶酒（发酵型）及其他发酵酒等。

2. 蒸馏酒

蒸馏酒是指酿酒原料被微生物糖化发酵或直接发酵后，利用蒸馏的方式获取酒液，经储存勾兑后所制得的饮料酒。酒精度相对较高，最高为 62% 左右，低度白酒为 28%~38%。酒中除酒精之外，其他成分为易挥发的醇、酸、酯等呈香、呈味组分，几乎不含人体所必需的营养成分。

根据我国最新的饮料酒分类国家标准 GB/T172042008 规定，蒸馏酒是以粮谷、薯类、水果、乳类为主要原料，经发酵、蒸馏、勾兑而成的饮料酒，包括白酒的全部类别（如大曲酒、小曲酒、曲酒、混合曲酒）、洋酒（如白兰地、威士忌、伏特加、朗姆酒、金酒）以及奶酒（蒸馏型）和其他蒸馏酒等。

3. 配制酒

配制酒是指利用发酵酒、蒸馏酒或食用酒精作为基酒，直接配以多种动植物汁液或食品添加剂，或用多种动植物药材在基酒中经浸泡、蒸煮、蒸馏等方式制得的饮料酒。酒精度相对较高，一般为 18%~38% 左右，是风味、营养、疗效强化的酒类。

根据我国最新的饮料酒分类国家标准 GB/T17204-2008 规定，配制酒是以发酵酒、蒸馏酒或食用酒精为酒基，加入可食用或药食两用的辅料或食品添加剂，进行调配、混合或再加工制成的、已改变了其原酒基风格的饮料酒，包括露酒的全部类别，如植物类配制酒、动物类配制酒、动植物类配制酒和其他类配制酒（营养保健酒、饮用药酒、调配鸡尾酒）等。

（二）中国酒的习惯分类方法

一般根据习惯以及生产经营及行业管理上的需要，把中国酒分为白酒、黄酒、啤酒、葡萄酒、果酒和露酒等几个大类。

1. 白酒

白酒是指以粮谷为主要原料，用大曲、小曲或麸曲及酒母等作为糖化发酵剂，经蒸煮、糖化、发酵、蒸馏、陈酿、勾兑而制成的饮料酒。包括大曲酒、小曲酒、麸曲酒等传统发酵法生产的白酒以及各类新工艺白酒。

由于中国白酒在工艺上比其他蒸馏酒（如白兰地、威士忌、伏特加、金酒、朗姆酒等）更为复杂，酿酒原料多种多样，酿造方法各有特色，酒的香气特征也各有千秋，因此中国白酒的种类很多。

2. 黄酒

黄酒是中国特有的，以稻米、糯米、小米、玉米、小麦等为原料，以曲类及酒母等为糖化发酵剂，经蒸煮、糖化发酵、储存、调配、过滤、装瓶、杀菌等工序制作而成的酒。黄酒的酒度一般为15%~16%（体积分数），根据不同的发酵程度，糖分含量有所不同。黄酒历史悠久、品种繁多、营养丰富、用途广泛、方法多样，以橘米类黄酒为其典型代表，有绍兴元红酒、绍兴加饭酒、绍兴善酒、福建新罗泉牌沉缸酒等传统著名品牌。

3. 葡萄酒

葡萄酒是以新鲜葡萄或葡萄汁经过全部或部分酒精发酵而生产的饮料酒，其所含的酒精度不低于7%（体积分数一般按酒的颜色深含糖量多少、是否含二氧化碳及采用的酿造方法来分类，国外也有采用以产地、原料名称来分类的）。

葡萄酒的品种很多，因葡萄的栽培、葡萄酒生产工艺条件的不同，产品风格各不相同。

4. 啤酒

啤酒是以麦芽为主要原料，以大米、玉米、小麦等谷物作辅料，以酒花等作香料，经过糖化和加酵母发酵而酿制出来的一种含有较多二氧化碳气体和一定量酒精成分并含有多种营养成分的饮料酒。酒是人类最古老的酒精饮料之一，是水和茶之后世界上消耗量排名第三的饮料。

5. 果酒

果酒是以各种人工种植的或野生的果品的果实（如苹果、石榴、桑葚、红枣、山楂、刺梨等）为原料，经过粉碎、发酵或者浸泡等工艺，精心调配酿制而成的各种低度饮料酒。

果酒的命名常依据生产原料而定，如苹果酒、枇杷酒、猕猴桃酒、樱桃酒等。葡萄酒由于已自成体系，故一般情况下不再列入果酒。

6. 露酒

露酒是以蒸馏酒、发酵酒或食用酒精为酒基，以食用动植物、食品添加剂作为呈香、呈味、呈色物质，经一定生产工艺加工而成的，改变了原酒基风格的饮料酒。我国的竹叶青酒、园林青酒等是露酒产品的典型代表。

露酒具有营养丰富、品种繁多、风格各异的特点，露酒的范围很广，包括花果型露酒以及动植物芳香型、滋补营养酒等酒种。露酒改变了原有的酒基风格，其营养补益功能和寓“佐”于“补”的效果，非常符合现代消费者的健康需求。

（三）中国酒的习惯命名方法

中国酿酒文化历史悠久，古往今来出现了不少名酒佳酿。历史上中国酒的习惯命名方法主要有产地、原料、配料（椒酒、桂酒）、酿造法、季节（春酒、秋酒）、颜色等几种方式。

1. 产地命名（此为历史沿袭的命名方式）

如新丰酒（汉代名酒，陕西临流一带）、兰陵美酒（唐代名酒）、剑南春（唐代名酒，四川北部一带）、建章酒（宋元南方珍品酒）、金华酒（明代名酒）、绍兴酒（清初兴起）、西凤酒（陕西凤翔）、茅台酒（贵州仁怀）、泸州大曲（四川泸州）、汾酒（山西汾阳）、京口酒（江苏镇江）等。

2. 原料、酿造方法和贮器命名（此为历史沿袭的命名方式）

如梨花春（唐宋名酒，梨花捣汁、和曲酿成）、郫筒酒（古代郫县用竹筒包装盛酒出售）、加饭酒（酿造中额外添加蒸米）、女儿红（女儿出生时酿造贮藏至女儿出嫁）、状元红（男儿出生时酿造贮藏至成年或发科）等。

3. 牌号命名（此也为历史沿袭的命名方式）

常以古人名、酿家名、酒特色名，更多的是取能吸引人的美名，如杜康（古代河南名酒，假托造酒始祖）、文君（古代四川名酒，假托文君当垆）、麻姑（古代江西名酒，假托传说女仙）、董酒（贵州名酒，取酿酒者姓氏）、张裕金奖白兰地（山东名酒，取酿酒企业名）、古井贡酒（安徽名酒，泉水取自古井而名）、玉液春（唐代名酒，玉液春常作名酒美名）等。

第二节　中国白酒与白酒服务

中国白酒属于蒸馏酒类，与白兰地、威士忌、伏特加、金酒、朗姆酒等并称为世界著名六大蒸馏酒。典型的中国白酒是以固态发酵、固态蒸馏而成，其他五类蒸馏酒则是以液态发酵、液态蒸馏而成。不仅如此，威士忌、伏特加、金酒等以淀粉为原料的蒸馏酒大多以麦芽为糖化剂，以酵母为发酵剂酿造而成，而中国白酒是以曲类为糖化发酵剂酿制而成。我国古代对酿造曲类的发明和使用，不仅有利于人们保存和利用微生物资源，而且对世界特别是东亚酿造、酿酒业的发展做出了杰出贡献，中国白酒也因此成为东亚各国粮谷类蒸馏酒的典型代表。

一、白酒的基本概念

（一）蒸馏酒与中国白酒

1. 蒸馏酒的定义

根据我国目前执行的最新饮料酒分类国家标准 GB/T17204-2008 规定，酒精度在 0.5%（体积分数）以上的酒精饮料被称为饮料酒，包括发酵酒、蒸馏酒和配制酒。其中，以粮谷、薯类、水果、乳类等为主要原料，经发酵、蒸馏、贮存、勾调而成的饮料酒，被定义为蒸馏酒。包括中国白酒和白兰地、威士忌、伏特加（俄得克）、朗姆酒、杜松子酒（金酒）、奶酒（蒸馏型）及其他蒸馏酒（除上述以外的蒸馏酒）。新的分类标准中，对蒸馏酒的酒精度未再进行规定。

2. 中国白酒的定义

在 GB/T17204-2008 的国家分类标准中，中国白酒是指以粮谷为主要原料，用大曲、小曲或麸曲及酒母等为糖化发酵剂，经蒸煮、糖化、发酵、蒸馏而制成的白酒。由于中国白酒在工艺上比其他几大蒸馏酒（白兰地、威士忌、伏特加、金酒、朗姆酒）及各国的蒸馏酒都要复杂，而且酒原料多种多样，酿造方法也各有特色，酒的香气特征各有千秋，故中国白酒的种类很多，分类方法也多种多样。

3. 中国白酒的别称

历史上，中国白酒亦被称为烧酒、高粱酒、白干酒等，是因为其酒无色；称高粱酒，是因为其主要原料为高粱；称白干酒，是因为不掺水；称烧酒，是因为制酒过程中要将被发酵的原料入甑加热蒸馏而出。新中国成立后，统一用白酒这一名称代替了以前所使用的“烧酒”或“高粱酒”等名称。

（二）中国白酒的酿制蒸馏原理

在中国白酒的酿制过程中，存在于发酵中的微生物区系异常复杂，包括菌、母、细菌及放线菌等各类微生物类群，这些微生物类群有些可以单独分离培养，有些需要与其他微生物共生。其中菌类微生物主要发挥产酶代谢及使得淀粉类大分子物质降解的作用，酵母类微生物主要充当利用糖类物质发酵产酒及酯化生香的角色，而细菌类生物主要是发酵过程产酸和形成各类香味物质前体。通过糟醅固、液、气三相界面的复杂生物化学反应和能量代谢，发酵中的大分子物质被微生物所产生的各类酶催化降解，生物在获得自身生长、繁殖所需要的营养成分的同时，也代谢形成了白酒中的各类香味物质成分。

酒精是发酵中以酵母菌类微生物为主，利用糖类物质发酵代谢的主要产物，由于母菌在高浓度酒精下不能继续发酵，因而在液态发酵条件下，所得到的酒醪或酒液的酒精含量一般不会超过 20%（体积分数），而在固态发酵条件下，包埋在固态酒醅空穴中的酒精气体以及溶解在原材料吸附水中的酒精成分相对于酒醅而言，浓度则更低，一般酒精含量在 5%（体积分数）左右，需要集中回收。

固态发酵方式的生产效率较低，一般产酒率［以 57%（体积分数）乙醇计］在 45%、55% 左右，未被利用的糖类物质则通过再次发酵的方式，在下一轮次的发酵中再次投入使用（浓香型白酒称之为续糟发酵）。采用蒸馏器，可以利用酒液及酒醅中不同物质挥发性不同的特点，将易挥发的乙醇（沸点 78.3℃）蒸馏出来。蒸馏出来的酒气中乙醇含量较高，酒气经冷凝、收集，就成为含量约为 62%~68%（体积分数）的蒸馏酒。

二、白酒的分类方法

在 GB/T17204-2008 的国家分类标准中，中国白酒按糖化发酵剂、生产工艺、香型进行了分类。但根据习惯，也采用以下其他的一些主要分类方式。

（一）根据糖化发酵剂的分类

这是中国白酒的最常用的分类方法之一，在行业管理、研究机构、生产厂家以及各种场合使用，包括大曲酒、小曲酒、麸曲酒以及混合曲酒等。

1. 大曲酒

大曲酒是以大曲为糖化发酵剂酿制而成的白酒。大曲的原料主要是小麦、大麦，加上一定数量的豌豆。大曲又分为低温曲、中温曲、高温曲和超高温曲。酿酒一般是固态发酵，大曲酒所酿制的白酒质量较好，多数名优酒均以大曲酿成。

2. 小曲酒

小曲酒是以小曲为糖化发酵剂酿制而成的白酒。小曲主要是以稻米、高粱为原料制成，酿酒多采用固态、半固态发酵，南方的白酒多为小曲酒。

3. 麸曲酒

麸曲酒是以曲为糖化剂，加酒母发酵酿制而成的白酒。其是在新中国成立后在烟台操作法的基础上发展起来的，分别以皮上纯培养的曲霉菌及纯培养的酒母作为糖化发酵剂，发酵时间较短，由于生产成本较低，为一些酒厂所采用。此种类型的酒产量大。北方的白酒多是麸曲酒，以大众为消费对象。

4. 混合曲酒

混合曲酒是以大曲、小曲或麸曲等为糖化发酵剂酿制而成的白酒，或以糖化醇为催化剂，加酿酒酵母等发酵酵制而成的白酒。

（二）根据生产工艺的分类

这也是中国白酒的主要分类方法之一，一般用于行业管理、研究机构以及生产厂家，包括固态法白酒、液态法白酒和固液法白酒三大类别。

1. 固态法白酒

它是以粮谷为原料，采用固态（或半固态）糖化、发酵、蒸馏、贮存、勾调、陈酿而成的，未添加食用酒精及非白酒发酵产生的呈香呈味物质，具有本品固有风格特征的白酒。

2. 液态法白酒

它是以含淀粉、糖类物质为原料，采用液态糖化、发酵、蒸馏所得的基酒（或食用酒精），可调香或串香，勾调而成的白酒。

3. 固液法白酒

它是以固态法白酒（酒度不低于 30°）、液态法白酒、食品添加剂勾调而成的白酒。

（三）根据产品香型的分类

这是中国白酒的最常用分类方法之一，按酒的主体香气成分特征及风格分类。在 GB/T17204-2008 的国家分类标准中，分为浓香型、清香型、米香型、凤香型、豉香型、芝麻香型、特香型、浓酱兼香型、老白干香型、酱香型等十大香型及其他香型。近年来，有学者又提出了药香型、馥郁香型的概念，遂产生了十二大香型的提法。在国家级评酒中，往往按香型分类方法对白酒进行归类。

1. 浓香型白酒

（1）定义

浓香型白酒是以粮谷为原料，经传统固态法发酵、蒸馏、贮存、勾调、陈酿而成的，未添加食用酒精及非白酒发酵产生的呈香呈味物质，以己酸乙酯为主体复合香的白酒。

（2）工艺特点

其传统工艺总结为“千年老窑，万年香糟，熟糠拌料，长期发酵”，基本特点为以多粮或高粱为原料，优质小麦或大麦、小麦、豌豆混合配料培制中高温曲，泥窖固态发酵，采用续糟配料，混蒸混烧，量质摘酒，分级贮存，精心勾兑。

（3）香味特征

由于各厂家所处地理环境及生产工艺的不同，以四川五粮液、四川泸州老窖以及四川水井坊酒为代表的产品具有香气浓郁、绵甜甘爽的特点；以四川舍得酒为代表的产品具有幽雅圆润、绵甜悠长的特点；以江苏洋河大曲酒为代表的产品具有绵甜净爽的特点。在名优酒中，浓香型白酒的产量最大。

2. 清香型白酒

（1）定义

清香型白酒是以粮谷为原料，经传统固态法发酵、蒸馏、贮存、勾调而成的，未添加食用酒精及非白酒发酵产生的呈香呈味物质，以乙酸乙酯为主体复合香的白酒。

（2）工艺特点

以高粱为酿酒原料，大麦和豌豆制成的低温大曲（清茬曲、后火曲、红心曲并用），采用清蒸清烧、清蒸二次清工艺、地缸固态分离发酵法；采用润料堆积、低温发酵、高度摘酒、适期贮存等四种特殊工艺。

（3）香味特征

清香醇正，醇甜柔和，自然谐调，余味净爽，酒体突出清、爽、绵、甜、净的风格特征，以山西汾酒为代表。

3. 米香型白酒

（1）定义

它是以大米等为原料，经传统半固态法发酵、蒸馏、陈酿、勾兑而成的，未添加食用酒精及非白酒发酵产生的呈香呈味物质，以乳酸乙酯、乙酸乙酯及适量的 B- 苯乙醇为主体复合香的白酒。

（2）工艺特点

以大米为原料，小曲为糖化发酵剂，前期为固态培菌、糖化，后期为液态发酵，经蒸馏釜蒸馏。

（3）香味特征

蜜香清雅，入口柔绵，落口爽洌，回味怡畅。以广西桂林三花酒为代表。

4. 凤香型白酒

（1）定义

它是以粮谷为原料，经传统固态法发酵、蒸馏、陈酿、勾兑而成的，未添加食用酒精及非白酒发酵产生的呈香呈味物质，以乙酸乙酯和己酸乙酯为主体的复合香气的白酒。

（2）工艺特点

以高粱为酒原料，大麦、豌豆培制的中偏高温大曲（58℃ ~60℃），混蒸混烧老五甑制酒工艺，入窖温度稍高，发酵周期短（12~14 天，现已调整为 28~30 天），泥窖池发酵（一年一度换新泥），采用酒海贮存。

（3）香味特征

醇香秀雅，醇厚丰满，甘润挺爽、诸味谐调、尾净悠长。以陕西西凤酒为代表。

5. 豉香型白酒

（1）定义

它是以大米为原料，经蒸煮，用大酒饼作为主要糖化发酵剂，采用边糖化边发酵的工艺，釜式蒸馏，陈肉酝浸勾兑而成，未添加食用酒精及非白酒发酵产生的呈香呈味物质，具有豉香特点的白酒。

（2）工艺特点

该酒使用俗称大酒饼的小曲发酵，周期为15~20天；用米酒浸泡肥猪肉形成典型香；蒸馏后的混合酒度为30%（体积分数）左右，是我国原酒酒度最低的白酒。

（3）香味特征

香味玉洁冰清，玻香独特，醇和甘滑，余味爽净。以广东石湾玉冰烧酒为代表。

6. 芝麻香型白酒

（1）定义

它是以高粱、小麦（皮）等为原料，经传统固态法发酵、蒸馏、陈酿、勾兑而成的，未添加食用酒精及非白酒发酵产生的呈香呈味物质，具有芝麻香型风格的白酒。

（2）工艺特点

混蒸混烧，高温曲、中温曲、强化菌曲混合使用，高温堆积，砖池为容器偏高温发酵，缓汽蒸馏，量质摘酒，分级入库，长期贮存，精心勾调。

（3）香味特征

芝麻香突出，幽雅醇厚，甘爽谐调，尾净，具有芝麻香特有风格。以山东景芝白干和江苏梅兰春为代表。

7. 特香型白酒

（1）定义

它是以大米为主要原料，经传统固态法发酵、蒸馏、陈酿、勾兑而成的，未添加食用酒精及非白酒发酵产生的呈香呈味物质，具有特香型风格的白酒。

（2）工艺特点

整料大米不经粉碎浸泡，直接与酒混蒸，使大米的固有香气带入酒中；采用面粉、麸皮加酒糟作为大曲原料；以红褚条石砌成、水泥勾缝，仅窖底及封窖用泥作为发酵窖池。

（3）香味特征

酒香芬芳，酒味醇正，酒体柔和，诸味谐调，香味悠长。以江西樟树四特酒为代表。

8. 浓酱兼香型白酒

（1）定义

它是以粮谷为原料，经传统固态法发酵、蒸馏、陈酿、勾兑而成的，未添加食用酒精及非白酒发酵产生的呈香呈味物质，具有浓酱兼香独特风格的白酒。

（2）工艺特点

①酱中带浓。高温闷料、高比例用曲、高温堆积、三次投料、九轮发酵、香泥封窖等工艺酿制。

②浓中带酱。工艺分两步法生产，采用酱香、浓香分型发酵产酒，半成品酒各定标准，分型贮存、勾调（按比例）成兼香型白酒。

（3）香味特征

①酱中带浓。芳香，幽雅，舒适，细腻丰满，酱浓谐调，余味爽净，悠长。以湖北白云边酒为代表。

②浓中带酱。浓香带酱香，诸味谐调，口味细腻，余味爽净。以黑龙江玉泉酒为代表。

9. 老白干香型白酒

（1）定义

它是以粮谷为原料，经传统固态法发酵、蒸馏、陈酿、勾兑而成的，未添加食用酒精及非白酒发酵产生的呈香呈味物质，以乳酸乙酯、乙酸乙酯为主体复合香的白酒。

（2）工艺特点

精选小麦制清茬曲为糖化发酵剂，以新鲜的稻皮清蒸后作填充料，取清烧、混蒸老五甑工艺，低温入池，地缸发酵，酒头回沙，缓慢蒸馏，分段摘酒，分级入库，精心勾兑而成。

（3）香味特征

醇香清雅，甘润挺拔，丰满柔顺，回味悠长，风格典型。以河北衡水老白干酒为代表。

10. 酱香型白酒

（1）定义

它是以粮谷为原料，经传统固态法发酵、蒸馏、陈酿、勾兑而成的，未添加食用酒精及非白酒发酵产生的呈香呈味物质，具有酱香型风格的白酒。

（2）工艺特点

高温堆积，高温发酵，高温制曲，高温流酒，长期发酵，长期贮存。

（3）香味特征

酱香突出，幽雅细腻，酒体醇厚，回味悠长，空杯留香持久。以贵州茅台酒、四川郎酒、湖南武陵酒等老牌名酒为代表，但现在市场上的时尚酱香新秀——四川宜宾五粮液股份有限公司出品的永福酒、四川沱牌舍得酒业有限公司出品的吞之乎也独具特色，具有酱香型白酒典型风格。

11. 药香型白酒

（1）定义

它以优质高粱为主要原料，以大曲（麦曲）和小曲（米曲）为糖化发酵剂，配以中药材，采用独特的串香法酿造工艺，精心酿制而成。其发酵池偏碱性，窖泥采用特殊材料（当地的白泥和石灰、阳桃藤浸泡汁拌和而成，涂抹窖壁）做成。产品兼有大曲酒浓香和小曲酒药香的风格。

（2）工艺特点

采用大小曲并用，大曲原料为大麦，加中药 40 味，小曲原料为大米，加中药 95 味，采用小曲酒酿制法取得小曲酒，再用该小曲酒串蒸香醅而得。

（3）香味特征

药香舒适，香气典雅，酸甜味适中，香味谐调，尾净味长。以贵州遵义董酒为代表。

12. 馥郁香型白酒

（1）定义

以高粱、大米、小米、玉米、小麦等五粮为原料，以小曲和大曲为糖化发酵剂，采用泥窖固态发酵工艺，发酵时间 30~60 天。酱、浓、清特点兼而有之。原酒已酸乙酯（与乙酸乙酯）含量突出，乙酸、已酸等有机酸含量高，高级醇含量适中，但异戊醇含量最多。

（2）工艺特点

整粒原料、大小曲并用（小曲培菌糖化，大曲配糟发酵）、泥窖发酵、清蒸清烧。

（3）香味特征

清亮透明，芳香秀雅、绵柔甘洌、醇厚细腻、后味怡畅、香味馥郁、酒体净爽。以湖南吉首酒鬼酒为代表。

除上述香型以外，还有一些白酒虽有特点，但尚未成型。在已明确香型特征的上述十二大香型中，浓香型、酱香型、清香型、米香型是基本香型，它们独立地存在于各种白酒香型之中。其他八种香型是在这四种基本香型基础上，以一种、两种或两种以上的香型，在不同工艺的糅合下，形成了自身的独特工艺，衍生出来的香型。如浓·酱——兼香型，浓·清——凤香型，浓·清·酱——特型（或馥郁型），浓·酱·米——药香型，以酱香为基础——芝麻香型，以米香为基础——豉香型，以清香为基础——老白干香型，以及其他尚未完全成型香型的白酒。

（四）根据生产原料的分类

中国白酒的常用分类方法之一，主要用于行业管理及商贸，包括粮食白酒、代用原料白酒等。

1. 粮食白酒

粮食白酒是以粮谷原料酿制的白酒。常用的原料有高粱、玉米、大米、小麦、小米、青稞等。酿制时可用单粮酿酒，如纯高粱酒、玉米酒、米酒、青酒等；也可用多粮酿酒，如五粮液、剑南春、沱牌曲酒等。

2. 代用原料白酒

以非粮谷含淀粉或糖的原料酿制的白酒，如红薯酒、白薯酒、粉渣酒、豆腐渣酒、高粱糠酒、米糠酒等。

（五）根据酒质的分类

中国白酒的常用分类方法之一，包括国家名酒，部、省名优酒以及一般白酒等。

1. 国家名酒

国家名酒也称为国家金质酒，是国家评定的质量最高的酒，白酒的国家级评比共进行过 5 次。茅台酒、汾酒、泸州老窖、五粮液等都是国家名酒。

2. 国家优质酒

国家优质酒也称为国家银质酒，国家级优质酒的评比与国家名酒的评比同时进行。

3. 部、省名优酒

这是各部、省组织评比的名优酒，如原商业部、原轻工业部、农业部以及各省评选出的各类名优酒。

4. 一般白酒

占酒产量的大多数，价格低廉，为百姓所接受。有的质量也不错，如众多小酒厂生产的固态法小曲酒、麸曲酒等，一般白酒多采用固液法生产。

（六）根据酒度高低的分类

一般用于行业管理、商贸及生产厂家，包括高度白酒、低度白酒等。

1. 高度白酒

我国传统生产方法所生产的白酒，酒度在 41%（体积分数）以上，一般不超过 68%（体积分数）。

2. 低度白酒

低度白酒采用了降度工艺，酒度一般在 40%（体积分数），也有的在 28%（体积分数）左右。

三、白酒的生产要素

（一）原材料

众所周知，凡是糖类物质，都可被用作酒类生产的原料。

决定白酒质量的第一物质基础即为酿酒原料，凡含有淀粉或糖分的植物及粮谷类作物均可作为白酒酿造发酵的原料。传统的白酒原料以高粱为主，或搭配适量的玉米、小麦、大米、小米、荞麦等。此外，因产地的不同，大米、玉米以及红薯干同样也是白酒酿造的重要原料。

优良的酿酒原料，要求新鲜，无霉变、无虫蛀和无杂质，淀粉含量高，蛋白质含量适量，油脂含量少，单宁含量适量，并含有多种维生素及矿质元素，含果胶质极少，不得含有过多的有害物质，如含化合物、番薯酮、龙葵苷、黄曲霉毒素等。粮谷原料应颗粒饱满，有较高的千粒重，原粮含水分在 14% 以下。除此之外，还要求具有产量丰富、易于收集，易于贮藏、加工和价格低廉等特性。

固态法大曲白酒都以高粱等粮谷类为主要原料；普通低档白酒，可以薯类块根或块茎为原料，也可以甘蔗糖蜜或甜菜糖蜜为原料。

1. 谷类原料

传统上多用谷类植物的籽实作原料，包括高粱、玉米、小麦、大米、糯米等。

（1）高粱

高粱又称红粮，属粟科植物种子（籽实），依穗的颜色有红高粱、黄高粱、白高粱之分。按淀粉分子结构有糯高粱和粳高粱之分。糯高粱，其淀粉几乎全是支链淀粉，具有吸水性强、容易糊化的特点，因此出酒率高；粳高粱则几乎全部是直链淀粉。高粱所含单宁和色素大部分集中在种皮中，对酒精发酵具有阻碍作用。但微量的单宁在发酵中形成的酚类化合物可赋予白酒特殊的香味。

高粱籽实部分的化学成分因品种、产地、气候、土壤的不同而有差别，主要反映在单宁、粗蛋白和粗脂肪的含量上。高粱籽实的单宁含量比较高，因为单宁能凝固蛋白质而使酶失活，故高粱一般不用作制曲的原料。

（2）玉米

酿酒用的是玉米籽实，以颜色分，有黄玉米和白玉米两种，前者的淀粉含量高于后者。玉米籽实含脂肪较高，特别是其胚芽部分，因过多的脂肪不利于白酒发酵，所以可预先分离掉玉米的胚芽。玉米籽实还含有较多的植酸，在发酵过程中植酸被分解为环六醇和磷酸，前者使酒呈醇甜味，后者能促进甘油的生成。玉米籽实蒸煮后疏松适度，不黏糊，有利于发酵。

（3）大米

大米按淀粉性质可分为粳米和糯米两种。大米的营养成分组成特别适合根菌的生长，因此小曲都是以大米为主要原料制造。以糯米为原料酿制的白酒，其质量比粳米酿制的白酒好。

（4）小麦

小麦的籽实是固态法大曲酒用于制曲的主要原料。小麦籽实除淀粉外，还含有少量的蔗糖、葡萄糖、果糖等。

（5）豆类

白酒制曲如果不以小麦为原料，而改用大麦、荞麦时，一般都需要添加20%~40% 的豆类。常用的是豌豆，以补充蛋白质含量并增强曲块的黏结性，有助于曲块保持水分，适宜于微生物生长繁殖。

2. 薯类原料

（1）甘薯

酒用的是甘薯块根。甘薯的淀粉含量高，与高粱、玉米或小麦、大米相比较，其蛋白质和脂肪的含量较低，酿酒发酵过程中生酸较慢，升酸幅度小，糖化酶受到的损害较小；而且甘薯块根结构疏松，容易蒸煮糊化，因此糖化完全。用甘薯酿酒出酒率较高。用甘薯作为酿酒原料也有一些缺点：甘薯块根含有较多的果胶，在蒸煮糊化过程中产生出大量对人体健康有害的甲醇；甘薯块根中的甘薯树脂对发酵有一定抑制作用；最突出的问题是鲜甘薯不易保存，极易受病菌侵害，产生出对发酵有极强抑制力的番薯酮，并使白酒带有明显苦味。

（2）木薯

木薯的块根富含淀粉，可用作酿酒原料。木薯块根结构疏松，容易蒸煮糊化，如用作酿酒原料，出酒率高。然而，木薯的果胶含量甚至高过甘薯，而且还含有少量的极毒物质氰基苷，因而木薯一般不被作为酿酒原料使用。

3. 糖质原料

用糖质原料生产白酒，最常见的是将制糖工业的副产物废糖蜜作原料，采用液体发酵的方法，经多塔式蒸馏得到酒精，然后再降低酒度、勾兑，制作成成品酒。

（1）甘蔗糖蜜

甘蔗糖蜜是以甘蔗为制糖原料的废蜜。由于产区的土质、气候、原料品种、收获季节和制糖方法、工艺条件的不同，糖蜜中的化学成分相差较大。

（2）甜菜糖蜜

甜菜糖蜜是以甜菜为制糖原料的废蜜。甜菜糖蜜的组成成分与甘蔗糖蜜类似，但在含量上与甘蔗糖蜜相差较大，特别是还原糖和含氮量相差较大。

4. 辅料及填充料

固体发酵酿制白酒时要使用一定量的填充剂，即辅料和填充料，常用的主要是稻壳。辅料和填充料经蒸熟后使用，是调节入池酒醅的淀粉浓度和酸度以及水分和酒精成分，并对酒醅起疏松作用的合理配料的重要组成部分。

填充剂的质量优劣和用量多少，关系到白酒产品的质量及出酒率，在白酒生产中受到极大重视，要求有疏松性、吸水性好、含杂质少、无霉变等。

（1）麸皮

麸皮是小麦加工成面粉过程的副产品，其成分因加工设备、小麦品种及产地而异。

在麸曲白酒和液态法白酒的生产中，使用麸皮为制曲原料，其原因除麸皮可给酿酒用微生物提供充足的碳源、氮源、磷源等营养物质外，还含有相当数量的α-淀粉酶，其次是麸皮比较疏松，有利于糖化剂曲霉菌、根菌的生长繁殖，可以制得质量优良的曲块。

（2）高粱糠

高粱糠是加工高粱米的副产物。高粱不仅被用作辅料，而且还可以作为酿酒的原料，但需要在酿制工艺上作必要的调整。因为高粱糠的淀粉含量较低，而脂肪和蛋白质的含量高，所以发酵时生酸速度较快，升酸幅度大，微生物酶受到的损害大，发酵不易顺利进行。

（3）稻壳

在白酒酿制过程中，可以加入的填充料包括稻壳、花生壳、高粱壳、玉米芯、麦秆、酒糟、甘薯蔓等。

从白酒产品质量和饲料价值角度考虑，在几种填充剂中，以稻壳和酒糟为最好。

（二）水源

1. 酿造用水的水源及水质

地球上的水源可分成五类（见表 7-1），而无论哪一类水均是含有各种溶解或不溶解杂质的非纯水，即天然水。

自古以来，就有“名酒必有佳泉，水是酒的血液”的说法。酒类生产用水，是含有各种矿物质的自然水，与酿造过程中微生物生长、促反应活性、耐热性、pH 变化等有关，并影响酒的风味。我国酿酒工业目前主要采用地表水、地下水为生产水源。

表 7-1　地球上水源的种类

类别	水源	类别	水源
第一类	雨水、雪水、冰山水	第四类	海水
第二类	地表水（江、河、湖泊、冰川、水库等）	第五类	冰源水（南极、北极冰水等）
第三类	地下水（深井水、泉水等）		

水占成品酒成分的 30%~80%，因此水对酒的品质影响极大，生产上对酿造用水的质量有一定要求，而且对于不同类型的酒类生产以及生产过程中的不同生产工序，酿造用水的质量必须符合国家饮用水标准要求。

2. 工业用水的类别

酒类生产用水，根据用途不同，主要分为工艺用水、锅炉用水、洗涤及冷却用水等几类。

（1）工艺用水

酒类生产用水中，凡进入最终成品酒中的水，均称为工艺用水或酿造用水。

工艺用水中一般含有K^+、Na^+、Mg^{2+}、Ca^{2+}、Fe^{2+}、Fe^{3+}、S^{2-}、CO_3^{2-}、SO_4^{2-}、HPO_4^{2-}、PO_4^{3-}、Cl^-、HSO_4^-等离子。一些金属离子和无机酸根阴离子参与了发酵中极其复杂的生物化学反应，水中缺少这些离子就酿制不出好酒。

K^+、Mg^{2+}、HPO_4^{2-}、PO_4^{3-}的含量不足，会使微生物生长不良。适量的Ca^{2+}、Cl^-能促进发酵，但Ca^{2+}、Mg^{2+}、Mn^{2+}、Fe^{2+}、Fe^{3+}等离子含量过高，会严重影响白酒的质量。Ca^{2+}、Mg^{2+}、Mn^{2+}与有机酸形成难溶于水和酒精的沉淀，使有机酸不能进一步生成，从而使白酒缺少香气；Fe^{2+}、Fe^{3+}量过多，会使白酒带铁腥味。

（2）锅炉用水

锅炉用水一般要求无任何固形悬浮物，总硬度低。锅炉用水如硬度过高必须采用离子交换树脂法或其他方法进行软化，否则锅炉壁易结垢，影响传热，严重时会引起锅炉爆炸。

（3）洗涤及冷却用水

洗涤用水部分属于工艺用水，进入酿酒过程；部分属于有机污水进入环保系统进行再生利用。

为了降低费用，节约用水，冷却水应尽可能循环使用。对冷却用水的要求是硬度适当温度较低。

3. 白酒生产用水

白酒酿造用水以满足微生物培养、酿酒发酵为准，不直接涉及对白酒产品质量的影响，但勾兑降度用水，对水的质量要求很高。

（1）白酒酿造用水

用于白酒酿造的水源，应符合一般工业用水的要求，水量充沛稳定，水质优良、清洁无污染，水温较低，硬度适中，咸水、苦水有碍酵母发酵不宜使用。

（2）白酒降度用水

用于白酒降低酒度的水，应符合生活饮用水标准，硬度大的水中含钙、镁矿物质多，为降度酒中白色污浊沉淀的原因之一，需要进行软化处理。常用的方法有离子交换、电渗析、活性炭、砂滤、硅藻土过滤等。

（三）地理环境

几乎所有的原始发酵酒类的产生，都具有一定的偶然性。存在于空气或环境中的霉菌、酵母等微生物自然混入糖类食物中，通过对食物成分的利用和改造，以及转化糖类为二氧化碳和乙醇而产生芳香的酒类物质。

由于微生物与其存在的自然环境有着一定的相关性。因此，世界不同的地域，不同的民族在长期的历史进程中，受其地域的自然资源、气候、土壤、民族饮食习惯的影响形成了不同风格的酒类产品。在蒸馏酒中，中国有白酒、法国有白兰地、英国有威士忌、俄罗斯有伏特加、古巴产生了朗姆酒、荷兰产生了金酒等。

中国白酒的名酒之多，可称世界之冠，这是得天独厚的自然环境决定的。我国幅员辽阔，气候带、土壤、水质资源各具特色，因此在这片古老的土地上名酒辈出，成为世界文化的发祥地之一。

1. 酒的类别与原材料产地分布的关系

从世界六大蒸馏酒来看，除中国白酒之外，其他五类蒸馏酒分别是白兰地、威士忌、朗姆酒、伏特加和金酒。

（1）各类蒸馏酒的酿制原料及制法

中国白酒主要以高粱等粮谷类为原料，经过曲类糖化、固态发酵和一次蒸馏而成；白兰地以葡萄汁为原料，经过液态发酵和二次蒸馏而成；威士忌以大麦为主要原料，经过麦芽糖化、液态发酵和二次蒸馏而成；朗姆酒以甘蔗蜜液为原料，经过液态发酵和二次蒸馏而成；伏特加则是以玉米、薯类等粮谷类为原料，经过酶解糖化、液态发酵以及精馏而成的近乎酒精的饮料；金酒则是以大麦等谷物为主要原料经液态发酵酿制，蒸馏液再经杜松子串蒸而成。

（2）各类蒸馏酒的主要原料及产地

从使用原料的情况来看，由于中国高粱经过长期的栽培驯化，已经形成了适于酿酒的中国高粱种群，加上中国酒酿制中窖池微生物的作用，形成了中国高粱酒特有的浓郁香味风格；葡萄在法国等欧洲国家普遍种植，葡萄酒成为重要的酒精饮料，而葡萄的丰产又促进了以葡萄为原料的白兰地酒的发展；大麦盛产于欧洲，以大麦为原料的威士忌在欧美国家得到普及传播；加勒比海地区是世界甘蔗的主要种植区域，是世界蔗糖的主产区，丰富的糖蜜原料使朗姆酒的形成和发展成为必然。同样，生产淀粉的主要原料来源玉米、薯类等高产农作物是俄罗斯等国家的重要农产品，不仅促进了以淀粉为原料的酒精发酵工业的发展，同样也形成了追求纯净风格的伏特加酒的普及；杜松子主产于北欧，是一种重要的调酒香料，大航海及鸡尾酒的盛行，促进了这种酒在西方世界的盛行。

可以认为，世界六大蒸馏酒的发展或多或少都与其主要原料在特定区域的大量种植及使用情况存在较大的关联。

此外，游牧民族如我国蒙古族人习惯饮用马奶酒，我国西藏人民习惯饮用青稞酒，无不说明原材料在酒的产生及类别形成上发挥了重要作用。

2. 酒的类别与微生物类群形成及分布的关系

（1）小曲蒸馏酒的主要酿造微生物

历史上，由于中国酿酒技术在东亚国家的传播及影响，中国与日本酿酒技术一脉相承。在世界六大蒸馏酒类型中，日本烧酒可以视为中国蒸酒大类中的一个分支。比较两国的蒸馏酒，可以发现，中国南方米香型小曲酒与日本米烧酒风格比较相近，酿酒工艺也较为类似。

中国的地理环境和气候条件适合多种酿酒微生物的生长繁殖，因此中国南方米香型小曲酒以糖化力强的根霉为主要优势菌制曲酿酒，形成了中国米香型小曲酒，同时糖化、同时发酵的工艺特点以及产品香味浓郁的特有风格；而在日本的岛国地理环境条件下，根霉不能成为优势菌，作为优势菌的白曲霉又不适于与其他微生物共生制曲。因此日本米烧酒以纯种白曲制曲酿酒，形成了日本米烧酒先糖化后发酵的工艺特点以及产品香味淡丽的风格特点。

（2）大曲蒸馏酒的主要酿造微生物

在中国大曲酒中，浓香型白酒的生产以泥窖窖池为基，酱香型白酒的生产采用底部窖泥的石窖窖池。发酵过程是栖息在窖池酒醅、窖泥中的庞大微生物区系在物料固、液、气三相多界面多层次的复杂的物质能量代谢过程。

发酵过程中产生的黄水充当着泥与酒物质交换的载体，由于发酵起落、开窖蒸酒及封窖发酵等因素，形成的内压力变化使酒中的养分和曲药微生物、环境微生物及其代谢产物不断通过黄水进入泥中。而窖泥中的特种生物种群及其代谢产物又不断地进入酒中，不但窖泥自身实现了新陈代谢，同时也完成了泥窖池与酒的物质能量交换。

窖泥微生物经过长期的驯化和变异发展，适者生存，窖泥中栖息的微生物种类得到不断丰富，慢慢形成了以己酸菌、丁酸菌为主的窖泥微生态菌群体系。其生命活动代谢所产生的复合香香气也越发浓郁，从而构成了浓香型白酒窖香浓郁的基础。

酒醅中的微生物菌群主要来源于大曲、窖泥以及生产环境、工用器具、空气等。窖池在连续投入生产的过程中，每一个轮次，窖池中就产生一次曲药。微生物、环境微生物与窖泥微生物的相互迁徙，以及微生物菌群在酒醅中的演化交替，并趋于稳定。而发酵酒醅中微生物平衡体系的形成，制约着窖池内物质能量代谢的走向，决定了白酒不同的风味特征。以大曲酒为例，茅台酒和五粮液，由于制曲工艺和生产现场空气、水土、原材料及气候条件的差异，种类众多的微生物类群经过自然的驯化过程达到平衡和稳定，最终造就了茅台酒的酱香型大曲酒发酵以及五粮液的浓香型大曲酒发酵的特定微生态环境。通过窖池发酵过程，固、液、气三相多界面多层次的生物化学反应和物理变化，形成了发酵终产品茅台酒和五粮液大曲酒的各自独有风格。

即便同样是浓香型大曲酒，泸州老窖和全兴大曲，其酿造过程中的酒醅微生物菌群构成也不尽相同。主要优势微生物菌群的差异，通过代谢过程中各种生化反应的进行，形成物质能量代谢差异的逐级放大效应，形成了不同白酒产品之间香味成分构成及含量的差异，从而避免了风格特点上同质化现象的产生。

3. 酒的类别与气候条件、生态区系差异的关系

（1）不同地域条件与酒的质量风格

同样是浓香型大曲酒的生产，中国南方与中国北方的白酒产品质量差异较大。在浓香型大曲酒生产的代表性地区四川，以及在习惯酿制薯干烧酒同时也转型生产浓香型大曲酒的中国北方，尽管采用同样的酿制工艺，由于地理位置及气候条件的差异，发酵池的微生态环境相差甚大，酒质相差也很大。

在中国南方，处于盆地地区的四川省，四季温差小，阴雨天气多，空气潮湿，并有建窖用的优质黄黏土等得天独厚的自然条件；长期酿酒生产形成的老窖泥营养丰富，功能菌多、可用以不断地培养新窖泥，使酿酒微生物在自然驯化中得到纯化和形成优势菌种。在中国北方，气候干燥，冬季严寒，

夏季酷热，昼夜温差大，缺乏适宜建窖的黏土；窖泥保水性和营养性均较差，窖泥培养又主要采用纯种扩大培养，无法形成四川地域这样的窖泥微生态环境，因而四川浓香型大曲酒基酒的质量风格特征难以在北方地域再现。

而同样在中国南方，如在川贵两省交界的赤水河一带，茅台酒厂上下 50 公里均能生产优质的酱香型白酒，离开这一区域，则优质酒的质量风格难以再现。同在这一区域内，贵州能产茅台酒，四川则产郎酒；然而利用同一生产工艺，甚至借用茅台酒醅，茅台人在四川酒厂却生产不出茅台酒，在贵州遵义也只能生产出遵酒。可以认为，正是特定区域的生态环境制约了特定窖池的微生态环境，决定了酿酒环境的理化和微生物特性差异，从而导致不同酒体风格的形成。

（2）好的生态环境可以生产好酒

四川沱牌酒厂从一个名不见经传的小酒厂发展成为国家名酒企业，其秘籍之一就是充分重视沱牌酿酒环境的生态系统建设，有效利用了从外到内逐层递进的三个大的生态圈和沱牌酿酒工业生态园的交互作用。

在沱牌酿酒生态系统中，处于最外层的是大生态圈，是位于中国腹心地域的四川盆地。该生态圈属亚热带生物气候区，降水量大，平均气温较低。此生态圈内动物、植物、矿产资源丰富，孕育了五粮液等众多国家名酒，也是作用于沱牌的第一个生态圈；中层是亚生态圈，指位于四川盆地中部的射洪县。该县系巴蜀腹心地带，依山傍水，气候温和，是连续多年的国家绿化先进县，自古就有酿造美酒的传统。这是作用于沱牌的第二个生态圈；内层是核心生态圈，即位于射洪县南部的柳树沱。该地域处在岷山与秦岭之间的涪江由北至南流经射洪形成的一块冲积平原上，山清水秀，鸟语花香，这是作用于沱牌的第三个生态圈。在核心生态圈之内，是模拟生态系统功能建立的微生态圈，亦即沱牌酿酒工业生态园区。正是从外到内层次良好的生态系统，为长盛不衰的沱牌优质曲酒提供了优越的酿造环境。沱牌酿酒生态工业园区的建设，为中国传统酿酒业的持续发展提供了一个新的产业模式和思考方法。

（四）酒曲及发酵剂

纵观世界各国用谷物原料酿酒的历史，可发现有两大类别：一类是以谷物发芽的方式，利用谷物发芽时产生的酶将原料本身糖化成糖分，再用酵母菌将糖分转变成酒精；另一类是用发霉的谷物制成酒曲，用酒曲中所含的酶制剂将谷物原料糖化发酵成酒。从有文字记载以来，中国的酒绝大多数是用酒曲酿造的。中国的酒曲法酿酒不仅形成了中国酿酒技术的核心内容和有别于其他酒类的工艺特征，而且对于周边国家，如日本、越南和泰国等的酿酒技术发展也都有着极大的影响。

1. 酒曲的分类

原始的酒曲是发霉或发芽的谷物，人们加以改良，就制成了适于酿的酒曲。由于所采用的原料及制作方法的不同，以及生产地区的自然条件的差异，酒曲的品种丰富多彩。大致在宋代，中国酒曲的种类和制造技术已基本定型，后在此基础上也有一些改进。

（1）根据制曲原料的分类

制曲原料主要有小麦和稻米，分别称为麦曲和米曲。用稻米制成的曲，种类也很多，如用米粉制成的小曲，用蒸熟的米饭制成的红曲或乌衣红曲（红曲霉）、米曲（米曲霉等）等。

（2）根据原料是否熟化处理的分类

可分为生麦曲和熟麦曲。

（3）根据曲中的添加物的分类

可分为很多种类，如加入中草药的称为药曲，加入豆类培料的称为豆曲（豌豆、绿豆等）。

（4）根据曲的形体的分类

可分为大曲（草包曲、砖曲、挂曲）、小曲（饼曲）和散曲等。

（5）根据酒曲中微生物来源的分类

可分为传统酒曲（微生物的天然接种）和纯种酒曲（如米曲霉接种的米曲、根霉菌接种的根霉曲、黑曲霉接种的酒曲等）。

我国用曲酿酒历史悠久，酒曲种类数不胜数，现代大体上将酒曲分为五大类（见表 7–2），分别用于不同酒的酿造。

表 7–2　中国曲的主要种类及用途

类别	品种	用途
大曲	传统大曲 强化大曲（半纯种） 纯种大曲	白酒

续表

类别	品种	用途
小曲	按接种法，分传统小曲和纯种小曲 按用途，分为黄酒小曲、白酒小曲、甜酒药 按原料，分为麸皮小曲、米粉曲、液体曲	黄酒、白酒
红曲	主要分为乌衣红曲和红曲 红曲又分为传统红曲和纯种红曲	黄酒
麦曲	传统麦曲（草包曲、砖曲、挂曲、爆曲） 纯种麦曲（通风曲、地面曲、盒子曲）	黄酒
麸曲	地面曲、盒子曲、帘子曲、通风曲、液体曲	白酒

2. 白酒用曲及其技术特点

（1）大曲

大曲既是糖化剂，又是发酵剂，酿酒时用曲量很大，浓香型白酒一般占酿酒投粮的 20%~25%，酱香型白酒用曲量为原料的 100%。大曲酿酒一般可不再加酵母配合发酵。

①制作原料。主要有小麦、大麦、豌豆、黄豆等。

②所含成分。富含各类微生物，主要有毛霉、根霉、念珠霉、犁头霉、曲霉、酵母菌等不同类群，来源于原料、空气、曲室等环境。培养前期霉菌、酵母菌繁殖旺盛，后期细菌，特别是高温菌类大量繁殖。酶类主要有淀粉液化酶、糖化酶、脂肪酶、蛋白酶等。另外含有大量的淀粉和香味成分前体。

③制作方式。根据培养温度的不同，有超高温曲、高温曲、中温曲等。利用生料和水制成砖型，每块重约 1~1.5 千克，室内堆积，自然发酵培养 1 个月左右，再贮藏三四个月左右使用。

（2）小曲

小曲既是糖化剂，又是发酵剂，酿酒时用曲量比大曲小得多，一般只占酿酒原料的 1%~2%。小曲酿酒一般可不再加酵母配合发酵。

①制作原料。主要是米粉、糠、麦粉、中药材等，又称药曲或酒药。

②所含成分。微生物为纯种根霉菌、酵母的接种培养物，或来源于优质小曲粉传种，其所含微生物主要是根酶、毛霉、黄曲霉、酵母菌等。酶类主要有淀粉液化酶、糖化酶，也有一些脂肪酶、蛋白酶等。另外，含有大量的淀粉和一些香味成分前体。

③制作方式。熟料以及生料和水制成球形或饼形，28℃ ~31℃发酵培养4~5 天左右。

（3）麸曲

麸曲是由人工培育的菌种，主要是曲霉制成的糖化剂，菌种单纯，酿酒时用曲量较大，一般占酿酒投粮量的 30% 或以上，可用于代替部分大曲或小曲。麸曲酿酒需加酵母配合发酵。

①制作原料。糠、皮等。

②所含成分。微生物为纯种黑曲霉菌、酵母（发酵型酵母或 / 和增香型酵母）分别接种培养后的混合物，也可能添加乙酸菌培养物。酶类主要有淀粉液化酶、糖化酶，也有一些脂肪酶、蛋白酶等。此外，还含有大量的淀粉和一些香味成分前体。

③制作方式。熟料和水拌入菌种，35℃ ~42℃发酵培养 2 天左右，其生产周期短，又叫快曲。

3. 不同糖化发酵剂的组成及风味贡献

传统的固态发酵法白酒大多以大曲作为糖化发酵剂。

在大曲中含有数量和品种最多的微生物，经分离检测，有细菌、霉菌、酵母菌及少量的放线菌。其中霉菌就有20多种，主要有根霉、犁头霉、毛霉、黄曲霉、黑曲霉、红曲霉等。众多的微生物既给酿酒发酵带来了复杂性，又形成了其代谢产物香味成分的多样性。大曲是一种复合酶制剂，它含有淀粉酶、糖化酶、蛋白酶、酒化复合酶以及酯酶等各种酶，是形成白酒香味成分的催化剂。此外，在培养大曲过程中还形成多样的香气成分及前体物质。可见其对白酒的风味质量具有十分重要的作用。

在小曲及麸曲糖化发酵剂中，由于菌种比较单一，小曲中主要是根霉兼有酵母菌；麸曲则以曲霉和酵母菌为主。它们的糖化力和发酵力均高于大曲，因此产品的出酒率较高，但风味质量就不如大曲复杂而丰满。说明了白酒产品的风味质量需要多种微生物参与发酵。采用多种微生物发酵生产的清香型大曲酒以及芝麻香型的梅兰春酒，达到了国家优质的水平。而采用酶制剂加活性干酵母生产的曲白酒，尽管出酒率高，其风味则显得单调。因此，糖化发酵剂的应用需要因地制宜地加以选择。

四、白酒的酿造工艺流程

酿酒基本原理和过程主要包括酒精发酵、淀粉糖化、制曲、原料处理、蒸馏取酒、老熟陈酿、勾兑调味等。

（一）酒精发酵

酒精发酵是酿酒的主要阶段，糖质原料如水果、糖蜜等，其本身含有丰富的葡萄糖、果糖、蔗糖、麦芽糖等成分，经酵母或细菌等微生物的作用可直接转变为酒精。

酒精发酵过程是一个非常复杂的生化过程，有一系列连续反应并随之产生许多中间产物，其中大约有 30 多种化学反应，需要一系列酶的参加。酒精是发酵过程的主要产物。除酒精之外，被酵母菌等微生物合成的其他物质及糖质原料中的固有成分如芳香化合物、有机酸、单宁、维生素、矿物质、盐、酯类等往往决定了酒的品质和风格。酒精发酵过程中产生的二氧化碳会增加发酵温度，因此必须合理控制发酵的温度。当发酵温度高于 30℃~34℃，酵母菌就会被杀死而停止发酵。除糖质原料本身含有的酵母之外，还可以使用人工培养的酵母发酵，因此酒的品质因使用酵母等微生物的不同而各具风味和特色。

（二）淀粉糖化

糖质原料只需使用含酵母等微生物的发酵剂便可进行发酵；而含淀粉质的谷物原料等，由于酵母本身不含糖化酶，淀粉是由许多葡萄糖分子组成，所以采用含淀粉质的谷物酿酒时，还需将淀粉糊化，使之变为糊精、低聚糖和可发酵性糖的糖化剂。糖化剂中不仅含有能分解淀粉的酶类，而且含有一些能分解原料中脂肪、蛋白质、果胶等其他酶类。曲和麦芽是酿酒常用的糖化剂，麦芽是大麦浸泡后发芽而成的制品，西方酿酒糖化剂惯用麦芽；曲是由谷类、麸皮等培养霉菌、乳酸菌等组成的制品。一些不是利用人工分离选育的微生物而自然培养的大曲和小曲等，往往具有糖化剂和发酵剂的双重功能。将糖化和酒化这两个步骤合并起来同时进行，称之为复式发酵法。

（三）制曲

酒曲亦称酒母，多以含淀粉的谷类（大麦、小麦、麸皮）、豆类、薯类和含葡萄糖的果类为原料和培养基，经粉碎加水成块或饼状，在一定温度下培育而成。酒曲中含有丰富的微生物和培养基成分，如霉菌、细菌、酵母菌、乳酸菌等，霉菌中有曲霉菌、根霉菌、毛霉菌等有益的菌种。“曲为酒之母，曲为酒之骨，曲为酒之魂。”曲是提供酿酒用各种酶的载体。中国是曲蘖的故乡，远在3000多年前，中国人不仅发明了曲蘖，而且运用曲蘖进行酿酒。酿酒质量的高低取决于制曲的工艺水平，历史久远的中国制曲工艺给世界酿酒业带来了极其广阔和深远的影响。

中国制曲的工艺各具传统和特色。即使在酿酒科技高度发展的今天，传统作坊式的制曲工艺仍保持着原先的本色，尤其是对于名酒，传统的制曲工艺奠定了酒的卓越品质。

（四）原料处理

无论是酿造酒，还是蒸馏酒，以及两者的派生酒品，制酒用的主要原料均为糖质原料或淀粉质原料。为了充分利用原料，提高糖化能力和出酒率，并形成特有的酒品风格，酿酒的原料都必须经过一系列特定工艺的处理，主要包括原料的选择配比及其状态的改变等。环境因素的控制也是关键的环节。

糖质原料以水果为主，原料处理主要包括根据成酒的特点选择品种、采摘分类、除去腐烂果品和杂质、破碎果实、榨汁去梗、澄清抗氧、杀菌等。

淀粉质原料以麦芽、米类、薯类、杂粮等为主，采用复式发酵法，先糖化、后发酵或糖化发酵同时进行。原料品种及发酵方式的不同，原料处理的过程和工艺也有差异性。中国广泛使用酒曲酿酒，其原料处理的基本工艺和程序是精碾或粉碎，润料（浸米），蒸煮（蒸饭），摊凉（淋水冷却），翻料，入缸或入窖发酵等。

（五）蒸馏取酒

所谓蒸馏取酒就是通过加热，利用沸点的差异使酒精从原有的酒液中浓缩分离，冷却后获得高酒精含量酒品的工艺。在正常的大气压下，水的沸点是100℃，酒精的沸点是78.3℃，将酒液加热至两种温度之间时，就会产生大量的含酒精的蒸汽，将这种蒸汽收入管道并进行冷凝，就会与原来的酒液分开，从而形成高酒精含量的酒品。在蒸馏的过程中，原汁酒液中的酒精被蒸馏出来予以收集，并控制酒精的浓度。原汁酒中的味素也将一起被蒸馏，从而使蒸馏的酒品中带有独特的芳香和口味。

（六）酒的老熟和陈酿

酒是具有生命力的，糖化、发酵、蒸馏等一系列工艺的完成并不能说明酿酒全过程就已终结。新酿制成的酒品并没有完全完成体现酒品风格的物质转化，酒质粗劣淡寡，酒体欠缺丰满，固以新酒必须经过特定环境的窖藏。经过一段时间的贮存后，醇香和美的酒质才最终形成并得以深化。通常将这一新酿制成的酒品窖香贮存的过程称为老熟和陈酿。

（七）勾兑调味

勾兑调味工艺，是将不同种类、陈年和产地的原酒液半成品（白兰地、威士忌等）或选取不同档次的原酒液半成品（中国白酒、黄酒等）按照一定的比例，参照成品酒的酒质标准进行混合、调整和校对的工艺。勾兑调校能不断获得均衡协调、质量稳定、风格传统地道的酒品。

酒品的勾兑调味被视为酿酒的最高工艺，创造出酿酒活动中的一种精神境界。从工艺的角度来看，酿酒原料的种类、质量和配比存在着差异性，酿酒过程中包含着诸多工序，中间发生许多复杂的物理、化学变化，转化产生几十种甚至几百种有机成分，其中有些机理至今还未研究清楚。而勾兑师的工作便是富有技巧地将不同酒质的酒品按照一定的比例进行混合调校，在确保酒品总体风格的前提下，以得到整体均匀一致的市场品种标准。

（八）五粮液的酿造工艺

1. 原料配比

酿制五粮液的原料配比如表 7-3 所示。

表 7-3　五粮液原料配比表

品名	高粱	大米	糯米	小麦	玉米
配方	36%	22%	18%	16%	8%

2. 粉碎

五种粮食按比例准确配料后经充分粉碎拌匀［（均匀度）90%］，将 5 种粮食粉碎。粉碎的技术要求是：高粱、大米、糯米、小麦的粉碎度为 4 瓣、6 瓣、8 瓣，无整粒混入。五种混合粮粉能通过 20 目筛的细粉不超过 20%。

图 7-1　五粮液

3. 蒸糠

糠壳是酿酒中采用的优良填充剂，也是调整酸度、水分和淀粉含量的最佳材料，但糠壳中含有果胶质（0.4%）和多缩戊糖（16.9%）等，在发酵和蒸煮过程中能生成甲醇和糠醛等物质。蒸糠可去除糠壳中异杂味及生糠味。所以，在酿酒工艺上规定蒸糠的时间不得低于 30 分钟，并且提前蒸糠，拌料时必须使用熟（冷）糠。

4. 开窖

发酵期满的窖应去掉封泥，取糟蒸酒。粮糟窖的发酵期为 70 天；回沙（丢糟）窖的发酵期为 15 天。

取糟时，应严格区分开面糟和母糟，将起出的面糟运至堆糟场，堆成圆堆，尽量拍光、拍紧，并撒上一层熟（冷）糠，窖池上搭盖塑料膜，减少酒分挥发损失。

当起糟至有黄水时，停止起糟，并打黄水坑进行滴窖。滴窖时间24小时，前 12 小时每 2 小时以内舀一次黄水，做到滴窖勤舀。黄水可入锅底串蒸。滴窖完毕后，继续起糟，整口窖池起完糟后，及时清扫窖池。打黄水坑、舀黄水及起底糟前，应将窖内二氧化碳排出。

5. 配料、拌和、润粮

配料前，必须根据母糟、黄水鉴定情况准确配料。如上层母糟干要打入润粮水；金黄色母糟是由于糠大水大造成的，就要减糠减水；母糟残存淀粉过高就要减少投粮；母糟残糖高就要注意打量水操作等。

上甑前 1 小时将粮粉倒入母糟（第一甑 30 分钟前）进行拌和润料；拌匀后堆成堆并立即拍光拍紧，撒上一层熟（冷）糠，减少挥发损失。工艺上成为合理润料，时间 60~75 分钟。上甑前 5~10 分钟将熟（冷）糠（按粮粉比的 23~27%）计量倒于粮糟堆上进行拌和（同粮粉拌和）。

操作要点：三准确、两均匀。

配粮要准确：根据冷热季投粮标准和母糟含残淀粉量配粮，冷季：20%~22%，热季 18%~22%。

配糟要准确：根据甑的大小、起母糟量每甑应基本一致，出入控制在 3% 以内。

配糠要准确：按工艺标准粮糠比为 23%~27%，加入熟（冷）糠，使粮糟疏松不糙。

拌粮要均匀：拌和粮粉时，必须做到无“灰包、疙瘩、白秆”出现，充分拌和均匀。

拌糠要均匀：（同拌粮标准）不能使用生糠、热糠拌料。红糟、面糟用糠量视糟醅情况确定，尽量少用。粮粉与糠不能同时倒入。拌和时要快翻快拌，次数不可过多，时间不可过长。

6. 上甑

上甑前先检查底锅水是否清洁及底锅水量是否符合要求；检查活动甑是否安稳安平。若需要回蒸黄水、酒尾，则先将黄水、酒尾倒入锅底中。随即撒薄薄一层糠壳于甑底，再上 3~5 厘米厚的糟醅，才开启加热蒸汽，压力为 0.03~0.05 兆帕。继续探汽上甑，即将满甑时关小气阀，满甑后用木刮将甑内糟醅刮成中低边高（中间略低于 4~5 厘米），刮后穿气盖盘（上甑至穿汽盖盘时间大于 35 分钟），接上过汽弯管，注满甑沿和弯管两接头处管口的密封水。

上甑操作要点：上甑要平，穿汽要匀，探汽上甑，不准跑汽，轻撒匀铺，切忌重倒，甑内串汽一致，严禁起堆塌汽。上甑未满或剩余糟醅不得少于或超过 15 千克。

7. 蒸馏摘酒

蒸馏时要掌握缓火（汽）流酒，大火（汽）蒸粮的原则。馏酒时，入甑的蒸汽压力小于或等于 0.03 兆帕；蒸粮时，入甑蒸汽压力控制在 0.03~0.05 兆帕；盖盘至出甑时间要求大于或等于 45 分钟，使粮粉达到内无生心，熟而不黏的标准。

摘酒时，以感官品尝判断酒质，切实做到边尝边摘（流酒速度：2~2.5kg/分钟，流酒温：20℃ ~30℃）。先摘取酒头 0.5 千克；然后根据酒质情况量质摘酒，凡符合调味酒的摘为调味酒，符合优级酒的摘为优级酒，依此类推，将酒按级入库。

8. 出甑、摊晾

出甑前先关汽阀，取下弯管，揭开甑盖，将糟醅运至晾糟床附近。随即进行以下操作：

（1）收堆：将出甑的糟醅收堆。

（2）打量水：量水的温度必须在 80 ℃以上；量水用量（水粮比）75%~90%；量水必须泼洒均匀，严禁打“竹筒水”。打量水完毕后经堆闷的糟醅用铁锹均匀地铺到晾床上，开启风扇，勤翻勤划 2~3 次，打散疙瘩，测温后摊晾结束。

（3）撒曲、拌和：大曲用量（曲粮比）20%。散曲时要做到低撒匀铺，减少飞扬的损失；将大曲粉均匀翻划入糟醅中。

（4）收摊场：将曲拌匀后的糟醅运入窖池，将晾糟床及周围的糟醅清扫干净。

9. 入窖

糟醅入窖前先将窖池清扫干净，撒上 1~1.5 千克的曲粉。糟醅入窖后要踩窖，然后找 5 个测温点（四角和中间），插上温度计，检查后做好记录。入窖温度标准是地温在 20℃以下时，为 16℃ ~20℃；地温为 20℃以上时，与地温持平。窖池按规定装满粮糟后必须踩紧拍光，放上竹篾，再做一甑红糟覆盖在粮糟上并踩紧拍光，将粮糟封盖好。

10. 封窖管理

入窖后的糟要在密封隔气隔热条件下进行发酵，按要求应做好以下操作：

（1）封窖

封窖泥的质量要求是老窖泥应加新黄泥，做到干稀适度，黏性好，密度良好。

用铁锹将封窖泥铲在窖池糟醅上压实拍光，厚度在 12~15 厘米，厚薄要均匀。

（2）窖池管理

封窖后 15 天左右必须每天清窖，15 天后一两天清窖一次，保持窖帽表面清洁，无杂物、避免裂口。窖帽上出现裂口必须及时清理、避免透气、跑香、烂糟。

11. 窖内酒醅温度、含酒量变化

（1）窖内品温最高点

热季需 5~8 天，每天以 0.5℃ ~4℃的速度升至 36℃ ~40℃达到最高点；冷季需要 7~9 天，每天以 0.5℃ ~3℃的速度上升至 32℃ ~36℃达到最高点。实际生产中每当发酵 1% 的淀粉升温 1.3℃ ~1.5℃。

（2）升温幅度

热季 8℃ ~12℃（多数为 10℃）；冷季为 10℃ ~16℃（多数为 13℃ ~14℃）。

（3）窖内最高温度稳定期

一般为 4 天左右。

（4）窖内降温情况

稳定期后，每天以 0.25℃ ~1℃之间缓慢下降。下降期间随时又出现稳定期，但长短不一，根据情况一般为2~8天。发酵期到30~40天，已经降至最低温；冷季22℃~25℃，热季27℃~30℃，就不会再降了，一直稳定到70天开窖。发酵规律可以用“前缓、中挺、后缓落”概括。

（5）酒精含量

酒精含量在窖池中随升温上升，一般在稳定期后，酒精含量达到最高点，随着发酵期延长，窖内酸、酯等物质的增加，酒精略有下降。

五、中国白酒的饮用和服务操作

中国白酒在中国已经有几千年的历史，古时人们多喜饮用低度白酒，在寒冬月更习惯烫一壶酒来用以驱寒。现在，人们多半不会在一家很现代的酒吧中喝中国白酒了，但它在中餐的餐桌上还是拥有不可撼动的地位，任何洋酒都无法与之相比。一般来说，在中餐厅客人向服务员点中国白酒时，服务员一定要清楚酒的度数。中国白酒不像国外洋酒，一个牌子的酒只生产固定一种度数，中国白酒通常一个牌子生产高、低两种度数，以满足不同客人的需要。在为客人服务白酒时，也同服务葡萄酒时一样，开瓶前需取得客人同意，待客人确认酒的牌子后，方可为客人开瓶。不同的是中国白酒不需要让客人试酒，只需按照酒的顺序为客人倒酒就可以了。但有些高档中国白酒（和某些洋酒）采用防伪包装，酒液只能向外倒不能再往回灌，这就可以有效地堵住那些“黑心人”的制假、贩假。通常他们会到各大餐厅回收高档酒的瓶子和包装盒。至于防伪包装的工作原理是这样的：在瓶口处有一个双层塑料隔断，隔断的中间有一个玻璃制的圆珠。当酒瓶向下倒酒时，玻璃珠倒向瓶口一层的塑料隔断，在靠向瓶口的隔断四周分布着许多小孔，酒液自然可从瓶中流出。但当酒瓶直立时，玻璃珠倒向下面的隔断，并堵住了唯一的出酒孔，这样酒液便很难再往回倒了。这样的包装是为了防止那些制假者往瓶中灌假酒，影向酒的声誉。但同时也给消费者带来了不便，一次没有喝完的酒不能再倒回瓶中，以便留到下次再喝。这就要求服务员在为客人倒酒和添酒时，一定要征求客人的意见，得到客人允许后才能斟倒，否则客人借着醉意埋怨服务员浪费他的酒，到那时服务员就有口难辩了。还有一种情况是在倒酒时，往往新开的一瓶带防伪包装的酒，倒了半天怎么也倒不出来。这可能是因为两层隔断之间空隙不太大，一时间没有打通。只要将瓶盖盖上，上下用力摇一摇酒瓶，酒液便可顺畅地流出来。

白酒是中华民族的传统饮品，常作为佐餐酒饮用。载杯一般为利口酒杯或高脚酒杯，传统为小型陶瓷酒杯。

（一）净饮

一般常温饮用。但在北方一些地区，冬季要温烫后才饮用。在南方有的地区，人们习惯冰镇后加柠檬片饮用。

（二）混合饮用

中国白酒除可直接饮用，也可作为基酒调制中式鸡尾酒，调制后的酒别有一番风味。

1. 海南岛

材料：30 毫升白酒，10 毫升椰汁

调制方法：摇和法

载杯：鸡尾酒杯

2. 夜上海

材料：30 毫升白酒，10 毫升柠檬汁，120 毫升可乐

调制方法：搅和法

载杯：平底高杯

3. 林荫道

材料：10 毫升竹叶青，10 毫升糖浆，40 毫升白葡萄酒

酒调制方法：调和法

载杯：高脚杯

六、中国白酒名酒

（一）茅台酒

茅台酒历史悠久、源远流长。茅台酒以优质高粱为原料，用小麦制成高温曲，而用曲量多于原料。用曲多，发酵期长，多次发酵，多次取酒等独特工艺，这是茅台酒风格独特、品质优异的重要原因。酿制茅台酒要经过 2 次加生沙（生粮）、8 次发酵、9 次蒸馏，生产周期长达八九个月，再陈贮 3 年以上，勾兑调配，然后再贮存 1 年，使酒质更加和谐醇香，绵软柔和，方准装瓶出厂，全部生产过程近 5 年之久。

茅台酒是风格最完美的酱香型大曲酒之典型，故“酱香型”又称“茅香型”。其酒质晶亮透明，微有黄色，酱香突出，令人陶醉，敞杯不饮，香气扑

鼻，开怀畅饮，满口生香，饮后空杯，留香更大，持久不散。口味幽雅细腻，酒体丰满醇厚，回味悠长，茅香不绝。茅台酒液纯净透明、醇馥幽郁的特点，是由酱香、窖底香、醇甜三大特殊风味融合而成，现已知香气组成成分多达300余种，酒度53°。

（二）董酒

董酒产于贵州遵义董公寺镇，是董香型白酒的代表，以独特的工艺、典型的风格、优良的品质驰名中外，在中国名酒中独树一帜。董酒在第二、三、四、五次全国评酒会上四次蝉联国家名酒称号及金质奖。董酒的工艺和配方曾三次被国家权威部门列为“国家机密”，国密董酒由此得名。董酒是串香工艺的鼻祖，其独特工艺简称为“两小、两大、双醅串蒸”——采用小曲小窖制取酒醅、大曲大窖制取香醅，双醅串蒸而成。由于采用了特殊的工艺和配方，董酒既有大曲酒的浓郁芳香，又有小曲酒的柔绵醇和与回甜，被行家们评价为“酒液清澈透明，香气幽雅舒适，入口醇和浓郁，饮后甘爽味长”。

董酒典型风格的内涵，十分丰富，据有关文献报道，董酒含各种酸、酯、醇等微量成分达成百上千种，现还有很多种未被认识。经贵州省轻工科研所初步探明，董酒香味成分与其他名酒不一样，具有“三高一低”的特点。丁酸乙酯，高级醇总酸含量较高，分别是其他名酒的3~5倍、2~3倍，乳酸乙酯含量则是其他名酒的1/2以下，“酯香、醇香、百草香”是构成董酒香型的几个重要方面。

董酒虽然是国内出酒周期最长的白酒之一，却因为种种原因，奇迹般地保存了近万吨十多年以上的基酒，这是无可比拟的宝藏，也是董酒重回中国白酒巅峰的保障。

（三）五粮液

五粮液酒是四川省宜宾五粮液酒厂的产品。1985年、1988年获商业部优质产品称号及金爵奖；1963年、1979年、1984年、1988年在全国第二、三、四、五届评酒会上荣获国家名酒称号及金质奖；1988年获香港第六届国际食品展览会金龙奖；1989年获日本大孤第三届89关西国际仪器展金质奖；1990年获泰国国际酒类博览会金奖；1991年获保加利亚普罗夫迪夫国际展览会金奖及德国莱比锡国际博览会金奖；1992年获美国国际名酒博览会金奖；1993年获俄罗斯圣彼得堡国际博览会特别金奖。

五粮液酒厂有旧糟坊的老窖遗物，为明代所遗，迄今已有300余年历史。

清初，叙州城有4户酒坊，在二坎子有温德丰糟房（后改为利川永）、马家巷有张万和糟房、南门有德盛福糟坊、东门有长发升糟房，各有三个酒窖，其中以温德丰糟房酒窖最早，产酒最佳美。清雍正年间酒窖增至52个。1840年至1937年糟坊达14家，酒窖125个。1949年，只剩9家糟坊，酒窖76个。1952年在利川永、长发升、张万和等糟房的基础上建成现酒厂，继承传统工艺，恢复和发展五粮液生产。

五粮液的酿造原料为红高粱、糯米、大米、小麦和玉米5种粮食。糖化发酵剂则以纯小麦制曲，有一套特殊制曲法，制成"包包曲"。酿造时，须用陈曲。用水取自岷江江心，水质清冽优良。发酵窖是陈年老窖，有的窖为明代遗留下来的。发酵期在70天以上，并用老熟的陈泥封窖。在分层蒸馏、量窖摘酒、高温量水、低温入窖、滴窖降酸、回酒发酵、双轮底发酵、勾兑调味等一系列工序上，五粮液酒厂都有一套丰富而独到的经验，充分保证了五粮液品质优异，长期稳定，在中外消费者中博得了美名。

五粮液酒无色，清澈透明，香气悠久，味醇厚，入口甘绵，入喉净爽，各味谐调，恰至好处。酒度分39°、52°、60°三种。饮后无刺激感，不上头。开瓶时，喷香扑鼻；入口后，满口溢香；饮用时，四座飘香；饮用后，余香不尽。属浓香型大曲酒中出类拔萃之佳品。

（四）泸州老窖

泸州牌、麦穗牌泸州老窖特曲又称泸州老窖大曲酒，是四川省泸州老窖酒厂的产品。

泸州古称江阳，酿酒历史久远，自古便有"江阳古道多佳酿"的美称。1952年，以金川酒厂为主吸收未参加联营的17户酒坊成立四川省专卖公司国营第一曲酒厂。1955年，四个联营酒社合并成立公私合营酒厂，其第一曲酒厂改为地方国营酒厂。1960年，两厂合并为泸州曲酒厂，1990年易为现厂名。1952年按泸州老窖大曲产品内在风格上的细微差异进行分级，分为特曲、头曲、二曲、三曲，其品级最高的为特曲酒，也是出口的泸州老窖大曲酒。

泸州曲酒的主要原料是当地的优质糯高粱，用小麦制曲。大曲有特殊的质量标准，酿造用水为龙泉井水和沱江水，酿造工艺是传统的混蒸连续发酵法。蒸馏得酒后，再用"麻坛"贮存一两年，最后通过细致的品评和勾兑，达到固定的标准，方能出厂。这保证了老窖特曲的品质和独特风格。

此酒无色透明，窖香浓郁，清冽甘爽，饮后尤香，回味悠长。具有浓香、醇和、味甜、回味长的四大特色，酒度有38°、52°、60°三种。

（五）剑南春

剑南春酒是四川省绵竹市剑南春酒厂的产品。

绵竹古属绵州，归剑南道辖，酿酒历史悠久。据李肇《唐国史补》载，唐代开元至长庆年间，酿有“剑南之烧春”名酒。诗人李白曾于剑南“解貂赎酒”，留下“士解金貂，价重洛阳”的佳话。其酒又称“烧香春”。宋代酿有“蜜酒”，据《绵州志》载：“杨世昌，绵竹武都山道士，字子东，善作蜜酒，绝醇酽。东坡及得其方，作‘蜜酒歌’以遗之。”清代康熙年间，陕西三元县人朱煜见绵竹水好，开办朱天益作坊，酿制大曲酒，后相继有杨、白、赵三家大曲作坊开业。从此大曲酒成为绵竹名产。

此酒以高粱、大米、糯米、玉米、小麦为原料，小麦制大曲为糖化发酵剂。其工艺有：红糟盖顶，回沙发酵，去头斩尾，清蒸熟糠，低温发酵，双轮底发酵等，配料合理，操作精细而酿成。

剑南春酒质无色，清澈透明，芳香浓郁，酒味醇厚，醇和回甜，酒体丰满，香味协调，恰到好处，清洌净爽，余香悠长。酒度分28°、38°、52°、60°，属浓香型大曲酒。

（六）西凤酒

西凤酒原产于陕西省宝鸡、（西府）凤翔、岐山、眉县一带，唯以凤翔城西柳林镇所生产的酒为最佳，声誉最高。这里地域辽阔，土肥物阜，水质甘美，颇具得天独厚的兴农酿酒之地利，是中国著名的酒乡。它始于殷商，盛于唐宋，西凤酒距今已有2600多年的历史，远在唐代就已列为珍品，是中国八大名酒之一。凤翔是民间传说中产凤凰的地方，有凤鸣岐山、吹箫引凤等故事。唐朝以后，又是西府台的所在地，人称西府凤翔。酒遂因此而得名。史载此酒在唐代即以“醇香典雅、甘润挺爽、诸味谐调、尾净悠长”列为珍品。苏轼任职凤翔时，酷爱此酒，曾有“柳林酒，东湖柳，妇人手（手工艺）”的诗句，后来传为佳话。

西凤酒以当地特产高粱为原料，用大麦、豌豆制曲。工艺采用续渣发酵法，发酵窖分为明窖与暗窖两种。工艺流程分为立窖、破窖、顶窖、圆窖、插窖和挑窖等工序，自有一套操作方法。蒸馏得酒后，再经3年以上的贮存，然后进行精心勾兑方出厂。西凤酒无色清亮透明，醇香芬芳，清而不淡，浓而不艳，集清香、浓香之优点融于一体，幽雅、诸味谐调，回味舒畅，风格独特。被誉为“酸、甜、苦、辣、香五味俱全而各不出头”。即酸而不涩，苦而不黏，香不刺鼻，辣不呛喉，饮后回甘、味久而弥芳之妙。西凤酒属凤香型大曲酒，被人们赞为“凤型”白酒的典型代表。西凤酒为适应各地不同消费者的需要推出33°、38°、39°、42°、45°、48°、50°、55°、65°等多种度数。

西凤酒的工艺特点与清香型、浓香型、酱香型、米香型白酒有着明显的区别，兼有清香、浓香的优点，因而有独特的凤香型特点。

（七）古井贡酒

该酒产于安省亳州市古井酒厂。古井贡酒是以安徽淮北平原优质小麦、古井镇优质地下水以及颗粒饱满、糯性强的优质高粱为原料，并在州市古井镇特定区域范围内利用其自然微生物按古井贡酒传统工艺生产的酒。曹操在东汉末年曾向汉献帝上表献过该县已故县令家传的“九酿春酒法”。据当地史志记载，该地酿酒取用的水来自南北朝时遗存的一口古井。明代万历年间，当地的美酒又曾贡献皇帝，因而就有了“古井贡酒”的美称。古井贡酒属于浓香型白酒，具有“色清如水晶，香醇如幽兰，入口甘美醇和，回味经久不息”的特点。

古井贡酒是传统工艺与现代微生物技术相结合的产物。使用古井贡酒“两花一伏”大曲发，贮存期不少于6个月。将中温曲、高温曲和中高温曲分别按不同比例混合在不同轮次中使用。酿造采用每年生产三轮次的方法，前两轮发酵周期各为2个月，第三轮发酵周期为8个月。用“三高一低”（入池淀粉高、入池酸度高、入池水分高、入池温度低）和“三清一控”（清蒸原料、清蒸辅料、清蒸池底醅、控浆除杂）的独特技术，按不同发酵周期再经分层出池、层层出醅和特殊的桶蒸馏，又经小火馏酒，量质摘酒，分级贮存，从而摘出窖香、醇香、醇甜三个典型的酒分别入陶坛贮存，经品评、分析、勾兑和陈酿后包装出厂。从原料投入到产品出厂不少于5年。

（八）汾酒

山西汾酒是我国清香型白酒的典型代表，工艺精湛，源远流长，素以入口绵、落口甜、饮后余香回味悠长的特色而著称，在国内外消费者中享有较高的知名度、美誉度和忠诚度。1500年前的南朝时期，汾酒作为宫廷御酒受到北齐武成帝的极力推崇，被载入《四史》，这使汾酒一举成名；晚唐时期，杜牧一首《清明》诗吟出千古绝唱：“借问酒家何处有？牧童遥指杏花村。”一句诗使汾酒名扬天下。汾酒于1915年荣获巴拿马太平洋万国博览会甲等金质大奖章，连续五届被评为国家名酒，是我国清香型白酒的典型代表，以其清香、醇正的独特风格著称于世，适量饮用能驱风寒、消积滞、促进血液循环。酒度分为38°、48°、53°。注册商标为：杏花村、古井亭、长城、汾字牌。

【小知识】中国历届全国评酒会回顾

自从1949年中华人民共和国成立以来，共进行了5次国家级的名酒评选活动，其目的是加快技术进步，提高酒的质量。

第一次全国评酒会于1952年在北京召开，由中国专卖实业公司主持，共评出8种国家级名酒，其中白酒4种，黄酒1种，葡萄酒3种。

第二次全国评酒会于1963年在北京召开，由轻工业部主持，并首次制定了评酒规则，共评出国家级名酒18种。其中白酒8种，黄酒2种，啤酒1种，葡萄酒6种，露酒1种。

第三次全国评酒会于1979年在辽宁大连举行，由轻工业部主持，共评出18种国家级名酒。

第四次全国评酒会于1984年在山西太原举行，由中国食品协会主持，共评出国家级名酒28种。

第五次全国评酒会于1989年在安徽合肥举行，从白酒中评出17种国家级名酒。其他酒类未评。

参考文献：林德山．酒水知识与操作（第2版）．武汉：武汉理工大学出版社，2014.

【小故事】红军长征与茅台酒的故事

1935年1月，遵义会议以后，中央红军在组织上、军事上、政治上进行了新的调整，实现了党的历史上生死攸关的伟大转折。蒋介石如坐针毡，急忙调兵“围剿”红军。为避其锋芒，红军转出遵义，1月29日一渡赤水河进入川南。2月中旬，红军第二次渡过赤水河，出其不意地又向遵义方向挺进，28日，再次攻占遵义城。蒋介石闻讯，手忙脚乱地调兵遣将，企图围歼红军于遵义。3月15日，红军进占仁怀县，17日从茅台镇第三次渡过赤水河，再入川南，粉碎了蒋介石企图“围剿”红军于遵义的美梦。红军在仁怀境内停留时间虽只有3天，但是红军在茅台镇却留下了如茅台酒一样令人回味悠长的故事。

图 7–2　茅台酒

严守纪律，秋毫无犯

红军到了茅台镇后，高度重视对茅台酒民族工业的保护，严守纪律，坚持公平买卖，不拿群众一针一线、一瓢一碗。毛泽东、王稼祥等领导人发布了一个保护茅台酒的布告，强调茅台酒为民族工业，是保护的对象，红军应该公买公卖，对酒具、酒瓶等都应当予以保护等。毛泽东、朱德等领导人及身边的工作人员带头遵守红军纪律。

长征时期任工兵连长的王耀南在 1983 年写的《坎坷的路》中回忆道："当时，工兵连就住在靠河的一个酒厂旁边，于是，我领着毛泽东和朱德的警卫员一起来到酒厂买酒。酒没有容器装，我们就找了两段碗口粗、半人来长的竹子，用烧红的铁条把中间的竹节捅开，只留最下一个竹节，然后在竹筒里盛满满灌上酒，上面再用玉米瓤子紧紧塞住。当我按时价把 4 块白花花的银圆递给酒厂老板时，他激动得不知如何是好……"

红军战士秋毫无犯的风格，爱民如子的情怀，高风亮节的情操，赢得了茅台镇人民的热爱和拥护。

关心群众，与民同享

茅台镇虽然盛产茅台酒，但在当时的贵州仁怀，并非所有的老百姓家都有茅台美酒，而绝大多数都集中在土豪劣绅手里。红军到了茅台镇后，非常关心群众，在没收了土豪劣绅的茅台酒后，分享给贫困群众，与民同享，体现了军民的鱼水深情。长征时任红一军团二师四团政治委员的杨成武在 1982 年写的《忆长征》一书中写道："……此后，我们又发扬连续作战的精神，攻打遵义之西的鲁班场守敌，打了一夜，未彻底解决，又奉命转移到茅台镇。著名的茅台酒就产在这里。土豪家里坛坛罐罐都盛满茅台酒。我们把从土豪家里没收来的财物、粮食和茅台酒除部队留了一些外，全部分给群众。"贫困群众得到红军打富济贫的帮助后，从内心逐步认可了这支人民的军队。

以酒助兴，打出胜仗

红军从遵义往仁怀方向转移以后，蒋介石调遣的部队穷追不舍，死缠烂打。红军一方面在转移中探寻新路，一方面和尾追国民党的军队灵活作战。红军到达茅台镇时，酒香四溢，极大地提振了红军将士的精气神。长征时任军委纵队干部团上干队队长的萧劲光，他在1987年出版的回忆录中写道："茅台镇很小，茅台酒却驰名中外，我们在茅台镇驻扎了三天，我和一些同志去参观了一家酒厂。有很大的酒池，还有一排排酒桶。我们品尝了这种名酒，芳香甘甜，沁人心脾，真是一种莫大的享受。"在茅台酒的熏陶下，红军将士作战起来犹如神助，取得了不错的战绩。

据记载，红军防空连官兵饮完茅台美酒后，遭遇国民党空军3架侦察机、轰炸机轮番攻击。红军防空连官兵借着酒劲，用木头做活动支架，配上简易瞄准镜，用4挺汉阳造重机枪改造成的高射机枪，对准敌人的侦察机和轰炸机猛烈还击，成功击落了敌人的1架侦察机。

以酒疗伤，强身健体

红军长征进入贵州以后，一直处于奔波状态，尤其是遵义会议后，红军在四川、贵州、云南三省不停地实施战略转移，由于长途跋涉，加上激战连连，不少红军浑身是伤，即使没有受伤的同志，脚上也磨起了水泡，而长征中红军途中又缺医少药，不少红军战士都是带伤前行。

茅台酒不仅芳香醉人，还有舒筋活血、强身健体的功效。红军战士到了茅台镇后，就用打土豪没收来的茅台酒疗伤、擦脚。曾三将军回忆："为了治疗长征和战斗途中留下的脚伤，会喝酒的，都感受到了茅台酒的清香，不会喝酒的，也都装上一壶，留下来擦脚活血，舒舒筋骨……有的同志打趣说，要不是长征来到这里，这辈子哪能喝上茅台酒呢！如果单凭这点，还得好好'谢谢'蒋介石呢……"

这个消息不胫而走，国民党在报刊上发表文章，污蔑红军在茅台酒的酿酒池里洗脚。时任国民参议员的黄炎培先生，挥笔写下一首《茅台酒》："喧传有客过茅台，酿酒池里洗脚来。是真是假吾不管，天寒且饮三两杯。"用轻松活泼的语言，狠狠地批判了国民党的无知。

1945年，应毛泽东主席的邀请，黄炎培等人去延安访问。他把这首《茅台酒》诗抄给毛泽东、周恩来和陈毅看，受到大家赞扬。新中国成立以后，黄炎培先生担任了中央人民政府委员、政务院副总理。1952年，黄炎培先生来到南京，上海市市长陈毅前去会晤，并设宴款待。席间，对饮茅台酒时，陈毅提起当年红军长征在茅台镇的旧话，赞佩黄先生当年仗义执言，难能可贵。

红军在茅台镇的时间虽短，但茅台酒为红军疗伤治病的故事，以及红军将士若干年后对茅台镇及茅台酒的悠长回忆，已成为脍炙人口的千古佳话。这些红色佳话，既是茅台酒的红色情缘和对外宣介的有效方式，也是茅台酒时至今日仍然独领风骚的重要元素。

参考文献：南方网，红军与茅台酒的故事.http：//newcenter.southen.com/n/2016-68/23/content_154402049.htm，2016 年 8 月 23 日 .

第三节　中国黄酒与黄酒服务

黄酒是我国的民族特产，其前身是发酵米酒或者说是发酵谷物酒，距今已有 5000 余年的历史。谷物酒产生的最基本条件有两个：一是粮食盈余才有酿酒的可能，这是酿酒最重要的物质条件；二是从出土的陶器、瓷器、青铜器的功能角度去看，看其是否有熟化谷物、贮存、祭祀、饮用等功能，若具备则可以佐证当时具有酿造谷物酒的现实条件或技术条件。至于要做成好酒，除这两个基本条件以外，还要加上好水这一条件；当然要成为名酒，则还必须有相应的人文文化作为支撑。

黄酒是世界上最古老的一种酒，它源于中国，为中国所独有，与啤酒、葡萄酒并称世界三大古酒。在 3000 多年前的商周时代，中国人独创酒曲复式发酵法，开始大量酿制黄酒。从宋代开始，由于政治、文化、经济中心的南移，使黄酒的生产局限于南方数省。南宋时期，烧酒开始产生。自元朝开始，烧酒在北方得到普及，北方的黄酒生产逐渐萎缩。南方人饮烧酒者不如北方普遍，使得黄酒生产得以在南方保留下来。到清朝时期，南方绍兴一带的黄酒誉满天下。黄酒从诞生起，历经了数千年的兴衰成败、变革提高，才形成了今天的黄酒工业。

一、黄酒的基本概念

（一）发酵酒与中国黄酒

黄酒是中华民族独创的、最古老的酒类之一，在世界三大酿造酒（黄酒、葡萄酒和啤酒）中占有重要的一席之地。由于其酿造技术独树一帜，黄酒成为东方酿造界的典型代表和楷模。

1. 黄酒的定义

根据我国最新的饮料酒分类国家标准 GB/T17204—2008 规定，发酵酒是以粮谷、水果、乳类为主要原料，经发酵或部分发酵酿制而成的饮料酒，包括啤酒、葡萄酒、果酒（发酵型）、黄酒、奶酒（发酵型）及其他发酵酒等。

其中，黄酒被定义为以稻米、黍米等为主要原料，加曲、酒母等糖化发酵剂酿制而成的发酵酒。根据产品风格，黄酒包括传统型黄酒、清爽型黄酒、特型黄酒等类别。根据不同的发酵程度，糖分含量有所不同，包括干型黄酒、半干型黄酒、半甜型黄酒、甜型黄酒等类别。

黄酒具有历史悠久、品种繁多、营养丰富、用途广泛、饮法多样等特点，以糯米类黄酒为其典型代表，主要品种有绍兴元红酒、绍兴加饭酒、绍兴善酿酒、福建新罗泉牌沉缸酒等传统著名品牌。

2. 黄酒的习惯称谓

黄酒，顾名思义是黄颜色的酒。所以有的人将黄酒这一名称翻译成“Yellow Wine”。其实这并不恰当，黄酒的颜色并不总是黄色的。在古代，酒的过滤技术不成熟，酒是呈浑浊状态的，当时称为“白酒”或浊酒；在现代，黄酒的颜色也有呈黑色、红色的种类。

黄酒的实质应是由谷物酿成，而人们常常用“米”代表谷物粮食，故黄酒曾经被称为“米酒”也是较为恰当的。黄酒的英文名称，通常用“Chinese Rice Wine”表示。

中国的黄酒，由于其原料主要是大米，且发酵时间较长，因此也被称为米酒、老酒，属于造酒的范畴，酒度一般为 15%~16%（体积分数）左右。

在当代，黄酒是谷物发酵酒的统称，以粮食为原料的发酵酒都可归于黄酒类。尽管如此，民间有些地区对本地造且局限于本地销售的粮谷类发酵酒仍保留了一些传统的称谓，如江西的水酒、陕西的稠酒、西藏的青稞酒等。

（二）黄酒的品评

黄酒的品评基本上可从色、香、味、体 4 个方面入手。

1. 色

黄酒的颜色在酒的品评中一般占 10% 的比重。好的黄酒必须是色正（橙黄、橙红、黄褐、红褐）、透明、清亮有光泽。

黄酒的色泽因品种而异，其色泽从浅黄色至红褐色甚至黑色。黄酒的色泽主要来自以下几个途径：

（1）原料本身的色素

有的黄酒品种用黑米或炒焦的米为原料，使酒呈黑色。有的使用爆熟的小麦制曲也带来一定的色素。麦曲和红曲等也带特有的色素。

（2）人为添加

产品定型中，大部分生产者根据产品设计的需要，采用加入由焦糖制成的色素（称“糖色”）的方式以加深和稳定黄酒产品的颜色。

（3）美拉德反应

黄酒在煮酒或贮存期内，酒中糖分与氨基酸之间的美拉德反应，生成类黑精等，导致黄酒色素的形成。

（4）金属离子呈色

铁能形成呈色物质柯因铁，铜和锰能促进酒色。

2. 香

黄酒的香在酒的品评中一般占 25% 的比重。好的黄酒，有一股强烈而优美的特殊芳香。构成黄酒香气的主要成分有醛类、酮类、氨基酸类、酯类、高级醇类等。

黄酒中的香气成分有 100 多种，黄酒特有的香气不是某一种香气成分特别突出的结果，而是通常所说的复合香，一般正常的黄酒应有柔和、愉快、优雅的香气感觉。黄酒的香气主要由酯类、醇类、酸类、羰基化合物和酚类等成分组成。主要来自原料和曲以及发酵期产生、贮存中形成三个方面。

正常的香气由酒香、曲香、焦香三个方面组成。酒香主要由发酵的代谢产物所构成；曲香主要由麦子的多酚类物质、香草醛、香草酸、阿魏酸及高温培养曲时的羰基氨基反应的生成物构成；焦香主要是焦米、焦糖色素所形成，或类黑精产生。

3. 味

黄酒的味在酒的品评中占有50%的比重。黄酒的基本口味有甜、酸、辛、苦、涩等。黄酒应在具有优美香气的前提下，具有糖、酒、酸调和的基本口味。如果突出了某种口味，就会给人以过甜、过酸或苦涩等感觉，影响酒的质量。一般好的黄酒必须是香味浓郁，质纯可口，尤其是糖的甘甜、酒的醇香、酸的鲜美、曲的苦辛配合要协调，才会给人以余味绵长之感。

甜、酸、苦、辣、鲜、涩六味谐调，组成了黄酒特有的口味。

（1）甜味

主要是糖分。另外，2- 丁二醇，3- 丁二醇、甘油和丙氨酸等也是甜味成分，同时还赋予黄酒浓厚感。

（2）酸味

“无酸不成味”是有科学依据的，酸有增强浓厚味及降低甜味的作用。黄酒中的酸类主要是有机酸，大部分由酵母生成。正常的黄酒中，乳酸和琥珀酸含量居多。琥珀酸除了呈酸味外，还略有鲜味。劣质酒中挥发酸含量较高。正常的绍兴元红酒中的挥发酸（以乙酸计）含量在0.02%~0.04%，非挥发酸（以琥珀酸计）含量为0.3%~0.45%。

（3）苦味

主要是某些氨基酸、肽、酪醇、5- 甲硫基腺苷和胺类等物质。炒焦的米或熬焦的糖色也会带来苦味。

（4）辣味

由酒精、高级醇及乙醛等成分构成，尤以酒精为主。新酒有酒精明显的辛辣味，经杀菌，酒精挥发一部分。贮存期内，部分酒精氧化成乙醛，酒精与有机酸结合成酯，酒精分子与水分子缔合，使酒精原来的辛辣味变得醇和。

（5）鲜味

黄酒中的氨基酸约有18种，其中谷氨酸具有鲜味。此外，琥珀酸和酵母自溶产生的5- 核苷酸类等物质也都有鲜味。

（6）涩味

涩味主要由乳酸和酪氨酸等成分构成。若用石灰浆调酸，也会增加涩味。黄酒的苦、涩味成分含量在允许范围内时，不但不会呈明显的苦味或涩味，还会使酒味有浓厚柔和感。

4. 体

体就是风格，是指黄酒的组成整体，它全面反映酒中所含的基本物质（乙醇、水、糖）和香味物质（醇、酸、酯、醛等）。黄酒的体在酒的品评中占有 15% 的比重。黄酒在生产过程中，原料、曲和工艺条件不同，酒中组成物质的种类及含量也随之不同，因而可形成多种特点不同的黄酒酒体。

酒的风格即典型性，是色、香、味的综合反映。黄酒酒体的各种组分应该谐调、幽雅，具有该黄酒产品的特殊优点。

（三）黄酒的产品标注

主要包括酒龄、标注酒、聚集物以及优级、一级、二级等指标。

1. 酒龄

酒龄指发酵后的黄酒成品原酒在酒坛、酒罐等容器中贮存的年限。

2. 标注酒龄

标注酒龄指销售包装标签上标注的酒，以勾兑酒的酒龄加权平均计算，且其中所标注酒龄的基酒不低于 50%。

3. 聚集物成品

聚集物成品黄酒在贮存过程中自然产生的沉淀（或沉降）物。它是传统型黄酒产品优级、一级（微量聚集物）与二级（少量聚集物）的质量差异指标。

4. 等级

等级包括优级、一级、二级等，主要表现为聚集物、非糖固形物含量和氨基酸态氮含量等的差异。

二、黄酒的分类方法

黄酒品种繁多，命名分类缺乏统一标准，有以酒原料命名的，也有以产地或生产方法命名的，还有以酒的颜色或酒的风格特点命名的。根据目前执行的 GB/T13662-2008 黄酒质量标准，黄酒可按产品风格和含糖量高低进行分类。

（一）根据产品风格分类

黄酒按产品风格可分为传统型黄酒、清爽型黄酒以及特型黄酒等三大类。

1. 传统型黄酒

传统型黄酒以稻米、黍米、玉米、小米、小麦等为主要原料，经蒸煮、加酒曲糖化、发酵、压榨、过滤、煎酒（除菌）、贮存、勾兑而成的黄酒。

传统型黄酒感官的基本要求应符合表 7-4 的规定。

表 7-4 传统型黄酒感官要求

项目	类型	优级	一级	二级
外观	干型 半干型 半甜型 甜型	橙黄色至深褐色，清亮透明，有光泽，允许瓶（坛）底有微量聚集物		橙黄色至深色，清亮透明，允许瓶（坛）底有少量聚集物
香气	干型 半干型 半甜型 甜型	具有黄酒特有的浓郁醇香，无异香	酒特有的醇香较浓郁，无异香	具有黄酒特有的醇香，无异香
口味	干型 半干型 半甜型 甜型	醇和、爽口、无异味 醇厚、柔和鲜爽、无异味 醇厚、鲜甜爽口、无异味 鲜甜、醇厚、无异味	醇和、较爽口、无异味 醇厚、较柔和鲜爽、无异味 醇厚、较鲜甜爽口、无异味 鲜甜、较醇厚、无异味	尚醇和、爽口、无异味 尚醇厚鲜爽、无异味 醇厚、尚鲜甜爽口、无异味 鲜甜、尚醇厚、无异味
风格	干型 半干型 半甜型 甜型	酒体谐调，具有本类黄酒的典型风格	酒体较谐调，具有本类黄酒的典型风格	酒体尚谐调，具有本类黄酒的典型风格

2. 清爽型黄酒

清爽型黄酒是以稻米、黍米、玉米、小米、小麦等为主要原料，加酒曲（或部分制剂和酵母）为糖化发酵剂，经蒸煮、糖化、发酵、压榨、过滤、煎酒（除菌）、贮存、勾兑而成的、口味清爽的黄酒。

清爽型黄酒感官的基本要求应符合表 7-5 的规定。

表 7-5 清爽型黄酒感官要求

项目	类型	一级	二级
外观	干型 半干型 半甜型	橙黄色至黄褐色，清亮透明，有光泽，允许瓶（坛）底有微量聚集物	

续表

项目	类型	一级	二级
香气	干型 半干型 半甜型	具有本类黄酒特有的清雅醇香，无异香	
口味	干型 半干型 半甜型	柔净醇和、清爽、无异味 柔和、鲜爽、无异味 柔和、鲜甜、清爽、无异味	柔净醇和、较清爽、无异味 柔和、较鲜爽、无异味 柔和、鲜甜、较清爽、无异味
风格	干型 半干型 半甜型	酒体谐调，具有本类黄酒的典型风格	酒体较谐调，具有本类黄酒的典型风格

3. 特型黄酒

由于原辅料和（或）工艺有所改变（如加入药食同源等物质），具有特殊风味且不改变黄酒风格的酒。特型黄酒感官的基本要求应符合表 7-4 或表 7-5 的规定。

（二）根据含糖量分类

黄酒按产品含糖量可分为干黄酒、半干黄酒、半甜黄酒和甜黄酒等四大类。

1. 干黄酒

干黄酒以“绍兴元红酒”为典型代表，含糖小于或等于 15.0g/L。

2. 半干黄酒

半干黄酒以“花雕酒”为典型代表，包括各种“加酒”等，含 15.1g~40.0g/L。

3. 半甜黄酒

半甜黄酒以“善酿酒”为典型代表，含糖 40.1g~100.0g/L。

4. 甜黄酒

甜黄酒以“香雪酒”为典型代表，含糖超过 100.0g/L。

（三）根据原材料分类

这是黄酒最常用的分类方法之一，也是国家分类标准 GB/T17204 2008 所采纳的方法。根据原材料分为稻米黄酒、非稻米黄酒等。

1. 稻米黄酒

稻米黄酒是以稻米为原料酿制的黄酒。包括糯米酒、粳米酒、籼米酒和黑米酒等。

2. 非稻米黄酒

非稻米黄酒是以稻米以外的粮食原料酿制的黄酒，包括玉米黄酒、黍米黄酒、小米黄酒、小麦黄酒、青稞黄酒等。

（四）其他习惯分类方法

1. 根据曲药发酵剂的分类

这主要是按酿酒用曲的种类来分，如小曲黄酒、生麦曲黄酒、熟麦曲黄酒、纯种曲黄酒、红曲黄酒、黄衣红曲黄酒以及乌衣红曲黄酒等。

2. 根据酒母的分类

黄酒生产中使用的酒母分为淋饭酒母和非淋饭酒母（纯种两种），前者利用小曲中的根霉和毛霉产生乳酸提供酸性环境，后者则直接添加乳酸以保证低的酸度和风味。

3. 根据酿造方法的分类

按照此方法，可将黄酒分成3类。

（1）淋饭酒

其是指蒸熟的米饭用冷水淋凉后，拌入酒药粉末，搭窝，糖化，最后加发酵成酒。淋饭酒口味较淡薄。这样酿成的淋饭酒，有的工厂是用来作为酒母的，即所谓“淋饭酒母”。

（2）摊饭酒

摊饭酒是指将蒸熟的米饭摊在竹篦上，使米饭在空气中冷却，然后再加麦曲、酒母（淋饭酒母）、浸米浆水等，混合后直接进行发酵成酒。

（3）喂饭酒

按这种方法酿酒时，米饭不是一次性加入，而是采用分批加入发酵成酒。

①根据外观状态分类。如根据颜色，分为白酒、黄酒、红酒（红曲酿造的酒）等；根据浊度，分为清酒、浊酒等。在不同地区也有一些习惯称呼，如江西的“水酒”、陕西的“稠酒”、江南的“老白酒”等。另外，除了液态的酒外，还有半固态的“酒酿”。

②根据产地的分类。这是最为常见的命名法，这种分类法在古代较为普遍。如绍酒、金华酒、丹阳酒、九江封缸酒、山东兰陵酒等。

③根据用途的分类。根据销售对象或饮用方法的分类，是旧时常用的方法，现在已很少使用。如“京装”（清代指销往北京的酒）以及煮酒和非煮酒等。

三、黄酒的生产要素

（一）原材料

黄酒的主要原料是大米，包括糯米、粳米和籼米，也有使用黍米、粟米和玉米的。小麦在黄酒酿造中主要用于制曲。

1. 大米

（1）米粒的构造

稻谷加工脱壳后成为糙米，糙米由 4 部分组成。

①谷皮。谷皮由果皮、种皮复合而成。谷皮的主要成分是纤维素、灰分，不含淀粉。果皮的内侧是种皮，种皮含有大量的有色体，决定着米的颜色。谷皮包围着整个米粒，起着保护作用。

②糊粉层。种皮以内是糊粉层，它与胚乳紧密相连。它含有丰富的蛋白质、脂肪、灰分和维生素。糊粉层占整个谷粒的质量分数为 4%~6%。我们常把谷皮和糊粉层统称为米糠层。米糠含有 20%~21% 的脂肪，可提取糠油。脂肪、蛋白质含量过多，有损于黄酒的风味，当贮存时间长时，脂肪会被氧化，产生油味，因而要尽量采用新米来酿酒为宜。

③胚乳。胚乳位于糊粉层的内侧，是米粒的最主要部分，其质量约为整个谷粒的 70%。胚乳由淀粉细胞构成，细胞内充满着大小不同的淀粉颗粒，颗粒与颗粒之间有贮藏蛋白质充填。蛋白质多，胚乳结构紧密坚硬，呈透明状；蛋白质少，胚乳结构疏松，呈粉质状。一般粉质状部分大多位于米粒的腹部（俗称腹白）或心部（俗称心白）。胚乳淀粉是酿酒的主要成分，由于淀粉分子大，相对密度也大。米粒饱满、相对密度大的米，淀粉含量也高。

④胚。胚位于米粒的下侧端，约占整个谷粒质量的 2.9%~3.5%，是米的生理活性最强的部分，含有丰富的蛋白质、脂肪、糖分和维生素等。带胚的米易变质，不宜久贮。胚在米粒精白时可除去。

（2）大米的化学成分

①水分。一般谷物含水在 13.5%~14.5%，不得超过 15%。

②淀粉及糖分。糙米含淀粉约 70%，精白米含淀粉约 78%，淀粉含量随精白而提高，应选用淀粉含量高的米酿造黄酒。大米中还含有 0.37%~0.53% 的糖分，其中还原糖极少。

③蛋白质。糙米含蛋白质 7%~9%，白米含蛋白质为 5%~7%，主要是谷

蛋白，蛋白质经分解，提供给酵母作营养。在发酵时，一部分氨基酸转化为高级醇，构成黄酒的香气成分，其余部分留在酒液中形成黄酒的营养成分。蛋白质含量过高，使酒的酸度容易升高，酒的风味变差，酒的稳定性也受到影响。

④脂肪。脂肪主要分布于糠层中，其含量为糙米质量的 2% 左右，且含量随米的精白而减少。大米中含有较多的不饱和脂肪酸，容易氧化变质，影响风味，故大米不宜久贮。类脂占全脂的 5%~20%，主要在米糠中。

⑤纤维素、灰分、维生素。精白大米纤维素含量仅 0.4%，灰分 0.5%~0.9%，主要是磷酸盐。维生素主要分布于糊粉层和胚，以水溶性的 B 族维生素为最多，也含有少量的维生素 A。

（3）大米的质量要求

为了保证黄酒生产的产量和质量，应选用大粒、软质、心白多、淀粉含量高的米酿造黄酒。

①成分要求。淀粉含量高，蛋白质、脂肪含量低，以达到产酒多、酒气香、杂味少、酒质稳定的目的。

②结构要求。胚乳结构疏松，吸水快而少，体积膨胀小。

③淀粉比例要求。淀粉颗粒中支链淀粉比例高，易于蒸煮糊化及糖化发酵，使产酒多、糟粕少，酒液中留的低聚糖较多，口味醇厚。

2. 黍米

北方生产黄酒用黍米作原料。黍米俗称大黄米，色泽光亮，颗粒饱满，米粒呈金黄色。黍米以颜色分为黑色、白色、黄色三种，以大粒黑脐的黄色黍米最好，誉为龙眼黍米，它易蒸煮糊化，属糯性品种，适于酿酒。

3. 玉米

近年来，国内有的厂家开始用玉米为原料酿造黄酒，开辟了黄酒的新原料。我国的玉米良种有金皇后、坊杂二号、马牙等。玉米的特点是脂肪含量丰富，主要集中在胚芽，含量达胚芽干物质的 30%~40%。胚芽酿酒时会影响糖化发酵及成品酒的风味，所以必须先除去胚芽。

玉米淀粉贮存在胚乳内，淀粉颗粒呈不规则形状，堆积紧密、坚硬，呈玻璃质状态，直链淀粉占 10%~15%、支链淀粉为 85%~90%，黄色玉米的淀粉含量比白色的高。玉米淀粉糊化温度高，蒸煮糊化较难，生产时要注意粉碎，选择适当的浸泡时间和温度，调整蒸煮压力和时间，防止因蒸煮糊化不透而老化回生，或水分过高，饭粒过烂，不利发酵，引起酸度高、酒度低的异常情况。玉米必须去皮、脱胚，做成玉米糙，才能用于酿酒。玉米所含的蛋白质大多为醇溶性蛋白，不含β-球蛋白，这有利于酒的稳定。

4. 小麦

小麦是黄酒生产的重要辅料，主要用来制备麦曲。

（1）小麦的基本质量要求

黄酒麦曲所用小麦，应尽量选用当年收获的红色软质小麦。

①外观。麦粒饱满完整，颗粒均匀，无霉烂，无虫蛀，无农药污染。

②颜色。麦粒干燥适度，外皮薄，呈淡红色，两端不带褐色。

③均一性。品种一致，麦粒大小均匀。

④纯度。不含有秕粒、杂质和泥块。

（2）小麦的酿酒特性

小麦含有丰富的碳水化合物、蛋白质、适量的无机盐和生长素。小麦片疏松适度，很适宜微生物的生长繁殖，它的皮层还含有丰富的淀粉酶。小麦的碳水化合物中含有2%~3%的糊精和2%~4%的蔗糖、葡萄糖和果糖。小麦蛋白质含量比大米高，大多为醇溶蛋白和谷蛋白。两种蛋白的氨基酸中以谷氨酸为最多，谷氨酸是黄酒鲜味的主要来源。

（二）水

黄酒中的水占黄酒成分的80%以上，显而易见，水对黄酒的品质影响极大。

1. 水源

黄酒酿造用水最好选择泉水，也可用湖心水或河心水以及井水。使用自来水作发酵用水时，预先要除去铁离子和游离氯，采用活性炭过滤法就可收到良好效果。生产上按水的用途，可将水分成洗涤用水、锅炉用水、制曲用水和酿造用水等几种规格。对不同规格的水提出不同的质量要求，浸米和制曲以及酿造用水的要求较高。

2. 酿造用水的质量要求

酿造用水首先必须是生活饮用水，并且比饮用水质量要求更高。

（1）外观

无色、透明、无沉淀物，浑浊度不得超过5mg/L。

（2）味道

原水或经煮沸后饮用时，无异味。

（3）硬度

总硬度在 2.85mol/L（8d）以下。

（4）硝酸根

仅允许微量硝酸盐存在，不得含有亚硝酸盐。

（5）盐类

硫酸盐含量不得超过 250mg/L，氯化钠含量应低于 200mg/L，氟化物含量小于 1.5mg/L。

（6）重金属

铅含量应小于 0.1mg/L，砷含量不超过 0.05mg/L，铜含量低于 3mg/L，锌含量应小于 5mg/L，铁含量不超过 0.04mg/L。

（7）细菌数

细菌总数不得超过 100 个 /mL，大肠菌群不超过 3 个 /L。

（8）有机物

用高锰酸钾法测定，有机物含量不得超过 5mg/L。

如果钾、镁和磷酸的量不足，就会使酿酒用曲菌和酵母菌生长不良，适量的钙和氯离子能促进发酵。考虑到某些无机离子的作用，如果水中缺少这些离子，有时需要往酿造用水中添加一定量的无机盐予以补充。

（三）糖化与发酵剂

1. 酒曲

（1）酒曲中的主要微生物

传统的黄酒糟是以小曲（酒药）、麦曲或红曲作糖化发酵剂，即利用它们所含的多种微生物来进行混合发酵。

①曲霉菌

曲霉菌主要存在于麦曲、酒药中，在黄酒造中起糖化作用，其中以黄曲（或米曲）为主，还有较少的黑曲霉菌等生物。

黄酒工业常用的黄曲霉菌种有 3800、苏 -16 等，黑曲霉菌有 3758、AS3.4309 等。黄曲霉菌能产生丰富的液化型淀粉酶和蛋白质分解酶。液化型淀粉酶能分解淀粉产生糊精、麦芽糖和葡萄糖，该酶一般不耐酸。在黄酒发酵过程中，随着酒醪 pH 的下降其活性较快地丧失，并随着被作用的淀粉链的变短而分解速度减慢。蛋白质分解酶对原料中的蛋白质进行水解形成多肽、短肽及氨基酸等含氮化合物，能赋予黄酒以特有的风味并提供给酵母作为营养物质。

黑曲霉菌主要产生糖化型淀粉酶，该酶有规则地水解淀粉生成葡萄糖，并耐酸，因而糖化持续性强，酿酒时淀粉利用率高。黑曲霉产生的葡萄糖苷转移酶，能使可发酵性的葡萄糖通过转苷作用生成不发酵性的异麦芽糖或潘糖，降低出酒率而加大酒的醇厚性。黑曲霉的孢子常会使黄酒加重苦味。

②根霉菌

根霉菌是黄酒小曲（酒药）中含有的主要糖化菌。根霉糖化力强，几乎能使淀粉全部水解成葡萄糖，还能分泌乳酸、珀酸和延胡索酸等有机酸，降低培养基的 pH，抑制产酸细菌的侵袭，并使黄酒口味鲜美丰满。

用于黄酒生产的根菌种主要有：Q303、3.851、3.852、3.866、3.867、3.868 等。

③红曲霉菌

红曲霉菌是生产红曲的主要微生物，由于它能分泌红色素而使曲呈现紫红色。红曲霉菌喜潮湿，耐酸，最适 pH 为 3.5~5.0。在 pH3.5 时，它能压倒一切霉菌而旺盛生长，使不耐酸的霉菌抑制。红曲霉菌所耐最低 pH 为 2.5，耐 10% 的酒精，能产生淀粉酶、蛋白酶等，水解淀粉最终生成葡萄糖，并能产生柠檬酸、珀酸、乙醇，还分泌红色素或黄色素等。

用于酿酒的红曲霉菌主要有 As3.55、As3.920、A.972、As3.976、As3.986、As3.987、As3.2637。

④酵母菌

绍兴黄酒采用淋饭法制备酒母，通过酒药中酵母菌的扩大培养，形成酿造摊饭黄酒所需的酒母醪。这种酒母醪实际上包含着多种酵母菌，不但有发酵酒精成分的，还有产生黄酒特有香味物质的不同酵母菌株。

新工艺黄酒使用的是优良纯种酵母菌，不但有很强的酒精发酵力，也能产生传统黄酒的风味，其中 As2.1392 是酿造米黄酒的优良菌种，该菌能发酵葡萄糖、半乳糖、蔗糖、麦芽糖及棉籽糖产生酒精并形成典型的黄酒风味。其抗杂菌污染能力强，生产性能稳定，在国内普遍使用。另外，M82、AY 系列黄酒酵母菌种等都是常用的优良黄酒酵母菌。

⑤细菌

细菌在黄酒酿造中主要以有害菌的形式出现，常见的有害细菌有醋酸菌、乳酸菌和枯草芽孢杆菌等，尤其是乳酸杆菌的生理特性能适应黄酒发酵的环境，容易导致黄酒发酵醪的酸败。

细菌大多来自曲和酒母及原料、环境、设备，因此，生产中必须严格工艺操作，注意消毒灭菌，保持生产环境的清洁卫生；加强纯种制备和黄酒发酵过程检测，保证酒母的纯粹和控制发酵中的杂菌数量，从而有效地防止有害微生物的污染。

（2）麦曲

麦曲是指在破碎的小麦粒上培养繁殖糖化菌而制成的黄酒生产糖化剂。

麦曲分为块曲和散曲，块曲主要是踏曲、挂曲、包草曲等，一般经自然培养而成，散曲主要有纯种生麦曲、爆麦曲、熟麦曲等，常采用纯种培养制成。

麦曲在黄酒酿造中的作用主要有两点：一是利用麦曲中各种酶，主要是淀粉酶和蛋白酶，促使原料中的淀粉和蛋白质等大分子物质水解；二是利用麦曲内积蓄的微生物代谢物，给予黄酒独特的风味。因此麦曲质量的优劣直接影响着黄酒的质量和产量。

（3）酒药

酒药又称小曲、酒饼、白药等，主要用于生产淋饭酒母或以淋饭法酿制酒。酒药作为黄酒生产的糖化发酵剂，它含有的主要微生物是根霉、毛霉、酵母及少量的细菌和梨头菌等。

酒药具有制作简单，贮存使用方便，糖化发酵力强而用量少的优点。

2. 酒母

黄酒酿造的发酵剂为酒母。

（1）酒母的类别

酒母根据培养方法可分为两大类。一是用酒药通过淋饭酒醅的制造自然繁殖培养酵母菌，这种酒母称为淋饭酒母。二是用纯粹的黄酒酵母菌，通过纯种逐渐培养，增殖到发酵所需的酒母醪量，称之为纯种培养酒母。

纯粹黄酒酵母菌制备的酒母，按制备方法不同，又分为速酿酒母和高温糖化酒母、常用于新工艺黄酒的大罐发酵。

（2）黄酒发酵用酵母菌的特性

①发酵力。要求酵母菌所含酒化酶强，发酵迅速并有持续性。

②繁殖力。要求具有较强的繁殖能力，繁殖速度快。

③抗逆性。要求抗酒精能力强，耐酸、耐温、耐高浓度和渗透压，并有一定的抗杂菌能力。

④酒质好。要求发酵过程中形成尿素的能力弱，使成品黄酒中的氨基甲酸乙酯尽量少。

⑤典型性。要求发酵后的黄酒应具有传统的特殊风味。

3. 酶制剂

在现代黄酒生产中，为了降低黄酒酿造的用曲量、提高出酒率、增加风味和改善品质，常常会添加一些酶制剂以提高糖化力。

目前，广泛使用的酶制剂有 α- 淀粉酶、β- 淀粉酶、蛋白酶、非淀粉多糖酶（如纤维酶、β- 葡聚糖酶、木糖酶等）等，大大地提高了生产效率、降低了生产成本，并形成了新型黄酒和特色黄酒品种。

四、传统黄酒的生产

（一）糯米类黄酒

糯米类黄酒中摊饭法发酵是传统黄酒酿造的典型方法之一，如绍兴元红酒和加饭酒都是应用摊饭法生产的。

1. 摊饭发酵工艺主要特点

（1）选择冬季低温酿酒

传统的摊饭法发酵酿酒，常在 11 月下旬至翌年 2 月初进行，强调使用“冬浆冬水”，以利于酒的发酵和防止升酸。另外低温长时间发酵，对改善酒的色、香、味都是有利的。

（2）采用酸浆水配料发酵

新收获的糯米经过 18~20 天的浸渍，浆水的酸度达 0.5g~1g/100mL，并富含生长素等营养物质，对抑制发酵过程中产酸菌的污染和促进酵母生长繁殖极其有利。

为了保证成品酒酸度在 0.45g/100mL 以下，必须把浆水按 3 份酸浆水加 4 份清水的比例稀释，使发酵醪酸度保持在 0.3g~0.35g/100mL，发酵正常进行，并改善成品酒的风味。

（3）热米饭在加曲前吹冷

经蒸熟的热饭采用风冷，使米饭中的有用成分得以保留，并将不良气味挥发，使摊饭发酵的黄酒酒体醇厚、口味丰满。

（4）选取生麦曲作糖化剂

生麦曲通过自然培养而成，它所含酶系丰富，糖化后代谢产物种类繁多，给摊饭酒的色、香、味带来益处。

（5）选用淋饭酒母作发酵剂

由于淋饭酒母是从淋饭酒醪中经挑选而来的，其酵母具有发酵力强、产酸低、耐渗透压和产酒精多的特点，故一旦落缸投入发酵，繁殖速度和产酒能力大增，发酵较为彻底。

2. 摊饭发酵生产工艺要点

（1）糯米的精白

由于糙米的糠层含有较多的蛋白质、脂肪，会给黄酒带来异味，降低成品酒的质量；另外，糠层的存在妨碍大米的吸水性，米饭难以蒸透，影响糖化发酵；糠层所含的丰富营养会促使微生物旺盛发酵，品温难以控制，容易引起产酸菌的繁殖而使酒醪的酸度升高，所以对糙米或精白度不足的糯米应进行精白，以消除不利影响。

（2）浸米

浸米有两个目的：一是让大米吸水膨胀以利蒸煮，二是为了取得浸米的酸浆水。采用酸浆水配料发酵也是摊饭酒的重要特点。制备时应选用新收获的糯米，经过 18~20 天的浸渍，浆水的酸度达 0.5g~1g/100mL。用酸浆水作配料，使发酵具有一定的原始酸度，可抑制杂菌的生长繁殖，保证酵母菌的正常发酵，浆水中的氨基酸、生长素可提供给酵母利用；多种有机酸被带入酒醪，改善了黄酒的风味。

（3）蒸煮

将浸好的糯米与浆水分离，然后进行蒸煮。蒸煮的目的有三：一是使淀粉糊化；二是对原料进行灭菌；三是挥发掉原料的异杂味。一般常压蒸煮 15~25 分钟，并在蒸煮过程中淋浇 85℃以上的热水，促进饭粒吸水膨胀，达到更好的糊化效果。蒸煮后经过摊冷降温到 50℃ ~60℃。

（4）糖化发酵

①方法

将饭块打碎投入发酵缸内，依次投入麦曲、淋饭酒母和浆水，最后使落缸品温在 27℃ ~29℃。为了保证成品酒酸度在 0.45g/100mL 以下，必须按 3 份酸浆水加 4 份清水的比例稀释，使发酵醪酸度保持在 0.3g~0.35g/100mL，从而使糖化和发酵顺利进行。糖化发酵前期主要是为了增殖酵母细胞，品温上升缓慢。投入的淋饭酒母，由于醪液稀释而酵母浓度仅在 $1x10^7$ 个 / mL 以下，但由于加入了丰富的浆水，淋饭酒母中的酒母菌从高酒精含量的环境转入低酒精含量的环境后，生长繁殖能力大增。经过约 15 小时，酵母浓度可达每毫升 5 亿个左右时，即进入主发酵阶段，此时温度上升较快。由于二氧化碳气的冲力，使发酵醪表面积聚一厚层饭层，阻碍热量的散发和新鲜氧的进入。必须及时开耙（搅拌）控制酒醅的品温，促进酵母增殖，使酒醅糖化，使发酵趋于平衡。

以板下 15~20 厘米的缸心温度为依据，选用高温开耙（头耙在 35℃以上）或低温开耙（头耙温度不超过 30℃）。高温开耙因发酵温度较高，酵母易早衰，发酵能力减弱，酿成的酒含有较多的浸出物，口味较浓甜，俗称热作酒，又叫甜口酒。低温开耙的发酵比较完全，成品酒的甜味较低而酒度较高，易酿成没有甜味的辣口酒，俗称冷作酒。

开耙后品温一般下降 4℃ ~8℃，以后各次开耙的品温下降较少，头耙、二耙主要依品温高低进行开耙；三、四耙主要依酒醅发酵的成熟度来进行；四耙以后，每天搅拌 2~3 次，直到品温接近室温。一般主发酵 3~5 天结束，酒精含量达 13%~14%，然后及时灌坛，进行后发酵。

后发酵一般控制室温在 20℃以下为宜，约经 60 天的时间，使一部分残留的淀粉和糖分继续糖化发酵，转化成酒精，使酒精含量升高 2%~4%，并生成各种代谢产物，使酒成熟增香，酒质更趋于完善谐调。

②酒醅成熟的检测

酒醅的成熟与否，可以通过感官检测和理化分析来鉴别。

● 酒色。成熟的酒醪应是糟粕完全下沉，上层酒液澄清透明，色泽黄亮，若色泽淡而浑浊，说明成熟不够或已变质。如酒色发暗，有熟味，表示由于气温升高而发生“失榨”现象，即没有及时压滤。

● 酒味。成熟的酒醅酒味较浓，爽口略带苦味，酸度适中，如有明显酸味，表示应立即搭配压滤。

● 酒香。应有正常的酒香气而无异杂气味。

● 理化检测，成熟的酒醅，通过检测酒精含量已达指标并不再上升，酸度在 0.4% 左右，并开始略有升高的趋势时，经品尝，基本符合要求，可以认为酒醅已成熟，即可进入压滤工序。

（5）压滤

压滤是把发酵醪中酒（液体部分）和糟粕（固体部分）分离的操作，目前已普遍采用气膜式板框压滤机进行压滤，压滤操作包括过滤和压榨两个阶段，开始酒醅进入压滤机时，由于液体成分多，固体成分少，主要是过滤作用，称为“流清”。随着时间延长，液体部分逐渐减少，酒糟等固体部分的比例增大，过滤阻力愈来愈大，必须外加压力，强制把酒液从黏湿的酒醅中榨出来，这就是压榨或榨酒阶段。在酒醅压滤时，压力应缓慢加大，才能保证滤出的酒液自始至终保持清亮透明，故黄酒的压滤过程需要较长的时间。压滤时，要求滤出的酒液要澄清，糟板要干燥，压滤时间要短，要达到以上要求，必须做到以下几点：

①过滤面

面积要大，过滤层薄而均匀。

②滤布选择

滤布既要流酒爽快，又要使糟粕容易与滤布分离。还要考虑滤布不易吸水，经久耐用。在传统的木榨压滤时，都采用生丝绸袋，而现在的气膜式板框压滤机，常使用36号锦纶布作滤布。

③加压

加压要缓慢，无论何种形式的压滤，开始时应让酒液依靠自身的重力进行过滤，并逐步形成滤层，待酒液流速因滤层加厚，过滤阻力加大而减慢时，才逐级加大压力，避免加压过快。最后升压到最大值，维持数小时，将糟板榨干。

（6）澄清

压滤流出的酒液称为生酒。在生酒中加入适量糖色搅匀后，应集中到澄清池（罐）内让其自然沉淀2~3天，或添加澄清剂以加速其澄清速度。

澄清的目的主要有以下几方面：①除杂。沉降出微小的固形物、菌体、酱色中的杂质。②降解。让酒液中的淀粉酶、蛋白酶继续对高分子淀粉、蛋白质进行水解，变为低分子物质。例如在澄清期间，每天可增加0.028%左右的糖分，使生酒的口味由粗辣变得甜醇。③熟化。挥发掉酒液中部分低沸点成分，如乙醛、硫化氢、双乙酰等，可改善酒味。

在澄清时，为了防止发生酒液再发酵出现泛浑现象及酸败，澄清温度要低，澄清时间也不宜过长，一般在3天左右。澄清设备可采用地下池，或在温度较低的室内设置澄清罐，以减少气温波动带来的影响。要做好环境卫生和澄清池（罐）、输酒管道的消毒灭菌工作，防止酒液染菌生酸。每批酒液出空后，必须彻底清洗灭菌，避免发生上、下批酒之间的杂菌感染。

经数天澄清，酒液中大部分固形物如淀粉、糊精、纤维素、不溶性蛋白、微生物菌体、酶等“酒脚”成分已被除去，可能某些颗粒极小、质量较轻的悬浮粒子还会存在，仍能影响酒液的清澈度。所以，自然澄清后还需要进行精滤。

（7）煎酒

把澄清后的生酒加热煮沸片刻，杀灭其中所有的微生物，以便于贮存、保管，这一操作过程称之为“煎酒”。煎酒的目的主要有以下几方面：①灭菌。通过加热使酒中的微生物完全死亡，破坏残存酶的活性，基本上固定黄酒的成分，防止成品酒的酸败变质。②除杂。在加热杀菌过程中，加速黄酒的成熟，除去生酒杂味，改善酒质。③澄清。利用加热过程促进高分子蛋白质和其他胶体物质的凝固，使黄酒色泽清亮，并提高黄酒的稳定性。

目前我国黄酒的煎酒操作采用薄板式热交换器，控制温度 83℃ ~93℃、时间 8~15 分钟。煎酒温度与煎酒时间、酒液 pH 和酒精含量的高低都有关系。如煎酒温度高，酒液 pH 低，酒精含量高，则煎酒所需的时间可缩短；反之，则所需的时间要延长。煎酒温度高，能使酒的稳定性提高，但随着煎酒温度的升高，酒液中尿素和乙醇会加速形成有害的氨基甲酸乙酯。煎酒温度愈高，煎酒时间愈长，则形成的氨基甲酸乙酯愈多。同时，由于煎酒温度的升高，酒精成分的挥发损耗加大，糖和氨基化合物反应生成的色素物质增多，焦糖含量上升，酒色会加深。因此，在保证微生物被杀灭的前提下，适当降低煎酒温度是可行的。这样，可以使黄酒的营养成分不致破坏过多，生成的有害副产物也可减少。

（8）包装

灭菌后的黄酒，应趁热灌装，入坛贮存。因酒坛具有良好的透气性，对黄酒的老熟极其有利。黄酒灌装前，要做好酒坛的清洗灭菌，检查是否渗漏。黄酒灌装后，用荷叶、箬壳扎紧封口，以便在酒液上方形成一个酒气饱和层，使酒气冷凝液回到酒液里，造成一个缺氧、近似真空的保护空间。传统的绍兴黄酒常在封口后套上泥头，以用来隔绝空气中的微生物，使其在贮存期间不能从外界侵入酒坛内，并便于酒坛的堆积贮存，减少占地面积。目前部分泥头已用石膏代替，使黄酒包装显得卫生美观。

（9）贮存

新酒成分分子排列紊乱，酒精分子活度较大，很不稳定，因此，其口味粗糙欠柔和，香气不足缺乏谐调，必须经过贮存，促使黄酒老熟。因此，常把新酒的贮存过程称为“陈酿”。普通黄酒要求陈酿1年，名优黄酒要求陈酿3~5年。经过贮存，黄酒的色、香、味及其他成分都会发生变化，酒体醇香、绵软，口味谐调。

黄酒贮存过程中的变化介绍如下：

①色的变化

通过贮存，酒色加深，这主要是酒中的糖分和氨基化合物（以氨基酸为主）相结合，发生氨基—羰基反应，形成类黑精所致。酒色变深的程度因黄酒的含糖量、氨基酸含量以及pH值高低而不同。甜型黄酒、半甜型黄酒因含糖分多而色泽容易加深；加麦曲的酒，因蛋白质分解力强，代谢的氨基酸多而比不加麦曲的酒的色泽深；贮存时温度高，时间长，酒液pH高，酒的色泽也就深。贮存期间，酒色加深是老熟的一个标志。

②香的变化

黄酒的香气是由酒液中各种挥发性成分所构成。黄酒香气主要在发酵过程中产生，酵母菌的酯化酶催化酰基辅酶A与乙醇作用，形成各种酯类物质，如乙酸乙酯、乳酸乙酯、琥珀酸乙酯等。另外，在发酵过程中，除产生乙醇外，还形成各种挥发性和非挥发性的代谢副产物，包括高级醇、醛、酸、酮、酯等。这些成分在贮存过程中，发生氧化反应、缩合反应、酯化反应，使黄酒的香气趋向谐调并得到加强。其次，原料和麦曲也会增加某些香气。大曲在制曲过程中，经历高温化学反应阶段，生成各种不同类型的氨基羰基化合物，带入黄酒中去，增添了黄酒的香气。在贮存阶段，酸类和醇类也能发生缓慢的化学反应，使酒的香气增浓。

③味的变化

黄酒的味是各种呈味物质对味觉器官综合刺激效果的反应，有甜、酸、苦、辣、涩。新酒的刺激辛辣味，主要是由酒精、高级醇、乙醛、硫化氢等成分所构成；糖类、甘油等多元醇及某些氨基酸构成甜味；各种有机酸、部分氨基酸形成酸味；高级醇、酪醇等形成苦味；乳酸含量过多有涩味，经过长期陈酿，酒精、醛类的氧化，乙醛的缩合，醇酸的酯化，酒精及水分子的缔合，以及各种复杂的物理化学变化，使酒的口味变得醇厚柔和，诸味谐调，恰到好处。但黄酒贮存时间不宜过长，否则，酒的损耗加大，酒味变淡，色泽过深，焦糖的苦味增强，使黄酒过熟，质量降低。

④氧化还原电位和氨基甲酸乙酯的变化

氧化还原电位随着贮存时间的延长而提高，主要是由于贮存过程中，还原性物质被氧化所致。在黄酒贮存时，酒液中的尿素和乙醇继续反应，生成有害的氨基甲酸乙酯。成品酒的尿素含量越多，贮存温度越高，贮存时间越长，则形成的氨基甲酸乙酯越多。因此，要根据酒的种类、贮酒的条件、温度的变化，掌握适宜的贮存期，保证黄酒色、香、味的改善，又能防止有害成分生成过多。

（二）黍米类黄酒

黍米黄酒主要以精选颗粒饱满的黍米（当地人民俗称大黄米）为主原料，使用大曲为糖化剂，采用酒精酵母为发酵剂，经科学方法配制的一种低酒精度（5%~8%）酿造酒，在山东、甘肃等北方地区有一定市场。黍米类黄酒生产工艺要点如下：

1. 原料及质量要求

（1）黍米

外观要求色泽正常，颗粒饱满，大小均匀，纯净无杂，无霉烂变质、虫蛀现象。淀粉含量 60% 以上，水分 13% 以下，杂质 0.2% 以下。

（2）大曲

色泽正常，菌丝长，具有固有大曲香味，无杂菌，无霉烂变质现象。糖化力大于 500U/g，酸度 0.8~1g/100mL，水分 5%~10%。

（3）酒母液

由酵母菌纯培养而成，醪液中细胞数 0.8 亿个 /mL 以上，酸度 0.3g~0.4g/100mL，芽孢率 20%~25%。

（4）食用酒精

符合现行酒精国家标准的要求。

2. 浸米

将黍米倒入干净的洗涤池，加水翻洗，除去漂浮物及杂质，再用水翻洗，直至米翻洗干净为止。放清水高出米面 15~20 厘米，连续浸泡。在浸米过程中，水面应始终高出米面。浸米时间一般控制在 22~24 小时。

浸米要求：浸泡适度，均匀，米粒能以手指捻成米粉为好。浸米吸水率大约为 12%~15%。

3. 烫米

由于原料外壳较厚，单靠浸泡不易充分吸水，经过烫米操作，使原料外壳软化、吸水，颗粒松散，有利于糊化操作。具体操作为：将浸渍一定时间的黍米，放出浸渍水，直接将沸水加入黍米原料中，进行瞬间烫米操作。

4. 蒸饭

将烫过的原料，装入蒸饭甑中，进行蒸饭。米装甑后，耙平米面加盖蒸粮，以上大汽蒸 40~60 分钟，揭开甑盖，再用沸水均匀地烫米一次，加盖继续蒸粮，以圆汽再蒸 40~60 分钟。

蒸米要求：熟而不烂，光而不毛，内无生心为好。蒸饭吸水率约为 35%~40%，出饭率约为 160%~180%。

5. 加曲拌和

将蒸煮糊化的黍米原料出甑，摊晾，要求米饭均匀散开，无结团现象。降温至 40℃时，按大曲糖化力计算加入大曲量，一般为黍米原料的 9% 左右，拌匀，保温堆积糖化 1 小时，继续降温，使饭温达到入缸品温。

6. 落缸

将拌曲的原料倒入已用沸水消毒或酒精消毒的洁净缸中，每缸装 50 千克黍米蒸熟的饭量，分两次投料：第一次投料 40 千克，发酵 24 小时；第二次投料 18 千克，同时加入黍米原料的 5% 酒母液、0.25% 酒药和 240 千克清水，搅拌均匀后进行发酵。入缸品温要求春秋季为 28℃ ~29℃，冬季为 30℃ ~32℃，夏季为 27℃ ~29℃。

7. 发酵

发酵过程为边糖化边发酵。物料第一次入缸 14~17 小时，品温比入缸时高 3℃ ~4℃，即可开头耙。如果前期升温过快，品温超过 35℃，应拆除保温材料，注意控制温度。再过 8~10 小时，进行第二次搅拌，并可将缸盖移去。此后每天搅拌一次。

8. 养醅

发酵至第四天，发酵明显减弱。此时添加食用酒精，加量为 5 千克 / 缸，使发酵醪酒精度在 12% 以上，然后用塑料布双层扎紧，密封养醅。养醅的目的是继续缓慢地糖化、发酵，使酒体增强芳香、醇厚感，提高柔和、谐调感。

养醅时间根据质量要求不同而不同，分为15天、30天、40天、60天、90天等。养醅期不宜经常开启，更不宜搅拌，以免醪液酸败变质。

9. 压榨

利用压榨机进行压榨，把发酵醪中酒（液体部分）和糟粕（固体部分）分离。

10. 煎酒

利用不锈钢热交换器进行蒸汽杀菌，使酒液品温达到85℃~90℃，杀菌后的新酒液装入已灭菌的酒坛。

11. 陈酿

杀菌装坛后的新酒放入干燥、通风的酒库贮存，贮存期要求不低于6个月。

12. 勾兑、包装

按照成品酒质量指标，抽取经贮存合格的酒样进行勾兑，然后过滤、装瓶，成为符合某一产品质量标准的成品酒。

（三）特色类黄酒

1. 龙岩沉缸酒

沉缸酒是福建省龙岩生产的甜黄酒，龙岩新罗泉沉缸酒已有200多年的历史，为中国名酒之一。早在1959年，沉缸酒就被誉为福建名酒。1963年，在全国第二届评酒会上荣获国家金质奖。1980年和1983年又连续荣获国家甜型黄酒的金牌。沉缸酒以其清亮透明、浓厚醇香和酒色谐调的特点，在国外享有很高的声誉。沉缸酒生产是采用淋饭法冷却酿酒用的米饭，使用混合曲作为糖化剂和发酵剂，在糖化和发酵进行到一定阶段投入米烧酒来固定发酵醪的糖度和酒精含量，再经浸泡、压榨、煎酒和分装等工序，获得成品酒。

（1）原料配比

糯米40千克、红曲2千克、药曲0.186千克、厦门白曲0.065千克、米酒（酒精含量53%vol）34千克。

（2）生产方法

①淋饭冷却

采用淋饭法冷却酿酒用米饭。

②搭窝糖化

先用药曲和厦门白曲搭窝将米饭糖化，适时加米烧酒。

③两次加酒

米烧酒分 2 次加入。第一次先加入少量，并与红曲一起投入，待糖化继续进行 3~4 天后，再将剩余的占总量 83% 左右的米烧酒全部加入，使之达到规定的糖度和酒精含量。第二次加入米烧酒后静置 50~60 天，其间搅拌数次。浸泡结束后，压榨、煎酒、过滤、分装入瓶。

2. 宝庆状酒

宝庆状酒是湖南省邵阳地区生产的一种甜型黄酒，在民间广为流传。状酒是以优质糯米为原料，经蒸饭、淋饭法冷却、加入小曲作糖化发酵剂发酵，在酿制的甜酒酿中兑入适量的优质米酒，配以冰糖，经封坛养醅、过滤而成的甜型黄酒。其生产工艺要点如下：

（1）甜酒酿的制备

以新鲜的优质糯米为原料，经蒸煮达到熟而不腻、内无生心的米饭，将其加水冷淋，冷却至 28℃ ~30℃。淋冷后的米饭，沥去水分放入缸中（水缸事先用石灰水和开水消毒、洗涤），每缸装 15~20 千克糯米煮成的饭，加入 0.05%~0.1% 的酒药作糖化发酵剂，拌和均匀后搭成“V”字形状的凹圆窝，上面再撒上一些酒药粉（称作搭窝）。这样有利于通气均匀，有利于糖化菌的生长，也便于观察糖液的情况。采取固态糖化发酵的方式，一般经 39~48 小时窝内出现甜液，历时 3~5 天，便可获得香气清雅、舒适，口味浓甜、爽口的甜酒酿。

（2）加米酒、冰糖养醅

酿制好的甜酒酿转入较大的陶坛中，兑入截头去尾的酒度为 25%~30% 的蒸馏米酒，用量是原料糯米量的 2 倍左右（30~40 千克）。再加入锤碎的冰糖 2~3 千克，拌和，然后加盖密封酒坛养醅。在 20℃左右的温度条件下，缓慢发酵与浸渍 90~120 天。目的是逐步抑制酵母的发酵作用，使醪液中糖分相对固定；浸提甜酒醪中的有效成分，增加酒香，改善酒质，突出风格。

（3）压榨、煎酒

经长时间浸渍后，利用压榨机进行压榨，把发酵醪中酒（液体部分）和糟粕（固体部分）分离。分离后的酒糟，可进一步蒸酒后作饲料用，将获得的酒液进行蒸汽杀菌，使酒液品温达到 85℃ ~90℃，杀菌后的新酒液装入已灭菌的酒坛密封。

（4）澄清、调配

煎酒后入坛的酒液再贮存 10~14 天，将酒液中的热凝固物和冷凝固物沉入缸底。用虹吸法吸取上清酒液进行调配，分离“酒脚”。

（5）过滤、包装

调配后的酒液经过滤后，取样检测，符合某一产品质量标准后进行装瓶而为成品酒。

五、现代黄酒的生产

（一）黄酒的发展状况

中国黄酒是世界三大古酒（黄酒、葡萄酒和啤酒）之一，距今已有 5000 余年的历史，它集享用、保健和低度为一体，具有烹饪和保健等功能，加上其悠久的历史文化底蕴，被称为“天下一绝”“东方名酒之冠”。随着我国经济持续、快速发展，人们生活水平不断提高，健康、绿色、安全逐渐成为食品消费的主流，绿色、营养、保健的“中国黄酒”已被越来越多的人所认识、接受和喜爱。近年来，随着世界资讯和交通业的进一步发展与发达以及互联网在全球的进一步普及，黄酒已不再是一个地域性很强的产品。我国黄酒的发展形势喜人，各项经济指标近几年呈二位数增长。黄酒已进入发展的快车道，生产技术也有了很大的提高。新原料、新菌种、新技术和新设备的融入为传统工艺的改革、新产品的开发创造了机遇，酒质得到不断的提高。

1. 黄酒生产技术发展的特点

（1）原料多样化

除糯米黄酒外，还有粳米黄酒、籼米黄酒、黑米黄酒、高粱黄酒、荞麦黄酒、薯干黄酒、青稞黄酒等诸多品种。

（2）酒曲纯种化

运用高科技手段，从传统酒药中分离出优良纯菌种，达到用曲少、出酒率高的效果。

（3）工艺科学化

采用自流供水、蒸汽供热、红外线消毒、流水线作业等科学工艺生产，酒质好，效率高。

（4）生产机械化

蒸饭、拌曲、压榨、过滤、煎酒、灌装等均采用机械完成，机械化代替了传统的手工作业，降低了劳动强度，提高了产量和效益，尽管如此，我国黄酒产量仍远落后于其他酒种，整个行业呈现出产值低、规模小、品牌集中度不高的“低、小、散”特点。

2. 黄酒生产技术的发展趋势

（1）生产进一步机械化、自动化、大型化

从输米开始直至成品产生的整个黄酒生产过程，全部实现机械化。发酵工艺控制逐步实现自动化，微机勾兑与调味，对黄酒品质提高、酒体成型、研发低度特型新品种黄酒等起到重要作用。大型发酵罐、贮酒罐在生产上的应用，有利于扩大生产规模，稳定产品质量。

（2）生物技术促进消耗降低、节能减排

复合酶制剂、纯种根霉曲、黄酒活性干酵母等在黄酒生产中的推广应用，有利于降低传统麦曲的使用量、提高原料的出酒率。无蒸煮的生料酿酒工艺、糯米直接液态蒸煮糊化、酿酒原料的膨化预处理等新工艺，有利于节能减排。

（3）新技术的应用提高产品质量

色谱技术应用于黄酒生产与贮存过程的动态分析，探明黄酒成分与黄酒褐变、沉淀的机理。膜过滤技术减少生物大分子的沉淀和实现非热消毒，改善产品品质，延长保质期。高压催陈处理、太阳能催熟处理、磁场处理、红外辐射催陈处理等新的催陈技术，加快了酒的老熟，提高了酒的质量。

（4）适应市场开发新品种

适应消费者需求，黄酒产品逐渐向低度、营养转变，清爽型新型黄酒将成为市场的主导产品。如以海派文化及怀旧情结为代表的上海老酒、胜景山河系列新型黄酒，文化味浓郁的状元红黄酒、会稽山“纯正系列”酒、张家港的系列花色酒等，打破了黄酒的酿造传统，不仅在口味上迎合清爽、低度化的需求，而且在时尚、现代感上也有突破，使黄酒行业呈现出百花齐放、争奇斗艳的局面。

3. 代表性的现代黄酒

胜景山河生物科技股份有限公司是黄酒行业第一家高新技术企业。胜景山河·古越楼台牌黄酒是在继承中国传统黄酒特色的基础上，依托现代生物技术生产的新型黄酒品种。它以“清雅、绵甜、醇厚、滋养、融入湖湘文化”的特色而成为“湘派黄酒”的典型代表，生产工艺特点为：糯米液态蒸煮糊化、“四酶”液化与糖化、“二曲一酵母”液态混合发酵、冰点冷凝沉淀超滤等。

古越楼台牌黄酒是现代黄酒的代表，其生产工艺操作要点如下：

（1）洗米

用铁山泉水清洗糯米，洗米洗到淋出的水无白浊为度。

（2）蒸煮糊化

将洗涤好的糯米投入糊化锅，按料水比 1：5 或 1：6 加热水，在控制蒸汽压力 15MPa 的条件下蒸煮 30 分钟。淀粉颗粒经过加热，会迅速吸水膨胀，细胞壁出现裂纹，淀粉进入水中，淀粉亲水基团充分暴露并与大量水结合，形成“凝胶状”。淀粉受热吸水膨胀，从细胞壁中释放，破坏晶体结构，并形成凝胶的过程称为糊化。此时的淀粉糊遇碘液呈蓝色、紫红色。

（3）液化

将糊化醪冷却到 68℃ ~65℃，调节 pH6.5~7.0，按糯米原料量添加 0.1%（即 1kg/t 原料）的 α- 淀粉酶（酶活力为 6000U/g）、0. 2%（即 2kg/t 原料）的纤维素酶（酶活力为 6000U/g）和 0. 2%（即 2kg/t 原料）的中性蛋白酶（酶活力为 6000U/g）。用无菌压缩空气搅拌均匀后，在 68℃ ~65℃保温液化 20 分钟。

α- 淀粉酶从淀粉链内部水解 α-1，4- 葡萄糖苷键，生成支链的糊精和有 6~7 个葡萄糖苷键的寡糖。它虽然不水解 α-1，6- 葡萄糖苷键，但能绕过 α-1，6 键作用，形成短链糊精和少量麦芽糖、异麦芽糖。淀粉被水解后失掉原来的黏稠性，黏度迅速下降，糊化醪呈现液体状态，在生产中用碘试醪液不呈色则说明液化完全。纤维素酶是具有纤维素降解能力酶的总称，包括葡聚糖内切酶（能在纤维素酶分子内部任意断裂 β-1，4- 糖苷键）、葡聚糖外切酶或纤维二糖酶（能从纤维分子的非还原端依次裂解 β-1，4- 糖苷键释放出纤维二糖分子）、β- 葡萄糖苷酶（能将纤维二糖及其他低分子纤维糊精分解为葡萄糖），它能促进植物细胞壁的溶解，使更多的植物细胞内容物溶解出来，有利于淀粉酶、蛋白酶对淀粉和蛋白质等大分子的水解，从而提高原料出酒率和改善酒的品质。蛋白酶将糯米中的蛋白质水解成多肽和氨基酸，提高了醪液中可溶性氮的含量，不仅为发酵前期酵母增殖提供了充足的氮源，而且有利于减少黄酒的非生物沉淀。

（4）糖化

用食用乳酸调整醪液 pH 值至 5.5~5.6，降温到 60℃ ~63℃，按糯米原料量添加 0.25%（即 2.5kg/t 原料）的 β- 淀粉酶（50000U/g），搅拌均匀后，静置保温 30 分钟。β- 淀粉酶作用于淀粉的非还原性末端。水解 α-1，4- 糖苷键，主要生成麦芽糖、少量的葡萄糖、麦芽三糖和 β- 界限糊精，从而提高可发酵性糖的含量，为酵母生长繁殖和代谢产物生成提供充足的碳源。

（5）发酵

将糖化醪冷却至 28℃后泵入发酵罐，调醪液的 pH 值在 4.0 以下，装量为罐容的 80%。按糯米原料量分别加入 8%（即 80kg/t 原料）的麦曲粉、1%（即 10kg/t 原料）的根霉曲粉和 0.05%（即 0. 5kg/t 原料）的黄酒活性干酵母（活性干酵母使用前进行活化，按 1：50 的比例加 35℃无菌水，搅拌均匀，活化 30 分钟），也可根据产品需要，加入多肽、果汁、枸杞等辅料。

满罐后及时搅拌醪液做好控温工作，采用“二曲一酵母”进行边糖化边发酵的混合发酵方式，包括前发酵和后发酵两个阶段。利用麦曲和小曲中微生物品种多、酶系复杂、发酵后代谢产物多的特点，弥补因用专业酶产量高而成品酒欠丰满的不足；添加活性干酵母发酵，不仅提高出酒率，而且能让黄酒风格更为突出。

投料后温度控制在 25℃左右。由于微生物生长繁殖与代谢，醪液温度迅速上升，经过 8~15 小时后，醪液漂浮于液面上方形成泡盖。泡盖内的温度较高，为了保证酵母的正常生长繁殖，要用无菌压缩空气进行搅拌开头耙，并开启循环冷媒使醪液的温度降低。一般耙后温度以 28℃ ~30℃为宜。第一次开耙后每隔 3~5 小时进行第二次、第三次、第四次开耙，使醪液的温度控制在 28℃ ~32℃之间。经 5 天左右，醪液表面的泡盖消失，品温不再上升，主发酵结束。

主发酵结束后，将醪液泵入后发酵罐，在 15℃ ~18℃的低温下进行后发酵。每天一次开耙，发酵时间 25 天左右。

（6）压榨过滤

发酵好的醪液通过气膜式板框压滤机过滤，将酒糟与生酒分离。

压滤前，后酵醪液用压缩空气翻动 8~10 分钟，打入中间罐，然后缓慢向压滤机中输入醪液，用气压力不超过 0.3MPa，连续输醪 3 小时后开始压气，压力控制在 0.3~0.5MPa，压榨时间不得少于 6 小时，控制残糟率在 30% 以下时开始脱糟。

酒糟经蒸馏得到白酒后作饲料原料。

（7）澄清

在压榨过滤的酒液中加入一定量的焦糖色素，然后静置澄清 2 天，以将生酒中的少量细微悬浮固形物逐渐沉淀到清酒罐的底部，然后送入硅藻土过滤机过滤。

（8）煎酒与陈酿

煎酒前要做好酒坛的清理与杀菌等准备工作，并做好荷叶、瓦盖的杀菌。对薄板式热交换器进行清洗后，利用位差将生黄酒流入列管式热交换器，煎酒温度保持在 88℃ ~92℃，时间 8~10 分钟。杀菌后的黄酒趁热装入已灭菌的酒坛，扎坛封口要紧密快速，倒地转三周无泄漏为合格，及时加盖生产日期。坛口用熟泥密封，待泥头干燥后转入酒库贮存老熟，使其产生黄酒特殊的香气与风味。普通酒贮存时间为 1 年，优质酒贮存时间 2 年以上。

（9）勾兑调配

根据某一产品的质量要求，将贮存合格的酒进行勾兑和调配，使其符合出厂质量标准。

（10）低温过滤

将调配后的酒液迅速降温，在 −5℃下静置澄清 24~48 小时后，先经硅藻土过滤机粗滤，再用 0.1μm 膜过滤机进行超滤。

（11）灌装杀菌

对包装用的酒瓶、酒坛进行清洗，检验达到要求后，进行灌酒、压盖与检验。然后进行杀菌，开动蒸汽，逐步升温，杀菌温度控制在 78℃ ~81℃（春秋为 80℃、夏季为 81℃、冬季为 78℃）。杀菌时间视瓶子材质、容量而定，玻璃瓶保温杀菌 10~15 分钟，陶瓷坛一般保温杀菌 15~20 分钟。达到杀菌条件后逐渐冷却至室温，进行贴标、外包装与装箱。

六、黄酒的功效

黄酒色泽鲜明，香气浓，口味醇厚，酒性柔和，酒精含量低，含有 13 种以上氨基酸（其中有人体自身不能合成但必需的 8 种氨基酸）和多种维生素及糖胺等多量浸出物。黄酒有相当高的热量，被称为“液体蛋糕”。

黄酒除可作为饮料外，在日常生活中也将其作为烹调菜的调味剂或“解腥剂”，另外，在中药处方中常用黄酒浸泡、炒煮、蒸炙某种草药，又可用其调制某种中药丸或炮制各种药酒，是中药制剂中用途广泛的“药引子”。

七、黄酒的保存方法

成品黄酒都要进行灭菌处理才便于贮存。通常的方法是用煎煮法灭菌，用陶坛盛装。酒坛以无菌荷叶和笋壳封口，又以糖和黏土等混合加封，封口既严实又便于开启。酒液在陶坛中，越陈越香，这就是黄酒被称为“老酒”的原因。

八、黄酒的饮用和服务

黄酒在中国南方较为普及。由于那里气候常年湿润，阴雨连天，正好黄酒的酒性属温补，饮后体内慢热，并可持续很长时间，所以住在那里的人们喜欢将黄酒加热后饮用，用于驱除体内寒气。与中国白酒一样，黄酒也多半出现在中餐厅，秋、冬季是饮用黄酒的最佳时节。

黄酒的传统饮法是温饮，即将盛酒器放入热水中烫热或直接烧煮，以达到其最佳饮用温度。温饮可使黄酒酒香浓郁，酒味柔和。在中餐厅中客人向服务员点黄酒后，服务员应告知客人黄酒需加热，请客人稍等，并向客人询问加热的程度，听清楚后马上去吧台将客人的需求告知调酒员。如客人需要特别加热，则将黄酒拿去厨房，让厨师将黄酒倒入锅中，用炉火加热直至完全煮沸。如客人只需温热、那只要将黄酒倒入瓷制的酒壶中，放在盛有开水的冰桶里，将冰桶放在客人桌旁，慢慢温热即可。同时，还要在客人的杯中放 1 粒话梅，将会使黄酒醇厚的香味中增添一份果香。如果没有的话，用杏干、梅子也可。倒酒前，先将酒壶外面擦拭干净，保证无水迹，这样，在为客人倒酒时就不会有水滴在桌上或客人身上，造成不必要的麻烦。另外，瓷制用具是热的不良导体，散热较慢，服务时要特别小心。

黄酒也可在常温下饮用。另外，在我国香港和日本，流行加冰后饮用，即在玻璃杯中加入一些冰块，注入少量的黄酒，最后加水稀释饮用，有的也可以放一片柠檬入杯。

在饮用黄酒时，如果菜肴搭配得当，则更可领略黄酒的特有风味，以绍兴酒为例，其常见的搭配有以下几种：

（1）干型的元红酒，宜配蔬菜类、海蜇皮等冷盘。

（2）半干型的加饭酒，宜配肉类、大闸蟹。

（3）半甜型的善酿酒，宜配鸡鸭类。

（4）甜型的香雪酒，宜配甜菜类。

九、中国名优黄酒

（一）绍兴酒

1. 产地

绍兴酒，简称“绍酒”，产于浙江省绍兴市。

2. 历史

据《吕氏春秋》记载：“越王之栖于会稽也，有酒投让，民饮其流而战气自信。”可见在2000多年前的春秋时期，绍兴已经产酒。到南北朝以后，关于绍兴酒有了更多的记载。南朝《金经子》中说：“银陵贮由阴（绍兴古称）酒，时复进之。”宋代的《北山酒经》中亦认为：“东浦（东浦为距绍兴市西北10余里的村名）酒最良。”到了清代，有关黄酒的记载就更多了。20世纪30年代，绍兴境内有酒坊达2000余家，年产酒量6万多吨，产品畅销中外，在国际上享有盛誉。

3. 特点

绍兴酒具有色泽橙黄清澈、香气馥郁芬芳、滋味鲜甜醇美的独特风格，绍兴酒有越陈越香、久藏不坏的优点，人们说它有“长者之风”。

4. 工艺及主要品种

绍兴酒在制作工艺上一直恪守传统，冬季“小雪”淋饭（制酒母），至“大雪”摊饭（开始投料发酵），到翌年“立春”时开始榨酒，然后将酒煮沸，用酒坛密封盛装，进行贮藏，一般3年后才投放市场。但是，不同的品种，其生产工艺又略有不同。

（1）元红酒

元红酒又称状元红酒，因在其酒坛外表涂朱红色而得名。酒度在15%以上、糖分为0.2%~0.5%，需贮藏1~3年才能上市。元红酒酒液橙黄透明，香气芬芳，口味甘爽微苦，有健脾作用。元红酒是绍兴酒家族的主要品种，产量最大，且价廉物美，深受广大消费者的欢迎。

（2）加饭酒

加饭酒是在元红酒的基础上精酿而成的。酒度在18%以上，糖分在2%以上。加饭酒酒液橙黄明亮，香气浓郁，口味醇厚，宜于久藏（越陈越香）。饮时加温，则酒味尤为芳香，适当饮用可增进食欲，帮助消化、消除疲劳。

（3）善酿酒

善酿酒又称“双套酒”，始创于1891年。其工艺独特，是用陈年绍兴元红酒代替部分水酿制的加工酒，新酒需陈酿1~3年才能供应市场。酒度在14%左右，糖分在8%左右，酒色深黄，酒质醇厚，口味甜美，芳馥异常，是绍兴酒中的佳品。

（4）香雪酒

香雪酒为绍兴酒的高档品种，以淋饭酒拌入少量麦曲，再用绍兴酒糟蒸馏而得到的50度白酒勾兑而成。酒度在20%左右，含糖量在20%左右，酒色金黄透明。经陈酿后，此酒入口鲜甜、醇厚，既不会有白酒的辛辣味，又具有绍兴酒特有的浓郁芳香，深受广大国内外消费者的欢迎。

（5）花雕酒

在贮存的绍兴酒坛外雕绘五色彩图，这些彩图多为花鸟鱼虫、民间故事及戏剧人物，具有民族风格，习惯上称为“花雕酒”或“远年花雕”。

（6）女儿酒

浙江地区有这样一种风俗，生子之年，选酒数坛，泥封窖藏。待子到长大成人婚嫁之日，方开坛取酒宴请宾客。生女时称其为“女儿酒”或“女儿红”，生男则称为“状元红”。因经过20余年的封存，酒的风味更臻香醇。

5. 荣誉

绍兴酒曾于1910年获南洋劝业会特等金牌；1924年在巴拿马赛会上获银奖章；1925年在西湖博览会上获金牌；1963年和1979年绍兴酒中的加饭酒被评为我国十八大名酒之一，并获金质奖；1985年又分别获巴黎国际旅游美食金质奖和西班牙马德里酒类质量大赛的景泰蓝奖；1995年在巴拿马万国博览会上获得一等奖；2006年1月，浙江古越龙山绍兴酒股份有限公司生产的十年陈酿半干型绍兴酒首批通过国家酒类质量认证。

（二）即墨老酒

1. 产地

即墨老酒产于山东省即墨。

2. 历史

公元前722年，即墨地区（包括崂山）已是一个人口众多、物产丰富的地方。这里土地肥沃，黍米高产（俗称大黄米），米粒大、光圆，是酿造黄酒的上乘原料。当时，黄酒作为一种祭祀品和助兴饮料，酿造极为盛行。在长期的实践中，“醪酒”风味之雅、营养之高，引起人们的关注。古时地方官员把“醪酒”当作珍品向皇室进贡。相传，春秋时齐国君齐景公朝拜崂山仙境，谓之“仙酒”；战国齐将田单巧摆火牛阵，大破燕军，谓之“牛酒”：秦始皇东赴崂山索取长生不老药，谓之“寿酒”；几代君王开怀畅饮此酒，谓之“珍浆”。唐代中期，“醪酒”又称“骷辘酒”。到了宋代，人们为了把酒史长、酿造好、价值高的“醪酒”同其他地区的黄酒区别开来，以便于开展贸易往来，又把“醪酒”改名为“即墨老酒”，此名沿用至今。清代道光年间，即墨老酒产销进入极盛时期。

3. 特点

即墨老酒酒液墨褐带红，浓厚挂杯，具有特殊的糜香气。饮用时醇厚爽口，微苦而余香不绝。据化验，即墨老酒含有 17 种氨基酸、16 种人体所需要的微量元素及酶类维生素。每千克老酒的氨基酸含量比啤酒高 10 倍，比红葡萄酒高 12 倍，适量常饮能驱寒活血，舒筋止痛，增强体质，加快人体新陈代谢。

4. 成分

即墨老酒以当地龙眼黍米、麦曲为原料，以崂山“九泉水”为酿造用水。

5. 工艺

即墨老酒在酿造工艺上继承和发扬了“古遗六法”，即“黍米必齐，曲蘖必时、水泉必香、陶器必良、湛炽必洁、火剂必得”。所谓黍米必齐，即生产所用黍米必须颗粒饱满均匀，无杂质；曲蘖必时，即必须在每年中伏时，选择清洁、通风、透光、恒温的室内制曲，使之产生丰富的糖化发酵酶，陈放一年后，择优选用；水泉必香，即必须采用质好、含有多种矿物质的崂山水；陶器必良，即酿酒的容器必须是质地优良的陶器；湛炽必洁，即酿酒用的工具必须加热烫洗，严格消毒；火剂必得，即讲究蒸米的火候，必须达到焦而不糊、红棕发亮、恰到好处。

中华人民共和国成立前，即墨老酒属作坊型生产，酿造设备为木、石和陶瓷制品，其工艺流程分浸米、烫米、洗米、糊化、降温、加曲保温、糖化、冷却加酵母、入缸发酵、压榨、陈酿、勾兑等。

中华人民共和国成立后，即墨县黄酒厂对老酒的酿造设备和工艺进行了革新，逐步实现了工厂化、机械化生产。炒米改用产糜机，榨酒改用不锈钢机械，仪器检测代替了目测、鼻嗅、手摸、耳听等旧式质量鉴定方法，并先后采用高温糖化、低温发酵、流水降温等新工艺，运用现代化科学技术手段对老酒的理化指标进行控制。现在生产的即墨老酒酒度不低于11.5%，含糖量不低于10%，酸度在0.5%以下。

6. 荣誉

即墨老酒产品畅销国内外，深受消费者好评，被专家誉为我国黄酒的“北方骄子”和“典型代表”，被视为黄酒之珍品。即墨老酒在1963年和1974年的全国评酒会上先后被评为优质酒，荣获银牌；1984年在全国酒类质量大赛中荣获金杯奖。

（三）沉缸酒

1. 产地

沉缸酒产于福建省龙岩县。

2. 历史

沉缸酒的酿造始于明末清初，距今已有170多年的历史。传说，在距龙岩县城30余里的小池村，有位从上杭来的酿酒师傅，名叫五老官。他见这里有江南著名的“新罗第一泉”，便在此地开设酒坊。刚开始时他按照传统酿制方法，以糯米制成酒醅，得酒后入坛，埋藏3年出酒，但酒度低、酒劲小、酒甜、口淡。于是他进行改进，在酒醅中加入低度米烧酒，压榨后得酒，人称“老酒”。但他还是觉得不够醇厚。他又两次加入高度米烧酒，使老酒陈化、增香，这才酿出了如今的“沉缸酒”。

3. 特点

沉缸酒酒液鲜艳透明，呈红褐色，有琥珀光泽，酒味芳香扑鼻，醇厚馥郁，饮后回味绵长。此酒糖度高，无一般甜型黄酒的稠黏感，使人们得到糖的清甜、酒的醇香、酸的鲜美、曲的苦味，当酒液触舌时，各味毕现，风味独具。

4. 成分

沉缸酒是以上等糯米以及福建红曲、小曲和米烧酒等经长期陈酿而成。酒内含有碳水化合物、氨基酸等富有营养价值的成分。其糖化发酵剂白曲是由冬虫夏草、当归、肉桂、沉香等30多种名贵药材特制而成的。

5. 工艺

沉缸酒的酿法集我国黄酒酿造的各项传统精湛技术于一体，用曲多达4种。有当地祖传的药曲，其中加入冬虫夏草、当归、肉桂、沉香等30多味中药材；有散曲，这是我国最为传统的散曲，通常作为糖化用曲；有白曲，这是南方所特有的米曲；红曲更是酿造龙岩酒的必加之曲。酿造时，先加入药曲、散曲和白曲，酿成甜酒酿，再分别投入著名的古田红曲及特制的米白酒陈酿。在酿制过程中，一不加水，二不加糖，三不加色，四不调香，完全靠自然形成。

6. 荣誉

1959 年，沉缸酒被评为福建省名酒；在第二、三、四届全国评酒会上 3 次被评为国家名酒，并获得国家金质奖章；1984 年，在轻工业部酒类质量大赛中，荣获金杯奖。

第四节　露酒、清酒及其服务

一、露酒

露酒营养丰富、品种繁多、风格各异，具有悠久的历史渊源。在后汉时期，张仲景在《金匮要略》中记载的用红花制成的红兰酒，东汉名医华佗所著《中藏经》中记载的以黄精杞等配制的“延寿酒方”，均属于露酒的范畴。露酒充分汲取了中国“药食同源”的理论与实践经验，以中医学和养生学理论为基础，具有丰富的原料资源优势，悠久的饮食、养生及饮酒文化内涵，是集营养、保健、佐餐、助兴于一体的理想饮品。

（一）露酒的基本概念

1. 露酒名称的确立

1994 年，全国标准化委员会批准了露酒酒种的名称，并批准颁布了中华人民共和国露酒行业标准（QBT1981-94）。在此标准中，露酒被定义为以蒸馏酒、发酵酒或食用酒精（GB10343）为酒基，以食用动植物、食品添加剂作为呈香、呈味、呈色物质，按一定生产工艺加工而成的，改变了原酒基风格的饮料酒。

露酒属于配制酒的范畴，具有营养和功能型的露酒又称保健酒。常见的露酒有乌鸡酒、鞭酒、阿胶酒、蚂蚁酒、杞酒和青梅酒等，国家名酒竹叶青酒、园林青酒、劲酒和宁夏红等是露酒产品的典型代表。

2. 国家标准对露酒的定义

在我国最新的饮料酒分类国家标准 GB/T17204-2008 中，露酒被重新定义为以发酵酒、蒸馏酒或食用酒精为酒基，加入可食用或药食两用的辅料或食品添加剂，进行调配、混合或再加工制成的、已改变了其原酒基风格的饮料酒。标准中还对露酒的适用范围进行了规范，确定露酒包括植物类露酒、动物类露酒、动植物类露酒以及其他类露酒，并明确把露酒等同于配制酒。

（二）露酒的分类方法

露酒的种类很多，分类方法各异。除了常见的如同国家标准中按香源的分类方法之外，还有一些其他的习惯分类方法，如按生产工艺的分类、按保健作用的分类等。

1. 按香源物质分类

这是行业管理及生产厂家常用的分类方法，也是国家标准中作为分类依据的主要方法。

（1）植物类露酒

该类酒是指利用食用或药食两用植物的花、叶、根、茎、果为香源及营养源，经再加工制成的、具有明显植物香及有用成分的配制酒。

在我国最新的饮料酒分类国家标准 GB/T17204-2008 中，明确地把果酒（浸泡型）列入植物类露酒中，并将果酒（浸泡型）定义为利用水果的果实为原料，经浸泡等工艺加工制成的、具有明显果香的配制酒。

植物类露酒常常以植物的根、茎、叶、花、果、种子为呈色、呈香、呈味的原料，以食用酒精、白酒、黄酒、葡萄酒及各种原料的果实酒为酒基，依原材料性能确定生产工艺及产品风格。

植物类露酒产品要求为：植物的花、果原料主要突出原花或原果的香味特点；香辛植物类原料，应具有典型香气及诸香谱调；滋补疗效类原料，不宜过于侧重配伍，应体现香、味整体效果，并具本品特有的色泽。

（2）动物类露酒

该类酒是指利用食用或药食两用动物及其制品为香源及营养源，经再加工成的、具有明显动物有用成分的配制酒。

动物类露酒常常以动物的整体或皮、体、骨、角、尾等部位为呈色、呈香、呈味的原料，以食用酒精、白酒、黄酒、葡萄酒及各种原料酿造的果实酒为酒基，依原料性能确定生产工艺。

动物类露酒产品要求具酒香和动物原料的脂香，诸香和谐，香、味一体，并就其选用的原料，具有某些补益功能以及本品应有的色泽。

（3）动植物类露酒

该类酒是指同时利用动物、植物有用成分制成的配制酒。

动植物类露酒常常以植物及动物的各部位为呈色、呈香、呈味原料，以各种粮谷类、果实类原料酿造的酒为酒基，依原料性能确定生产工艺。

动植物类露酒产品要求以动物或植物香为主体，香气谐调，其选料具有某些补益功能，具本品应有的色泽。

2. 按生产工艺分类

这是行业管理及生产厂家常用的分类方法，也归入国家标准中认可的其他类露酒范畴。

（1）再蒸馏型

再蒸馏型露酒是以植物及动物的各部位为呈色、呈香、呈味原料，将原料用食用酒精或白酒先进行浸泡，再与酒共同蒸馏，馏液为香料液，依选用原料及调配技术，确定产品风格。

再蒸馏型露酒要求产品无色或微黄，具本品特有香气，诸香和谐，酒质纯正。

（2）直接调配型

直接调配型露酒是将食用酒精经脱臭处理后，直接调入商品香精，或调入各种方法制得的香料进行配制。

直接调配型露酒可以用食用色素着色，具鲜艳的色泽和浓郁的香气，酒度和糖含量高近似国际利口酒类型，属餐后酒或调制鸡尾酒的调配用酒。

3. 按保健作用分类

这是生产厂家及消费者常用的习惯分类方法。

根据卫生部对保健食品的具体要求，其保健功能分别有免疫调节、调节血脂、调节血糖、延缓衰老、改善记忆、改善视力、促进排铅、清咽润喉、调节血压、改善睡眠、促进泌乳、抗突变、抗疲劳、耐缺氧、抗辐射、减肥、促进生长发育、改善骨质疏松、改善营养性贫血、对化学性肝损伤有辅助保护作用、美容（祛痤疮、祛黄褐斑、改善皮肤水分和油分）、改善胃肠道功能（调节肠道菌群、促进消化、润肠通便、对胃黏膜有辅助保护作用）、抑制肿瘤（原卫生部已于 2000 年 1 月暂停受理和审批）等。

上述功能可以作为保健酒开发研究的对象，但在具体的实施过程中则必须结合实际能力和生产条件而定，行业管理中也不过多地强调保健疗效。保健类露酒主要有以下两种：

（1）营养型露酒

营养型酒是指根据中医理论，针对不同的消费人群，采用动、植物中的微量元素、维生素、活性物质（核酸、激素、黄酮类）等各种营养成分，进行科学配比并以调整机体内外环境的平衡或增加机体免疫功能为目标而制成的配制酒。营养型露酒产品要求动、植物及其他添加物中各种营养成分，能够以基酒为载体被人体吸收并迅速发挥作用，如人参酒、八珍酒、蔓仙延寿酒、百益长春酒以及周公百岁酒等。

（2）功能型露酒

功能型露酒是指针对人体的某种生理功能将要或已经发生变化时，如感觉器官、神经功能发生退行性变化时，利用中草药中的营养成分及特殊的药理作用预防改善或延缓这种现象的发生，在提高机体功能的基础上，重点突出某种作用而制成的配制酒。

功能型露酒是既适用于特定群食用，又有调节机体功能的作用，但并不以治疗为目的的饮料酒。其同时必须具备三种属性，即食品属性、功能属性、特定的功能属性。

功能型露酒采用的中草药往往味苦而难于被人们接受，但酒却是受欢迎的饮品。酒与药的结合，弥补了药苦的缺陷，也改善了酒的风味，相得益彰。功能型露酒的功效通过配方溶解于酒中的有效成分的综合效果来体现、利用基酒将配方原材料的香气及有效成分最大限度地提取出来，酒助药成、药借酒力，互相促进。

功能型露酒中有美容功能的有红颜酒、换骨酒、桃花酒、五加泽肤酒以及中山还童酒等。具有医疗功能的有虎骨酒、枸杞酒、国公酒、止痢酒以及接骨草酒等。其中，北京虎骨酒蜚声中外，它选取虎骨、虎经为主料，配以人参、鹿茸、麝香、牛黄等多种名药材陈酿而成，有缓解动脉硬化等作用，对跌打损伤、筋骨疼痛、手足麻木等症状有辅助调节作用。

（三）露酒的生产要素

露酒产品的生产，主要包括辅料处理、香源成分提取、酒基选择、调配和后处理等过程。露酒产品要求香气谐调，口味舒顺、醇和、适口，保留各种香源材料的有效成分，体现露酒产品特点，注重产品风味，兼补益功能，加强工艺处理，以保持产品质量稳定性。

作为配制酒，露酒的生产要素主要包括原材料中的酒基、辅料以及生产用水等。

1. 原材料

（1）酒基的选择

露酒生产所用的基础酒简称基酒或酒基，是决定产品风格的重要因素。原则上，白酒、食用酒精、黄酒和果酒均可用作露酒的基酒，所用基酒必须符合国家标准，尤其是卫生指标，不得有异香、邪杂味。优级食用酒精可直接使用，无需进行处理。酒基选择的原则是依露酒产品风格而定：花果香源型，宜选择食用酒精、葡果类酒品为基，以衬托花果香源的芳香特点。植物、动物香源型，宜选择黄酒或清香型、米香型白酒，突出醇厚、浓郁的特点。浓香和酱香型白酒由于其香味成分含量高，自身风格突出，会对露酒固有风格的典型性造成影响，皆不宜选用。

（2）辅料及食品添加剂

露酒产品是饮料酒中辅料取材最广泛的酒种。露酒生产中所使用的料包括食用果蔬、药食同源的物品、可用于保健食品的中草药或动物类等，但野生动物应慎重选用，不可违反国家野生动物保护法。

①露酒中常用的动植物材料

我国地域广袤，各种动植物品种繁多，如宫丁、枸杞、人参、当归、动物、动物的骨等。可以说，凡是中医能够入药的品种，基本上都能按照生产工艺生产露酒。特别是近年来随着科技的发展，原料的应用范不断扩大。

A. 植物香源物质

草类：主要有刺草、白色蕙草、迷迭香、牛至等；

根及根茎类：主要有龙根、当归根、大黄等；

花类：主要有刺槐、香石竹、母菊、玫瑰、香橙花、梨花、茉莉、菊花、桂花等；

树皮类：主要有桂皮、奎宁等；

干燥籽实类：主要有茴香、橡子、黑胡椒等；

野生果：主要有红景天、刺梨等。

植物资源因品种、产地、种植方法、环境条件不同，即使同一种植物，其功效成分的种类和含量也会有很大的差距。为保证原料的质量，最好固定进自同一产地的品种。如宁夏红果的制备，专门选择宁夏产枸杞。

B. 动物香源物质

全动物类：主要有水蛭、地龙、全蝎、蜈蚣、海龙、海马、蚂蚁、金钱白花蛇等；

角骨类：主要有鹿茸、鹿角、羚羊角、水牛角、龟甲、鳖甲、豹骨、虎骨等；

贝壳类：主要有牡蛎、石决明、珍珠母等；

脏器类：主要有熊胆、鸡内金、海狗肾、鹿、鹿胎等；

骨胶类：主要有阿胶、鹿角胶、甲胶、龟甲胶、水牛角浓缩粉等；

制品类：主要有珍珠、牛黄、麝香、僵蚕、蝉蜕、蛇蜕、蜂胶、蜂蜜、人工牛黄等。

②露酒中常用的药食同源物品

作为露酒材料，不需做毒理、病理等试验，可缩短产品研制时间。原卫生部公布的（2002）51号文件《关于进一步规范保健食品原料管理的通知》中，对药食同源物品做出具体规定，入选原料如下：

丁香、八角茴香、刀豆、小茴香、小蓟、山药、山楂、马齿苋、乌梢蛇、乌梅、木瓜、火麻仁、代代花、玉竹、甘草、白芷、白果、白扁豆、白扁豆花、龙眼肉（桂圆）、决明子、百合、肉豆蔻、肉桂、余甘子、佛手、杏仁（甜、苦）、沙棘、牡蛎、芡实、花椒、赤小豆、阿胶、鸡内金、麦芽、昆布、枣（大枣、酸枣、黑枣）、罗汉果、郁李仁、金银花、青果、鱼腥草、姜（生姜、干姜）、枳子、枸杞子、栀子、砂仁、胖大海、茯苓、香橼、香薷、桃仁、桑叶、桑葚、橘红、桔梗、益智仁、荷叶、莱菔子、莲子、高良姜、淡竹叶、淡豆豉、菊花、菊苣、黄芥子、黄精、紫苏、紫苏籽、葛根、黑芝麻、黑胡椒、槐米、槐花、蒲公英、蜂蜜、榧子、酸枣仁、鲜白茅根、鲜芦根、蝮蛇、橘皮、薄荷、薏苡仁、薤白、覆盆子、藿香。

③露酒中常见的有用成分及功能

A. 黄酮类

黄酮类化合物是泛指两个具有酚羟基的苯环（A- 与 B 环）通过中央三个碳原子（C 环）相互连接构成的一系列化合物，用 C6-C3-C6 表示。

黄酮类化合物在植物体内多以游离态或与糖结合成苷的形式存在，是许多药用植物的主要活性成分。它包括二氢黄酮、二氢黄酮醇、皮素、黄碱素、山柰素、黄醇、异黄酮和儿茶素等。

黄酮类化合物主要存在于水果、菜和植物中，有很好的抗氧化、抗炎和抗病毒作用。现有研究证实，从植物中提取的黄酮类化合物有多种药理作用，尤其对于心脑血管有保护作用。

B. 花色素

花色素是存在于植物中的一类水溶性天然色素，属黄酮类多酚化合物，主要有花青素和花黄素。

花黄素广泛分布在植物组织细胞中，主要在植物的花、果、叶、茎或根中，在自然状态下以糖苷的形式存在。

花色素不仅使酒液呈现美丽色泽，而且是具有多种保健功能的生物活性物质。花色素有抗氧化的功能，它能消除体内的自由基，有抗衰老作用；可降低胆固醇水平，有抗血小板凝聚的作用；还可降低毛细血管壁的通透性和增强毛细血管的弹性。因此可通过改善微循环来防治与心血管有关的一些疾病，例如糖尿病、动脉粥样硬化等。

C. 单宁

单宁又名鞣酸或鞣质，广泛分布在植物的茎、皮、根、叶或果实的表皮或果核中，易溶于水或乙醇。单宁是一类结构复杂的多元酚类物质，具有收敛性，呈黄白色至淡褐色，无定形粉、片、块状物。果实成熟时单宁含量低，有清凉感，否则呈涩苦味。其主要成分是多元酚基和羧基的有机物质。

露酒中的单宁主要来源于贮存在橡木桶的陈化时期。橡木是一种活性物质，它既能呼吸又能释放优质单宁。单宁有氧化和氧化还原作用，因此它能优化露酒的品质又能保持不同酒的不同特性。不同酒龄的露酒其所含有单宁的量不相同，因而其质感也多异。

D. 多糖

植物中的多糖种类很多，如黄精多糖、香菇多糖、灵芝多糖、松茸多糖、枸杞多糖等。多糖无色无异味，不影响酒的品质，具有延缓人体衰老的作用。

2. 水质

水是酿酒行业的主要基础物质，其质量是否符合标准规定要求，会直接影响到露酒的质量。露酒生产的一般用水要求达到生活饮用水卫生标准的规定，而用于直接勾调酒品，应采用净化及软化处理过的水。

水质净化处理方法主要有砂滤、炭滤、曝气法，硅藻土过滤法、活性炭吸附过滤法、砂滤棒过滤法等。

水的软化处理方法主要有煮沸法、加石灰软化法、石灰纯碱法、离子交换法、电渗析和反透法等。软水硬度低，溶解在水中的碱金属盐含量少，有利于酒液的贮存和酒质的稳定。水的总硬度应控制在 1.783mmo/L 以下。

（四）露酒的鉴别方法

露酒应具有正常的色泽，澄清发亮。如果出现混浊沉淀或杂质，则为不合格产品，大多是受到外界污染或由粗制滥造所致。不同的露酒具有不同的香气和口味特征，原则上应无异味，口感醇厚爽口。出现异味的原因一般是酒基质量低劣，香料或中药材变质，配制不合理等。

目前，市场上有不少伪劣露酒，经理化检验，发现多是用酒精、香精、糖精和食用色素加水兑制而成的。这种劣质露酒口味淡薄，而且涩口。甚至有不法分子用染料代替食用色素兑制劣质酒。这些染料属于偶氮染料，是致癌物。我国《食品添加剂使用卫生标准》（GB2760-200）规定，只许使用相对较安全的 5 种食用合成色素，并规定最大用量和使用范围，还对食用色素质量、纯度都做了严格规定。可见，饮用滥用食用色素和合成料制成的露酒对人体十分有害。

食用色素及染料的简易鉴别方法如下：把一片白纸浸入酒中，数分钟后捞起，用清水清洗，冲洗后所染颜色基本不变说明此染料是非食用色素。但需注意，若颜色基本洗净，也不一定就是食用色素，因为酸性染料都具备这一特点。

（五）露酒的主要名品及产地

1. 竹叶青酒

（1）概念

竹叶青以优质汾酒为基酒，配以十余种名贵药材，采用独特生产工艺加工而成。它清醇甜美的口感和显著的养生保健功效从唐、宋时期就为人们所肯定，是我国传统的保健名酒。

国家卫生监督检验所运用先进的检测手段，经过严格的动物和人体试食实验得出的科学数据进一步证明，竹叶青酒具有促进肠道双歧杆菌增殖、改善肠道菌群、润肠通便、增强人体免疫力等保健功能。竹叶青牌竹叶青酒与汾酒属同一产地，属于汾酒的再制品。它以汾酒为原料，另以冰糖、白糖、竹叶、陈皮等 12 种中药材为辅料。竹叶青酒颜色金黄透亮，有品体感，酒度不大，饮后使人心旷神怡，且有润肝健体的功效。经科学鉴定，竹叶青酒具有和胃、除烦、消食的功能。药随酒力穿筋入骨，对心脏病、高血压、冠心病和关节炎都有一定的疗效。

（2）起源

竹叶青作为中国名酒之一，其历史可最早追溯到南北朝。

竹叶青酒是汾酒的再制品，它与汾酒一样拥有古老的历史。传说很早每年要举行一次酒会。逢酒会这天，大小酒坊的老板都把自己作坊里当年酿的酒拿到酒会上，由酒会会长主持，让众人品尝，从中排列出名次来。南梁简文帝萧纲有诗云："兰羞荐俎，竹酒澄芳。"该诗说的是竹叶青酒的香型和品质。南北朝诗人庾信在《春日离合二首》诗中说："田家足闲暇，士友暂流连。三春竹叶酒，一曲鹍鸡弦。"这优美的诗句，描写了田家农舍的安适清闲，也记载了竹叶青酒。由此可见，杏花村竹叶青酒早在 1400 多年前就是酒中珍品了。另有诗云，"一杯老白汾提神添寿，三杯竹叶青返老还童"。可见，竹叶青酒的保健功能早已为人们所熟知。

（3）生产工艺

最古老的竹叶青酒只是单纯地加入竹叶浸泡，因其色味美，故名"竹叶青"。而今的竹叶青酒是以汾酒为基酒，配以广木香、公丁香、竹叶、陈皮、砂仁、当归、零香、紫檀香等十多种名贵药材及冰糖、白砂糖浸泡配制而成。杏花村汾酒厂专门设有竹叶青酒配制车间。竹叶青酒的配制方法：将药材放入小坛，在 70° 的汾酒里浸泡，取出药液放进陶瓷缸里 65° 的汾酒里。再将糖液加热取出液内杂质，过滤冷却，倒入已加药液的缸中，搅拌均匀，封闭缸口，澄清数日，取清液过滤入库。再经陈贮、勾兑、品评、检验、装瓶、包装等 128 道工序制成成品出厂。

（4）主要产地

竹叶青的主要产地为山西汾阳杏花村汾酒股份有限公司。

（5）鉴别

竹叶青酒色泽金黄兼翠绿，酒液清澈透明，芳香浓郁，酒香药香协调均匀，入口香甜，柔和爽口，口味绵长。酒度为 45%，糖分为 10%。

（6）饮用与服务

经专家鉴定，竹叶青酒具有养血、舒气、和胃、除烦和消食的功能。有的医学家认为，竹叶青酒对心脏病、高血压、冠心病和关节炎等疾病也有明显的医疗效果，少饮久饮，有益身体健康。竹叶青酒适合成年人饮用，尤其适合中老年人及女性。但下列人员不宜饮用：未成年人、妇女（妊娠期、乳期、月经期）、酒精过敏者、脏器功能不全者。饮用方法：不宜空腹饮用，夏天加冰及汽水或矿泉水饮用效果更佳。饮用竹叶青酒以每日100~150毫升为宜。

2. 五加皮酒

（1）概念

五加皮酒，又称五加皮药酒、致中和五加皮酒，是拥有悠久历史的浙江名酒，由多种中药材配制而成。

（2）起源

关于它的配制有一段优美的传说。传说，东海龙王的五公主佳婢下凡到人间，与凡人致中和相爱。因生活艰难，五公主提出要酿造一种既健身又治病的酒，以补贴家用。五公主让致中和按她的方法酿造，并按一定比例投放中药。在投放中药时，五公主唱出一首歌："一味当归补心血，去淤化湿用姜黄，甘松醒脾能除恶，散滞和胃广木香。薄荷性凉清头目，木瓜舒络精神爽。独活山楂镇湿邪，风寒顽痹屈能张。五加树皮有奇香，滋补肝肾筋骨壮。调和诸药添甘草，桂枝玉竹不能忘。凑足地支十二数，增增减减皆妙方。"原来这歌中含有12种中药，这首歌道出的便是五加皮酒的配方。五公主将酒取名"致中和五加皮酒"。此酒问世后，黎民百姓、达官贵人纷至沓来，捧碗品学，酒香飘逸扑鼻，生意越做越好。

（3）生产工艺

五加皮酒选用五加皮、砂仁、玉竹、当归、桂枝等20多味名贵中药材，用糯米陈白酒浸泡，再加精白糖和本地特产蜜酒制成。

（4）主要产地

五加皮酒，产于浙江省建德市梅城镇，是拥有悠久历史的浙江名酒。

（5）鉴别

五加皮酒能舒筋活血、祛风湿，长期服用可延年益寿。五加皮酒酒度40%，含糖6%，呈褐红色，清澈透明，具有多种药材综合的芳香，入口酒味浓郁，调和醇滑，风味独特。

（6）饮用与服务

五加皮酒于18世纪末在新加坡国际商品展览会上获取金奖；在1963年、

1979 年全国评酒会上获国家名酒称号。周恩来总理曾把五加皮酒当作国礼赠送给外国友人。不少国家还把它作为国宴上不可缺少的珍贵饮品。

五加皮酒的饮用方法：口服、温服。每次 10~20 毫升，一日 2 次。

3. 莲花白酒

（1）概念

莲花白酒采用新工艺，以陈酿高粱酒辅以当归、何首乌、肉豆蔻等 20 余种有健身乌发功效的名贵中药材，取西峡名泉——五莲池泉水酿制而成。

莲花白酒于 1924 年全国铁路展览会上获得特等奖；1979 年和 1985 年，在第三届、第四届全国评酒会上，均被评为国家优质酒；1984 年，在轻工业部酒类质量大赛中，荣获金杯奖。

（2）起源

莲花白酒是北京地区历史悠久的著名佳酿之一，该酒始于明朝万历年间。据徐珂编撰的《清稗类钞》中记载："瀛台种荷万柄，青盘翠盖，一望无涯。孝钦后每令小阉采其蕊，加药料，制为佳酿，名莲花白。注于瓷器，上盖黄云缎袱，以赏亲信之臣。其味清醇，玉液琼浆，不能过也。"到了清代，莲花白酒的酿造则采用万寿山昆明湖所产的白莲花，用它的蕊入酒，酿成名副其实的"莲花白酒"，其配制方法也成为封建王朝的御用秘方。1790 年，京都商人获此秘方，经京西海淀镇仁和酒店精心配制，首次供应民间饮用。1959 年，北京葡萄酒厂搜集到失传多年的莲花白酒御制秘方，按照古老工艺，精心酿制，终于成功。

（3）生产工艺

连花白酒以纯正的陈年高粱酒为原料，加入黄芪、砂仁、五加皮、广木香、丁香等 20 余种药材，入坛密封陈酿而成。

（4）主要产地

北京葡萄酒厂。

（5）鉴别

莲花白酒酒度为 49%~50%，含糖 8%，无色透明，药香酒香协调，芳香宜人，味醇甘甜柔和，回味悠长。莲花白酒具有滋阴补肾、和胃健脾、舒筋活血、祛风除湿等功能。

（6）饮用与服务

慢饮、温饮、不杂饮，忌空腹饮。

二、清酒

清酒与我国的黄酒是同一类型的低度米酒。

（一）清酒的起源

清酒是借鉴中国黄酒的酿造方法发展起来的日本国酒。多年来，清酒一直是日本人最常喝的饮料酒。

据中国史料记载，古时候日本只有浊酒。后来有人在浊酒中加入石炭使其沉淀，取其清澈的酒液饮用，于是便有了“清酒”之名。7 世纪时，百济（古朝鲜）与中国交流频繁，中国用曲种酿酒的技术也因此由百济传到日本，这使日本的酿酒业得到很大的发展。14 世纪，日本的酿酒技术已经成熟，人们已能通过传统的酿造方法生产出上乘清酒。

（二）清酒的分类

清酒按制作方法、口味和贮存期等，可分为以下几类。

1. 按制作方法分类

（1）纯酿造清酒

纯酿造清酒即纯米酒，不添加食用酒精。此类产品多数外销。

（2）吟酿造清酒

制造吟酿造清酒时，要求所用原料的精米率在 60% 以下。日本酿造清酒很讲究糙米的精白度，以精米率衡量精白度，精白度越高，精米率就越低。精白后的米吸水快，容易蒸熟、糊化，有利于提高酒的质量。“吟酿造”被誉为“清酒之王”。

（3）增酿造清酒

增酿造清酒是一种浓而甜的清酒，在勾兑时添加食用酒精、糖类、酸类等原料调制而成。

2. 按口味分类

（1）甜口酒

甜口酒的糖分较多，酸度较低。

（2）辣口酒

辣口酒的酸度高，糖分少。

（3）浓醇酒

浓醇酒的糖分含量较多，口味醇厚。

（4）淡丽酒

淡丽酒的糖分含量少，爽口。

（5）高酸味酒

高酸味酒的酸度高。

3. 按销售分类

（1）原酒

原酒是制作后不加水稀释的清酒。

（2）市售酒

市售酒是原酒加水稀释后装瓶出售的清酒。

4. 按贮存期分类

（1）新酒

新酒是压滤后未过夏的清酒。

（2）老酒

老酒是贮存过一夏的清酒。

（3）老陈酒

老陈酒是贮存过两个夏季的清酒。

（三）清酒的特点

清酒色泽呈淡黄色或无色，清亮透明，具有独特的清酒香，口味酸度小，微苦，绵柔爽口，其酸、甜、苦、辣、涩味协调，酒度在16%左右，含多种氨基酸、维生素，是营养丰富的饮料酒。

（四）清酒的生产工艺

清酒以大米为原料，将其浸泡、蒸煮后，拌以米曲进行发酵，制出原酒，然后经过过滤、杀菌、贮存、勾兑等一系列工序酿制而成。

清酒的制作工艺十分考究。精选的大米要经过磨皮，使大米精白，从而使其在浸泡时快速吸水，而且容易蒸熟；发酵分成前后两个阶段；杀菌处理在装瓶前后各进行一次，以确保酒的保质期；勾兑酒液时注重规格和标准。

（五）清酒中的名品

日本清酒常见的有月桂冠、大关、白雪、松竹梅和秀兰，最新品种有浊酒等。

1. 浊酒

浊酒是与清酒相对的。清酒醪经压滤后所得的新酒，静止一周后，抽出上清部分，其留下的白浊部分即为浊酒。浊酒的特点是有生酵母存在，会持续发酵产生二氧化碳，因此应用特殊瓶塞和耐压瓶子盛装。装瓶后加热到65℃灭菌或低温贮存，并尽快饮用。此酒被认为外观珍奇，口味独特。

2. 红酒

在清酒醪中添加红曲的酒精浸泡液，再加入糖类及谷氨酸钠，调配成具有鲜味且糖度与酒度均较高的红酒。由于红酒易褪色，在选用瓶子及库房时要注意避光，并尽快饮用。

3. 红色清酒

红色清酒是在清酒醪主发酵结束后，加入60°以上的酒精红曲浸泡制成的。红曲用量以制曲原料的多少来计算，为总米量的25%以下。

4. 赤酒

赤酒在第三次投料时，加入总米量2%的麦芽以促进糖化。另外，在压榨前一天加入一定量的石灰，在微碱性条件下，糖与氨基酸结合成氨基糖，呈红褐色，并不使用红曲。此酒为日本熊本县特产，多在举行婚礼时饮用。

5. 贵酿酒

贵酿酒与我国黄酒类的善酿酒的加工原理相同。制作时投料水的一部分用清酒代替，使醪的温度达9℃~10℃，以抑制酵母的发酵速度，而糖化生成的浸出物则残留较多，可制成浓醇香甜型的清酒。此酒多以小瓶包装出售。

6. 高酸味清酒

高酸味清酒是利用白曲霉及葡萄酵母，采用高温糖化酵母，醪发酵最高温度为21℃，发酵9天制成的类似干葡萄酒型的清酒。

7. 低酒度清酒

低酒度清酒的酒度为10%~13%，适合女士饮用。低酒度清酒在市面上有三种：一是普通清酒（酒度为12%左右）加水；二是纯米酒加水：三是柔和型低度清酒，是在发酵后期追加水与曲，使醪继续糖化和发酵，待最终酒度达12%时压榨制成的。

8. 长期贮存酒

老酒型的长期贮存酒，为添入少量食用酒精的本酿造酒或纯米清酒。贮存时应尽量避免光线直射和接触空气。贮存期在5年以上的酒称为“秘藏酒”。

9. 发泡清酒

发泡清酒的制作流程：将清酒醪发酵10天后进行压榨，滤液用糖化液调整至3个波美度，加入新鲜酵母再发酵；将室温从15℃逐渐降到0℃以下，使二氧化碳大量溶解于酒中：再用压滤机过滤，以原曲耐压罐贮存，在低温条件下装瓶，瓶口加软木塞，并用铁丝固定，在60℃的条件下灭菌15分钟。发泡清酒在制法上，兼具啤酒和清酒酿造工艺；在风味上，兼备清酒及发泡性葡萄酒的风味。

10. 活性清酒

活性清酒为不杀死酵母即出售的清酒。

11. 着色清酒

将色米的食用酒精浸泡液加入清酒中，便成着色清酒。中国台湾地区和菲律宾的褐色米、日本的赤褐色米、泰国及印度尼西亚的紫红色米，表皮都含有花色素系的黑紫色或红色素成分，是生产着色清酒的首选色米。

三、清酒的饮用与服务

（1）作为佐餐酒或餐后酒。

（2）使用褐色或紫色玻璃杯，也可用浅平碗或小陶瓷。

（3）清酒在开瓶前应贮存在低温黑暗的地方。

（4）可常温饮用，以16°左右为宜，如需加温饮用，加温一般至40℃~50℃，温度不可过高，也可以冷藏后饮用或加冰块和柠檬饮用。

（5）在调制马天尼酒时，清酒可以作为干味美思的替代品。

（6）清酒陈酿并不能使其品质提高，开瓶后就应该放在冰箱里，并在6周内饮用。

思考练习

1. 请简述中国酒酒度的表示方式?
2. 中国酒按照酿造方法和酒的特性如何进行分类?
3. 中国白酒可分为哪几种香型? 各以什么酒为代表? 它们的产地在哪里?
4. 如何对中国黄酒进行品评?
5. 请列举中国名优黄酒及其特点?
6. 请列举露酒名品及主要产地?
7. 清酒有什么特点?

第八章
软饮料

• 学习目标 •

A. 知识目标

1. 了解软饮料的基本概念；
2. 了解碳酸饮料的种类，主要原料和工艺；
3. 了解瓶装饮用水的分类和工艺；
4. 了解果汁、果汁饮料的分类和工艺；
5. 了解蔬菜汁、蔬菜汁饮料的分类和工艺；
6. 了解乳饮料的分类和工艺。

B. 能力目标

1. 掌握不同类型软饮料的特点；
2. 掌握世界著名矿泉水的产地和特点；
3. 掌握不同类型的软饮料的服务操作。

软饮料（soft drink）是指酒精含量低于 0.5%（质量比）的天然的或人工配制的饮料。又称清凉饮料、无醇饮料。所含酒精限指溶解香精、香料、色素等用的乙醇溶剂或乳酸饮料生产过程的副产物。

软饮料的主要原料是饮用水或矿泉水，果汁、蔬菜汁或植物的根、茎、叶、花和果实的抽提液。有的含甜味剂、酸味剂、香精、香料、食用色素、乳化剂、起泡剂、稳定剂和防腐剂等食品添加剂。其基本化学成分是水分、碳水化合物和风味物质，有些软饮料还含维生素和矿物质。软饮料的品种很多。按原料和加工工艺分为碳酸饮料、果汁及其饮料、蔬菜汁及其饮料、植物蛋白质饮料、植物抽提液饮料、乳酸饮料、矿泉水和固体饮料 8 类；按性质和饮用对象分为特种用途饮料、保健饮料、餐桌饮料和大众饮料 4 类。世界各国通常采用第一种分类方法。但在美国、英国等国家，软饮料不包括果汁和蔬菜汁。

第一节 碳酸饮料与服务

碳酸饮料是指含有碳酸气（二氧化碳 CO_2）的饮料总称。碳酸饮料的主要成分是水、糖、柠檬酸、小苏打、香精及其他配料。碳酸饮料所含有的营养成分除糖外，还有微量的矿物质。碳酸饮料的主要作用是为人们提供水分，起清凉作用。由于小苏打与柠檬酸在瓶内发生化学反应，产生大量二氧化碳，因此人们饮用后，二氧化碳从人体排出时，可带走许多热量。此外它还有解暑去热的作用。饮用过多的碳酸饮料会造成胃液功能下降，降低消化能力及肠胃杀菌能力。现在碳酸饮料的功能越来越广泛，不仅用于平时饮用，还是配制鸡尾酒和酒水混合饮料不可缺少的原料。尤其汤尼克水（Tonic）和姜汁汽水是专门为配制鸡尾酒和酒水混合饮料而生产的、

一、碳酸饮料种类

（一）普通型

通过引水加工压入二氧化碳的饮料，饮料中不含有人工合成香料和不使用任何天然香料。常见有苏打水（Soda）和俱乐部苏打水（Club Soda）以及矿泉水碳酸饮料（如 Peirrer 巴黎矿泉水）。

（二）果味型

这类碳酸饮料主要是依靠食用香精和着色剂，赋予一定水果香型和色泽的汽水。这类汽水，色泽鲜艳、价格低廉，不含营养素，一般只起清凉解渴作用。其品种繁多，产量也很大。人们几乎可以用不同的食用香精和着色剂来模仿各种水果的香型和色泽，制造出各种果味汽水。如柠檬汽水、汤力水（Tonic）和干姜水（Ginger Ale）。

（三）果汁型

这是在原料中添加了一定量的新鲜果汁而制成的碳酸水。它除了具有相

应水果所特有的色、香、味之外，还含有一定的营养素，有利于身体健康。当前，在饮料向营养型发展的趋势中，果汁汽水的生产量也大为增加，越来越受到人们的欢迎。一般其果汁含量大于2.5%。

（四）可乐型

这类饮料是在制作时利用某些植物的种子、根茎所含有的特有成分的提取物，加上某些定型香料及天然色素制成的碳酸饮料。如美国的可口可乐、百事可乐；中国上海的幸福可乐、山东的崂山可乐、四川的天府可乐、浙江的非常可乐等。

风靡全球的美国“可口可乐”，它的香味除来自古柯树树叶的浸提液和可乐树种子的抽取液外，还含有砂仁、丁香等多种混合香料，因而味道特殊，极受人们欢迎。美国是可乐饮料的发源地，其产品的产量在世界上处于垄断地位，尤以可口可乐、百事可乐行销世界市场。美国可乐饮料的研究生产，始于第一次世界大战时期，为士兵作战的需要，添加具有兴奋神经作用的高剂量咖啡因的可乐豆提取物及其他具特殊风味的物质。目前这两种可乐饮料，在世界各地均设立集团公司，推销可乐浓浆，生产可乐饮料。

我国自20世纪80年代初期开始在北京、广州、上海等大城市引进了可乐生产线，开展了可乐饮料的配方、生产研究。如上海的幸福可乐、山东的崂山可乐、四川的天府可乐、兆钧可乐等新型饮料在我国市场上相继问世。目前我国饮料市场上可乐饮料已达到百种以上。虽然品种较多，名称各异，但这些仿效可口可乐之风味的可乐饮料，都是以当地水果药用植物或其他野生资源为原料，经过科学加工配制而成。产品各具特色，如“桂林乐”，就是用当地天然田三七、罗汉果等20多种原料配制而成。湖南的“神农可乐”用当地天然真菌松茯苓的提取液茯苓多糖等成分配制而成。由于国内生产的可乐型饮料都不含或含少量咖啡因，主要是由某些植物的浸出液所代替，风味独特，故深受国内消费者的欢迎。

（五）乳蛋白型

这是以乳及乳制品为原料制成的碳酸饮料。常见的有冰激凌汽水及各种乳清饮料。

（六）植物蛋白型

它是将含蛋白质较高且不含胆固醇的植物种子提取蛋白质，经过一系列加工工艺制成的碳酸饮料，如豆奶果蔬碳酸饮料等。

二、碳酸饮料的主要原料

生产碳酸饮料的原料，大体上可分为水、二氧化碳和食品添加剂三大类。原料品质优劣，将直接影响产品的质量。因此，必须掌握各种原料的成分、性能、用量和质量标准并进行相应的处理，才能生产出合格的产品。

（一）饮料用水

碳酸饮料中水的含量在 90% 以上，故水质的优劣对产品质量影响甚大。饮料用水比一般饮用水对水质有更严格的要求，对水的硬度、浊度、色、味、臭、铁、锰、有机物、生物等各项指标的要求均比较高。即使经过严格处理的自来水，也要再经过合适的处理才能作为饮料用水。

一般说来，饮料用水应当是无色、无异味、清澈透明，无悬浮物、沉淀物；总硬度在 8 度以下，pH 值为 7，重金属含量不得超过指标。

（二）二氧化碳（CO_2）

碳酸饮料中的“气”就是来自瓶中被充入的压缩二氧化碳气体。饮用碳酸饮料，实际是饮用一定浓度的碳酸。汽水生产所用的二氧化碳气，一般都是用钢瓶包装、被压缩成液态的二氧化碳。通常也要经过处理才能使用。

（三）食品添加剂

从广义上讲，可把除水和二氧化碳以外的各种原料视为添加剂。正确合理地选择、使用添加剂，可使碳酸饮料的色、香、味俱佳。

碳酸饮料生产中常用的食品添加剂有甜味剂、酸味剂、香味剂、着色剂、防腐剂等。除砂糖外，所有的甜味剂主要是糖精钠。酸味剂主要是柠檬酸还有苹果酸、酒石酸、磷酸等。香味剂一般都是果香型水溶性食用香精，目前使用较多的是橘子、柠檬、香蕉、菠萝、杨梅、苹果等果香型食用香精。着色剂多采用合成色素，它们是柠檬黄、日落黄、胭脂红、苋菜红、靛蓝等。

三、碳酸饮料的特点

碳酸饮料大多颜色艳丽，口感清爽。碳酸饮料的最大特点是饮料中含有“碳酸气”，因而赋予饮料特殊的风味以及不可替代的夏季消暑解渴功能。主宰碳酸饮料风味的物质是二氧化碳。当饮碳酸饮料时，碳酸受热分解，发生吸热反应，吸收人体的热量，并且当二氧化碳经口腔排出体外时，人体内有一部分热量也随之排出体外，所以饮用碳酸饮料能给人以清凉感。二氧化碳从汽水中溢出时，还能带出香味，并能衬托香气，产生一种特殊的风味。饮用汽水能促进消化，刺激胃液分泌，兴奋神经，消除疲劳。另外，二氧化碳溶于水生成碳酸，使饮料的 pH 值降低并可抑制微生物的生长，具有一定的杀菌作用。

同时，碳酸饮料中含有碳酸盐、硫酸盐、氯化物盐类以及磷酸盐等。各种盐类在不同浓度下的味觉感知界限不同，所以当某种盐类浓度过大，则味感必然明显以此盐类的味感为主。另外，果汁和果味的碳酸饮料中含有各种氨基酸。氨基酸对饮料在一定程度上可起缓冲和调和口感的作用。

四、碳酸饮料的工艺

（一）水处理

由水源来的水不能直接用于配制饮料，需要经过一系列的处理。一般要通过净化、软化、消毒后才成为符合要求的饮料用水，再经降温后进入混合机变为碳酸水。各种水源的水质差异很大。在处理前，需要对水源的水进行详细的了解和理化分析，以便进行有效的处理。

（二）二氧化碳处理

钢瓶中的二氧化碳往往含有杂质，有时还有异臭异味，这会给汽水的质量带来不良的影响。因此，必须经过氧化、脱臭等处理，以供给混合机纯净的二氧化碳。

（三）配料

配料，是汽水生产中最重要的环节。它是根据不同汽水的配方进行原料配比，使产品质量稳定、风味一致。

五、碳酸饮料的服务操作

（一）碳酸饮料机的操作

酒吧在服务碳酸饮料时，为节省成本，一般都安装碳酸饮料机，也称可乐机。酒吧会将所购买品牌饮料的浓缩糖浆瓶与二氧化碳罐安装在一起。

每个饮料糖浆瓶由管道接出后流经冰冻箱底部冰冻板，并迅速变凉。二氧化碳通过管道在冰冻箱下的自动碳酸化器与过滤后的水混合成无杂质的充碳酸气水；然后从碳酸化器流到冰冻板冷却；最后糖浆管和充碳酸气后的水管都流进喷头前的软管。当打开喷头时糖浆和碳酸气按 5：1 比例混合后喷出。

目前市场上供应的糖浆品牌主要由当地生产厂家供应。常见的有可口可乐、雪碧、苏丁水、汤力水、干姜水、七喜、百事可乐等。

（二）瓶装碳酸饮料服务操作

瓶装和听装碳酸饮料是酒吧常用的饮品，不仅便于运输，贮存，而且冰镇后的口感较好，保持碳酸气的时间较长。对于瓶装碳酸饮料服务应注意以下四点：

第一，直接饮用碳酸饮料应事先冰镇，或者在饮用杯中加冰块。碳酸饮料只有在4℃左右才能发挥正常口味，增强口感。开瓶时不要摇动，避免饮料喷出溅洒到客人身上。

第二，碳酸饮料常可加少量调料后饮用。大部分饮料可用半片或一片柠檬挤汁或浸泡，以增加清新感，可乐中可加少量盐以增加绵柔口感等。

第三，碳酸饮料是混合饮料中不可缺少的辅料。碳酸饮料在配制混合饮料时不能摇，而是在调制过程最后直接加入到饮用杯中搅拌。

第四，碳酸饮料在使用前要注意保质期，避免使用过期饮品。

第二节　瓶装饮用水与服务

瓶装饮用水（Bottle Water），密封于塑料瓶、玻璃瓶或其他容器中，不含任何添加剂，可直接饮用的水。瓶装饮用水以符合生活饮用水卫生标准的水为原料，经过滤、灭菌等工艺处理并装在密闭的容器中，可直接饮用。在商业部制定的软饮料分类国家标准中，瓶装饮用水是作为饮料一类定义的，其中包括了饮用天然矿泉水、饮用纯净水和其他饮用水。

一、分类

（一）矿泉水

矿泉水是指从地下深处自然涌出的或经人工开采的、未受污染的地下矿泉水，含有一定量的矿物盐、微量元素或二氧化碳气体。在通常情况下，其化学成分、流量、水温等动态在天然波动范围内相对稳定。

（二）纯净水（包含蒸馏水）

瓶装纯净水则是指以符合生活饮用水水质标准的水为原料，通过电渗析法、离子交换法、反渗透法、蒸馏法及其他适当的加工方法，去除水中的矿物质、有机成分、有害物质及微生物等，加工制得而成，密封在容器中，不含任何添加物，可直接饮用的水。

（三）天然水

根据国际瓶装水协会的定义，天然水是指瓶装的、只需最小限度处理的地表水或地下形成的泉水、矿泉水、自流井水，不是从市政系统或公用供水系统引出的，除了有限的处理（如过滤、臭氧或者等同的处理）外不加改变。矿泉水本身应属于天然水的一个部分。在国内，天然水之所以与矿泉水有区别，是因为它的大部分水源地并非深井地矿的深层地下水。

（四）矿物质水

矿物质水是可口可乐公司本身就有的一个配方，早已有生产，但市面上一直很少。目前国内矿物质水的加工都是在纯净水基础上添加矿物质，添加方式分为两种：其一，直接添加矿物质的化合物，例如，氯化钙、硫酸镁等；其二，制备成矿化液再添加到纯净水中。和矿泉水不同的是，矿泉水的矿物质微量元素含量稳定，而人工添加矿物质水中的微量元素含量相对不稳定，因此矿物质水在市场上一直存在争议。

二、特点

瓶装饮用水无色、透明、清澈、无异味，无肉眼可见物，矿泉水允许有极少量的天然矿物盐沉淀。饮用矿泉水是取自地下深处的天然矿泉水，含有对人体有益的一定量的矿物质和微量元素；饮用纯净水则除去了人体所需的矿物质的微量元素。优质的矿泉水通常钠含量低，矿物质含量适中，既有利于身体健康，口感也较好。但是因为每个人对于矿物质的需求不同，矿泉水也并非对人人有益。纯净水则因为具有极强的溶解各种微量元素、化合物、营养物质的能力，饮用后会溶解体内的微量元素，并排出体外，长期饮用而不及时加以补充可能致病，不宜非营养过剩的人长期饮用。

三、工艺

（一）矿泉水制造工艺

国内矿泉水生产厂家通常采用粗滤、精滤、杀菌几道工序对水源水进行再加工，其装瓶后的水成分应与水源水一致。天然矿泉水的溶解物应在瓶的标签上写明，以 mg/L 表示。关于矿泉水的标准，世界上一直存在两种看法，也因此影响到两种不同的加工方式。美国和亚洲大部分国家，都认为矿泉水必须进行消毒，在标准设定中，对细菌群落进行了严格限定。欧盟国家认为，矿泉水是要纯正意义的、天然的，不经过消毒，他们要求的矿泉水源是在保护非常好、非常深的地下，从地表穿过一般的地下水，穿过中间的不透水层，打一个非常深的井，一直到下边的含水层取水，直接瓶装。因此欧盟关于矿泉水方面菌落群的标准比国内低很多，他们认为这些菌落是天然带来的，又经一定数值的限制，灌装 12 小时后即使繁殖，也不会对人体健康有损害。最早关于矿泉水的世界标准是以欧盟标准制定的，世贸组织对此做出妥协，增加了一个标准，使矿泉水标准变成了两个：以欧盟为代表的纯天然的矿泉水标准和非天然矿泉水的瓶装水标准。

（二）纯净水制造工艺

纯净水都以自来水为原料，逆渗法是目前生产纯净水的主要方法。这种技术源于美国太空署为太空飞行员设计的饮水方案。它具有生产量大、除水杂质彻底的特点，并且在净化水的同时还保留了水中的溶解氧。市面上纯净水的生产大部分选用的是这种技术，所谓太空水、超纯水、活性水等与纯净水在本质上是一样的，统称为纯水。蒸馏法作为一种传统的生产纯水的方法，它在除去自来水中杂质的同时，也去掉了水中的氧。蒸馏水的含氧量低，在包装开封后，保鲜期要优于逆渗法生产的纯净水。

（三）其他饮用水制造工艺

天然水对原料水只作最小限度的处理，例如，过滤、臭氧或者同等的处理。如海洋深层水的浓缩液，该产品的 pH 值（酸碱度）相对较高、呈碱性，水溶性好、口感好，镁含量高。又如矿溶液，该产品是从矿石中用酸溶解出矿物质，它的品质受到矿石品质的影响。还有一种是矿化液，这种产品是在酸性条件下将各种化合物按一定的比例混合溶解。

四、饮用与服务

（一）饮用

瓶装饮用水，可常温下直接饮用，也可以在饮用之前加热或冰镇。除了净饮之外，加热后还可用于冲泡茶、咖啡和固体饮料等，也可结成冰块用于鸡尾酒、冰饮的制作。

（二）服务

1. 瓶装饮用水服务

瓶装饮用水在服务过程中要注意以下两点：

（1）瓶装饮用水打开后，应在短期内尽快饮用；

（2）在消费前要注意保质期，避免饮用过期产品。

2. 冰水服务

直接饮用自来水在西方欧美国家较为普遍。但在我国大多数城市都将水加热处理后饮用，优质水通常用来加入烈酒中，冲淡烈酒。如威士忌加水。

在西方人们饮用冰水已成习惯，尤其在餐桌上冰水不可缺少。冰水服务的程序是：

（1）将玻璃水杯预凉；

（2）用冰夹或冰勺将冰块盛入玻璃水杯中，不能用玻璃杯代替冰夹、冰勺到冰桶里取冰，这是保证冰桶卫生和安全的需要；

（3）水壶中常保持有冰块和水，便于需要时取用；

（4）保持水杯外围的干净，同时避免服务微温、浑浊的冰水；

（5）服务冰水时可用柠檬、酸橙等装饰冰水杯；

（6）冰水应卫生，以确保客人健康。

冰水服务在西方餐饮服务中必不可少。随着我国人民生活水平的提高，人们对饮用冰水正趋于习惯。在日本酒吧，一杯冰水销价达200日元。

另外，水在果汁饮料、乳品饮料、咖啡饮料，乃至鸡尾酒中是不可缺少的成分。所以应注意饮用水的卫生。

五、饮用矿泉水介绍

（一）矿泉水的消费趋势

世界矿泉水的生产和消费始自欧洲。欧洲矿泉水饮料自20世纪30年代起，每年以30%的增长速度迅速发展。法国矿泉水年产量在200万吨以上，居世界首位。德、意、比利时、瑞士等国的生产和消费都在不断增加。以美国为例，1976年矿泉水进入美国市场，当年销售额为750万美元，1978年则达到2.24亿美元，1979年达2.5亿美元，1983年达4.3亿美元，而目前对矿泉水的消费量约比20世纪80年代初增加1倍以上。我国矿泉水生产始于1984年的青岛汽水厂的崂山矿泉水。近年来矿泉水发展非常迅速。

饮料矿泉水如此受人们欢迎的主要原因是矿泉水中含有人体所需却常缺乏的微量元素和常量元素：锌、铜、钡、钴、溴、碘、铁等，并且本身不含任何热量；其次，世界范围内的水质污染越来越严重，人们对饮用自来水越来越不放心，而矿泉水污染少、卫生、有益健康，同时具有饮料的解渴、补充人体所需水分的特征。

人们对饮用矿泉水要求低矿化度、低钠、不含二氧化碳气体等，目前矿泉水饮料在国际市场上总的消费趋势是天然矿泉水占主导地位，名牌矿泉水销量较大。

（二）饮用矿泉水的特征

据我国 1987 年对饮用天然矿泉水所作的规定，饮用天然矿泉水是一种矿产资源，来自地下循环的天然露天式或人工揭露的深部循环的地下水，以含有一定量的矿物盐或微量元素或二氧化碳气体为特征，在通常情况下其化学成分、流量、温度等动态指标应相对稳定；在保证原水卫生细菌学指标安全的条件下开采和灌装，在不改变饮用天然矿泉水的特征和主要成分条件下，允许曝气、过滤和除去或加入二氧化碳。

饮用矿泉水条件：

（1）口味良好、风格典型；

（2）含有对人体有益的成分；

（3）有害成分不得超过有关标准；

（4）瓶装后的保存期（一般 1 年）内，水的外观与口味无变化；

（5）微生物学指标符合饮水卫生要求。

（三）装瓶后的饮用矿泉水分类

1. 不含气矿泉水

如原矿泉水中不含有二氧化碳气体，只需将矿泉水用泵抽出，经沉淀、过滤，加入适量稳定剂，以保证矿泉水中的有益成分不被损失后进行装瓶。如原矿泉水中含有二氧化碳等气体，需经过曝气工艺，脱除气体，即为无气矿泉水。不含气矿泉水在目前最为流行。

2. 含气矿泉水

它是将天然矿泉水及所含的碳酸气一起用泵抽出，通过管道进入分离器，使水气分离。气体进入气柜进行加压。矿泉水自分离器底部流出，经泵打入贮罐进行消毒处理，然后进入沉淀池除去杂质，然后再过滤到另一贮缸。经过滤处理后的矿泉水，需加入柠檬酸、抗坏血酸等稳定剂，以保留矿泉水中的适量的有益元素。装瓶前将过滤后的矿泉水导入气液混合器中与贮气缸中的二氧化碳气体混合，最后装瓶。我国的饮用矿泉水主要为碳酸型，含有大量游离二氧化碳气体，并含有多种微量元素。

3. 人工矿化水

用优质泉水、地下水或井水进行人工矿化。其一是直接强化法，即将优质天然泉水、井水或其他地下水进行杀菌和活性碳吸附成为不含杂质、无菌、无异味的纯净水，用泵打入调料罐，加入含有特种成分的矿石或无机盐，经过一定时间的溶解矿化，然后打入中间缸进行过滤，再导入贮罐，装瓶前以紫外光杀菌，进行装瓶。其二是二氧化碳浸蚀法，即在一定的压力下使含二氧化碳的原料水与一定粒度的碱土金属盐相接触，使碱土金属盐中的有关成分与含二氧化碳的原料水反应，生成碳酸氢盐溶于水中，使原水矿化。待达到预期矿化度时，经过滤、杀菌进行装瓶。人工矿化水的工艺多采用水的净化与水的矿化两步进行。

4. 世界著名矿泉水

法国维希矿泉水（Vichy-celestins）产于法国中央高原著名旅游胜地维希。此矿泉水略带碱味，质量上乘，风味独特，世界驰名。

法国巴黎水佩里（Perrier）是一种起泡的天然矿泉水，无色无味，具有提神作用，它的源泉位于法国南部的葡萄园区，邻近维吉斯（Vergeze）村。最早是在公元前218年，由名叫汉尼拔（Hqnnibal）的人发现的。到1863年，拿破仑三世下令将矿泉水装瓶，这使法国人受益。英国人亨士华试饮泉水后，称之为“水中香槟”，于1903年出资购入整个矿泉水的经营权，并以其好友佩里先生的名字命名。为保持“巴黎”矿泉水的水质清纯，每瓶“巴黎”矿泉水装瓶前均经过双重过滤，每一装瓶过程均受到法国政府严密监管。巴黎矿泉水可用来代替苏打水调制混合饮料，是酒吧必备品。

法国伟涛（Vittel）矿泉水是一种无泡矿泉水，略带碱性，产于法国孚日省（Vosges）区的大自然保护区，没有任何工业和农业污染。雨水和融雪经历长达20年不断从无数层岩缝渗过，在极深的地底汇聚成“伟涛”矿泉水天然的泉源。其水质纯正，被公认为世界上最佳的纯天然矿泉水。“伟涛”矿泉水的水质受到欧共体及法国的天然矿泉水法例的严厉管制。欧洲的法例规定，使用“Natural Mineral Water”标志的矿泉水其水源不得再经处理，且装瓶过程必须严格监督。因伟涛矿泉水具备独有品质，所以深受世界消费者的信赖。伟涛矿泉水在我国销量较大。

法国依云（Evian）矿泉水是法国东南部依云莱班（Evian-lesbain）产的一种矿泉水，以无泡、纯洁、略带甜味著称，特别柔和。

德国阿波望（Apollinaris）矿泉水产于德国莱茵区，含有天然碳酸气，是最老牌的美味矿泉水。

意大利的圣派·哥瑞诺（San-Pelle Grino）矿泉水是意大利产的一种起泡矿泉水，含丰富矿物质，味美而甘冽。

世界著名矿泉水还有意大利的米兰（Milan）、日本的三得利（Suntory）、麒麟（Kirin）、富士（Fu-ji）、美国的山谷（Mountain Valley）、魅力（Magnetic Springs）等、中国崂山矿泉水、大力矿泉水。另外，国内较优质的矿泉水还有北京石灵矿泉水，青海江河源牌矿泉水，厦门岳和矿泉水，广州星河矿泉水和麒麟山矿泉水，深圳笔架山矿泉水等。

（四）矿泉水的服务操作

矿泉水服务前应冷却，使其温度在4℃左右，才能真正品赏矿泉水的原始风味。首先，将矿泉水倒入杯内，如果是泡沫矿泉水应用直身杯，观赏其晶莹活跃的气泡。其次，瓶装矿泉水应在餐桌上当着客人面打开倒入杯中，根据客人需求由客人决定是否加冰块或柠檬片。

矿泉水在调制鸡尾酒和其他酒兑饮的方法越来越广泛。

第三节　果汁及果汁饮料与服务

一、概念

果汁是以水果为原料经过物理方法如压榨、离心、萃取等得到的汁液产品，一般是指纯果汁或100%果汁。果汁按形态分为澄清果汁和混浊果汁。澄清果汁澄清透明，如苹果汁，而混浊果汁均匀混浊，如橙汁。按果汁含量分为纯果汁和果汁饮料。果汁及果汁饮料是指用新鲜或冷水果为原料，经加工制成的制品。

二、分类

果汁（浆）及果汁饮料类也可以细分为果汁、果浆、浓缩果汁、浓缩果浆、果肉饮料、果汁饮料、果粒果汁饮料、水果饮料浓浆、水果饮料9种类型。

（一）果汁

果汁又称天然果汁，是未经稀释、发酵和浓缩，由果肉直接榨出的原汁，含原果汁100%。因为生化酶会在20分钟内使果汁氧化，所以鲜榨果汁是在榨取之后的15分钟内提供给客人的，而事先榨好的和灭菌后的果汁只能称之为鲜果汁或冰冻果汁。

含有两种或两种以上果汁的制品称为混合果汁。果汁的三种制作工艺如下：

（1）采用机械方法将水果加工制成未经发酵但能发酵的汁液。这种汁液具有原水果果肉的色泽、风味和可溶性固形物。

（2）采用渗滤或浸取工艺提取水果中的汁液，用物理方法除去加入的水。这种汁液具有原水果果肉的色泽、风味和可溶性固形物。

（3）在浓缩果汁中加入果汁浓缩时失去的等量的水，制成具有原水果果肉的色泽、风味和可溶性固形物的制品。

（二）果浆

果浆是指水分较低及（或）黏度较高的果实，经破碎筛滤后所得的稠厚状加工制品。果浆的两种制作工艺如下：

（1）采用打浆工艺将水果或水果的可食部分加工制成未发酵但能发酵的浆液。浆液中具有原水果果肉的色泽、风味和可溶性固形物。

（2）在浓缩果浆中加入果浆在浓缩时失去的等量的水，制成具有原水果果肉的色泽、风味和可溶性固形物的制品。

（三）浓缩果汁

浓缩果汁是指采用物理方法从果汁中除去一定比例的天然水分，制成具有果汁特征的制品。浓缩果汁不得添加糖、色素、防腐剂、香料、乳化剂及人工甘味剂。

（四）浓缩果浆

浓缩果浆是指采用物理方法从果浆中除去一定比例的天然水分，制成具有果浆特征的制品。

（五）果肉饮料

果肉饮料是指在果浆（或浓缩果浆）中加入水、糖液、酸味剂等调制而成的制品，成品中果浆含量不低于 30%。用高酸、汁少肉多或风味强烈的水果调制而成的制品，成品中果浆含量不低于 20%。

含有两种或两种以上果浆的果肉饮料称为混合果肉饮料。

（六）果汁饮料

果汁饮料是指在果汁（或浓缩果汁）中加入水、糖液、酸味剂等调制而成的清汁或汁制品。成品中果汁含量不低于 10%，如橙汁饮料、菠萝汁饮料、苹果汁饮料等。含有两种或两种以上果汁的果汁饮料称为混合果汁饮料。

（七）果粒果汁饮料

果粒果汁饮料是指在果汁（或浓缩果汁）中加入水、柑橘类的囊胞（或其他水果切细的果肉等）、糖液、酸味剂等调制而成的制品。成品果汁含量不低于 10%，果粒含量不低于 5%。

（八）水果饮料浓浆

水果饮料浓浆是指在果汁（或浓缩果汁）中加入水、糖液、酸味剂等调制而成的含糖量较高、稀释后方可饮用的制品。成品按标明的稀释倍数稀释后果汁含量不低于 5%。

含有两种或两种以上果汁的水果饮料浓浆称为混合水果饮料浓浆。

（九）水果饮料

水果饮料是指在果汁（或浓缩果汁）中加入水、糖液、酸味剂等调制而成的清汁或汁制品。成品中果汁含量不低于 5%，如橘子饮料、菠萝饮料、苹果饮料等。含有两种或两种以上果汁的水果饮料称为混合水果饮料。

三、特点

果汁及果汁饮料营养丰富，含有人体必需的多种维生素、微量元素、各种糖类和各种有机酸等，对于防治疾病、改善人体的营养结构、增进人体健康具有十分重要的意义。果汁及果汁饮料是选用成熟的水果原料制作而成的，不同品种的水果在成熟后都会呈现出各种不同的鲜艳色泽。它既是果实成熟的标志又是区别不同种类果实的特征。各种果实均有其固定的香气，特别是随着果实的成熟，香气日趋浓郁。特定的香气赋予不同品种的水果以独特的风味。构成香气的成分主要为酯、醇类化合物和其他有机化合物，易于散逸。在果汁饮料的加工过程中，需采用一定的保护措施，保留原果香味。形成果汁饮料口味的主要成分是糖分和酸分，糖分赋予饮料甜味，酸分可改善风味。果汁饮料中近似于天然果汁的最佳糖酸比会产生怡人的口感。

四、工艺

（一）选用优质原料

选择优质原料是果汁饮料生产的基础。选择水果不仅要具有汁液丰富、取汁容易、出汁率高等条件，还应具有风味和芳香，色泽稳定，酸度适当。一方面，要求加工品种具有香味浓郁、色泽好、出汁率高、糖酸比合适、营养丰富等特点。另一方面，生产时原料应该新鲜、清洁、健康、成熟，加工过程中要剔除腐烂果、霉变果、病虫果、未成熟果以及枝、叶等。

（二）选用合适的用具

果汁原料中通常含有一些有机酸，在果汁饮料加工和包装过程中应选择合适材质的用具，避免果汁在加工或包装过程中发生变色、变味甚至不能食用的情况。

（三）充分清洗

榨汁前原料应充分清洗干净，除去附在水果原料表面的尘土、沙子、农药和部分微生物。

（四）原料的破碎处理

除了柑橘类果汁和带果肉的果汁外，一般榨汁过程常包括破碎处理工序。

（五）取汁

根据原料、产品形式的不同，取汁的方式差异很大，主要有如下方法：

1. 压榨

这是生产中广泛采用的一种取汁方式，通过一定的压力取得水果中的汁液，榨汁可以采用冷榨、热榨甚至冷冻压榨等方式。

2. 离心法

该法通过卧式螺旋离心机来完成，利用离心力的原理实现果汁与果肉分离。

3. 浸提法

浸提法有分批式和连续式两种浸提方式。

4. 打浆法

在果汁的加工过程中，这种方法适用于果浆和果肉饮料的生产。

5. 过滤

6. 果汁的调和

果汁饮料调配成功与否，关键在于果汁的糖酸比，但调整幅度不宜太大，以免失去原果汁的风味。

五、饮用与服务

果汁与果汁饮料是酒吧中常用的饮品，其色泽艳丽，口味自然，营养丰富。在饮料饮用与服务中应注意以下几点：

（1）选择合适的玻璃杯具，以展示果汁饮料的自然色泽。

（2）果汁饮料可适当加少量调味料饮用。如番茄汁中可加入盐、胡椒粉，大部分饮料可用半片或1片柠檬挤汁。

（3）避免使用过期饮品，注意果汁饮料的保质期。

第四节 蔬菜汁、蔬菜汁饮料与服务

一、概念

蔬菜汁及蔬菜汁饮料是指用新鲜或冷藏蔬菜（包括可食的根、茎、叶、花、果实、食用菌、食用藻类及蕨类）等为原料加工制成。

二、分类

蔬菜汁及蔬菜汁饮料主要包括以下七类：

（一）蔬菜汁

蔬菜汁是指在用机械方法将蔬菜加工制得的汁液中加入食盐、糖液等调制而成的制品，如番茄汁。

（二）蔬菜汁饮料

蔬菜汁饮料是指在蔬菜汁中加入水、糖液、酸味剂等调制而成的可直接饮用的制品。含有两种或两种以上蔬菜汁的蔬菜汁饮料称为混合蔬菜汁饮料。

（三）复合果蔬汁

复合果蔬汁是指在蔬菜汁和果汁中加入糖液调制而成的制品。

（四）发酵蔬菜汁饮料

发酵蔬菜汁饮料是指蔬菜或蔬菜汁经乳酸发酵后制成的汁液中加入水、食盐、糖液等，调制而成的制品。

（五）食用菌饮料

在食用菌的实体的浸取液或浸取液制品中加入水、糖液、酸味剂等调制而成的制品，选用无毒可食用的培养基，接种食用菌菌种，经液体发酵制成的发酵液中加入糖液、酸味剂等调制而成。

（六）藻类饮料

藻类饮料是指将海藻或人工繁殖的藻类，经浸取发酵或酶解后所制得的液体中加入水、糖液、酸味剂等调制而成的制品，如螺旋藻饮料等。

（七）蕨类饮料

蕨类饮料是指用可食用的蕨类植物（如蕨的嫩叶）加工制成的制品。

三、特点

含有丰富的有机酸，可刺激胃肠分泌，助消化，还可使小肠上部呈酸性，有助于对钙、磷的吸收。同时含有多种维生素，可补充维生素及无机盐，调节体内酸碱平衡。

四、工艺

蔬菜汁饮料的批量生产主要来自工业化大生产，其制作具有严谨的工艺流程，且随着生产品种的不同而有较大的差异。因其比较复杂，本节将不涉及工业化的制作工艺，而只对蔬菜汁饮料中新鲜蔬菜汁的制作工艺简单介绍。新鲜蔬菜汁的制作一般采用以下几种方法：

（一）压榨法

对于芹菜、胡萝卜等纤维较粗的蔬菜只需取汁，可用粉碎机切碎后，用纱布过滤取汁。

（二）切搅法

对于质地较硬，肉、汁皆可饮用的蔬菜，可洗净切成4~5厘米的块，用果汁机打碎取汁。

五、饮用与服务

蔬菜汁饮料色泽艳丽，口味自然，营养丰富。在饮料饮用与服务中应注意以下几点：

（1）选择合适的玻璃杯具，以盛装不同特色的蔬菜汁。

（2）巧妙使用杯饰，如用水果、蔬菜等制作，可使饮品锦上添花。

（3）避免使用过期饮品，注意蔬菜汁饮料的保质期。

第五节　乳饮料与服务

一、概念

乳饮料是以鲜乳或乳制品为原料，未经发酵或经发酵加水或其他辅料（糖、果汁、可可、咖啡、香料和着色剂等），经有效消毒制成的具有相应风味的液状或糊状饮料。其成品非脂乳固形物含量不低于3%（质量计）。

二、分类

（一）鲜乳饮料

鲜乳饮料以鲜乳为主要原料制成。

（二）咖啡型乳饮料

在乳原料中配合咖啡浸提液、咖啡色素以及香料和甜味剂等制成的乳饮料。

（三）风味型乳饮料

风味型乳饮料或称水果型乳饮料，是牛乳中加入果汁或蔬菜汁而成的乳饮料。除乳、果汁原料外，还使用甜味剂、有机酸、水果基料和稳定剂等。

（四）发酵乳

典型的酸乳、发酵酪乳等，制品中含有乳酸及其他有机酸和微量芳香成分等，但不含酒精。一般使用乳酸菌作发酵剂，通过乳酸发酵的乳称为乳酸发酵乳或酸乳（Sour milk）。另一类使用酵母和乳酸菌混合发酵剂，进行酒精发酵的乳称为酒精发酵乳（Alcoholic Fermented Milk）或称乳酒，如酸乳酒、酸马乳酒等。

（五）乳酸菌饮料

根据规定，乳固形物 3% 以下，以乳酸菌发酵乳为原料制成的饮料称为乳酸菌饮料，以与发酵乳相区别，乳酸菌饮料含乳酸菌 100 万个 /mL 以上。

三、特点

牛奶营养极为丰富，含蛋白质及维生素 B_1、维生素 B_2、维生素 A 等，能有效补钙。酸奶营养成分更优于牛奶，经发酵后，维生素、无机盐含量均有提高。乳饮料中含有多种蛋白质，因为原料牛奶中至少含有 3 种主要蛋白质。其中，酪蛋白的含量最多，约占总蛋白量的 83%，乳白蛋白占 13% 左右，乳球蛋白和少量的脂肪球膜蛋白约占 4% 左右。另外，乳白蛋白中含有人体必需的各种氨基酸，是一种完全蛋白质，且含有大量双歧乳酸杆菌，可增强人体免疫力，并能降低血脂及胆固醇，也有益于治疗便秘。

四、工艺

（一）以咖啡豆为原料的咖啡乳饮料生产工艺流程

1. 原料

乳原料最好是新鲜乳（全乳），但大部分使用还原乳，即用脱脂乳粉和无盐奶油加水还原而成的乳。

咖啡有很多种类。咖啡品种和产地不同，其风味也明显不同。各种咖啡均有不同的特征，实际生产中使用的咖啡豆为多种咖啡豆的混合物。

2. 咖啡豆的焙炒与浸出

现代咖啡饮料都使用焙炒咖啡粉的浸出液，因为咖啡豆经焙炒才能产生风味，焙炒程度直接影响咖啡的风味。对咖啡型乳饮料所用咖啡的炒程应比通常饮用的咖啡重一些。

3. 调配

4. 灌装

调配好的咖啡乳饮料经过过滤、均质后，用板式换热器加热至 85℃ ~ 95℃进行热灌装。

5. 二次杀菌与冷却

（二）酸乳型乳酸菌饮料工艺流程

原料鲜乳→检验→脱脂及标准化→杀菌→冷却→接种乳酸菌发酵剂→恒

温发酵老熟→均质→配料→混合→杀菌→装瓶封盖→冷却→检验→酸乳型乳酸菌饮料。

五、饮用与服务

（一）乳饮料的储存

（1）乳饮料在室温下容易腐败变质，应在 4℃的温度下冷却，不得受潮及阳光照射。

（2）牛乳易吸收异味，冷藏时应包装，并与有刺激性气味的食品分离。

（3）乳饮料不要储存太多太久，按照保质期限，应尽快使用。

（4）乳制冰激凌应在 −18℃以下冷藏。

（5）乳饮料拆封后，应尽快用完，若发现品质不良，即应停止使用。

（二）乳饮料的饮用注意事项

（1）不空腹喝牛奶及酸奶，否则不利于对营养成分的吸收，同时避免与茶水同饮，茶叶中的酸也会阻碍钙离子在肠道中的吸收。

（2）不宜采用铜器加热。铜能加速对维生素 C 的破坏，并对牛奶中发生的化学反应具有催化作用，因而会加速营养素的流失。

（3）冲调奶粉的水温控制在 40℃ ~50℃为宜，过高会破坏牛奶中的奶蛋白等营养成分。

（4）酸奶所含的乳酸菌和糖分会附着在牙齿表面，腐蚀牙齿，因此睡前不宜饮用，平时饮后应立即漱口。

（5）酸奶饮品切忌加热饮用，以免破坏其营养价值。

（三）乳饮料的饮用服务

（1）热奶的饮用与服务。调制牛奶的用具必须绝对清洁，加热牛奶时应在热的或煮沸的水上热，可用双层锅，以免直接煮。热奶供应，应依分量的多少用大的或小的玻璃杯或陶瓷杯盛装牛奶，置于杯垫（或杯）上，并附长形小茶匙（以供客人加糖搅拌用）。

（2）冰奶的饮用与服务。牛奶大多为冰凉时饮用，把消过毒的奶放在 4℃以下的冷藏柜中保藏。另外，牛奶很易吸收异味，在冷藏时应包装好，并尽可能使用原容器，另送上冰水一杯，以便清洁口腔之用。

（3）酸奶在低温下饮用风味最佳，配上吸管两支。

思考练习

1. 碳酸饮料的特点有哪些?
2. 矿泉水、纯净水、天然水和矿物质水的区别在哪里?
3. 饮用矿泉水具有什么特征?
4. 请列举世界著名矿泉水的产地及其特点。
5. 果汁及果汁饮料有什么特点?
6. 蔬菜汁、蔬菜汁饮料有什么特点?
7. 乳饮料有什么特点?

第九章 咖啡

学习目标

A. 知识目标

1. 掌握咖啡的基本知识；
2. 了解咖啡师职业。

B. 能力目标

1. 理解咖啡学的研究方法；
2. 懂得如何交流咖啡话题；
3. 能初步辨识咖啡豆和品味咖啡；
4. 掌握手冲咖啡技能。

第一节 咖啡源流

咖啡（Coffee），是咖啡树的果仁经过加工处理而得到的饮品。与可可、茶叶并称世界三大饮料。一杯令人满意的咖啡要经历咖啡树育种、栽培、采摘、取豆、烘焙、储存、萃取等多个环节的复杂而严谨的工序。

咖啡树是茜草科咖啡属多年生常绿灌木或小乔木。花朵成串白色，成熟果实外皮呈红色或褐色，通常有两粒果仁，被称为咖啡豆（Coffee bean）。它是决定咖啡品质的最大因素。咖啡树发源于埃塞俄比亚的咖法省（KAFFA），这是植物学界的定论。"Coffee"一词是18世纪后才被正式使用。1753年，植物学家林奈在其《植物品种》中确认了咖啡属的阿拉比卡种。

一、咖啡起源

咖啡果实被发现利用的开端充满着各种传说，流传较广的是牧羊人的故事。约在公元600年左右，有一个叫卡迪（Kaldi）的牧羊少年，发现他的羊群吃到一种树的果实后，就会异常兴奋活跃。于是，咖啡树果实的兴奋作用被发现了。

在古代，知识传播是特定阶层的专利，因此，咖啡起源还有“长老说”“国王说”“智者说”等。我国台湾作家韩怀宗考据大量文献溯源咖啡，提出咖啡的源头是公元6世纪时期东非盖拉族人嚼食咖啡果实与同样含有兴奋成分的卡特草。公元9—11世纪，波斯名医则以咖啡入药，也有阿拉伯人用咖啡治胃病的说法。1400—1500年，也门摩卡港和亚丁港先后突然流行两种热饮——“咖许”和“咖瓦”。咖许被誉为阿拉伯“可乐”，是咖啡果肉晒干后的煎煮饮料。“咖瓦”则被誉为阿拉伯“酒”，是晒干果肉与烘干果仁一起烹煮的饮料。豆蔻、肉桂等香料与蜜糖或者姜末常被用来增添二者的美味。文献资料显示，这个历史时期的两位人物——摩卡港教长夏狄利与亚丁港教长达巴尼，一前一后对于两种饮料的引进与推广发挥重大作用。由于穆斯林禁酒，这两种香醇、提神的饮品得以快速闻名于伊斯兰世界并完全平民化。韩怀宗先生猜想，郑和对咖啡世俗化起了促进作用。1433年回教徒郑和第七次下西洋终于圆了其朝觐麦加的梦想。船队停靠点正是亚丁港，停留的时间足够长到使阿拉伯人了解茶叶泡煮方法与茶具器皿。

二、咖啡的传播

1500年之后出现弃果肉而只食用烘焙咖啡豆的情形。1530年被视为咖啡馆元年，大马士革出现有烘焙设备的大型咖啡馆。到了16世纪中叶之后，伊斯坦布尔大大小小的咖啡馆已多达数百家，同时也形成了被称作“土耳其咖啡”的独特风格并传承至今。百年之后在欧洲咖啡也完成了从上层社会到民间的扩散。1645年，第一家欧洲咖啡馆在威尼斯圣马可广场开张，此时还是照搬奥斯曼咖啡馆经营方式。1654年，马赛出现法国第一家咖啡馆，1686年在巴黎开张的普寇咖啡馆兼营主食，有了现代咖啡馆的雏形。这家咖啡馆至今仍在营业，因而荣登世界上最长寿咖啡馆宝座。1655年，英国最早的咖啡馆在牛津大学附近开业。1679年，德国第一家咖啡馆出现在汉堡。1683年，在奥匈帝国与奥斯曼战争中立下显赫战功的柯奇斯基在维也纳开设蓝瓶之屋咖啡馆，开启了过滤咖啡渣和添加牛奶的调制方法。为纪念这次战争胜利而出现的羊角面包也被用于配食咖啡，这为后来的花式咖啡与咖啡甜点的演化提供了一个源头。

咖啡在传播过程中经历过与当地酒管、酒业的竞争以及官方的限制，也赢得了文学家、艺术家与思想家崇高的敬意。总体而言，18 世纪来临之前，咖啡已经成功地流行于欧洲各国，同时也被深刻地打上欧洲文化的烙印。

咖啡在北美的传播与美国独立战争前殖民地居民抗争英国提高茶叶税收有关。中南美洲产出咖啡后，为咖啡替代茶叶提供了条件。美国独立后，咖啡成为国饮，最终使得美国成为最大的咖啡消费市场。

三、咖啡树的引种

如果说咖啡的传播夹杂着过多的传言，那么咖啡树的引种则渲染着传奇。

在公元 10 世纪前，咖啡树已经被移植到了也门摩卡地区，但是历经数百年还都是花自飘零果自落。到了 17 世纪咖啡盛行于欧洲之时，咖啡豆华丽变身为“黑色的金子”。1536 年，奥斯曼帝国开始占据也门并垄断了咖啡贸易，但严格的防范措施并没能阻断咖啡种子与树苗的偷盗。1600 年左右，印度穆斯林布丹将 7 粒种子贴在肚皮上走私成功。他把这些种子种在印度西南部的卡纳塔克邦昌德拉吉里山，开启了印度种植咖啡的历史。欧洲人甚至更早地从也门或偷或抢种苗。直到 1616 年，荷兰东印度公司船长德波耶克把从也门摩卡盗取的咖啡树运回阿姆斯特丹，种在温室中精心照料，才成功培植出第一株欧洲的咖啡母树（The Tree）。1658 年，这株母树的种子被引种到斯里兰卡。但是，荷兰人一举成功的移植推广却是 1696 与 1699 年两次从印度马拉巴移植树苗到爪哇岛。1706 年，荷兰皇家植物园从爪哇岛运回树苗栽种在温室中。1713 年开花结果，成为欧洲的第二株咖啡母树。

仿效荷兰的法国，几经尝试都未获成功。1714 年，荷兰人糊涂地将第二株母树的树苗赠予法国国王路易十四，从而实现了法国发展咖啡种植业的夙愿。1723 年，法国海军军官德・克利私下里将他从巴黎皇家植物园温室中盗出的咖啡树苗带到了加勒比海法属马提尼克岛，并顺利地推广开来，这一壮举使得他自己成为了中南美洲的咖啡之父。1727 年，咖啡从法属圭亚那被神奇地偷渡到巴西西北部的皮奥利奥省。到 18 世纪中叶，咖啡种植已经在中南美洲遍地开花。随着荷兰、法国不断扩大其殖民地的咖啡种植，以及英国美国等其他国家的跟进，环绕地球的咖啡种植带逐渐成形。所谓的“咖啡带（Coffee Belt 或 Coffee Zone）”是指南北纬 25° 之间、平均气温 15℃~25℃、年降雨量 1500~2000 毫米、适合咖啡栽种的区域。

第二节　咖啡品种

在植物学分类上，茜草科咖啡属之下有 50~100 种咖啡树品种。大面积商业化种植的树种主要是阿拉比卡和罗布斯塔两种。阿拉比卡因为风味最为优异而成为咖啡市场的主力军，产量占 65% 以上，罗布斯塔约占 30%。还有另外两种次要的咖啡，其中利比里卡种，因为产量低、适应性差、抗病能力弱，加上滋味平淡等原因，产出占比不到 5%，一般都是在产地消化掉了，少有在市面上流通。最后一种依克赛尔沙产量更是微乎其微。

一、阿拉比卡种

阿拉比卡是指发源于埃塞俄比亚的一类咖啡树种。铁皮卡（Typica）是阿拉比卡最古老的原生品种，豆粒相对细长，呈尖椭圆形或者细瘦形，种植也门摩卡后出现了一种豆粒细小而圆身的变异品种。1715 年，被法国人称为“波旁圆身豆”，移植到当时的法属殖民地波旁岛（马达加斯加以东，后改名留尼旺岛）。波旁种名称还与 1711 年在波旁岛发现果实外形有别于铁皮卡的“褐果咖啡”原生树种有关。从此，波旁岛成为发现咖啡树种的第二处原生地。1810 年，该岛还被发现了咖啡因含量低的波旁尖身变种。

也门摩卡地区的铁皮卡和波旁圆身豆被引种到其他地方后，或发生变异，或经杂交、选育，繁衍出了很多家族成员。因此，阿拉比卡种主要由铁皮卡组（系）、波旁组（系）及其二者的混种组成。

（一）铁皮卡亚种

荷兰培育成功的两株母树都属铁皮卡，牙买加的蓝山、印尼的曼特宁、夏威夷的可纳、云南小粒种、巴西的柯曼（国家种）、提科等都属于引种的铁皮卡。巴西的马拉戈日皮（象豆）、哥斯达黎加的圣拉蒙和薇拉罗伯斯是铁皮卡的变异品种。肯特是印度铁皮卡的混血品种。瑰夏是 1931 年从埃塞俄比亚引种出去，辗转到巴拿马，2000 年之后才一鸣惊人，蜚声咖啡界，也是铁皮卡的衍生品种。

（二）波旁亚种

波旁生命力较旺盛，对叶锈病抵抗力也强于铁皮卡，然而风味并不逊色。波旁系主要是从留尼旺岛被引种到巴西和东非后开枝散叶的，中南美洲是波旁的主产地。波旁变种有巴西的卡杜拉（单基因突变）和黄色波旁（杂交）、肯尼亚的 SL28 和 SL34（波旁旁系）、萨尔瓦多的帕卡斯（圣雷蒙波旁的基因突变种）、哥斯达黎加的薇拉萨奇（引种的卡杜拉）等。圣赫勒拿岛的绿顶波旁则是直接从也门引种的。

（三）阿拉比卡种内杂交

阿拉比卡家族还包括众多铁皮卡组与波旁组的不同亚种之间多代杂交的品种。例如，巴西发现的蒙多诺渥（新世界）是波旁与苏门答腊铁皮卡自然杂交品种；卡杜艾是蒙多诺渥与卡杜拉的杂交品种；帕卡玛拉是帕卡斯与马拉的混种；尼加拉瓜的马拉卡杜是马拉戈日皮与卡杜艾的混种；马拉卡杜拉是马拉戈日皮与卡杜拉的混种；萨尔瓦多的帕卡马拉是帕卡斯与马拉戈日皮的混种。

二、罗布斯塔种

（一）罗布斯塔与阿拉比卡的区别

20 世纪前夕（有 1895 和 1898 两种说法），在比利时刚果殖民地的 Emil Laurent 发现了新的咖啡品种（中粒种，学名：Coffee Canephora），有 22 条染色体，异花传粉。与自花传粉有 44 条染色体的阿拉比卡相比，该品种抗虫抗病能力强，适合于低地种植，更耐高温与降雨，且产量高。因此，它被比利时人命名为“罗布斯塔”，意为粗壮咖啡豆，在西非推广种植。实际上罗布斯塔种只是这个卡尼福拉中粒种的突变品种，但习惯上和阿拉比卡相提并论。生豆呈现黄棕色，外形较圆，呈 C 形，豆身中线较为平直。由于咖啡因含量比阿拉比卡高出 50%~100%，绿原酸含量更是高出 2~3 倍，而糖类和香酸物质等精华物质含量相对少，罗布斯塔苦涩与杂味较重，被认为风味远逊阿拉比卡。

表 9-1 阿拉比卡种与罗布斯塔种的区别

特点	阿拉比卡种（Arabica）	罗布斯塔种（Robusta）
栽培高度	900~2000 米坡地	200~600 米坡地
适应气候	适应稳定的热带气候	适应多雨旱热的气候
味觉特色	宜人、丰富的味觉	香气较弱并带有苦涩味
用途	单品咖啡、高品质咖啡	即溶咖啡、罐装咖啡
形状	长椭圆形，扁平状	短椭圆形，接近圆形
种植特色	环境适应力较差	适应能力强
分布地区	中南美洲、中非、东南亚、夏威夷地区	中南非洲、印尼、菲律宾

（二）罗布斯塔的引种

1868 年全球叶锈病第一次大爆发，阿拉比卡种植惨遭损失。抗病能力强的罗布斯塔豆被发现后，就开始被引种到更多的地方。1902 年，荷兰人将之引到爪哇种植，使得印尼在很长时间内成为全世界上最大的罗布斯塔供应国。越南则于 1999 年后来者居上。此外印度和巴西也是罗布斯塔的生产大国。尽管有人认为罗布斯塔具有更醇厚、更低沉的口感，带有核桃、花生、榛果、小麦、谷物等风味，但它的致命缺点是咖啡因和绿原酸含量是阿拉比卡的 2 倍，带有一种不良的霉臭味（罗布味）和强烈的苦涩味，因此少有单品或者精品罗布斯塔，多作为混合咖啡中阿拉比卡的配豆和即溶咖啡的主原料。所谓的法式烘焙和意式烘焙很大程度上是为了对付罗布味。当代难得一见的罗布斯塔精品是印度的罗布斯塔，它摆脱了罗布味，并兼具厚实与干净的特质。

三、阿拉比卡与罗布斯塔的混种

阿拉比卡与罗布斯塔的混种起始于 1927 年。在东帝汶发现的提摩（或蒂姆，Timor）是印度尼西亚铁皮卡与罗布斯塔的混血种，但染色体仍然是阿拉比卡的 44 条，因此，接近阿拉比卡种。提摩酸味低，缺乏特色。1950 年出现的巴西阿拉巴斯塔是刚果罗布斯塔与波旁的杂交品种。1970 年出现的伊卡图是阿拉巴斯塔和蒙多诺渥的杂交品种。1959 年葡萄牙人成功培育出抗病能力强且产量高的卡蒂姆是巴西卡杜拉与提摩的混血，抗病能力和产能都很强，但风味差而且不耐阳光暴晒。1970—1990 年，咖啡带叶锈病猖獗，卡蒂姆和伊卡图都得到推广与改良，还包括提摩与薇拉沙奇杂交的巴西萨奇摩品种。哥伦比亚是改良卡蒂姆的最大生产国，并以国名“Colombia”称之，其中古堡、塔比品质上佳。改良后的伊卡图其血统偏向阿拉比卡，降低了罗布斯塔的不良味道，还提高了阿拉比卡的优良香气。高品质的优选种而得红伊卡图和黄波旁杂交的黄伊卡图及其选种早熟伊卡图。知名度颇高的肯尼亚鲁依鲁11是SL28、SL34与阿拉巴斯塔的杂交选种而得。

当代咖啡市场上有个宠儿——低咖啡因咖啡，并非独立的一个咖啡品种，多为化工处理的结果。实际上也有天然的低咖啡因品种，最早被发现的正是波旁岛的波旁尖身，被传说为“多喝也能好眠”，可惜产量太低而一度被弃种。新千年之交，日本与法国联合对波旁尖身进行再培育，2006年开始销售，一炮而红。2004年，巴西植物学家在埃塞俄比亚也发现低咖啡因阿拉比卡，于是两国合作进行商业上的育种栽培。2002年，有植物学家宣称在马达加斯加发现低咖啡因的罗布斯塔种，虽然一时没有商业运作跟进，但印度已致力于开发无咖啡因的罗布斯塔。

第三节　咖啡风味

一款咖啡的风味是鼻腔嗅觉、舌头味觉和口腔触觉综合而得的愉悦感知。把品尝咖啡的感受描述出来并不是一件容易的事情，经常出现词不达意或者找不到合适词汇的情景，甚至出现味觉、嗅觉和触觉混为一谈的情形。

一、咖啡风味概念

本章节中使用的“咖啡风味”一词是一种习惯用法，其实它具有从广义到狭义三个层次的含义。第一个层次是针对不加区别的咖啡总体而言的，“咖啡风味”是指咖啡嗅觉、味觉和口腔触觉（口感）三个方面的综合感知，不只是味蕾对咖啡的滋味感受和鼻腔嗅觉对咖啡的气味感受，还包括吞咽咖啡过程中唇、齿、舌、颚、颊和上喉部等触觉感受——口感。

第二个层次的“咖啡风味”是指主要由于产地的地理环境的不同而造就的香气、滋味或者口感等方面的特色。这时的“风味”极为契合应咖啡专业术语“Terrior（地域之味、庄园风味）”。

第三个层次的意思是狭义的，特指一款咖啡的香气特征，杯测一款咖啡时，香气被分辨出像某种花草、果蔬或者坚果等物品的气息，咖啡豆介绍中的风味一栏所列的参照物，指的就是狭义的咖啡风味。

咖啡学力图有依据地、充分地、如实地而且便于交流地描述咖啡风味。咖啡风味的依据主要有两类，一是食品感官学，这是品评咖啡的基础知识，偏离食品感官学依据的咖啡味道描述多属于咖啡文学范畴。二是咖啡化学分析，咖啡生豆含有300多种化学成分，在烘焙过程中发生以降解（重排）与聚合为主的多种化学反应，使得熟豆化学成分增加到千种以上。如此之多的化学成分是咖啡风味复杂的根由，各种成分的含量因品种、产地、气候、生豆与烘焙加工等因素的不同而异，就造成咖啡风味的千变万化。咖啡的化学成分分析也是咖啡与健康问题的根本解释，同时还是咖啡工艺——尤其是烘焙——技术设计与改进的目标所在。

认识咖啡风味，首先要懂得分别从嗅觉（气味）、味觉（滋味）和触觉（口感）三个方面仔细品味，然后再加以整体把握。

二、咖啡嗅觉

（一）嗅觉的基础知识

嗅觉只能感受气体，能引起嗅觉的物质需具备以下的条件：容易挥发、能溶解于水中或者能溶解于油脂中。由于挥发性的脂溶性芳香物能够被嗅觉感知到，因此，油脂多的咖啡，不仅口感更顺滑，香气也更浓郁。

当含有能刺激嗅觉细胞的化学物质（通常含有氢、碳、氮、氧、硫等元素）的气体、水汽或油脂气，从鼻孔吸入或者咀嚼吞咽时从舌后进入鼻腔嗅觉部后，嗅觉接收器就开始运转。每一个嗅觉细胞内都包含一种嗅觉接收器，人体大约有1000万~2000万嗅觉接收器，共有7种类型，各自负责不同气味的感知，一般人能够感知4000~6000种气味。嗅觉不像味觉那样有酸、甜、苦、咸这样的基础分类，在说明嗅觉时，常用产生类似气味的东西来命名，例如玫瑰花香、肉香、腐臭……当几种不同的气味同时作用于嗅觉接收器时，会有多种可能的情况发生：可能产生新的气味也可能抵消中和而失味，不一定同时而是先后或者交替地被感知到，某种气味被代替或被掩蔽或被包含。多种气味之间这种交互关系，增加了辨识富含芳香物食品香味的难度。

（二）基于嗅觉原理的咖啡香气描述

依据气味进入鼻腔的路径，嗅觉分为鼻前嗅觉和鼻后嗅觉，前者气味从鼻孔进入，后者气味是从口腔舌后进入鼻腔。因此，辨识咖啡香（bouquet）被分为前后两个阶段，有四种咖啡香的定义：

1. 干香（fragrance）

熟豆及其研磨后豆粉的香气。这是最易挥发的芳香物的气味，主要成分是分子相对较小的酯类，香型以像花香的香甜味和像香料的甜辛味为主。

2. 香气（aroma）

咖啡萃取后，从咖啡杯中蒸腾的香气，在水温热度作用下，更多的、分子较大的芳香物或者挥发、或者随着水汽蒸发，香气也更加丰富复杂，主要成分是酯、乙醛和酮类，香气通常以花香、果香和草香为主。

3. 气味（nose）

咖啡在空腔中流动或被搅动、挤压而产生的挥发物被嗅觉所感知，主要成分是烘焙时的褐变反应产物，如糖碳酰基化合物，香气类型有糖果、糖浆、烘烤的坚果或者谷物等，这时的香气与咖啡烘焙密切相关。有品茶经验的人会用“水香”“汤香”这些词来描述。

4. 余香（aftertaste）

下咽后，从咽喉部进入鼻腔的空气以及口腔中咖啡残留物挥发所携带的气味。主要成分是烘焙中的焦糖化反应生成物，香味类型主要是“木质”的，如树脂类、香料类和木炭类。杯测咖啡时，有一个步骤是闻咖啡渣，所要辨识的就是这种气味。

（三）咖啡香气的其他描述

描绘咖啡香气，即便是英文单词“nose”与“aftertaste”也难以会意，美国精品咖啡协会（SCAA）的杯测风味轮只使用“aroma”一词统括咖啡萃取后的湿香（fragrance 就专指干香）。以 3 种化学反应的产物为依据，每一种化学反应的产物都附随 3 个类别的香型，从成因到参照物共分 4 个层次，分别是 3 种成因、9 类香型、18 项比喻、36 个参照物。香气指标独占咖啡风味轮一半的面积，这凸显了咖啡嗅觉感知丰富且细微的性状。其中涉及的 67 条词汇是交流咖啡嗅觉的基础。

对咖啡香气的描述还包括风味轮中所没有的程度指标。香味的强度（intensity）表述芳香物浓度，包括饱和度（fullness）和力度（strength）。对咖啡香气量的方面的描述词有：香型多且力度大称“浓郁（rich）”、力度中等称“全面（full）”，力度不足则称“平庸（rounded）”。对咖啡香气质的方面的描述词有：难以辨别或者描述称为“复杂性（complexity）”，香型少且不明显则称为“寡淡（flat）”。

三、咖啡味觉

（一）味觉的基础知识

味觉有酸、甜、苦、咸、鲜 5 种基本类型，感受器是味蕾，主要分布在舌表面和舌缘，口腔和咽部黏膜的表面也有散在分布。人的味蕾总数约有 8 万个。不同部位的味蕾对味道的敏感度不同，一般而言有如下对应，舌尖——甜味、舌两侧——酸味、舌两侧前部——咸味，舌根部——苦味。

不同味感与刺激物的化学成分有关，但也有例外。通常咸味由无机盐引起，尤其是含钠离子的化合物；氢离子是引起酸感的关键因素，有机酸的味道与它们带负电的酸根有关；甜味主要是单糖和可溶性双糖引起，而一些糖苷和生物碱能引起典型的苦味，另外一些氨基酸和多肽也有苦味，苦味的基准物质是奎宁酸；鲜味与氨基酸化合物有关，尤其是氨基酸钠。

溶于水是味觉感知的前提，刺激物必须达到一定浓度才能产生味觉，即使是同一种味质，由于其浓度不同所产生的味觉也不相同，如 0.01~0.03mol/L 的食盐溶液呈微弱的甜味，0.04mol/L 呈甜咸味，浓度大 0.04mol/L 时才纯粹是咸味。

介质的黏度会影响可溶性呈味物质向味感受体的扩散。介质性质会降低呈味物质的可溶性，或者抑制呈味物质的释放。这一原理可以用于解释咖啡胶质的作用。

温度影响味觉，感觉不同味觉所需要的最适温度有明显差别。甜味和酸味的最佳感觉温度在 35℃ ~50℃，咸味在 18℃ ~35℃，苦味则在 10℃。一般建议咖啡趁热喝，凉了苦感就会增强。

味觉感受器具有广谱性，但通常对各种味质反应幅度不同。一般情况下，对苦味的敏感程度远远高于其他的味道，这正是很多人因咖啡苦味而拒绝饮用的原因，但当苦味与甜、酸或其他味感恰当组合时却能形成特殊的风味。咖啡成分中一些呈味分子同时具有刺激苦味与甜味的空间结构，故而在不同的味蕾部位分别呈现苦、甜以及苦与甜的味觉感受，所谓的回甘就与这种现象有关。

多种味道混合会产生或抵消或增强的转导作用。酸味和甜味之间存在抵消中和现象，二者调和会使味觉强度降低并变得缓和。酸味和咸味之间存在相乘作用，二者的调和会使味觉变得更酸及更咸。咸味和甜味之间存在着两种相反的作用，当食盐浓度约 0.5% 时会增加甜度，当食盐浓度达 1% 时会降低甜度。苦味与其他味道之间的相互作用不大，但酸甜苦平衡是美味咖啡的重要特征。

（二）咖啡的四种味觉

咖啡风味轮另一半是味道（taste）指标，分为酸、甜、咸、苦 4 类，位于第二层，每一类味觉附随两种类型的味感，故而第三层中有 8 个指标，除了苦味之下的苦涩和苦辣，其余 6 个指标反映的是酸甜咸 3 种味道两两之间的味觉转导感受。酒酸（winey）是指甜味弱化了酸感，像葡萄酒的酸甜；甜酸质（acidy）是指酸感弱化了甜度，像水果甜中带酸。甘醇（mellow）是指低浓度的咸味强化了甜感，而平和（bland）则是指咸感与甜感中和降低了二者的强度。锐刺（sharp）是指酸感对咸度的强化，而酸峻（soury）则是咸度增强了酸感。

咖啡滋味源于其水溶性化合物。不溶解于水的物质则在口感上获得表现。

1. 咖啡的酸味

酸味才是咖啡滋味的重点，尽管呈酸物质的含量不高。咖啡的酸味源头主要是咖啡酸（3，4- 二羟基肉桂酸，属于芳香族有机酸）、脂肪族有机酸——柠檬酸、苹果酸、酒石酸（葡萄酸、2，3- 二羟基琥珀酸）、乳酸（丙酸）和醋酸（乙酸）等。实际上，咖啡豆含有很多种酸性物质，不同的酸性物质呈现不同的味感和强度。咖啡酸有刺激性、酸中带涩。柠檬酸、苹果酸、酒石酸等脂肪酸不仅呈酸味，还带来“明亮的（bright）”口感；绿原酸、石碳酸（苯酚）和奎宁酸则是苦涩味的；氨基酸浓度超过一定值就会产生甜味感觉。咖啡中挥发性的酸还产生香气，属于芳香酸物质，这是优质咖啡所必备的。高地栽种的咖啡会比低地栽种来得酸，刚采收的豆子比采收后放了一阵子的豆子酸。高热可以燃烧分解咖啡豆中的呈酸物质，因此，提高烘焙程度，就很容易获得不酸的咖啡。但是，咖啡中如同美味水果般令人愉悦的酸味具有迷人的吸引力，是咖啡滋味风格的重要体现，这也正是主张咖啡浅烘的根本原因。专业术语酸质（acidity）一词则是用来评估酸性成分及其相对强度，包括味感表现，因此，对于咖啡而言，“acidity”不是指酸度，而是酸质。尽管有的浅烘咖啡感觉很酸，但铁皮卡与罗布斯塔的 pH 值并不低，介于 5~6 之间，波旁品种 pH 值稍低一些介于 4.5~5 之间，与啤酒和威士忌接近。

2. 咖啡的甜味

咖啡的甜味不是所熟悉的蔗糖或者水果的甜感，因为烘焙后生豆中的低分子糖（主要是蔗糖）几乎损失殆尽，甘甜的滋味主要来源于烘焙过程产生的苦中带甘的并不是糖的焦糖和氨基酸化合物。因此，咖啡甜感用“甘”这个词来形容更贴切一些，这是美味咖啡的关键，缺少了“甘”这个核心，只让人感到酸的或者苦的咖啡都不是好味道的咖啡。喝咖啡一定要懂得品味“甘”这种调和味道。咖啡中氨基酸化合物、香酸物质、低度的咸味以及苦涩刺激都能激发“甘”的感觉。

3. 咖啡的咸味

咖啡的咸味不是指氯化钠那样典型的咸味，而是咖啡中的矿物质（如钾、磷、钙等氧化物）带来的味觉，钠氧化物恰恰在咖啡中含量是很低的。咖啡的咸味不易被独立地品味出来，低浓度的咸味与甜味相互作用产生甘醇或者清爽的调和感觉，烘焙后矿氧化物与酸反应产生的盐则带来刺激感和涩感。如果真的出现咸味感，很大的可能是熟豆中的有机物被氧化殆尽了。

4. 咖啡的苦味

咖啡苦味给人印象深刻是因为味觉对苦味反应剧烈。咖啡苦味的最大源头不是大名鼎鼎的咖啡因而是绿原酸（Chlorogenic acid，是由咖啡酸与奎宁酸生成的缩酚酸），浅烘咖啡的苦味主要来自绿原酸的降解物绿原酸内脂。咖啡苦味的另一大源头是葫芦巴碱，而苯酚（石碳酸）化合物和奎宁酸（quinic acid）则是深烘咖啡主要的苦源。与葫芦巴碱属于生物碱的咖啡因虽具有苦涩感，但对咖啡苦味只发挥 10% 左右的作用。其实，苦味不纯然是不良味道，不强烈的、柔和的苦味与甘甜相互调和也是一种可玩味的风味。

烘焙是控制咖啡酸苦程度的最重要手段，随着烘焙程度的提高咖啡酸味物质的含量就不断递减，而苦味则因苯酚化合物的增加而递增，以至于浅烘咖啡酸而不苦，深烘咖啡苦而不酸。

四、咖啡口感

口感是指食物的浓度、黏度和表面张力及其成分的物理、化学特征在口腔中引发的一系列感觉，是口腔软组织中游离神经末梢对触压、冷热、软硬、滑涩等机械或化学刺激的反应。实际上，口感是品尝食物不可忽略的感觉，是引发食欲和感受美味的重要因素。

（一）影响咖啡口感的主要因素

影响咖啡口感的主要因素是咖啡油和咖啡胶质两个方面。

咖啡生豆含有 7%~17% 的脂肪，是甘油三酸脂的混合物，可称之为咖啡油。成分类似棉花籽油，其中软脂和油酸含量与黄油也很接近，故而对咖啡味道的描述中有黄油这一参照物。一杯咖啡中的油脂含量与品种、烘焙和萃取方法以及加水比例有关。咖啡油降低咖啡汤汁的表面张力从而带来顺滑的感觉或者乳脂感。由于一些气味和滋味刺激物只溶于油，因此，咖啡油会引起味觉或者嗅觉的不同感受，例如嗅觉上的烟味强度就与咖啡油的含量正相关。也因为咖啡油的存在，咖啡鲜度就显得重要了，陈放太久的咖啡就有油脂变味的哈喇味。

类似的机理也发生在咖啡胶质上。咖啡胶质主要是咖啡油与咖啡纤维颗粒、大分子蛋白质等相结合的悬浮物。在口腔吸收过程中，咖啡胶质能起到缓冲作用，从而削弱酸感的强度，增加咖啡的浓滑口感。由于咖啡胶质会吸附味觉和嗅觉的成分，胶质丰富且持久了咖啡的滋味与气味。过于严密的滤纸会过滤掉大部分的咖啡胶质，因此，对于不同方法萃取的咖啡，不妨注意感受咖啡胶质的变化。持续加热会破坏胶质的稳定性，静置久了固体颗粒物将脱离沉落杯底，这也是建议一杯咖啡 20 分钟之内喝完的原因所在。速溶式的咖啡可能不含咖啡胶质，导致其与现泡咖啡有明显的味道差别。

（二）咖啡口感的描述

饮料口感的综合性描述是“醇度”，是饮料的物理化学特性在口腔各部皮肤上产生的质感。有一定含量的咖啡油时，就有顺滑的感觉，含量更高时则有类似黄油或者乳脂的感觉。咖啡胶质多则产生厚重感、浓度高则有浓稠感，胶质少了，口感就轻了、薄了，用水比例太大则导致乏味。

五、咖啡风味的表述

品味咖啡是一个不断学习的过程。初学者可以简单从香、酸、苦、甘、醇这五个字入手把握一款咖啡给予的感觉。“香”排第一位可谓得其所哉，咖啡被誉为最香的饮料，也是最诱人的魅力所在。与品味葡萄酒相比，品味咖啡具有更大的嗅觉挑战。酸、苦、甘除了分开品味之外，还有寻求一个综合的感觉考察咖啡滋味的平衡性。醇则侧重于口感的知觉，不可与味觉感受混为一谈。由简入繁，在不断实践中再深入细致地掌握各个层次上的分别。一般的咖啡风味特性介绍，也多采取与这五个字相关的蛛网图来显示，而非参照复杂的风味轮，如图 9-5 所示，也被称为咖啡的“豆性描述”。

六、咖啡风味的影响因素

影响咖啡风味的因素包括从咖啡树种植到咖啡入口这一漫长时间顺序链上的所有环节——产地、品种、栽植、采摘、取豆、储运、烘焙、研磨、贮存、萃取等。任一环节出现技术上的瑕疵都会给咖啡带来不良的味道。此外，产年的气候波动和虫害等不可抗力因素的干扰也不容小觑。因此，一杯美味咖啡实在来之不易。值得注意的是，除了阿拉比卡与罗布斯塔这两类因基因不同，风味有较为明显差别之外，种类品别的影响远不如地理与工艺方面的原因。地理环境（例如纬度、土壤、海拔、山地、高原等等）以及气候条件（例如日照、降雨、温差、积温、云雾等）的差异是形成咖啡独特风味（terrior）的决定因素，工艺方面的不断改进则是为了保证地域风味的充分发挥。

不同的影响因素，在影响力、影响机制、可控性方面并不能等量齐观，也不能不分层次。选择什么样的生豆就基本上决定了咖啡风味。生豆选择包括品种、产地、处理方式、等级等诸多选项。烘焙程度与方式不仅影响香气的激发，还是控制酸度和苦涩度的关键因素。研磨的粗细程度，影响咖啡的萃取程度，萃取方式与技巧要保证获得最佳萃取率。

在烘焙之前，影响咖啡味道的主要机理是酶化反应，咖啡果肉含有的酶会分解咖啡豆的养分，采摘时混杂过于成熟的果子会导致阿拉比卡的里约味和罗布斯塔的橡皮味。干燥过程中，放置地面晾晒的咖啡豆可能吸附尘土的味道而导致土味，高温与潮湿会加剧酶化反应而导致发酵味（fermented），接触霉菌而发霉则会出现霉臭味（musty，moldy），如果受热过多造成脂肪分解则可能导致皮革味（hidy）。生豆内部化学反应或者外部污染会导致不愉快的酸味。如果样品风味间差异大，则被称为野性味（wild）。

刚收取的生豆带有浓烈的青草味（grassy），酶化反应会降低这种味道，一年内的生豆称为新豆。随着陈放时间的加长，豆中的酶会将不断分解酸以及其他有机的成分，导致陈化作用越来越重，依次会有隔年豆味（past crop）、陈豆味（aged）、干草味（strawy）和木头味（woody）。

烘焙过程中，焦糖化反应不足则会保留生豆的草味，让人联想绿色蔬菜，被称为青味（green）。温度太低，加热过程过慢导致香气寡淡被称为烘焙味（baked），火力提升太快导致豆身两端头烧焦（俗称“黑头”）则可能带有谷类味道。如果导致豆身表面烧焦则会出现焦煳味（scorched）。如果夹杂未成熟生豆，就会出现花生味。

咖啡烘焙后伴随陈放的时间，味道就开始进入从新鲜（fresh）到陈腐（stale）的变味过程。挥发性芳香物质不断流失使得咖啡味道变得平淡（flat）而至乏味，油脂不断被氧化，味道就越发寡淡，潮气将带来陈腐味，甚至出现哈喇味味感。为了品味到咖啡的新鲜，烘焙后的咖啡最好两周内消费掉，而且现磨现泡最为可取。

咖啡冲泡后香气也经历由浓到淡变化的过程。煮制的咖啡，如果持续加热过长时间，长链有机物将会分解成断链而增加了酸度。随着水分蒸发，盐的浓度增加则产生海水味，混杂碱类无机物则有咸怪味。煮烧太过则使得蛋白质烧煳而出现焦炭味。

第四节　咖啡等级

本节介绍的咖啡等级是指咖啡生产国对其出口的生豆所划分的级别，咖啡工艺的一个重点——生豆提取也是本节的重要内容。

一、咖啡树的适种环境

阿拉比卡和罗布斯塔都是3~5年收获一次，寿命20~30年。两种树都要求充足的阳光与水分（1500毫米的降雨量），但如果阳光过于强烈，就配植遮阴树木以免咖啡树受到伤害，洪涝将导致减产。咖啡树害怕寒冻，阿拉比卡适应15℃~24℃的温度，海拔越高，豆粒越硬，含酸物质也越丰富，品质就越好；罗布斯塔则喜好24℃~29℃的温度，适合低地种植。

二、咖啡豆的结构

咖啡果实的结构由外到内依次是外果皮、中果皮（果肉和果胶）、内果皮（像羊皮纸一样的种子外壳，也称羊皮层或豆荚）以及生豆（包裹着纤薄银皮的种子）。种子一般由两个半圆体的豆粒组成，半圆体的平面中间有一道凹槽。大约 5% 的种子是一粒圆形的豆子，被称为圆豆，只有一道半圆形凹槽。大多数阿拉比卡豆成熟期在 6~8 月份，罗布斯塔豆成熟期为 9~11 月份，但由于产区纬度差异，各地收获期也有不同。

三、咖啡生豆提取

咖啡生豆的提取过程有 6 个环节：采摘咖啡果子，提取咖啡生豆，脱壳去皮，晒干，按级别分类，入袋包装。

（一）咖啡果采摘

采摘咖啡果忌讳混杂过于成熟或者不成熟的果实，前者容易导致不良的发酵味道，后者可能导致生青味和酸涩味。每千克的果子大约只能获取 200 克的生豆，如此之低的获得率使得从果实采摘到生豆提取的成本大约占据了一半的咖啡生产成本。采摘方式有人工选摘与机械片摘两种。机械方式通过摇动树枝采摘果实，适用于土地平整的大型咖啡园，可节约劳动成本，但会混杂更多的过于成熟的咖啡果，增加了质量控制的难度。

（二）咖啡豆提取方法

采摘下来的咖啡果先要倒入水槽，通过浮力漂浮枝叶和过于成熟的果实，下沉的则是适度成熟的果实和少量较硬的未成熟青果，下一步就是生豆提取环节。生豆提取方法有 4 种，常见的是日晒（干燥法，dry method）与水洗（湿处理法，wet method），以及介于二者之间的半日晒和半水洗法也在不断推广。取豆工序要特别注意控制发酵程度，更要防止生豆感染发霉与异味污染。

1. 日晒法

日晒法是最传统且简单省钱的干燥法。咖啡果放在阳光下晾晒约 2~4 周，直至含水率降到大约 12%。干燥后的咖啡果经过一段时间的贮存后，用机械方式剔除外果皮和中果皮（果肉和果胶层），就获得剩下羊皮层（内果皮）的咖啡，被称为羊皮纸咖啡。日晒法的咖啡颜色偏黄，因机械打壳，生豆容易出现损伤。日晒法适合缺水干燥或者气候条件配合得上的产区，比如恰好在干季收获果实。为防止连续的阴雨和潮湿空气的干扰，也有农场采用烘干方式脱水。干燥过度或者不足都会带来损害。优质的日晒咖啡依赖风和日丽，但是雨天、潮湿等不可控因素干扰总是使得日晒咖啡质量不稳定。

2. 水洗法

水洗法需要大量的水和必要的设备，技术含量高，费用也是最高的，但是水洗法回报了更高更稳定的生豆品质。不同于日晒法先干燥果实再去除果肉，水洗法则是鲜果筛选后就直接放置在设计精巧的果肉筛出机中，利用较硬的未完全成熟果实把较软的成熟果实挤出筛孔，从而刮除外果皮和果肉，从而分离出带着黏稠果胶的豆荚。下一步就是在发酵水池中利用生物发酵方法分解果胶，这个过程视室温高低持续 16~36 小时。发酵过程中将果胶带来额外的脂肪酸，如苹果酸、柠檬酸、乳酸和丙酸，甚至出现咖啡豆所不含的醋酸，这些酸性物质会渗透进种子，不但抑制霉菌滋生，还增添了芬芳与爽口，因此水洗豆果酸味更重一些。但如果发酵过度，就会产生有刺激难闻味道的酪酸（丁酸）和其他不良味道的脂肪酸，使得咖啡出现发酵味。水洗豆色泽蓝绿亮丽，香酸物质丰富，是保证咖啡美味的法门之选，中南美洲除巴西之外流行水洗法。甚至一些产区的罗布斯塔豆也采取水洗法来减弱该品种的口味缺陷。

3. 半日晒与半水洗法

半日晒和半水洗法是气候条件与成本二者考量下因地制宜的权衡。巴西咖啡产量大，多机械采摘，恰好气候干燥，传统上多是日晒处理，成本优势明显，但是质量一直上不去。为了提高咖啡档次，20 世纪 90 年代兴起了半日晒法的改良运动。从果肉筛除机出来后的豆荚不进行水槽发酵而是户外晾晒，或结合机械干燥使含水率降到 12% 之下，然后置于特殊容器中熟化以稳定质量。半日晒法减少了日晒咖啡法的不可控变量，从而获得优质日晒咖啡的甜感和醇厚，既降低了日晒法发霉的概率，也使得酸度低于水洗法。半水洗法则是采用机械方式刨除果胶而不经历水槽发酵，技术要求不高，适用于气候或水资源条件不理想的产区。半水洗咖啡果酸味低于水洗法，相比半日晒，虽然甜味较弱，但干净度较高，风味介于半日晒与水洗法之间。中南美洲湿度高的产区和亚洲印尼、老挝等地有采用半水洗法者。

4. 异类提取法

市面上还有奇特方法取豆的咖啡，最出名的就是麝香猫咖啡，其他的有大象咖啡、猴子咖啡、凤冠雉咖啡等，这些可称为动物体内发酵法。难以想象这种方法到底有多少的技术含量和可控变量。

种植园提取好的羊皮纸咖啡，一般都送到产区统一的仓库在良好的条件下保存，直到出口前夕才研磨去除羊皮层。有的还增加一道抛光工序以求美观效果。出口的咖啡生豆被装在黄麻或者菠萝麻编织的袋子中，标准袋重量是60千克。

四、咖啡豆等级

出口前生豆还要分等级，分级依据有四个方面——缺陷豆含量、豆体大小、种植海拔和杯测鉴定。国际惯用的分级体制有专用于精品咖啡的美国精品咖啡协会的生豆分级系统，和适合大宗交易的商业咖啡的巴西生豆分级系统。

（一）生豆大小、硬度与等级

一般情况下，各产区通常按照大小和硬度（密度）两个标准类分类，但是圆豆和象豆（马拉戈日皮）则不在此列。一般来说，豆粒越大，风味越佳。生豆大小以其宽度衡量，单位是“目”，大多数介于10~20目之间，1目约为0.4毫米。大小等级就按照目数划分，14目属于小的等级，15和16目是中等，17~18.5目属于大的等级，19目以上则是非常大等级，精品豆必须14目以上。也有产区用长度来计目。

生豆大小并不能独立支持咖啡的香醇甘美，还要看硬度。硬度大即密度高，生豆蕴含的精华物质就更丰富，风味自然更佳。一般来说，硬度与种植海拔正相关，因此，种植海拔是描述生豆必需的指标。体量大且海拔高的咖啡容易出精品级。此外，气温较低的产区咖啡树生长缓慢，也容易结出较硬的种子。

哥伦比亚和肯尼亚咖啡产区海拔均在1200米以上，故而直接以大小分等级，肯尼亚AA级必须大于或等于18.5目，17和18目为A级，15和16目属于B级，14目则是C级，哥伦比亚18目以上属于特选级（Spuremo），低于18目属于上选级（Excelso）。

一些产区海拔跨度大，则采用海拔高度分等级，例如哥斯达黎加面向太平洋海拔高于1200米的咖啡冠以“极硬豆（SHB：Strictly Hard Bean）”，面向大西洋海拔 900~1200 米的咖啡冠以“大西洋高地咖啡（HGA：High Grown Atlantic）”，二者属于最高等级豆。次一级是“中等硬度豆（MHB：Medium Hard Bean）”，海拔介于 400~1200 米之间。危地马拉产地的按海拔划分为三级：1350 米以上是 SHB，1350~1200 米属于 HB（Hard Bean），低于 1200 米则是半硬豆（Semi-hard）。洪都拉斯的最高等级是 SHG（Strictly High Grown），海拔 1200 米以上，其次是 HG（High Grown），海拔在 1050~1200 米之间。

埃塞俄比亚、牙买加以数据分级，但产区一样提示了海拔信息，牙买加必须海拔 1800 米以上才能冠以“蓝山咖啡”。巴西产区大都地势不高，海拔集中在 800~1000 米之间，生豆缺乏硬度，按照杯测分四个等级，由高到低分别是：“极柔和（Strictly Soft）”“柔和（Soft）”“有柔和的（Softish）”和“生硬（Hard）”。

（二）干净度与等级

生豆通过筛子区分出不同目数之后，还要经过分拣剔除不良豆，利用风机吹开重量小的混杂豆，然后依靠光仪设备或者人工挑出瑕疵豆——异色豆（腐烂、发霉、发酸）和带壳豆。美国精品咖啡协会的分级体制对生豆的干净程度给予更高的关注，针对不同杂物和瑕疵豆设计了 18 个指标并配以不同的权数来统计“全缺点”。第一等级精品咖啡豆（Specialty Coffee）首先要零重大缺陷，即每 300 克生豆只允许不超过 5 个小缺陷，含水率在 9%~13%，豆粒大小误差在 5% 之内，烘焙后不能出现白目豆（未成熟豆），杯测结果不能有杂味或者发酵过度的腐味，而且在香、酸、醇以及整体上至少有一项表现突出。可见精品豆要求多么严格，绝非轻易就可获得。第二等级咖啡豆（Premium Coffee）每 300 克生豆只允许 6~8 个小缺陷，含水率在 9%~13%，豆粒大小误差在 5% 之内，烘焙后白目豆（未成熟豆）不能超过 3 个，杯测结果不能有缺陷味道，在香、酸、醇以及整体上至少有一项表现突出。第三等级咖啡豆（Exchange Coffee）每 300 克生豆只允许 9~23 个小缺陷，含水率在 9%~13%，豆粒大小只允许 5% 低于 14 目，至少 50% 大于 15 目，烘焙后白目豆（未成熟豆）不能超过 5 个，杯测结果不能有缺陷味道。

（三）其他因素对生豆品质的影响

购买生豆除了眼看、鼻闻，还要手摸。眼看的重点是色差，大小及其参差程度，颜色有异的豆子大都有问题，黑者非腐即霉，斑纹发白是受潮的表现，浅者可能混杂未成熟豆，褐色或者泛白可能是氧化所致或被污染。好豆有清香气味，如有刺激味道、霉腥味或者杂味不是发酵过度就是保存不当。手感生豆干爽为宜，太硬则干燥过度，太软则水分偏多。

第五节　咖啡烘焙

除去树种选育与咖啡化学分析这两项跨学科学问，咖啡工艺中最有技术含量的就是烘焙。生豆之于烘焙师，好比食材之于厨师，精准的烘焙过程控制是激扬咖啡美味最关键的技术活。学习烘焙得先从了解咖啡成分及其热化学反应开始。

一、咖啡烘焙中热化学反应

咖啡在烘焙中的物理变化较为简单，主要是受热水分蒸发，熟豆失重率在12%~25%之间（失重率与烘焙程度和烘焙时间正相关）。此外，豆体膨胀1~2倍，豆体内部充满了缝隙，这使得熟豆的有机成分更容易被氧化，挥发性物质也更容易逃逸。因此，烘焙后的咖啡不易保鲜，要尽快消费。

（一）糖类与蛋白质成分的变化

烘焙前后化学成分发生重大变化，而且不同的烘焙程度也将造成成分含量差异进而改变咖啡风味。需要注意的是考察生豆与熟豆的各成分含量变化，要考虑“失水”这个因素：有些成分实际上在烘焙中有所丧失，却因为熟豆逸失大量水分重新“配重”后含量不减反增。因此，含量下降的成分可以肯定其在烘焙中发生了损耗，含量没有明显增加的成分很可能在烘焙中并没有全部参与化学反应。只有含量大幅度增加的成分才是关注的重点。物质不灭，此增彼减，烘焙前后最明显的成分变化是糖分（低分子糖）的减少和精华物质（香酸成分）的增加，这是咖啡烘焙过程最重要的两种化学反应焦糖化反应（Caramellization）与美拉德反应（Maillard Reaction）的结果。咖啡烘焙后，低分子糖（主要是单糖和双糖）与蛋白质减损率几乎与水分一样，接近80%（前者参与焦糖化反应，后者参与美拉德反应）。可见，低分子糖与蛋白质的含量之于咖啡风味的重要性。

1. 咖啡烘焙的焦糖化反应

焦糖化反应是糖类（主要是低分子糖）在没有氨基化合物存在的情况下，

加热到温度高于糖的熔点时，糖分子发生脱水与降解，产生褐变反应。焦糖化反应的结果生成两类物质：一类是糖脱水聚合产物，俗称焦糖或酱色；另一类是降解产物，主要是一些挥发性的醛、酮等，这些物质还可以缩合、聚合最终得到一些深颜色的物质。它们给食品带来悦人的色泽和风味，但若控制不当，也会为食品带来不良的影响。

咖啡生豆中的低分子糖主要是蔗糖，其他的类型糖含量很低，因此，蔗糖是咖啡焦糖化反应的主角，也是咖啡香气的主要源头。烘焙后熟豆几乎不再含有低分子糖，基本上都转化为焦糖与其他芳香成分。阿拉比卡生豆蔗糖含量 6%~9%，而罗布斯塔生豆蔗糖含量 3%~5%，相差几乎 1 倍，这是阿拉比卡风味比罗布斯塔优雅丰富的主要原因之一。蔗糖熔点是 185°C，这正是咖啡烘焙必须要达到的温度。蔗糖在焦糖化过程中由无色变成褐色（俗称褐变反应），期间产生带有奶油糖香味的二乙酰、焦糖香和蜜糖香的呋喃类化合物等上百种芳香衍生物。焦糖不是糖，而是一种色素，约占熟豆的 17%，其味道苦中带甘，是咖啡滋味和香气的特征之一。如果烘焙温度低于 185°C 或者加热不够，焦糖化反应就不充分，从而缺少活色生香的风味。但如果温度过高，加热过度，焦糖反应就会过头，使得焦糖碳化，出现单调硬燥的焦苦滋味与烟灰气味。

2. 咖啡烘焙的美拉德反应

美拉德反应是羰基化合物（还原糖类）和氨基化合物（氨基酸和蛋白质）间的反应，经过复杂的历程最终生成棕色甚至是黑色的大分子物质——类黑精素或称拟黑素，所以又称羰氨反应，也称非酶棕色化反应。美拉德反应过程可以分为初期、中期和末期，每一阶段又可细分为若干反应。初期反应产物——Amadori 化合物（糖胺化合物），不会引起食品色泽和香味的变化，是不挥发性香味物质的前体成分。中期阶段生成各种特殊醛类，这是造成不同香气的因素之一。最终阶段除了产生类黑精素外，还会生成一系列美拉德反应的中间体——还原酮、醛类及挥发性杂环化合物，这又是香气的来源。

咖啡生豆中的还原糖（主要是葡萄糖、果糖、乳糖、麦芽糖）含量很少，因此，美拉德反应的主角还是含量较高的蛋白质（11%~13%），其中不同形态的氨基酸成分与糖发生一系列复杂而又重复的降解和聚合反应，衍生出两百多种化合物，大大丰富了咖啡的风味，其中最主要的是醣甘胺、糖醛和类黑精素。温度是美拉德反应当中关键影响因素之一，咖啡豆的美拉德反应在

185℃~240℃之间最为活跃，香味物质也主要在较高温度下反应形成的。但是温度过高，时间过长，可产生有害物质。据研究发现，咖啡 10% 的苦味来自美拉德反应。

由于不同的数据来源显示熟豆中蛋白质含量是否因为美拉德反应而减少有相反的结论，本书认为这与统计有机物类属的口径有关。如果将经过美拉德反应变性后的蛋白质仍然统计为蛋白质，那么烘焙前后蛋白质的数量基本不变，否则蛋白质含量就会减少。

（二）酸碱成分变化与咖啡的酸味和苦味

烘焙前后，除了低分子糖和精华物质发生巨大变化，熟豆中有机酸和生物碱总体上的含量也有明显的下降化。有机酸中绿原酸含量最高（生豆含量5.5%~8%），下降的幅度也最大，深度烘焙的咖啡甚至下降 5 倍（含量只剩下1.2%~2.3%），主要原因是绿原酸不耐火，在一爆与二爆之间约半数被分解，二爆后大约剩下 20% 的量。绿原酸在 25°C 水中的溶解度是 4%，这意味着全部的绿原酸都溶解于咖啡液中，因而是（浅烘焙）咖啡苦涩味的最大源头。绿原酸是由咖啡酸与奎宁酸生成的缩酚酸，降解后使得熟豆的奎宁酸含量增加 1 倍，虽然含量介于 0.6%~1.2% 之间，但全部溶解于咖啡液，从而成为苦涩味的帮凶之一。比绿原酸更不稳定的是咖啡酸，熔点介于 194℃~198℃，在烘焙后几乎完全分解。本来咖啡是不含乙酸（醋酸）的，水洗咖啡在水槽发酵阶段会有微量的乙酸渗入生豆，但是烘焙后由于蔗糖的化学反应却产生了含量 0.25%~0.34% 的乙酸和微量的甲酸、乳酸。醋酸是酸感最强烈的酸，而且是一种不良的“死酸味（soury）”。烘焙过程中，乙酸含量先升后降，而柠檬酸和苹果酸的含量则持续递减，这就是烘焙越深，咖啡酸感越低的原因。尽管柠檬酸和苹果酸归类为香酸物质——“活酸”，但浓度过高会有尖锐感。生物碱中的葫芦巴碱烘焙后大约减少一半，咖啡因几乎没有明显降低，葫芦巴碱也是咖啡苦涩味的主要源头，而咖啡因只有微苦味，并非咖啡苦味的主因，只起 10%~15% 的增苦作用。按理说，浅烘咖啡中葫芦巴碱含量高应该更苦才是，但是浅烘咖啡中焦糖含量也高，葫芦巴碱会与焦糖结合产生了甘苦调和滋味，所以反而不觉得苦。深烘后焦糖含量几近于无，就不再有这个调和机制，因此会觉得更苦。

上述简单的咖啡热化学知识是理解咖啡烘焙设备与技术改良、咖啡烘焙程度与火候选择的基础。

二、咖啡烘焙的方式

烘焙咖啡的受热方式有烘炒式、热风式和半热风式。烘炒式又分为触火烘炒、隔火烘炒和红外线烘炒。烘炒式耗时较多，因此，失水率大，并且火候控制难度较大，由于失重大就意味着卖钱少，商业烘焙已经很少采用这个方法。热风式是咖啡豆在强劲热风中飞舞，受热快且均匀，是最省时的烘焙方法，因此，失水率最低。这对于交易量大的咖啡公司很有吸引力，但是，烘焙太快也容易造成咖啡豆热反应不充分，咖啡的香酸风味发展不充分。半热风式是在烘烤过程引入热风吹动促进受热均匀，火候大小与烘烤时间容易调节，因此，方便控制各种烘烤程度，有利于展现咖啡的风味。这使得半热风式成为主流，尤其是精品咖啡更加适用半热风方式烘焙。

三、烘焙程度

（一）不同的烘焙程度分类

关于烘焙程度的分类、名称以及检测标准，各国并不统一，存在不同的称谓。比如，轻度烘焙有 light、cinnamon、Half City、New England 等多种说法；中度烘焙的名称有 medium、regular、Full City、American、breakfast 等；中深烘焙说法有 Full City、medium dark、Northern Italian、light French、Viennese；深烘叫法有 dark、heavy、continentiao、after dinner；重深烘焙称呼有 heavy、dark French 等。1996 年，美国精品咖啡协会与美国艾格壮公司（Agtron Inc.）联合推广采用与烘焙程度成反比的焦糖化数值来标识烘焙程度后，烘焙程度的判断方法除了火候、颜色等经验判别法之外，多了一种非常普适的艾格壮分析仪器判定法。但是，艾格壮数据并非没有盲点，它只是测定焦糖化程度。烘焙同一款生豆，如果烘焙的火候和时间等变量控制不一样，即便艾格壮数值一样，杯测结果却有不同。

美国农业部将咖啡烘焙程度粗分为四级——浅烘（Light roast）、中烘（Medium roast）、中深烘（Moderately dark roast）和深烘（Dark roast）。浅烘豆表面干燥无油彩，粉末呈浅褐色，焦糖化数值介于 #90~80（精品咖啡定值 #85），涩酸味高于香味。中烘豆表面干燥略有油彩，粉末呈褐色，焦糖化数值介于 #60~50（精品咖啡定值 #55），香气丰富，酸甘苦较平衡，是精品咖啡最爱用的烘焙度，被精品咖啡大师乔治·豪威尔誉为“全风味烘焙”（Full

Flavor Roast）。中深烘豆表泛油光，粉末呈深褐色，焦糖化数值介于 #50~40（精品咖啡定值 #45），略有酸香，甘苦较平衡。深烘豆表面蒙有油脂，色泽黑亮，粉末也呈黑色，焦糖化数值介于 #40~30（精品咖啡定值 #35），几乎无酸感，苦味明显，香味低沉，有烟熏炭烤味。

还有一种流行的八级细分——极浅、浅、浅中、中、中深、深、南意式、法式。事实上，专业烘焙师可以凭其各自的技巧操控更加细微的烘焙程度。八级分类中的相关指标（如表）所列。

表 9-1　咖啡烘焙八级细分表

烘焙程度	焦糖化数值	失重比（%）	烘焙进度与位置
极浅烘	84~70	8~13	第一爆密集至收尾，酸味尖刺
浅烘	69~65	11~14	一爆结束，硬豆表面有些许皱褶，软豆则无皱褶纹，酸香味明显而多变
浅中烘	64~60	13~15	一爆结束后 30~40 秒，豆表皱褶拉平，均匀平滑，酸味较温和，焦糖的甜香明显
中烘	59~55	14~16	一爆结束接近二爆之前，豆表无油光，酸中带甜，平衡感好
中深烘（北意烘焙）	54~44	16~18	二爆开始 20~40 秒的初爆阶段，有焦香味，油脂未大量溢出豆表，出油呈点状
深烘	43~36	17~19	二爆开始后 40~100 秒，出现密集爆响，烟量大增，出油明显
南意烘焙	35~26	19~21	二爆约 100 秒后，进入尾爆，豆表油脂呈片状，油光黑亮。甘苦味
法式烘焙	25~18	21~23	二爆结束，白烟转蓝，豆表油滋光亮，已碳化

注：(1) 表格来源：韩怀宗，咖啡学：秘史、精品豆与烘焙入门 . 第 1 版 232 页，北京：化学工业出版社，2013。(2) 因为生豆豆体大小与软硬程度不同、设备大小有别、烘焙时间长度不一，很难确定一个统一的烘焙标准。(3) 八级烘焙程度的名称不同版本有不同的称谓。

（二）风味偏好、生豆硬度与烘焙程度选择

一款特定咖啡的烘焙程度选择并没有单一固定的规范，主要的依据是风味偏好和豆性。豆性中与烘焙最密切的因素是硬度，其次是某些独特成分的含量，生豆硬度越大越耐受烘烤温度。咖啡公司主要考虑顾客群的口味习惯，但精品咖啡则以最能够展现其独特地域风味这一标准来设定烘焙程度。深烘豆虽然苦味重，但其中蕴含的甘醇与厚重是迷人的；浅烘豆酸味强，但明快

的风格与高扬的芳香也令人沉醉。

四、烘焙过程的火候控制

（一）火候控制的5个阶段

整个烘焙过程最精妙的技巧就是火候控制，控火在如下5个阶段有明显不同：（1）脱水阶段；（2）催火阶段；（3）一爆降火阶段；（4）二爆微调阶段；（5）出豆冷却阶段。然而，不同的地域在这5个阶段的火力控制又有经验上的差异。

脱水阶段生豆颜色逐渐从浅绿渐变成浅黄、黄褐色，青草味和谷物味消失，出现烤面包味时，脱水完成。这个阶段火力不可一开始就过于猛烈，以免脱水不均匀。脱水完成后，可加大火力积累焦糖化反应与美拉德反应所需的热量，适宜的温度区间是180℃~205℃。一爆前，豆表出现皱褶纹，热量使得生豆细胞壁破裂，大量二氧化碳和水汽冲出豆表就会发出爆裂声，这就是所谓的一爆，持续1~2分钟。豆体体积增大，转入放热阶段，炉温迅速提高，故而要及时降火。一爆阶段产生浓度最大的香酸成分。一爆结束后，咖啡豆再次进入吸热阶段，积累二爆的能量，进入中度烘焙阶段，随着焦糖化与美拉德反应充分进展，香酸成分有所减少，但焦糖化与美拉德反应的生成物却也增加了更多类型的芳香物。二爆声音比一爆细小而密集，咖啡豆再次进入放热阶段，就进入中深度的烘焙阶段，有机酸分解达6成以上，细胞内的木质纤维所含的芳香物开始挥发，出现树脂、香料或木炭类的香气。二爆结束后，要注意微调火力，减缓碳化进程，并为其收火出炉做好铺垫。烘焙末端，炉温最好不要超过230℃出豆冷却讲究快速降温，最好每分钟温度降低10℃以上，大马力凉风散热设备必不可少。

（二）烘焙时间选择

上述5个阶段的时间和火力具体选择可粗略分为两大类型，一是欧美式的快炒，二是日式慢炒。二者在时间、温度与风门控制上有明显的差异。

欧美式快炒的整个过程历时12~15分钟。（1）脱水期：0~5分钟，入豆温度180℃~200℃，排气阀全闭或开1/3；（2）催火期：5~10分钟，温度120℃~180℃，排气阀全开，加大火力提供热量；（3）一爆期：10~13分钟，温度175℃~200℃，初爆开始时适度降火，但切忌失温以免焦糖化反应和美拉德反应被阻断；（4）二爆期：13~15分钟，温度200℃~230℃，二爆中后段可微调降火降低碳化程度；（5）达到所需的烘焙程度后，切断热源，烘焙机冷却到 70℃以下即可出豆。

日式慢炒的过程时间为 15~30 分钟，使用小火和中火，脱水期历时较长约 8~15 分钟。在火力控制上有 3 种不同的方法。（1）选定一个中小火力，一火到底。此法易上手，豆相好，苦中带甘，但降低了明亮活泼度；（2）传统三段式：小火脱水 8~10 分钟，中火催火，小火一爆直至出炉；（3）改良三段式：中小火脱水至 15 分钟，中火催动一爆，直至一爆结束时再回调小火。

快炒与慢炒没有绝对的优劣之分，但在风味上有明显差别，快炒容易诠释浅烘咖啡的活泼香酸，而慢炒则会消磨掉更多的酸味，创造更为明显的闷香与甘醇。

也有烘焙师像厨师一样尝试“回锅”烹饪法，对咖啡进行二次烘炒。第一次烘炒类似过油和焯水，在一爆前结束，隔一天后，再次烘炒进入一爆或者二爆。

五、单品咖啡与混合咖啡

烘焙后的熟豆可能面临若干个处理。一是要不要拼配？二是如何保鲜包装与储存？三是要不要事先研磨？

品质好的咖啡或者具有独特地域风格的咖啡，尤其是精品咖啡，不会与其他产地或者品种的咖啡混合拼配，而是作为单品咖啡或称纯咖啡来品味。对于不同批次或者产地在香味、滋味或者口感某方面有所不足而在另一方面又有所长的咖啡，咖啡公司凭其经验技术，按照一定的比例进行混合，以求取长补短，调和出香酸甘苦醇平衡的风味。混合熟豆的基本原则是“异质可混，同质不混”。

熟豆容易氧化，烘焙程度越高，越容易走味。因此，根据消费掉的时间长短，对包装有不同的要求。现在常见的包装方式是抽氧灌氮加排气阀——在豆子烘焙好后立刻包装，并将氮气灌入袋内，袋内的气体可经由单向活塞针孔排出，而袋外的氧气则无法进入袋内。研磨好的咖啡粉则多采取真空包装。咖啡公司的包装重在保证出厂到销售这段时间的保质，消费者购买后则要自己注意咖啡的保鲜，密封、避光、排气是基本的要求。

第六节　咖啡萃取

咖啡萃取是指从咖啡粉中提取饱含可口美味物质的咖啡液。因为大多数采取冲泡方式萃取，故而也简称咖啡冲泡。

一、咖啡萃取原理

（一）最优萃取率

与烘焙相比咖啡萃取的技术相对简单，目标是获得理想的咖啡（液）浓度（TDS）。咖啡浓度 = 萃取率 * 粉水比，理想的咖啡浓度是指咖啡风味得以充分展现，同时滋味口感适中，不太寡淡也不太苦涩。咖啡风味的充分展现通过最佳萃取率来实现，而口味适中则通过粉水比来达成。

萃取率用来度量萃取程度，是指被萃取出来的溶出物占熟豆的比重。咖啡豆可萃取溶出物的最大值大约占熟豆的 30%（约 70% 的木质部等无法萃取）。并不是萃取越充分就越好，只有当 60%~70% 的可溶出物被萃取出来时，咖啡口味才是最佳的，因此理想的萃取率在 18%~22%（即 30% 的 60%~70%）。萃取率过低（即萃取不足），则咖啡风味展现不完整，萃取率过大（萃取过度），苦涩辛辣等不良味感就过于强烈，甚至一些不利健康物质被析出。

获得最佳的萃取率需要综合考虑如下因素：研磨粗细程度、水温、萃取时间以及萃取方法等，上述每一个解释变量都不存在独立的控制标准，彼此之间是一种“联动”的关系，要互相参考调适。

（二）研磨程度

咖啡公司为方便用户，通常根据其所掌握的经验数据在各个市场投放一定数量研磨好的咖啡，但咖啡研磨后会流失大量的香气，而且更加容易被氧化和受潮。为了保存咖啡的香气与鲜度，越来越多的消费者像在咖啡馆中一样现磨现泡。研磨咖啡豆要注意颗粒均匀、减少摩擦发热、避免细粉（讲究者冲泡前会筛除混杂的细粉），同时研磨程度要适应所使用的萃取工具。简单工具是手摇式磨豆机，要缓慢摇动，以避免咖啡豆受热，虽然耗时但很有休闲情调。电动磨豆机最好选择盘式臼齿或者锥式臼齿的咖啡豆专用机，可精确控制不同的研磨程度。研磨程度虽然分粗（约粗盐颗粒大小）、中（约砂糖颗粒大小）、细（约细盐颗粒大小）三等，但专用咖啡研磨机一般有 8 个调节挡位。电动刀片破碎机，很难做到均匀，且容易使熟豆受热，不建议采用。

一般而言，研磨越细、水温越高、萃取时间越长，萃取的程度就越高。就酸度与苦感而言，研磨程度的作用力最大，研磨越细，萃取率越高，酸苦味越强。至于萃取时间和水温的影响则呈现峰形结构，水温在 94℃或者萃取时间在 5 分钟时，酸苦物质被萃取溶出的总量达到最大值。

（三）萃取水温

有人认为 91℃ ~94℃（或者 92℃ ~96℃）是优选的萃取温度，85℃是杯中咖啡液的最佳温度，其实这些数值是针对通常情形的建议。如同不同的茶叶需要不同的温度冲泡，咖啡亦是如此，既看烘焙程度，也看品种和研磨程度，深烘豆、苦味重的品种或者细研磨度萃取温度要低一些，浅烘豆、酸性强的品种或者粗研磨度萃取温度则高一些。也就是说，水温因其他因素而定。同样的道理，萃取时间也是一种“因应”变量，并且与萃取方法密切相关，不同萃取方法萃取时间差别很大。

（四）粉水比

粉水比指 1 克咖啡粉配比多少毫升的咖啡液，这是一个容易控制而且相对独立的变量，使用电子秤即可轻易操控。粉水比在不同地方或者场景差别很大，标准的意式（Espresso）浓缩咖啡，7 克咖啡粉，用水 30 毫升，只获得 25 毫升左右的咖啡液，如果咖啡豆品质不好，就会苦得难以下咽；亦有水粉低至 1∶20 的情形，非常清淡。

萃取率侧重于影响咖啡风味，咖啡液浓度侧重影响咖啡口感。保证了 18%~22% 的最佳萃取率，剩下的问题就是粉水比的取值。欧洲精品咖啡协会（SCAE）建议滴滤咖啡的最佳浓度为 1.2%~1.45%，美国精品咖啡协会（SACC）的建议值 1.15%~1.35%，也就是说理想的粉水比介于 1∶13 到 1∶18 之间，具体操作中要兼顾最佳萃取率的控制值。

总之，萃取技术以获得满意的风味为目标，最佳萃取率是个关键点，同时要注意萃取的用水量。不同的萃取方法使用不同的器具，并且要选择不同的研磨程度、萃取时间、水温和水量，取舍皆有得失，讲究的是各种变量之间均衡互动。唯有在不断的实践中积累经验，才能掌握保障萃取质量的技巧。

二、萃取方法

萃取咖啡的方法虽然只有3种——煎煮法、浸泡法和冲泡法，但不同萃取方法所使用的器具在形式上却是多种多样的，不同的器具萃取出来的咖啡在口味上又有所差别。

（一）煎煮法

煎煮法是咖啡粉放在锅中煮沸后过滤饮用，这是最古老的饮用方法。最著名的煎煮咖啡是土耳其咖啡。咖啡粉磨得极细，用独特的长柄无盖小铜壶煎煮，饮用时不过滤咖啡渣，沉淀杯底的咖啡渣可用于玩卜算。史上开创这种预测术的人应该是个营销天才。阿拉伯半岛煎煮咖啡的历史最悠久，以至于阿拉伯壶闻名遐迩，北欧也流行这种煎煮方式。煎煮法可最大限度地析出咖啡粉中的可溶性物质，在煎煮过程中再次促进美拉德反应，在相同的咖啡粉与水的比例情况下，煎煮咖啡更加浓稠醇厚，苦味也更重一些。此法特点是“不浪费”，可适当增加水量，好坏物质兼容，不利于健康的咖啡因和咖啡油含量也最高。在时间控制上，有一次沸腾就结束的，也有沸腾后断火再上火多次沸腾的。这与研磨程度关系较大，煎煮过程火候与时间的控制差异以及所使用锅具的不同。在优劣上不好评说，主要受到习惯与风味偏好的影响。

（二）浸泡法

浸泡法是咖啡粉用热水中浸泡一定的时间后过滤饮用。浸泡法特别适合烘焙度高的咖啡，大多使用活塞壶，简单方便。常见的是法式滤压壶，置入研磨度为中粗或者粗的咖啡粉，注入85℃~95℃热水，可稍做搅拌，静置2~3分钟，缓缓按下活塞即可获得过滤后的咖啡液。此法优点是易于操作，能够保持咖啡原味，在欧美比较流行，缺点是过滤不够细微，汤汁浑浊，会喝到咖啡渣。“爱乐压（Aeropress）”活塞壶更为快捷，浸泡时间只需要10~20秒，然后下压过滤活塞，时间控制在20秒左右。过滤效果好很多，水温可以稍低一点，以降低苦味。虹吸式咖啡壶也属于浸泡萃取法，端好架子，摆弄起来很有看头，但较为费时费劲。萃取温度基本被锁定在90℃~93℃，移开酒精炉并用湿布擦拭下球降温就可停止萃取，萃取时间控制在40~75秒之间，研磨度则以中度为宜。冰滴咖啡也属于浸泡萃取法，咖啡豆要中细研磨，萃取时间长达6小时以上。

（三）冲泡法

冲泡法是咖啡粉置于过滤装置中，边冲洒热水边滴漏咖啡液。冲泡法是最流行的，器具也最多的，咖啡机几乎都是冲泡式的，手工冲泡器具主要是手冲壶和摩卡壶两种。

咖啡机的基本型是美式咖啡机和意式咖啡机两种。美式咖啡机是经典的滴漏式咖啡壶，体量小，结构相对简单，但颇为高效可靠。其储水盒中的水不需要先烧开，流经出水口时才被高速加热并压进咖啡粉盒，适应中细研磨程度。美式咖啡机的最大优点是调节余量非常大，从 2 杯到 10 杯以上都可实现，保温功能在寒冷的天气特别实用，尤其适合家庭和办公场所使用。意式咖啡机历经百年不断改进，从家用到商用，从手动到全自动，价格从几百块到十几万人民币，产品线越拉越长。工作原理是利用水蒸气压力让水蒸气和热水快速冲过咖啡粉，萃取时间只要 20~30 秒。因此，咖啡要研磨得很细，便于快速萃取，更适合深烘豆。浓缩咖啡机蒸馏出来的咖啡液杂质少，香浓味重，覆盖一层约 5 毫米厚的驼色乳剂（咖啡油混合物）。

手冲法据称能很好地诠释咖啡风味，但它对技巧的要求也最高，充满挑战性，此外爱好者可以从中获得品玩咖啡的乐趣。手冲咖啡的研磨度一般是中到中粗，萃取时间可通过注水的径流量来控制，水温可以在 70℃ ~90℃大区间内选择。平底单孔的梅丽塔（Melitta）滤杯要求较细的研磨度和较高的水温。一般而言，研磨程度越粗、水温越低，就需要越长的萃取时间；烘焙程度越高，要求的水温越低。不仅水温和萃取时间影响滋味，注水方式也产生作用。注水方式有不间断注水式和分段注水式之分。不间断式就是先缓慢地从漏斗中心开始注水，全部润湿咖啡粉后再逐渐加大水流量，同时注水点以画圈的方式从中心往外扩大，然后再由外往内收敛，收尾阶段减少水流量，直至到达预设的粉水比例。整个过程水流不间断，过程时间约 2 分钟半。分段式通常分3次（也有2次或4次）注水。第一次缓慢注水润湿全部的咖啡粉，当咖啡液开始下滴时就收水，停顿 5~20 秒，这个过程也称闷蒸或者醒豆，目的是让后续的注水能够更均匀地溶解咖啡中的蕴含物，烘焙度越高闷蒸时间就越短；第二次注水从中心逐渐向外围画圈扩大，但不要太靠近滤纸，等咖啡渣隆起到最高位置时可断水，当咖啡液全部下渗后，再重复注水直至达到预期的萃取量，萃取时间 2.5~3 分钟。不间断注水法时间稍短，口味比较淡雅，而分段注水能萃取更多的物质，滋味较浓，苦感更明显。手冲萃取使用的滤纸能够过滤部分咖啡因和绝大部分的咖啡油，因此被认为是最健康的饮用方法。与泡茶做比较，手冲咖啡所需要的器具更加简约，打理也更加便捷。手冲法要注意漏斗中的咖啡粉量不要太厚，以免咖啡渣堵塞过滤孔造成萃取时间太长。

摩卡壶是1933年意大利阿方索·比乐蒂发明的，分上下两个部分，下壶装水受热，水沸腾后产生足够的气压将沸水压进内置的咖啡粉盒，萃取液向上流入上壶。其工作原理与1842年法国巴香夫人发明的虹吸壶有共通作用，但利用蒸汽压力冲滤一气呵成是一大改进，且萃取时间不到半分钟，冲出来的咖啡醇厚香浓。使用摩卡壶，咖啡粉装填量被粉盒大小所固定，粉水比虽然可通过下壶的装水量来调节，但调整余地不大，当上壶不再发出汩汩流水声时，就要马上停火以免出现焦煳味。摩卡壶要求中细研磨程度，更适用烘焙中深程度以上的熟豆，浅烘的咖啡豆会增加酸度的尖锐感和苦感。此外，受限于固定填粉量与变动不大的装水量，一个摩卡壶萃取的杯数是固定的，无法适应杯数随机变动的需求。

第七节　咖啡饮用

咖啡饮用是一个范围宽广的话题，包括咖啡调味、咖啡调制、咖啡礼俗和咖啡健康等方面的内容。

一、咖啡调味

（一）单品咖啡

咖啡萃取方法一定程度上限定了咖啡如何饮用。只有一部分的咖啡液不添加任何东西被喜好咖啡原汁原味的人直接饮用，比如单品咖啡、精品咖啡、不加糖的意式咖啡和美式咖啡，更多的人经常喝的是调味的咖啡。

品质好的咖啡或者具有独特地域风格的咖啡，尤其是精品咖啡，不会与其他产地或者品种的咖啡混合拼配，而是作为单品咖啡或称纯咖啡来品味。广义的单品咖啡与混合咖啡相对应，是指原产地出产的单一品种的咖啡豆。狭义的单品咖啡则是指某些特殊产地出产的风味独特的咖啡，被认为不应该添加任何调味料而必须被单纯品味，是咖啡鉴赏者的最爱。这样的单品咖啡再经过严格筛选符合若干特定标准后就是所谓的精品咖啡，备受推崇，但价格极为昂贵。单品咖啡乃至精品咖啡既是咖啡爱好者追求咖啡自然之味的时尚，也是咖啡工艺长足进步的产物。

（二）咖啡豆调味

调味咖啡豆分为混合咖啡豆和添味咖啡豆。混合咖啡豆是指不同批次或者产地，在香味、滋味或者口感某方面有所不足而在另一方面又有所长的咖啡，按照一定的比例进行混合，以求取长补短，调和出香酸甘苦醇平衡的风味。混合熟豆的基本原则是“异质可混，同质不混”。

添味咖啡豆是指在咖啡烘焙过程中或者之后添加其他增味物质，例如添加糖、炼乳或香料等调味料。新加坡的“南洋咖啡”最早是由海南人把咖啡豆当作食材“烹调”出来的，越南咖啡豆的奶油香是因为加了炼乳的缘故。

（三）咖啡液调味

调味咖啡液是与生俱来的，15 世纪，咖啡最初在也门流行时，就开始添加糖、香料和姜末等调料。17 世纪中叶咖啡豆传入盛行乳制品的欧洲之时，欧洲大地正弥漫酗酒气息。可可饮料已有百年历史，第一块巧克力诞生也有 50 年了，于是这些东西就自然而然地被混合到咖啡液中，成了欧洲咖啡文化的一大特点。

调味咖啡液的品种花式良多，带有鲜明的地方习惯，调味材料有牛奶、奶泡、奶油、奶精、巧克力、酒、香料、花果和糖料等，在不断积淀与创新的互动过程中，形成了各种各样的花式咖啡。流行的花式咖啡有卡布奇诺、拿铁、摩卡等，都是以浓缩咖啡打底，再添加不同数量和比例的调味物。鸡尾酒与奶茶的花样创新也不断地被调制咖啡所吸收。

除了调味，咖啡馆也追求咖啡饮品的“姿色”，主要手段是拉花，借助拉花针和拉花模具可以制作出精美的拉花图案。

无论黑咖啡还是调制咖啡都要趁热喝，20 分钟内喝完，理想的入口温度被认为在 60℃ ~70℃之间。最后一口咖啡最好不低于 40°C，被称为“最佳买单温度”。这种说法当然是咖啡馆所欢迎的。冰滴咖啡可以降低咖啡的苦涩程度，特别能减少罗布斯塔豆的不良味道。也有人用其他品种的咖啡制作冰滴咖啡，由于低温降低溶解度，清淡是免不了的，还有人把热水萃取的咖啡特意冷冻或者加冰块后再饮用。因此，把喝冰咖啡看成冷饮偏好也许更有说服力。冰滴咖啡另一个好处是可以事先制作，杯数随意，随到随喝，特别方便招待多人一起品尝。

二、咖啡礼俗

咖啡礼俗是咖啡食俗的一个组成部分，所谓的咖啡文化很大一个部分就是咖啡食俗。尽管世界各地咖啡食俗差异颇大，但是咖啡礼俗却相当的一致。咖啡具有社交功能，是轻松待客的一种好方式。如果在咖啡馆请客，情况会简单一些，但如果在办公室或者在家里招待客人，就要考虑咖啡礼仪或者仪式的细节事宜。一套拿得出手的器具是必需的，咖啡壶、咖啡杯、咖啡碟、咖啡汤匙和餐巾都不可或缺。还要准备糖、水果、甜点等配食，相应的器具一样都不能少。咖啡杯只能装七到八分满。饮用者也要注意一些细节，不要把手指穿过咖啡杯耳，不要用手取方糖，不要大口吞咽，不要发出声音，更不要用咖啡匙喝咖啡，咖啡匙是用来取糖和搅拌加速糖均匀溶解。如果咖啡太烫，也是用汤匙来搅动降温，不要用嘴吹咖啡。不管用与不用小汤匙都要放在碟子上。各地有所差异的琐碎咖啡礼俗则不胜枚举。

三、咖啡与健康

（一）咖啡对健康的消极影响

健康饮食是当代关注的热点。讨论咖啡健康问题需要厘定几个前提：一是适量。咖啡是用来享受美味的饮品，但咖啡因有副作用，所以不能任性酗饮咖啡，虽然不同的人对咖啡的耐受性有所差别，但每天的摄取量以咖啡粉量不要超过 30 克。二是喝什么样的咖啡？单纯的黑咖啡还是调味咖啡？值得注意的是添加物反而带来了安全隐忧。三是咖啡不适合所有的人。睡眠质量不好、心脏功能不好或者肠胃有问题的人不宜喝咖啡，孕妇也不宜喝咖啡。咖啡也不能用来舒缓压力。

咖啡对健康的不利影响主要来自三种成分：咖啡因、咖啡醇、咖啡白醇。

咖啡最早是被当作药用的，这是因为咖啡具有促进消化、加速人体新陈代谢的功能。后来咖啡转变为饮品并流行全球，其原因却是咖啡因的提神作用。咖啡因令人神清气爽、改善记忆力，也有助于缓解疲劳和减肥。喝下咖啡后，咖啡因 15~20 分钟开始发挥作用，并持续 8~14 小时（被消化完毕）。但咖啡因有两个明显的副作用：其一是失眠，其二是血压升高，心跳加速，增加心血管负担。一般而言，每天咖啡因摄取量的安全阈值是 300 毫克，相当于 30 克阿拉比卡咖啡粉的含量。由于咖啡因不能全部溶于水，冲煮泡的时间越短或者经过过滤的咖啡其咖啡因的含量相对会少一些。萃取的时间最好不要超过 3 分钟，咖啡爱好者采用手冲过滤或者蒸馏方式萃取咖啡，咖啡因的摄入量就会少一些。此外，咖啡因不耐受者要避免咖啡因含量高的罗布斯塔豆或者选购低因咖啡。

研究发现咖啡油中的咖啡醇与咖啡白醇会提高血清胆固醇。技术上“清理”咖啡双醇很容易：一是快速萃取，比如使用蒸汽萃取的咖啡机或者摩卡壶，咖啡双醇的含量比泡煮式萃取降低 3 倍以上；二是滤纸过滤，此法可过滤掉 90% 以上的咖啡双醇。历史上曾有咖啡致癌、诱发心脏病、导致钙流失等报告，但在科学研究上都没有得到确证。相反，越来越多的新近研究支持适量饮用咖啡有利于健康的观点。

（二）咖啡对健康的积极影响

首先，咖啡富含抗氧化物，含量高出其他类食物 5~50 倍。主要成分是绿原酸及其降解物咖啡酸和奎宁酸（此三者皆属于酚酸），加上烘焙中美拉德反应的产物类黑精素等新增抗氧化物，咖啡成了无可比拟的抗氧化物来源。其实咖啡液中的抗氧化物容易被空气中的氧气氧化，因此，冲泡好的咖啡尽快喝完（不超过 20 分钟），才能保障抗氧化物的摄取量。2004 年挪威的一项研究揭示调查样本人均每天的抗氧化物摄取量有 64% 来自咖啡。2005 年的美国研究也得出相同的结论，样本中人们每天从各种饮食中获取的抗氧化物的第一大来源就是咖啡，摄取量 1299 毫克远高于排在第二位的茶叶（抗氧化物 294 毫克）。

抗氧化物的作用是消除自由基、保护细胞，于是有诸多咖啡有利于健康的推论：如抗癌、防龋齿、抑制血糖上升、抗衰老、抗老年痴呆等。已有明确研究结论的有：喝咖啡可以降低患二型糖尿病的风险、痛风患病率、肝硬化概率，预防结肠癌，这些都与抗氧化物有关。

其次，咖啡富含水溶性纤维。水溶性纤维是肠道益生菌的最佳食物，有助于益生菌发挥健康作用。尽管咖啡水溶性纤维含量（2.5%~20%）远远高于大多数果汁，但是不可把咖啡看作是水溶性纤维主要来源的水果的替代物。报告说咖啡利于通便可能与此相关。

最后，咖啡富含维生素与矿物质。咖啡所含的维生素主要是叶酸和 B 族维生素。咖啡所含的大约 4% 的矿物质在烘焙后大都可溶于水，被人体吸收。

第八节 咖啡师职业

一、咖啡师职业由来

咖啡师是指熟悉咖啡知识与咖啡制作方法及技巧的专业服务人员。从20世纪90年代开始，意大利文采用“Barista”这个词称呼制作浓缩咖啡（Espresso）和花式咖啡的行家。星巴克使用“Barista”来称呼员工（包括从站在吧台里的生手到经验丰富的咖啡制作师），世界上多个高级别的咖啡创作比赛，参赛人员也被称为“Barista”。于是，“Barista”一词泛指咖啡（馆）的从业人员。从职业角度看，咖啡师（Barista）就是指从事咖啡制作、调配、服务的人员。咖啡师制作的不仅是一杯咖啡，而是推广与创作咖啡文化。

我国曾经有咖啡师的职业资格许可和认定，咖啡师资格认证分为3个等级：助理咖啡师（职业等级3级）、咖啡师（职业等级2级）和高级咖啡师（职业等级1级），并对初级、中级和高级咖啡师的职业资格认证申报条件作为文件性质的规定，咖啡师培训、资格考试与认证都是以人力资源和社会保障部名义来安排的。直至2016年治理考试经济乱象、清理泛滥的官方从业资格认证之后，咖啡师的培训、考核与职业资格认证才转为民间机构主持。但咖啡师作为一种职业并没有从我国职业目录《中华人民共和国职业分类大典》中取消，初级咖啡师→中级咖啡师→高级咖啡师→技师也仍然是咖啡师职业晋升的实用序列。

二、咖啡师素质要求

职业咖啡师必须具备良好的嗅觉、味觉和视觉辨别能力，否则无法胜任咖啡杯测与评鉴工作，也无法胜任真实地向顾客传递每一款咖啡品味的沟通交际。经验积累是职业咖啡师必经阶段，咖啡烘焙、咖啡萃取甚至简单的咖啡研磨都涉及多个变量精准的平衡控制。拉花不但要求精美同时还要求快速完成，还有众多咖啡机具需要熟悉，这些都要依靠水磨工夫才得以熟练的。除了能够熟练制作各种成式咖啡，咖啡师还时不时遇到咖啡创作的机遇或挑战，这种情境还要求职业咖啡师有知识功底和悟性，才能保障自己在职业道路上走得高远。

三、咖啡师职业前景

职业咖啡师的收入水平与前景取决于咖啡师人力资源市场的供求。咖啡消费市场大的国家，从业的咖啡师就多，收入高低不一而足但都相对稳定；成长性好的新兴咖啡消费市场，并不意味着职业咖啡师的相对收入水平就一定高，但是咖啡师职业的稳定性、晋升与创业前景则是被相对看好的。作为有一定技能要求的职业，技术水平高超的咖啡师无论在哪里都是备受欢迎的。

现在是否参加咖啡师培训就看从业者个人意愿与就业单位的要求了。无论国外还是国内，都有白领出于兴趣动机参加咖啡师培训，快速而系统地学习咖啡基本知识、掌握咖啡制作技巧，其目的是为了自己更好地享受饮用咖啡的乐趣。针对职业咖啡师培训要求就严格多了，除了掌握单品咖啡、花式咖啡、咖啡拉花的制作技术，还需要了解各产区、各种类咖啡豆的豆性，甚至还要学习咖啡豆的烘焙。咖啡师主要在各种咖啡馆、西餐厅、酒吧等从事咖啡制作工作。咖啡馆也不仅仅提供咖啡，很多咖啡馆还供应餐食以及其他饮品如茶品或者酒水，因此咖啡师所要掌握的知识也不局限于咖啡本身。此外，咖啡师培训有时会传授一些咖啡馆的经营管理常识，这些知识便于咖啡师理解咖啡店的基本运作与自己的角色扮演。但是这些基础知识对于咖啡师晋升为职业经理人或者尝试咖啡经营创业远远不够。

四、咖啡师职责

有志于咖啡师职业的人必须提醒自己要全方位学习了解与咖啡店（咖啡馆、咖啡厅等等）经营相关的知识。从咖啡馆店各个岗位职责到员工管理，从咖啡店必备器具与设备配置到店面布局设计与装饰，从本店产品到咖啡市场趋势，从单店经营到各种咖啡运营模式，从注意到用水用电量数据到成本控制意识的养成……由细而巨、由内而外、由近而远，不断夯实与拓宽自己的知识。

尽管咖啡师职业要求的学历起点并不高，但要学习的东西可不少，要经历的过程也不短。从事一项职业都是从细微处入手，先做好简单的事项才有机会经历复杂的体验。初入职的咖啡师要恪守其岗位工作职责，遵循咖啡店服务规范。一般来说，初入职的咖啡师主要从事吧台咖啡制作工作，下列咖啡吧台服务与操作的基本内容，都要熟记于心。

刚入职咖啡师的主要工作职责有：

（1）遵守企业规章制度，履行应尽义务；服从主管的工作分配以及轮班工作，并完成上级下达的其他工作内容。

（2）确保个人仪表仪容制服符合标准，在顾客面前始终保持整齐、整洁、愉快的形象；服务过程主动、热情，礼貌有度；耐心解答客人问题，收集客人意见，及时向领班汇报。

（3）严格按照咖啡厅各项工作流程进行工作，熟悉咖啡的制作和所售饮品、小食品的情况，以应对客人的询问；严格按单操作，不能制作与点单或品种不符的饮品。

（4）做好咖啡厅设备设施的维护和保养以及清洁；随时保持吧台内外清洁卫生，保证出场杯具达到洁净标准。

（5）保管好吧台所有物品，所有用品按要求存放；随时掌握本岗位物品、用具的消耗情况，及时补充，每日备齐吧台所需物品，保证服务工作的顺利进行。

（6）同一张单同一个人做，或者分工一个人做热饮，一个人做冷饮，优先处理，先做热的后做冷的，做完后勾单。

（7）主动参加咖啡及饮品业务技能培训，不断提高服务技巧，提高服务质量。

（8）牢固树立安全防范意识，确保食品卫生安全，做好防火防盗以及其他自然灾害的防范，保证宾客人身及财产的安全。

（9）当班结束前，按要求做好收尾以及与下一班交接工作，确保顶班交接没有任何疑问。

上述岗位职责细化到服务操作流程时还有更为详细的操作标准，如表9-2、表9-3、表9-4所示。

表 9-2　咖啡馆服务操作流程与标准

操作流程	操作标准及说明
①着工作服	穿好工作服，佩戴工作牌
②整理仪容	a. 检查个人卫生，保持面部干净 b. 不得将长发披在肩上 c. 指甲剪短，不得涂指甲油
③佩戴饰物	工作时间不得佩戴夸张性饰物
④检查自己的微笑	上班要有一个良好的精神面貌，面带微笑是最重要 提示：调整自己的情绪准备上岗
⑤提前到岗	a. 提前 30 分钟到岗签到 b. 接受店长分配工作

表 9-3　开店前准备工作细则

操作流程	操作标准及说明
①原料及用品准备	a. 按营业所需将红（绿）茶、珍珠果等分别泡（煮）好备用 b. 将滤网、咖啡机、榨汁机、茶杯、咖啡杯、吸管等用品备好
②清洁工作台面	用湿布擦拭工作台面，然后用干布擦干，保证干净，整洁，无尘，无水迹
③摆放各种用具	a. 用具齐全，有序摆放装咖啡粉、奶茶粉、奶精等的原料罐 b. 用具干净，无破损
④清洁和检查店内设施	a. 所有电器应工作正常 b. 冰柜内无积水和污物，外表光亮

表 9-4　开店后工作细则

操作流程	操作标准及说明
①招呼顾客	a. 店外路人观望时，应亲切的微笑并问声："你好！" b. 当顾客进门的时候，应礼貌的问候"你好，欢迎光临。"
②推荐产品 顾客答疑 清洁工作台面	a. 收银员要对顾客说"欢迎光临，请问要喝些什么"并对顾客做出推荐，推荐咖啡品不得超过 1 次。当顾客无法确定饮品的时候，主动进行引导"请问是要喝奶茶类、果汁类或沙冰等" b. 用湿布擦拭工作台面，然后用干布擦干，保证干净，整洁，无尘，无水迹
③顾客点单 摆放各种用具	a. 顾客点单后，收银员应立即复读所点饮品的名称，并确认 b. 收银员开单后交予员工进行调配，并对顾客说，"请稍等，我们马上为你调配。"
④制作完毕交于顾客 清洁和检查店内设施	a. 咖啡制作完毕后，交予顾客，并提醒顾客"小心热饮"等注意事项 b. 目送顾客离开，并对顾客说，"请慢走，欢迎下次光临"

思考练习

1. 咖啡树有哪些种类?
2. 如何区别铁皮卡、波旁与罗布斯塔咖啡豆?
3. 简述咖啡树的原始种类及其杂交混种。
4. 理解咖啡风味概念并简述咖啡的感官品鉴。
5. 简述咖啡风味的影响因素。
6. 简述咖啡生豆有哪些提取方法?
7. 简述咖啡豆的分级依据。
8. 简述咖啡烘焙程度的分类。
9. 简述咖啡烘焙的火候控制。
10. 简述咖啡萃取的基本原理。
11. 简述咖啡萃取的主要方法。
12. 简述咖啡师职业的职责。

第十章 茶

学习目标

A. 知识目标

1. 了解茶树类型与茶饮起源；
2. 掌握茶叶分类知识；
3. 了解我国茶饮衍变历史；
4. 理解茶叶品鉴原理；
5. 掌握茶叶冲泡原理。

B. 能力目标

1. 懂得判断茶叶的类属；
2. 初步掌握茶叶的品鉴；
3. 掌握各类茶叶冲泡技巧。

第一节　茶树概述

一、茶树之源

中国是世界上最早发现茶树和利用茶树的国家，我国西南部是茶树的起源中心，世界上有 60 个国家引种了茶树。日本天台宗创始人最澄和尚把茶籽带回日本（也有一种说法是更早的鉴真和尚六次东渡日本把茶树带到日本）。1780 年，英国人和荷兰人开始从中国引种茶籽茶苗到印度。

（一）茶树的植物学定义

瑞典科学家林奈（Carl von Linne）在 1753 年出版的《植物种志》中

就将茶树的最初学名定为 Thea sinensis L.，后又定为 Camellia sinensis L.，“sinensis”是拉丁文“中国”的意思。

在植物分类系统中，茶树属被子植物门，双子叶植物纲，大量栽培应用的茶树的种名一般称为 Camellia sinensis，也有人称为 Thea sinensis，还有的称为 Camellia theifera。1950 年我国植物学家钱崇澍根据国际命名和茶树特性研究，确定茶树学名为［Camellia sinensis（L.）O.Kuntze］，迄今未再更改。

（二）茶树性状

茶树属灌木或小乔木，嫩枝无毛。叶革质，长圆形或椭圆形。一生分为幼苗期、幼年期、成年期和衰老期，树龄可达一二百年，但经济年龄一般为 40~50 年。茶树的叶子可制茶（有别于油茶树），种子可以榨油，茶树材质细密，其木可用于雕刻。

（三）茶树生长环境

茶树产地主要集中在南纬 16 度至北纬 30 度之间；喜欢温暖湿润气候，平均气温 10℃以上时芽开始萌动，生长最适温度为 20℃ ~25℃，年降水量要在 1000 毫米以上；喜光耐阴，适于在漫射光下生育。在热带地区也有乔木型茶树高达 15~30 米，基部树围 1.5 米以上，树龄可达数百年至上千年。

（四）茶树起源

1824 年英国人在印度阿萨姆发现野生茶树，以后在缅甸、泰国陆续有报告称发现野生茶树。于是关于茶树的起源地问题就有点扑朔迷离。若只是从发现野生茶树看，我国则有 10 个省区 198 处发现有野生大茶树，且有 4 个集中分布区：一是滇南、滇西南，二是滇、桂、黔毗邻区，三是滇、川、黔毗邻区，四是粤、赣、湘毗邻区，少数散见于福建、台湾和海南。从植物学的物种起源、自然分布与树种演化以及植物适应地质与气候的变迁等多个角度重新考证，反而澄清了我国西南地区是茶树发源地的结论，同时也否定了我国历史上关于茶树原产地的湖南说与福建说。

二、茶树的演化

茶树起源于新生代第三纪早期，其原产地的中心地带是滇、黔川等省区的毗邻地区。第三纪中期喜马拉雅山和西南地台横断山脉开始了上升运动，第四纪发生了冰川和洪积的气候大变动，形成了褶皱和断裂的山间谷地。高山垂直气候的出现，使茶树出现了同源隔离分居现象。随着冰河期的结束，茶树向北方向扩散至秦岭的南麓；向东北方向扩散至黄河以南的安徽淮河流域，向东南方向扩散至海南岛。扩散过程中，由于各自所处地理和气候条件的差异，再经过漫长历史的繁衍过程，茶树自身的缓慢生理变化和物质代谢的逐渐改变，使茶树朝着各自适应所处的气候、土壤而改变自身的形态结构和代谢类型发展，形成了茶树不同的生态型。位于热带高温、多雨、炎热地带的，逐渐形成了湿润、强日照性状的大叶种乔木型和小乔木型茶树；位于温带气候中的，逐渐形成了耐寒、耐旱性状的中叶种和小叶种灌木型茶树；位于上述两者之间的亚热带地区的，逐渐形成了具有喜温、喜湿性状的小乔木型和灌木型茶树。这种变化，在人工杂交、引种驯化和选种繁育的情况下，会更加加剧茶树的变异和复杂性，以致最终形成了形态各异的各种茶树资源。

三、茶树的分类

（一）茶树的型、类与种

根据我国茶树品种主要性状和特性的研究，并照顾到现行品种分类的习惯，将茶树品种按树型、叶片大小和发芽迟早三个主要性状，建立茶树品种三级分类系统。各级分类标准如下。

第一级分类系统称为“型”。分类性状为树型，主要以自然生长情况下植株的高度和分枝习性而定，分为乔木型、小乔木型、灌木型。乔木型是较原始的茶树类型，后二者属于进化树型。灌木型植株低矮，采摘方便，最适合茶园栽植，灌木型品种最多，这是长期人工选育的结果；因此，我国大多数茶区均有分布，并以中部、东部和北部最为集中。乔木型茶树植株高大，主干明显，分枝稀疏，叶片大，叶片长度在10厘米以上，集中在华南和西南地区，云贵川三地更为常见。由于被引种，范围扩大到两广和闽赣湘三省的南部产区。小乔木介于灌木型和乔木型之间，区域适应性和茶类适制性都比较广，但在福建、广东、广西、湖南、江西等地较集中，由于引种的原因其分布范围大为增加。

第二级分类系统称为“类”。分类性状为叶片大小，主要以成熟叶片长度，并兼顾其宽度而定。分为特大大叶类（叶长14厘米以上，叶宽5厘米以上）、大叶类（叶长10~14厘米，叶宽4~5厘米）、中叶类（叶长7~10厘米，叶宽3~4厘米）和小叶类（叶长7厘米以下，叶宽35厘米）。

第三级分类系统称为“种”。这里所谓的“种”，乃是指品种或品系，不同于植物分类学上的种，此处系借用习惯上的称谓。分类性状为发芽时期，主要以头轮营养芽，即越冬营养芽开采期（即一芽三叶开展盛期）所需的活动积温而定。分为早芽种（发芽期早，头茶开采期活动积温在400℃以下）、中芽种（发芽期中等，头茶开采期活动积温400℃ ~500℃）和迟芽种（发芽期迟，头茶开采期活动积温在500℃以上）。

此外，还存在其他习惯上的分类：茶树品种按产量可分为高产品种和一般品种；按茶类适制性分为绿茶品种、红茶品种、红绿茶兼制型品种和乌龙茶品种四类，其中绿茶品种又分为显毫类绿茶品种和少毫型的龙井类扁形绿茶品种。茶树品种按审定的部门可分国家级品种和省级品种。

（二）茶树品种

茶树分类最终还要回答“有多少种茶树”这个问题，然而茶树品种的定义国内外并不相同，国内茶叶界也有不同的意见。2001 年出版的《中国茶树品种志》将我国茶树品种分为：国家审（认）定品种 77 个、省审（认）定品种 119 个、选育品种 34 个、地方品种 114 个、名枞品种 21 个、珍稀品种 4 个，以及附录野生大茶树 79 棵。2018 年，农业部（现为农业农村部）完成了茶树品种首次登记，我国有 6 类茶树 592 个品种。茶树品种的丰富为名茶的产生提供了物质基础。

关于“哪些品种是优良茶种”这个问题，也没有一致的判定。我国的良种茶多基于品种产量高、易管理、抗生能力强的特点而认知；国际上对于良种茶的定位是根据茶树所产茶叶的质量，质量指标包括茶叶的益养元素、生长元素、消化元素、毒副元素、人体吸收情况、有机质及化合物这 7 项。一个品种面积小、产量低、生存能力差，但品质极高，那么，这种茶一样是良种茶，是值得保护和推广的优质茶种。

四、茶叶产区

（一）国际茶叶产区

茶树对环境的适应力很强，不仅中国茶区辽阔，世界上有 60 多个国家引种茶树，分布在五大洲南纬 33° 到北纬 49° 之间，但以亚洲与非洲最多。亚洲有 22 个国家，非洲有 21 个，美洲 12 个，大洋洲 3 个，欧洲只有葡萄牙和俄罗斯（索契）两个国家。中国是全球茶叶产量、消费量最大的国家。2018 年全球茶叶年产量达 589.7 万吨，产量前三名的国家为中国（261.6 万吨）、印度（133.9 万吨）、肯尼亚（49.3 万吨），占世界产量比例分别为 44.36%、22.71% 和 8.36%。亚洲产量占世界总产量比重超过 80%，非洲产量占 15%~16%，其他洲的产量不足 5%。据 2016 年统计显示，就茶叶种植面积而言，中国茶叶种植面积居世界第一位，印度居第二位，斯里兰卡居第三位，肯尼亚居第四位，越南居第五位，印度尼西亚居第六位，缅甸居第七位，土耳其居第八位。就茶叶产量而言，位居世界前八位的分别是中国、印度、肯尼亚、斯里兰卡、土耳其、越南、印尼和缅甸。（注：2018 年茶叶消费总量最大的国家为中国，消费量达 211.9 万吨。前十大茶叶消费国还包括印度、土耳其、巴基斯坦、俄罗斯、美国、英国、日本、印度尼西亚、埃及。从人均消费情况来看，2018 年全球茶叶人均消费量排名第一位的是土耳其，人均消费茶叶约 3.04 千克，其次是利比亚的 2.8 千克和摩洛哥的 2.04 千克。中国、印度等作为主要茶叶生产国，其茶叶生产量远超土耳其、叙利亚和摩洛哥等国家，但人均消费量较低，2018 年中国内地茶叶年人均消费量为 1.48 千克，仍具备较大的消费提升空间。）

（二）我国茶叶产区

在我国茶区划分采取 3 个级别，即：一级茶区，系全国性划分，用以宏观指导；二级茶区，系由各产茶省（区）划分，进行省区内生产指导；三级茶区，系由各地县划分，具体指挥茶叶生产。

国家一级茶区分为 4 个，即江北茶区、江南茶区、西南茶区、华南茶区。

1. 江北茶区

茶区南起长江，北至秦岭、淮河，西起大巴山，东至山东半岛，包括甘南、陕西、鄂北、豫南、皖北、苏北、鲁东南等地，是我国最北的茶区。江北茶区地形较复杂，茶区多为黄棕土，这类土壤常出现粘盘层；部分茶区为棕壤；不少茶区酸碱度略偏高。茶树大多为灌木型中叶种和小叶种。

2. 江南茶区

茶区在长江以南，大樟溪、雁石溪、梅江、连江以北，包括粤北、桂北、闽中北、湘、浙、赣、鄂南、皖南、苏南等地。江南茶区大多处于低丘低山地区，也有海拔在 1000 米的高山，如浙江的天目山、福建的武夷山、江西的庐山、安徽的黄山等。江南茶区基本上为红壤，部分为黄壤。该茶区种植的茶树大多为灌木型中叶种和小叶种，以及少部分小乔木型中叶种和大叶种。

该茶区是发展绿茶、乌龙茶、花茶、名特茶的适宜区域。

3. 西南茶区

茶区在米仓山、大巴山以南，红水河、南盘江、盈江以北神农架、巫山、方斗山、武陵山以西，大渡河以东的地区，包括黔、渝、川、滇中北和藏东南。西南茶区地形复杂，大部分地区为盆地、高原，土壤类型。在滇中北多为赤红壤、山地红壤和棕壤；在川、黔及藏东南则以黄为主。西南茶区栽培茶树的种类也多，有灌木型和小乔木型茶树，部分地区还有乔木型茶树。该区适制红翠茶、绿茶、普洱茶、边销茶和名茶、花茶等。

4. 华南茶区

茶区位于大樟溪、雁石溪、梅江、连江、浔江、红水河、南盘江、无量山、保山、盈江以南，包括闽中南、台湾、粤中南、海南、桂南、滇南。华南茶区水热资源丰富，在有森林覆盖下的茶园，土壤肥沃，有机物质含量高。全区大多为赤红壤，部分为黄壤。茶区荟集了中国的许多大叶种（乔木型和小乔木型）茶树，适宜制红茶、普洱茶、六堡茶、大叶青、乌龙茶等。

第二节　茶饮衍变

一、秦汉：饮茶之源

茶是我国的国饮，茶也是最早国际化的饮品，在世界三大饮料中，茶饮最富有文化底蕴。

世上第一部茶叶专著是公元 780 年左右中唐陆羽（？—804）撰写的《茶经》，在其第一篇“一之源”中介绍了茶叶在唐朝之前除了“茶”之外，在不同的地方还有四种不同的称谓。“茶”字始于唐太宗，陆羽著《茶经》之后，“茶”成为统一的称谓。后世人们用得比较多的同义词只剩下“茗”这一字了。《茶经》“一之源”曰“茶之为饮，发乎神农氏，闻于鲁周公”。他把茶叶的发现归功于公元前约 2500 年的炎帝。这种说法显然符和了成书于东汉的《神农本草经》的说法：“神农尝百草，日遇七十二毒，得茶而解之”，并且认同茶叶一开始是作为药用的。

茶饮源于药用的证据非常多。上文“闻于鲁周公”即周公《尔雅》（成书于秦汉的字典）有字条“槚，苦荼”（槚是上古代茶的称谓之一）。西汉司马相如（约公元前179年—公元前118年）在其《凡将篇》中将“荈诧”（茶一种的称谓）与多种草药并列一起。东汉华佗《食经》有“苦荼久食，益意思”，这些文献都有力地支持茶饮的源头是药用。白茶的生晒法以及茶叶的煎煮法都与其他草药无异。福建地方方言，药与茶同音也能佐证茶饮起源于药用。

不迟于秦汉时期，茶叶开始由药物变为常用饮品。顾炎武（1613—1682年）曾言：“自秦人取蜀而后，始有茗饮之事”。秦国入主四川之后，饮茶北传关中，到了汉代，饮茶之行逐渐由中原流传到全国各地。

全世界最早的关于烹茶、饮茶、茶叶买卖的文献是汉宣帝神爵三年（公元前59年）王褒所写的《僮约》。《僮约》一文以类似“纪实文学”的方式讲述了王褒自己做客成都寡妇杨惠家，遇到其惫懒的奴仆便了，出于惩戒与戏弄便了，王褒设下买仆圈套，杜撰一份夸张极致的奴仆买卖契约，罗列上百样的奴仆要干的活计，并严苛规定奴仆各种行为举止要求，吓得便了痛哭求饶。文中“奴当从百役使”之下，就有“烹荼尽具，已而盖藏”“武都买荼”这三个名目。此文献描述了西汉后期彭州成都一带，烹茶已有一套器具与程式，茶叶已是市场上买卖的商品，买茶已经是奴仆可以代劳的平常事。

此外，湖南茶陵县地方志称“西汉高帝五年（公元前202），茶陵置县”，可见汉初就有以产茶来命名的县治。茶叶产地已经扩展到巴蜀之外，人工栽培茶树已经大范围展开。同属西汉初年的长沙马王堆汉墓中，发现的陪葬清册中有与茶同义的竹简和木刻文。二者可以相互佐证西汉初期湖南已有生产消费之茶业，而且茶还被当作祭品，这是茶源“祭品说”的重要证据。

二、魏晋至唐宋：茶文化孕育成长

《茶经》第七部分“七之事”罗列有约50篇的文献，涉及茶的掌故、产地、药效和趣事等方面的内容。从西汉后期《僮约》的“烹荼尽具，已而盖藏”，到《广雅》（成书于三国魏明帝太和年间的百科全书）的“荆巴间采叶作饼，叶老者，饼成以米膏出之。欲煮茗饮，先炙令赤色，捣末，置瓷器中，以汤浇覆之，用葱、姜、橘子芼之。其饮醒酒，令人不眠。”可见汉人饮茶已有一番程式与技法，并一直流传到唐代。从汉到唐，不只是单纯的茶饮之法在世代传承，饮茶之风更是日益流行，茶饮逐渐从仕宦圈子扩散到民间，正如《茶经》“六之饮”所述“盛于国朝，两都并荆俞间，以为比屋之饮”（唐代在西安、洛阳两个都城和江陵、重庆等地，竟是家家户户饮茶）。而且在魏晋与六朝时期的茶文献中还出现了茶文化意味的记叙，茶或入诗词歌赋，或入史书传记，或入轶事志怪，包括僧道在内的上流阶层赋予了茶越来越多的审美意义。所谓的茶文化经历近千年的发展后，在《茶经》问世的唐代已经卓然成形。但是茶圣陆羽不满于当时唐人饮茶之粗糙，在《茶经》“五之煮”与“六之饮”详解烹茶品饮之技艺，引导宫廷茶道、寺院茶礼与文人茶道次第形成。因此，陆羽被认为是我国茶道的开创者。其实陆羽《茶经》全方面推动了茶之事业，直接促成唐朝开创了包括茶税、贡茶、榷茶（茶叶专卖）和茶马互市等在内的茶政，并为后代所沿用。晚唐茶叶产量增长到开辟边境茶马互市的程度，期间“茶课”（茶税）、“榷茶”兴废以及赵州和尚的“吃茶去”禅门公案（禅茶一味的源头）是晚唐耐人寻味的两大茶事。

到了宋代，茶文化达到兴盛，宫廷中设立茶事机关，出现品茶“圈子”，有文人的品茶社团、有官员的“汤社”、佛教徒的“千人社”等。北宋诗人梅尧臣（1002—1060）《次韵和永叔尝新茶杂言》“自从陆羽生人间，人间相学事新茶。……”反映的恰是北宋文人对茶的美味、社交与娱乐功能的热衷。宋茶在诸多方面都超越唐茶，其一，简化茶饮烹制，改煎茶法为点茶法。茶叶碾成的碎末，调成均匀膏糊，置于盏心，沸水冲点，汤面通吃；其二，制茶技艺提高，团茶制作考究，并出现散茶；其三，茶肆遍布，尤其到了南宋之临安，勾栏瓦肆，茶馆无所不在；其四，饮茶趣味增多，从产地到茶肆斗茶成风，“分茶”技艺备受推崇——在点茶形成的茶汤泡沫上制作各种图案，犹如花式咖啡的拉花；饮茶茶叶产区产量扩大，贡茶来路更加宽广；其五，茶礼勃兴，皇家以贡茶作“宫廷绣茶”吝赐群臣，士人以茶交际，百姓以茶贺礼、以茶待客、以茶定聘；其六，贡品范围与数量扩大，一方面珍品价值千金，另一方面普通茶叶交易剧增，茶叶成为贸易甚至岁贡（庆历和议，北宋每年“赐”西夏3万斤茶）的大宗项目；其七，开始出现青饮，追求茶之真香原味，摆脱唐代的加盐、糖、姜等的调味茶饮……

三、明清：茶道确立与饮茶世俗化

当代的泡茶法从元朝就已经开始出现，茶叶用沸水冲泡并过滤饮用，当时被称为“撮泡法”。由于比煎茶、点茶便捷许多，到了明后期泡茶法就极为流行，也便于更多的普通百姓加入饮茶行列。当下的茶艺馆俨然是明清时茶寮之翻版。

明朝时期，无论是茶树栽培、产量和制茶工艺，还是事茶方法、饮茶审美与茶事研究，比之宋代都有跳跃式的进步，可谓我国茶事的一场大变革。不仅产地扩大，还出现功夫小种、紫毫、白毫、漳芽、选芽、清香、兰香的新品，各地名茶层出不穷。团茶除了外销之外几乎被废弃，代之以散茶的兴起。制茶工艺全面提升，黑茶、花茶的工艺得到完善，还出现前期所没有的乌龙茶和红茶。新的冲泡技法使得茶壶成为最重要的茶具，宜兴紫砂壶闪亮登场。由于茶汤经过过滤，香气和汤水更加清爽，汤色丰富多彩，汤水审美取代了点茶与分茶，便于观赏茶色的白瓷杯取代了建盏的地位，定窑最受推崇。饮茶之雅越发高远，既有焚香伴茗之情趣，也有饮啜于山野水畔竹下林间的“天趣悉备”，形成了追求茶之“本性”“真香”“真味”的共识。

明人对论茶的兴趣远胜于宋茶，茶论专著与茶之记述以数十记，其中明初朱权（朱元璋第十七子，1378-1448，道教学者、戏曲理论家、剧作家，善古琴）的《茶谱》以及万历年间的张源《茶录》（约 1595）和许次纾《茶疏》（约 1597）皆为精善之作。

朱权在《茶谱》序中，论茶只推崇陆羽《茶经》与蔡襄《茶录》二篇，但不苟同唐宋之事茶：“盖（陆）羽多尚奇古，制之为末”“（宋茶）以膏为饼（团茶），杂以诸香，饰以金彩，不无夺其真味。”而是“崇新改易，自成一家”，以其道教学者的身份给出了一种姑且称之为“道茶”的饮茶观：“予法举白眼而望青天，汲清泉而烹活火，自谓与天语以扩心志之大，符水以副内练之功，得非游心于茶灶，又将有裨于修养之道矣，岂惟清哉？”“栖神物外，不伍于世流，不污于时俗。或会于泉石之间，工处于松竹之下，或对皓月清风，或坐明窗静牖，乃与客清谈款话，探虚玄而参造化，清心神而出尘表。”“以一瓯，足可通仙灵矣。”朱权的茶道，疑似追慕庄子复古魏晋，简单而言，就是自然审美观。在实事方面，《茶谱》详细介绍了花茶工艺，弥补了前代之遗缺。

张源和许次纾都是以纪实说明（或谓实证分析）的方式来论述茶，因此《茶录》与《茶疏》都包含丰富的信息量。

张源的《茶录》首次单列“茶道”一则来结束此书：“造时精，藏时燥，泡时洁。精、燥、洁茶道尽矣。”张源用“精、燥、洁”三字说尽茶道，仍可垂范当下。此外，《茶录》的“投茶”一则是现在投茶三法的源头。“香”一则所述茶香有节有据，毫无信口之鄙，这种精神当为品茶之训诫。“点染失真”否定了唐宋的调味饮法——“茶自有真香，有真色，有真味。一经点染，便失其真。如水中着咸，茶中着料，碗中着果，皆失真也。”——也许，“真”才是张源的茶道。

许次纾的《茶疏》更是试图极尽茶之万事，列了37则目录，无一不是从实而论，读起来有茶科学的感觉。其中一些文字还颇有趣味，如“产茶”之“（钱塘诸山）北山勤于用粪，茶虽易茁，气韵反薄”，“考本”之“茶不移本，植必子生。古人结婚，必以茶为礼，取其不移植子之意也。”“论客”之“宾朋杂沓，止堪交错觥筹；乍会泛交，仅须常品酬酢。惟素心同调，彼此畅适，清言雄辩，脱略形骸，始可呼童篝之火，酌水点汤。”这看人伺茶分别之举分明是珍茶惜茶的拳拳之心。《茶疏》中相邻的“炒茶”与“岕中制法”既详解炒茶的工序原理，还比较了炒青与蒸青，至此杀青的四种方法皆有文献可考。“宜节”一则“茶宜常饮，不宜多饮。常饮则心肺清凉，烦郁顿释。多饮则微伤脾肾，或泄或寒。”并非茶药的补充而是茶与健康之论。

如果说，茶道是一套仪式加上由茶之本性外展的心理体验，那么，历经唐宋事茶仪轨与文人茶、禅茶的品味经验，再到朱权道茶的主张，我国茶道在明朝已然大成。巧合的是，与张源同时代（16世纪末）的千利休也创立了“和、敬、清、寂”的日本正宗茶道。

相比明朝，清代茶事的特点是更多、更大、更好。茶书、茶事、茶诗不计其数。无论产地范围、茶叶产量还是制茶技术都更进一步，出现压条繁殖与移苗种植。普洱茶成为贡品而名声大噪，茶馆更加兴盛，各地茶俗成风，茶仍然是“书画琴棋诗酒花”文雅之赏，同时也是“柴米油盐酱醋茶”的日常俗套。

茶叶出口在清朝成了获得金银的大行业。文献可考，直到明朝后期，茶叶作为贸易商品才被荷兰人带到欧洲并流传开来。清朝雍正年间，一条从武夷山出发由南至北输往俄罗斯的“万里茶路”开辟成功，并持续兴盛一百五十余年。伴随着茶叶贸易的增长，我国茶叶茶区极速扩大，奠定了现代的四大产区的基础。

四、当代：茶饮普世化

经历工业文明之后，人类生活水平提高到了古人难以想象的地步，古今茶事也有着天壤之别。科技进步深入茶叶生产与茶饮制作的方方面面，社会变迁、生活方式改变以及人际往来的频繁使得茶饮普遍到无远弗届的程度。世界上有60个国家产茶，人均每年消费将近1千克茶叶。茶只是饮品消费清单中一个可随意打勾的选项，在饮茶成俗的社会，每周喝茶次数甚至可以作为衡量贫困线的一个指标。茶饮之事在世界各地、在各色人群中有万般形态，所谓的茶文化变动不居，难描其状，茶道也归复"道可道，非常道"的"婴儿态"。"好好喝茶"就是最好的饮茶之道。

第三节　茶叶分类

茶叶分类是茶叶买卖与饮茶交流最重要的也是最基础的知识。我国茶叶产区广，产地地理差异大，茶树种类繁多，加工方式复杂，茶叶品种多达6000种。茶叶分类是认识、了解与交流茶叶的基础知识。

一、简明分类：六色纯茶与再加工

这种分类首先把茶分为青饮茶（纯茶）与调味茶（五花八门之花式茶），然后再把纯茶按颜色分为六种基本品类（也称六个品系），调味茶再分为只添花香的花茶与还添加调味料的调饮茶。这样分类并不严谨，但便于茶叶买卖与品茶时语言沟通，故称简明分类法或称商品茶分类，容易回答"您喜欢喝什么茶""您喝的是什么茶"，而且能囊括所有的茶品。2018年，浙江大学曾进行"中国茶叶区域公用品牌价值评估"专项研究，建议将茶划分为八个品类：绿茶、红茶、黄茶、黑茶、白茶、乌龙茶、花茶、其他。六色茶之外的茶都是加料再加工茶，花茶加花香，其他的还添加诸如调料、食料或者药材不等。

六色纯茶即绿茶、白茶、黄茶、青茶（乌龙茶）、红茶和黑茶，这是我国茶叶最基本的分类，称为六大茶类或者六系茶叶。六色茶的称谓来自我国漫长的茶叶史，以色名茶是一种自然而然的习惯，以茶汤颜色为主，并辅以干茶和茶底（茶渣）的颜色来综合判断。现代对六色茶的定类，已经不再以简单的颜色作为依据，而是制作过程中茶多酚的发酵程度判断。

绿茶干茶、茶汤与茶底三种颜色都是青翠碧绿的，少部分干茶因为多白毫而显现白色但却不属于白茶，也有部分绿茶干茶和茶汤带黄色但未必就是黄茶。

白茶在唐宋时期专指干茶披豪而成白茶的茶种，实为绿茶。现代的白茶是根据发酵程度来确定，白茶干茶颜色灰绿色调，茶汤颜色浅绿微黄也有泛着白色，茶底（叶底）色调也是特别浅的绿色或者橙黄色。干茶因披豪而呈白色，但如果其茶汤和茶底偏黄则是黄茶、偏绿色则是绿茶，即便干茶没有披豪而呈绿中带灰或有黄褐色调，只要茶汤颜色浅而泛白就可基本确认是白茶。陈年白茶由于存放过程发生非酶的氧化反应，茶叶内部成分缓慢发生着变化，汤色会向着黄色或者红色过渡，茶性也会逐渐由凉转温。

黄茶是以茶汤颜色明显绿中偏黄来确定，如果干茶与茶底颜色也是显黄色，则确定黄茶无疑。少部分黄茶的干茶与绿茶或者白茶没有明显差别。

红茶以茶汤与茶底都是红色来确定，红茶的干茶颜色大都是黑色的，因此，英文“black tea”是指红茶而非黑茶。

青茶说法是为了与六色协同，实际上指的是乌龙茶，因其干茶呈乌褐色或者褐色带绿，而称为青茶。青茶品类繁多，其茶底颜色却相当有规则或者绿叶红镶边或者褐色绿色相杂，其汤色从赤橙黄绿青跨度较大，常见金黄色或琥珀色。

黑茶则干茶、茶汤、茶底都呈黑色。

加料茶中花茶是一个大项目，其他小品类有擂茶、八宝茶、酥油茶以及众多的含茶饮品（果茶、保健茶与奶茶等等）。

六色茶都可以添加花香而成花茶，但市面上花茶多数以绿茶为茶胚制作而成。因为，绿茶的芳香物最为天然，成分也最少，香型简单，不具备花香，不像其他茶类因加工过程生化反应而产生新的芳香物质。所以，各种花卉最容易赋予绿茶清晰可辨的花香。唐宋至明，茶道越发强调茶之“本味真香”，越发推崇青饮（不添加任何调料），为什么花茶或者其他类型的调味茶还能够传承至今？这问题的大致原因有两个：一是并非所有的地方都出产“本味真香”好的茶，“本味真香”好的茶实在稀缺，于是制作花式茶是个不错的举措；二是出于商业竞争的考虑，调味茶能够吸引特定客群的偏好，尤其是花茶有不小的市场。当下名曰奶茶的饮品在吸引青少年客群方面极为成功，它毕竟在年轻消费者心中植入了茶的符号，为青少年未来接受青饮预埋了伏笔。

二、按加工过程中茶多酚的发酵程度划分

国际上较为通用的分类法是按制作方式分为三类，即不发酵茶、半发酵茶、全发酵茶。如果以安徽农业大学陈椽教授提出的按照黄烷醇含量次序排列，则六色茶依次为绿茶、黄茶、黑茶、白茶、青茶、红茶。

茶叶发酵是指在细胞壁破损后，存在于细胞壁中的氧化酶类促进了存在于细胞液中的儿茶素类（多酚类化学物质）进行一系列氧化反应的过程。因此，茶叶是否揉捻使得细胞壁破损以释放氧化酶，氧化酶是否被高温杀青灭活，细胞液中的多酚类化学物质经历的氧化时间长短，这些因素都是影响发酵程度的重要变量。茶叶按发酵程度由低到高有轻发酵、半发酵、全发酵之分。发酵的机理是鲜叶中一部分天然成分会因酵素作用而发生变化，产生特殊的香气、滋味以及各种成色物质，故而不同发酵程度的茶各有风味，且茶汤因成色物质的不同而有明显差异。

需要注意的是，上述的茶发酵被定义为酶促氧化反应，并非典型的借助微生物代谢作用的发酵定义（不同于淀粉发酵）。

绿茶芽叶采摘后马上杀青，氧化酶被灭活，故而不产生酶促氧化反应，所以绿茶属于不发酵茶。干茶保持了鲜叶内的天然物质成分，由于叶绿素少有被氧化，所以干茶、茶汤和茶底以青翠碧绿为主色调。明朝许次纾《茶疏》的“古今制法”有“旋摘旋焙，香色俱全，尤蕴真味”，说的就是绿茶“真味”就是指绿茶的自然清新之味。但我国的绿茶始于唐朝的蒸青制茶法的发明。

白茶属于微发酵茶。白茶采摘后不杀青而立即萎凋（日晒、室内摊晾或者机械萎凋），萎凋后不揉捻，茶叶就不会破损，氧化酶仍然锁定在细胞壁中，由于不杀青，氧化酶是活的，在萎凋过程中，酶类物质的活性增强，促使多酚类物质还是被轻微程度地氧化，发酵程度大约5%~10%，因此，与绿茶相比白茶的绿色淡化而黄色略增。白茶是历史上最早的茶类，最初人类用茶为药，处理手法如同其他草药，采集后晒干收藏。

黄茶的发酵问题稍有复杂，不少人习惯把黄茶归于轻发酵茶。黄茶与绿茶一样采摘后先杀青，但是杀青温度却比绿茶低，在杀青过程中要闷堆，因而经历时间较长。那么氧化酶在杀青过程中其活性是否在发生催化反应之前被彻底灭杀就成为一个问题。因此，酶促氧化反应是否发生是一个不确定的

问题，尤其考虑到不同地方的黄茶制作在杀青工序上是有区别的。然而，黄茶独有的“闷黄”工序破坏了叶绿素，促使叶绿素脱镁转化而变色。同时叶黄素不受影响，无论是湿胚闷黄还是干胚闷黄，都促成了儿茶素等多酚类物质的氧化（非酶促氧化）产生黄茶素，其氧化程度多在 10%~20% 之间，所以也把黄茶称为一种轻发酵茶。

乌龙茶（青茶）产地在福建、台湾、广东等地广为分布，品种非常之多，各个小产地的地理差异大，加上历史经验积累形成各自的定式，因此，乌龙茶彼此之间发酵程度与焙火程度差别很大。这就造成乌龙茶类多酚类氧化程度的跨度比较大，一般认为在 20%~70% 之间，被称为半发酵茶。轻焙、轻发酵者，较近似绿茶，重烘、重发酵则取向红茶特征。乌龙茶发酵程度较大的原因在于其特定的工艺顺序：采摘鲜叶、凋萎（晒青、晾青）、做青（摇青）、杀青、揉捻、毛火烘焙、包揉、足火、烘干等。酶促发酵反应发生在萎凋与做青环节，而后续自然氧化（非酶促氧化）发生在杀青、揉捻、毛火烘焙、包揉、足火以及烘干的全过程。

红茶制作时萎凋的程度最高、最完全，酶促作用时间长，多酚类的氧化程度高达 70% 以上，儿茶素氧化生成茶黄素和茶褐素等有色物质，被称为全发酵茶（并非 100% 发酵）。其干茶色泽和冲泡的茶汤以红黄色为主调。红茶萎凋之后揉捻破坏茶叶表面细胞壁，再经历一道独有的发酵工序，并经历最强的火功，一是毛火初烘，二是足火复焙，所以红茶不仅酶促氧化反应最彻底，非酶氧化反应也最强，同时焦糖化反应（褐变反应）和美拉德反应也最强烈。

黑茶是典型的后发酵茶，后发酵茶是黑茶类的一种。黑茶先是以绿茶工艺制作散茶，在加工成团块的过程中，经过长时间的（20 多天乃至更久）的湿坯堆积，一些微生物在这个过程中进入渥堆，发生发酵作用，使得毛茶的色泽逐渐由绿变黑。也因为是有菌发酵，所以黑茶有独特醇厚滋味。成品团块茶叶的色泽为黑褐色，并形成了茶品的独特风味，这就是黑茶的最初由来。有人认为后发酵是 100% 的发酵，其实不然，只有经历的时间足够长，甚至要求长达数十年，才有所谓的 100% 发酵。

有些普洱茶在萎凋、杀青之前，使用特有手法先让鲜叶发酵到一定程度，再进入一般的制茶工序，被称为制前发酵。因发酵过程在常温下进行，不入渥堆发酵产生高温，没有渥堆茶的堆味，容易有特殊甜蜜香，也称为冷发酵。

随着茶多酚氧化程度的提高，干茶颜色由绿向黄绿、黄、青褐、黑色渐变，茶汤也由绿向黄绿、黄、青褐、红褐色渐变。发酵程度还塑造了六色茶的不同风味。

三、按萎凋与不萎凋分类

茶鲜叶采摘下来后，首先要放在空气中，蒸发掉一部分的水分，这个过程称为“萎凋”。萎凋就是让新鲜的茶青丧失一部分水分，叶孔充分地打开，便于氧气进入叶孔，与叶细胞中的成分发生化学反应，也称发酵。萎凋是发酵的必要前提条件，发酵茶和半发酵茶都是萎凋茶，只有绿茶是完全不需要发酵，是不萎凋茶。

四、按茶叶的采摘季节分类

春、夏、秋、冬四季茶指的就是茶叶的采摘季节。中国绝大部分产茶地区，各地积温差异很大，同名春夏秋冬茶，但合一采摘的节气却不相同。大体上，春茶采摘为3月上旬至5月上旬之间，采摘期约20~40天。春茶鲜嫩而蕴含物丰厚，香气馥郁，品质最佳。夏茶在夏至前后采摘，一般为5月中下旬到6月，是春采后所新发的茶叶，由于夏茶新梢生长迅速，容易老化，蕴化时间短，茶叶中的氨基酸、维生素的含量较少，味道也比较苦涩寡淡。秋茶7月后采摘，秋高气爽，有利于茶叶芳香物质的合成与积累，秋茶有清高的秋香之说。冬茶秋分之后采制，只有海南、福建和台湾地区因气候较为温暖，尚有出产。

五、按茶的生长环境分类

根据茶树生长地的海拔，茶叶可分为平地茶、高山茶。一般而言，平地茶生长比较迅速，叶片小且单薄，干茶条索轻细，香味比较淡，回味短。茶树喜温湿、喜阴。南方海拔比较高的山地温暖多雨湿气重，多云雾遮阴，加上土壤略带酸性，良好的条件使高山茶芽肥叶壮，色绿茸多，干茶叶条索紧结，白毫显露，香气浓郁，耐于冲泡，所以“山高出好茶”。云雾茶是多云雾高山茶的一种称谓。

有机茶是当代出现一个新的严格标准的茶品。对生长、栽种、生产与储运等“环境”都有严苛的规范。

六、其他分类方法

按照焙火程度分，有不焙火的生茶（如白茶）与焙火的熟茶两种（通常是乌龙茶与红茶）。各种茶因制造技术及采摘部位的不同而呈现不同的外观，常见的有条形茶、半球形茶、球形茶、扁形茶、碎形茶、针形茶、片形茶、圆形茶、雀舌形茶等。

按茶叶成品的聚合形态，有叶茶、砖茶、末茶等之分。

同一茶树品种或者茶类还可以按产地而具体划分，比如闽北水仙、闽南水仙、福建乌龙、台湾乌龙等。

第四节　茶叶品鉴原理

与品鉴相近的用词是评鉴，评鉴侧重眼耳鼻的感官观察并做出评定与相对纪实的描述。因此，评审一词更靠近评鉴之意，而品鉴倾向于获得感官感知后的心理评价。故而，茶叶的感官层次的描述用评鉴一词，茶叶文学性或文化意向上的描述用品鉴一词，而茶叶相对“客观”的品质鉴定则用评审一词。

一、我国茶叶品鉴传统

在我国茶叶从药用转为日常饮用至少有2000年以上的历史。当茶叶从药材转变成食材后，就开始有了烹饪意义上“色、香、味、形”的感官评鉴（评审），正是这种推动力量自始至终都在促进茶叶从种植、制作、储运到茶饮烹煮、享用所有制备环节的品质提升。由于古人难以建立起容易达成共识的口鼻感觉参照物体系，并且缺乏感官感觉及其生化机理的知识，故而难以直接针对茶叶风味进行翔实的描绘，数量不多的词汇还大都滋味和口感混为一谈。因此，茶叶的感官评鉴采用茶事技术要求来表述，从陆羽《茶经》开始对茶叶的评鉴多体现在产地、品种、采摘、制茶、储存、用水、器具、烹制程式等技术层面的陈述。于是，后人在文献中清楚地看到了历经2000年的茶事技术变化的线索：从种植、栽培到采摘的操作不断精细化，从晒青到蒸青再到炒青的杀青技术完善，茶叶发酵氧化现象被发现从而黄茶、红茶、青茶工艺次第出现，从煎茶、煮茶到点茶再到泡茶的烹制技法改进，茶饮也从调味为主逐渐过渡到清饮为主。然而，潜藏在技术路径之下，推动茶事各方面技术革新的感官评鉴却被忽略了，以至于很多人认为我国的茶叶评鉴传统是以文化品鉴为主调的。事实上，忠实于口鼻舒适愉悦感觉才是茶饮世俗化、大众化乃至全球化的最大功臣，正是古代缓慢的技术进步与茶饮感官的同步改善促进着茶叶供求在农业社会持续的增长。

我国茶叶评鉴传统中给人深刻印象的则是以茶道为代表的文化鉴赏，尽管茶叶的文化品鉴并非是茶业的主旋律，只是传播学或者话语权方面的现象。茶饮到了魏晋时期，文人雅茶之风开始兴起，同期茶饮也受到佛道两家的青睐。于是茶叶多了一种文化意义上的鉴赏，茶叶评鉴开始沿着功能拓展方向发展，以茶会友，琴棋书画诗酒茶雅集，品茗以娱乐、以论文理、以幽处、以修身养性，在不同的功能上，都能开发出别样的品鉴规范。概括而言，茶叶的文化品鉴实则超然茶饮的口鼻经验，茶叶被当作一种媒介而非单纯饮品，借助茶饮、辅以套路器具、仪式和环境，以获得某种意向性的美感，还可以游离茶外去体会天地自然、感悟世间道德哲理，这种既在茶内又在茶外的审美要旨则是强调茶饮之上的心灵体验。茶叶的文化品鉴借助想象、情感和感悟等审美心理活动，可以往多方向、多元化自由延展，容易引发各种审美偏好（审美观）的共鸣。因此，文化品鉴传承具有很强的传播力，能激发粉丝的仿效热情。

只有确认了感官评鉴与文化品鉴两条路线并存，才能不失偏颇地认识我国传统的茶叶审美。

二、茶叶品鉴原理

由于现代食品感官学与食品化学知识的发展，以及有咖啡风味的研究方法与杯测技术可以借鉴，现当代茶叶感官的研究几乎都是建立在生化机制之上，茶叶呈味物质的作用机理不断地被深入认识。茶叶的文化品鉴也越发地受到当代审美意识与审美趣味的影响。因此，饮茶新人可以试着从食品感官学、食品化学和食品美学角度认识茶叶、了解茶叶，并结合古人经验探索自己的茶路。

（一）茶叶风味

茶叶的感官评鉴主要是茶叶风味的辨识。类似咖啡风味概念，茶叶风味在不同场合有不同的含义，既可泛指鼻腔嗅觉（香气）、舌面味觉（滋味）和口腔触感（口感）的综合感受，也可专指因产地、品种或者工艺差异而导致的香气、滋味与口感的特色。然而，茶叶风味（讨论）与咖啡风味（讨论）有明显不同，首先，茶树的类型以及种内的差异比咖啡树种的差异要大得多，对风味的影响也更大更繁博；其次，茶叶工艺对风味的影响在广度和强度上都远大于咖啡工艺的影响。制茶工艺首重发酵程度的选择，其次是烘焙（干燥）火功的控制，而咖啡工艺控制的主要变量只是烘焙程度，制茶工艺有更大的创造性，而咖啡工艺则侧重于激发咖啡固有的地域风味；再者，茶味的口腔表现与咖啡的差异较大，简单而言，茶叶滋味不如咖啡那么丰富，但茶汤的口感要比咖啡复杂。

（二）茶叶品鉴原理

茶叶品鉴主要依据三条基本原理，第一条原理是生化机理，茶叶的风味（还包括颜色、对健康的影响等）都取决于干茶（制作成茶）的化学成分及其含量。第二条原理是交互感知，不同的香气、不同的滋味乃至不同口感因素同时作用于嗅觉、味觉与触觉器官时会发生复杂的交感变化。这两条原理重在实证，相关内容在咖啡风味谈论中已略有介绍。第三条原理是审美能力与偏好，享受饮茶之外的美感，这方面既有历史经验可以借鉴，也有个人想象力、理解力、情感与悟性的发挥余地。第一条和第二条原理对应茶叶的感官评鉴，第三条原理对应茶叶的文化品鉴，把茶叶文化品鉴归纳到茶叶美学范畴。

1. 茶叶品鉴的生化机理

第一条原理强调茶叶风味均由干茶化学成分构成来解释。茶叶的内含物质非常丰富，到目前为止，茶叶中经分离、鉴定的已知化合物有 700 多种。不同茶叶因其呈味成分的种类、含量、比例的不同，其所表现出来的味感各有差异。因此，根据影响干茶化学成分的各种变量，逐一考察其对风味的影响，就能条理清晰地辨识茶叶风味的内在原因。

影响干茶化学成分的主要变量有三个，第一个变量是茶树品种，茶树品种是决定茶叶初始（天然）化学成分的内在因素。世界上第一级的茶树分类有 37 种，我国占有 33 种，次级茶树品种有 592 个之多，对如此之多的品种茶叶一一进行化学成分分析显然是个巨大的工程。茶树品种以何种方式且多大程度上影响茶叶初始的化学成分构成还有待于充分验证。在经验上，我们能够明显感觉到，同一产区种植的多种茶树制作成同类茶叶，它们彼此之间的风味是明显不同的，例如福建安溪乌龙茶中铁观音、本山、毛蟹和黄金桂四大品种之间风味差异显著。

第二个变量是产地的地理因素，包括经纬度、海拔高度、土壤条件、降雨量、日照时间及强度等。产地对茶叶品质的影响胜于品种，甚至面积范围不大的“山场”也能造成风味差异，最典型的是普洱茶和武夷山茶的产地（二者的特别之处都在于季风与地形的恰好结合）。相同茶树品种因产地的不同而导致的茶叶成分差异极为常见，例如福建名种之一的水仙分闽南水仙与闽北水仙，二者风味有别。闽北水仙在武夷山产区都能因为正岩与外岩的山场不同而风味显著不同。

第三变量是制茶工艺，而且是最关键的影响因子。茶树品种与产地地理因素是茶叶鲜叶的天然化学成分构成的关键影响因素，但更大程度上影响茶叶风味与品质的却是制成后干茶的化学成分，制茶工艺则能够很大程度上重塑干茶“后天”的成分结构。不同的制作工艺意味着茶叶制作过程中生化反应的不同控制（发酵氧化反应、焦糖化反应与梅拉德反应等），使得成茶的化学成分及其构成迥异于茶叶的天然成分及其结构。同一茶种鲜叶制作成不同的茶类，二者的风味则有天壤之别。比如不少茶种同时适合制作成绿茶和红茶，二者风味迥异，甚至同一类别的茶叶，例如安溪铁观音，选择不同的烘焙方式和程度就会造就不同的风味风格。

但也不能随意夸大制作工艺的影响力。考察各产区制茶工艺就会发现一个有规则的现象，那就是各个产区的制茶工艺都相当的稳定，即每个地方的茶叶适合被加工成什么类型的茶叶好似历史经验已经给出了最佳选项。因此，六色茶的产区分布相当稳定，各个产区短时间内很少会有工艺上的大变动，更少见一个产区突然生产新类型茶叶的情况，这一现象的背后就是品种、产地和工艺三个变量之间的均衡。用古代语言讲，就是天威足以敬畏、天人合一、因地制宜之类的表述。

基于化学物质成分的分析还涉及一些次要的因素，例如采摘季节，鲜叶的部位，干茶的储运，新旧茶，茶饮冲泡方法等。

2. 茶叶品鉴的感官学原理

第二个原理提示具有多种滋味、口感和复杂香气的茶叶在风味辨析上有不小的复杂性、模糊性和困难性。茶叶中能够独立被感知出来的呈味物质种类并不多，最明显的三种是茶多酚的涩感（属于口腔触感），咖啡碱的苦味、氨基酸的鲜味。很多不确定性强、不好描述的味感其实是来自于多种味道混合时所产生的彼此中和或者增强的转导作用，茶叶的回甘就是多种呈味物质交互作用的结果，而未必是茶多糖中的低分子糖引起的。

交感现象也发生于嗅觉感受。当几种不同的气味同时作用于嗅觉感受器官时，会出现更复杂的“交感”情形：可能产生新的气味也可能抵消中和而失味，不一定同时而是先后或者交替地被感知到，某种气味被代替或被掩蔽或被包含。多种气味的交互作用在茶叶上表现得极为明显，用瓯杯泡茶就能很容易感觉到从第一泡开始，茶汤的香型会随着泡次发生变化，这既可能是浸出物浓度变化的原因，也有可能是香气的交感在起作用。有时候人们用“韵味”一词来评价一款茶叶，所指的就是上述交感作用带来的滋味与香气的律动。

第二条原理还解释了品茶辨味的乐趣，喜爱喝茶可以只是出于单纯的玩味动机。

影响口感的冷热、滑涩、稠薄、浓淡等因素除了彼此之间存在交感，还会直接影响滋味和香气的感受（主要是温度因素），甚至参与滋味和香气的交感，从而使得茶叶风味发生更多样的变化。有喝茶爱好者在泡茶时故意多出一杯茶汤留待凉时再喝，就是为了体验不同温度下的滋味、香气以及口感的变化。

3. 茶叶品鉴的美学原理

第三条原理附和茶叶的文化品鉴，明确风味感知之上（或者风味之外）还存在审美经验。这部分的内容是高度个性化的，且适合于文学叙述。因此，本节不展开讨论，只是强调茶叶品鉴的美学意义。

第五节　茶叶滋味与口感

古人感官评鉴茶叶不具备区分味蕾知觉（滋味）与口腔触觉（口感）的条件，故而合二者为口味。至今我国的茶叶评审中分值比例最大的一项——滋味（占比不小于30%），仍然不分味感与口感。这是单纯的传统惯性原因，还是追求精细的现代食品感官评鉴方法并不适合茶叶？这个问题继续留给饮茶之人慢慢体会。

一、茶叶呈味物质

水分在茶青（鲜叶）中占 75%，干茶中只有大约 5% 的水分，因此，一般 4 千克茶青才能制成 1 千克的干茶。从呈味物质角度讨论茶叶化学成分含量就必须是针对干物质而言，茶叶的化学成分分析则要区分茶叶的天然成分构成与成茶后的干茶的成分结构。茶汤的口味（味觉滋味与触觉口感）是干茶中含有数十种呈味物变化及其最终含量结构的综合反映，不同茶叶因其呈味成分的种类、含量、比例的不同，其所表现出来的滋味也不同。

茶叶干物质中 90% 以上是有机质，由于有机物分类的根据因子不同，所以不同的资料对于茶叶化学成分的分类在名称及其含量有不同的陈述。茶叶中影响茶汤口味的重要天然成分有以下几种：

（一）茶多酚

这是茶叶最大的成分，包括黄酮类（即儿茶类）、黄酮醇类、酚酸类、花色甙类等 40 多种物质组成的化合物，约占干茶 15%~40% 之间。在树种上，大叶种高于中小叶种。茶多酚中最多的是儿茶素，约占 70%。因此，茶多酚对风味的影响主要看儿茶素。儿茶素没有特殊的气味，但却是茶叶涩感的最重要来源，同时也引起紧致收敛的口感。茶多酚中的酚酸类是苦味物质。

茶多酚还是茶色的前因。尤其是儿茶素的水溶性氧化产物主要是茶黄素、茶红素、茶褐素。这些物质既是茶汤的呈色物质，同时也是新的呈味物质。茶黄素使茶汤偏亮，滋味刺激性强，有收敛性；茶红素导致汤色偏红，滋味平和，甜醇；茶褐素是汤色暗的主要成分，滋味平淡稍甜，是一类水溶性的非透性高聚合的褐色物质。其主要成分是多糖、蛋白质核酸和多酚类物质，是茶多酚转化的水溶性产物占比最大的物质。茶多酚中有花青素，这是紫色的呈色物质。

（二）茶多糖

茶多糖是一类组成复杂且变化较大的混合物，其含量约占干物质的 2.34%~5.13%。对风味而言，茶叶中所含的少量单糖、寡糖等低分子糖才是关键，它们是褐变反应（焦糖化反应）和美拉德反应的前提物质，也是决定茶叶香气的最重要物质。低分子糖含量越高，茶叶风味就越佳，这一点与咖啡同理。只是干茶中低分子糖含量很低，因此，茶汤的甘甜与低分子糖几乎没有关系，而是多种味感交互的结果。

焦糖化反应是糖类（主要是低分子糖）在没有氨基化合物存在的情况下，加热到温度高于糖的熔点时，糖分子发生脱水与降解，产生褐变反应。焦糖化反应的结果生成两类物质：一类是糖脱水聚合产物，俗称焦糖或酱色；另一类是降解产物，主要是一些挥发性的醛、酮等，这些物质还可以缩合、聚合最终得到一些深颜色的物质。焦糖化反应增添了食物的色香味。

虽然茶叶富含氨基酸，且加工过程中触及的温度少有超过焦糖化反应的适宜温度，但茶叶烘焙时受火时间一般比较长，每次都在 1 小时以上，有些茶叶还经历二次、三次烘焙。因此，茶叶的焦糖化反应并不缺失，尤其是红茶和火功相对高的武夷岩茶就有明显的焦糖化反应的风味表征，例如干茶的甜香、茶汤更厚实的甘甜味，多样而浓郁的香气，褐色的干茶、茶汤和茶底（来自儿茶素氧化的茶褐素起主要作用）等。

（三）果胶素

果胶是茶叶的天然成分，茶叶中的糖代谢产物，接近糖类的物质，以酸和糖的存在而结合形成凝胶状物，在干茶中含量不低，约 5% 上下。果胶素只有部分溶解于热水，水溶性果胶素含量越多，品质越好。水溶性果胶因叶部位置（芽中最多，第一叶而后递减）、产地和季节等因素含量不同。果胶无色无味无臭，在茶汤中有光泽度和浓稠度的视觉质感，产生黏滑和浓稠的口感，增加茶汤的甜味和香气，对蛋白酶起保护作用，其黏稠性有助于揉捻工艺。果胶在浅颜色的茶汤尤其在白茶茶汤中表现明显，茶汤颜色深的，就只好通过口感来判断是否富含果胶了。

（四）蛋白质与氨基酸

蛋白质为一类高分子量的含氮有机物，约占茶叶干物质总量的 20%~30%，但是其中只有 10% 左右可溶于热水。在茶叶中构成蛋白质的主要成分氨基酸，共有 30 余种，大多数为人体所必需，其中有 8 种是人体自身不能合成的，这是茶叶营养价值所在。茶叶中的氨基酸含量约为干物质总量的 2%~5%，除了茶树品种的差别，高山茶、春茶、茶芽的氨基酸含量相对高。茶叶最主要的氨基酸是茶氨酸，约占氨基酸总量的 50%，精氨酸约占 13%，天门冬氨酸约占 9%，谷氨酸约占 8.7%，其余约占 13%。氨基酸是茶汤鲜味、甜味和香气的重要来源。

从美拉德反应看，茶叶中还原糖含量相对于氨基酸含量，就显得很不足。

不过也有好处，就是茶叶有相当多的氨基酸被保留下来，这不仅保证了茶叶的营养价值，还给茶叶带来鲜爽和甘醇的好口味，氨基酸味感由鲜转甜是因为它与苦涩感的交互作用。

美拉德反应是羰基化合物（还原糖类）和氨基化合物（氨基酸和蛋白质）之间的反应，在常温下也能进行，但是在 110℃ ~180℃之间才能快速形成明显的反应效果。茶叶炒青和干燥比较容易达到 100° 以上，因此，茶叶制作过程中美拉德反应要比焦糖化反应更加显著。不同的氨基酸与不同的糖（如双糖的蔗糖、乳糖，五碳的木糖，六碳的葡萄糖、果糖等）反应，能产生不同的香味。美拉德反应中期阶段生成各种特殊醛类，这是造成不同香气的因素之一。最终阶段除了产生类黑精素外，还会生成一系列美拉德反应的中间体——还原酮、醛类及挥发性杂环化合物，这又是香气的来源。

茶叶富含氨基酸，美拉德反应物是茶叶多元化香气的来源。红茶不仅焦糖化反应最充分，美拉德反应也是最强烈的，因此，红茶的香气类型也最为丰富。黑茶的黑色也可能因为拟黑素的存在。

氨基酸也会被氧化，其含量与发酵程度负相关。因此，绿茶氨基酸含量最高，所以茶汤鲜爽，并且常有豆香、板栗香或者坚果香等与氨基酸密切相关的香型。

（五）生物碱

生物碱是一种嘌呤类化合物，包括咖啡因、可可碱、茶碱，约占干物质总量的 3%~5%，其中咖啡碱占有 2%~4%，可可碱与茶碱占 1%。制茶工艺对生物碱的作用不大，尤其是咖啡因含量几乎不发生变化。茶叶中的咖啡因含量主要取决于茶叶鲜叶中咖啡因的含量，生长环境、茶树品种、采摘季节等是影响咖啡因含量的重要因素。正常情况下，嫩叶比老叶咖啡因含量高，夏茶比春茶高，并且在泡茶的时候，第一泡茶，咖啡因可以溶出 60%~70%。生物碱是茶叶苦味的最重要源头。对比茶叶和咖啡，茶叶的苦味要弱一些，这是因为茶叶中的致苦物质含量较少，尤其是茶叶中致苦的绿原酸含量很小，而咖啡却高达 10%，其次茶汤中的苦味物质溶度也低于咖啡。

（六）有机酸

茶树叶中有 1%~3% 左右的有机酸，主要是苹果酸、柠檬酸、草酸、脂肪酸、没食子酸等。在制作过程中天然有机酸含量会大幅度下降，但也会生成新的有机酸，例如棕榈酸、亚油酸、乙烯酸等。与咖啡相比，茶叶干茶的有机酸含量比较低，因而，茶汤少有酸感，溶度很低的酸主要表现在与甜味、咸味的调和作用，从而提升了茶饮的整体风味，使得茶汤更加可口。类似咖啡，香酸物质能够带来愉悦的酸感并增加香气，故而，铁观音品鉴中有“青酸好茶”的用词。茶叶发酵会产生一定的酸味，红茶是全发酵茶，常有微酸感，但只要酸味散得快，口感基本上以甜爽为主。转化好的熟普带有果香的微酸，酸能化而转甜，韵味能直达喉底而不锁喉，茶汤顺滑。安溪铁观音的韵味可能与其被称为观音酸的成分有关系。这种酸味是传统铁观音制法中半发酵工艺引起的，类似吃过糖后泛酸的感觉。舌后两侧有一种收敛的感觉，从齿颊到喉咙感到微微酸涩，回甘生津。

茶叶更有可能因为天气、采摘、制作和储运等不当会出现不良酸味和气息。

茶叶中的有机酸是香气的主要成分之一，现已发现茶叶香气成分中有机酸的种类达 25 种。有些有机酸本身虽无香气，但经氧化后转化为香气成分，如亚油酸等；有些有机酸是香气成分的良好吸附剂，如棕榈酸等。

（七）矿物元素

茶叶中的矿物质元素相当丰富，磷、钾含量最高，其次是钙、镁、铁、锰、铝，铜、锌、钠、硫、硒、氟则为微量元素，占干物质比重 3.5%~7.0%，在干茶中又被称为灰分。茶叶制作过程中矿氧化物与酸化合反应形成的盐导致咸味（并非氯化钠的咸味）以及涩或刺激的口感，不过茶叶中可溶性酸盐含量低，加之冲泡茶叶时水和茶叶比例比较大，各种盐的溶解度很低，所以茶汤中咸味少有被独立感知出来，更多的是与甜味、酸味交互。低浓度的咸味与甜味相互作用也产生甘醇或者清爽的调和感觉。

由于有机物根据不同的分类依据就会有不同的分类序列，因此，在不同的资料中会看到不同的茶叶成分分类，在本节没有列举对茶叶香气产生重要影响的芳香物质与脂肪类成分，留待下一节再做说明。

上述列举的茶叶主要成分是针对鲜叶的干物质而言的，成茶后，除绿茶外，干茶与茶青干物质的成分在数据上发生显著变化有两个项目。一是茶多酚含量大幅度下降和茶色素类相应增加，约占干茶总量的 15~33%。六色茶的色感就是由于茶色素类中叶绿素、茶黄素、茶红素和茶褐素的含量差异引起的。二是芳香物质数倍增加。鲜叶中芳香物质大约有 100 多种，经过制作工艺后所产生的芳香物质可多达 700 余种。

二、茶饮口感与滋味

有了上述的茶叶化学成分认知，茶叶在口腔部的感知就可以做一个概括性的界说。干茶中主要成分茶多酚、儿茶素、咖啡碱、氨基酸、糖类和果胶，它们决定茶叶的色、香、味、形。其中，茶多酚具有较强的苦涩味、咖啡碱和花青素则具有苦味；氨基酸与儿茶素的含量和组合决定茶叶的鲜爽味。可溶性糖增加了茶汤的甜味，可溶性果胶有黏稠性，增加了茶味的浓厚感。

根据呈味物质含量大小，茶汤在口腔中的触觉（口感）要强于舌面味蕾的味觉（滋味），因为干茶中最大的成分是茶多酚，它导致鲜明的涩感。

人们描述茶叶口味是常常不分味感与口感，这既有历史上的原因，也有习惯使然。苦涩、甘醇、鲜爽、甜腻等措辞不是学古人的就是学其他人的。醇、爽、腻、滑、稠、饱满等是愉悦的口感，收敛、紧致的口感比较中性，涩感与刺激感则是不舒服的口感。混同味蕾味觉与口腔触觉也许不影响口腔审美，但在感官辨析上还是有必要把味感与口感分开，才能更细致地分辨不同茶叶的风味。

喝茶时确实经常感觉到苦涩同在，这是因为茶多酚中的酚酸类（比如花青素）能够带来苦感，但其含量不高，对苦味感的贡献要小于茶叶中所含的生物碱。总体而言，茶汤的苦感要比涩感弱，制茶工艺特别注意弱化乃至消除苦味。因此，饮茶感觉到涩时，不妨细品一下以确认是否也有苦味。区分苦感与涩感并不是困难的事情，比如，喝红酒容易感觉到涩，却很少有人说喝到苦味，吃到未成熟的水果觉得又酸又涩，少有人说又酸又苦。

涩是六色茶系都有的典型口感，只是不同的茶涩感强弱有别。经常喝茶的人不太觉得涩是因为他对涩的耐受力强大，还因为他对涩不在意——注意力不放在涩而关注其他的感觉。这也是感官学的基本常识，这与问人“辣不辣”（辣也是触觉口感）道理是相通的。

绿茶涩感强烈，同时也容易喝出苦味，就是因为绿茶无发酵，茶多酚极少被氧化的缘故。这也可解释明清时期制茶工艺的创新，新的茶叶品种——黄茶、红茶和乌龙茶出现后，一方面可选制茶的茶品种增多，另一方面苦涩感降低让更多的人接受饮茶，于是新类型的茶叶供求增长都很快。我国绿茶消费量最高，不是说喝茶的人不惧苦涩，而是苦涩味大都很快就散开，转化出甘爽的感觉。

茶叶另一项典型的口感是“滋味”醇厚。酸甜苦咸鲜之味觉程度是用“明显不明显”“强烈不强烈”来评价的，而不是“醇厚不醇厚”。所谓的醇厚与茶叶中多种因素有关，其一是茶汤都含有果胶，差别只是多和少，胶质感都能被感觉到，有顺、滑、黏、稠的触感；其次是干茶也含有油脂，对口腔触觉的作用类似于果胶；再者茶汤中呈味物质（比如含量高的氨基酸）除了产生鲜与甜的滋味外，也给口腔以爽的触感，各种物质不同触感的综合性就用“醇”来笼统表述，酒如此、咖啡也如此。至于“厚”是稠或者浓的同义词。

“生津回甘”是品茶时的常用词，其实二者并没有直接的关联。生津是舌尖对酸、涩等因素刺激的生理反应，并不是口感触觉，口腔时时都在分泌唾液却没让人觉得甜。回甘是因为茶汤中含有糖苷类物质附着在了口腔中，水解后产生了葡萄糖而有了滞后的甜感，被称作回甘。在多种呈味作用下，苦味之后也能激发甜感，这种甜也是滞后性的，所以用回来、回转之甘来形容特别贴切。生津与回甘的无关性已经是食品感官学的常识。

相比口感，茶汤的味觉表现就显得相当的单调，因为经常被感知的只有鲜、甘和苦这三种滋味。鲜味与微酸交互更多地被感知成甘甜，本身没有甜味的焦糖与其他成分也能交感出甘甜的味觉。茶汤中致苦物质含量比较低，所以苦感不强，酸感更是少见。因此，茶叶的滋味主旋律只剩下甘甜这一项，加上前述的滞后性甜感，“回甘”成了茶叶滋味的高频用词，既指受到苦涩刺激（也有其他方面的舌面反应）之后产生的甘甜，也指鲜、咸、酸之间的味觉交互之千回百转而表现出来的甘甜。

或许因为茶汤甘甜滋味单调性与口感的多样性，人们在描述和评价茶叶口腔感觉时，把滋味与口感混为一谈才有可说的内容。

第六节　茶叶香气

一、茶香嗅觉感知常识

嗅觉只能感受气体，能引起嗅觉的物质需具备以下的条件：容易挥发、能溶解于水中或者能溶解于油脂中。如果一款茶叶含有较多的油脂，那么不仅口感更顺滑，香气也更浓郁。嗅觉分为鼻前嗅觉和鼻后嗅觉，前者气味从鼻孔进入，后者气味是从口腔舌后进入鼻腔。因此，评鉴茶香要注意香气的通道之别，干茶香、入口前的香气、杯底香、茶底（叶底）香属于鼻前嗅觉，茶汤在口腔流过被感知的香来自鼻后嗅觉。

一般人能够感知 4000~6000 种气味，常用产生类似气味的东西来描述，例如花香、果香等。但在我国的茶叶评审对于茶叶香型的描述除了以象征物之名词表述之外，还有清香、浓香、嫩香、陈香这样以属性之形容词表述习惯。前者比较容易言传意会，后者若无身教指点恐怕难以窥得门径。但是最可靠的还是借助仪器，比如买一台气相色谱 - 质谱联用仪进行具体芳香物质成分质量比例分析。

茶叶中的芳香物质是指茶叶中挥发性物质的总称，一般鲜叶中含 0.02%，绿茶中含 0.005%~0.02%，红茶中含 0.01%~0.03%。茶叶中芳香物质的含量虽不高，但其种类却很复杂，多达 700 种。咖啡风味一节介绍了咖啡豆中的脂肪类成分对咖啡香气有重大的贡献，这也适用于茶叶，茶叶中类脂类占干物质总量高达 8%，茶脂肪、磷脂、甘油脂、糖酯和硫酯等，对茶叶香气和口感都有积极作用。

根据气相色谱等分析，茶叶芳香物质的组成包括：碳氢化合物、醇类、酮类、酸类、醛类、酯类、内酯类、酚类、过氧化物类、含硫化合物类、吡啶类、吡嗪类、喹啉类、芳胺类等。人们感受的茶香多是多种香气交互的结果，或者说，并不是某一种芳香物质而是一个芳香物质组合的结果，芳香物质不同类别的组合以及同类别不同浓度数量的组合，被称为“挥发性香气组分”。无论是香气的交互感知，还是挥发性香气组分，都增加了茶香辨识的难度，措辞描述更是不易，但这也给予了茶香广阔的感知空间。

二、茶叶香型

正如第四节茶叶品鉴原理所言，茶香均为其生化与感官机理决定，不受个人表述差异的影响。由于茶叶含有太丰富的芳香物质——有人认为咖啡是最香的饮品，但在生化与感官层面茶叶并不逊色——至少茶叶香型的分类比咖啡要复杂一些。

（一）按芳香物质沸点高低分类

香气被感知的前提是挥发性，挥发性与芳香物质沸点高度相关，但不表示到了沸点才能挥发。例如冰也有挥发性，只是沸点越高的芳香物质越需要更高的水温才能激发其挥发量，而低沸点芳香物质是在温度比较低时就能自然挥发出来，容易被我们闻到（如清香），而高沸点的芳香物质则是要温度比较高的情况下才能挥发出来，需要加热时才容易闻到（如蜜香）。低沸点的青叶醇具有强烈的青草气，高沸点的沉香醇、苯乙醇等，具有清香、花香等特性。按照芳香物质的沸点由低到高，所排列的香型：青臭（茶青时）—清香—豆香—板栗香—花香—蜜香—果香—甜香—焦糖香—陈香。这恰好与按照发酵程度由低到高的香型分布相一致。一般而言，发酵程度越轻，受热量越少的茶叶，其香气特点沸点越低。香型越靠前，而发酵越足；受热量越足的茶叶则相反，沸点越高，香型靠后。当然黑茶类由于发酵原理的特殊性，则往往带有菌香或者陈香。

（二）按照六色茶品系分类

六色茶由于发酵程度以及其他工艺工序的差异导致干茶芳香物质成分与结构的不同，自然产生明显不同的香型倾向，同时也由于茶树品种、产地、采摘季节与叶部的不同造成在各自倾向上出现香型不同的表现。

（三）按照产生影响茶叶品质的原因分类

茶叶的香气类型，主要由茶叶品种、鲜叶质地、采制季节及制茶工艺决定。

品种香指茶树品种导致的独特香型，鲜叶中内含物质及其组织结构多有差异，因而其芳香物质的成分与含量也不同。比如福建名种肉桂有桂皮的刺激香气，奇兰有浓郁的兰花香。茶树品种香气潜质能否充分发挥，还取决于鲜叶质地、采制季节和天气条件。

地域香属于茶底风味，产地不同的地理因素将导致不同的香气成分组合，因此形成了不同的香型，甚至以产地命名香型，如祁门红茶的砂糖香又称“祁门香”。

工艺香指的是制作工艺不同而产生的不同香型，六色茶干茶的芳香物质数量与含量有很大差异，因而香型各异。一般来说，绿茶典型的香气为清香，红茶为甜香，青茶、花茶和部分绿茶、红茶具有花香，闽北青茶、老白茶和部分红茶具有果香，白茶（嫩度高，多白毫）具有嫩香、毫香，而黑茶具有陈香。有一些茶在干燥时候会进行烘焙，温度较高就会形成火香，如武夷岩茶；有一些用松木烟熏过的茶会有松烟香，如正山小种、六堡茶。

茶叶香气组成复杂，香气形成受许多因素的影响。不同的品种、不同茶类、不同茶区都会具有各自独特的香气。总之，茶叶香气是品种、栽培技术、加工工艺和贮藏等因素的综合结果。

（四）按照茶香品质分类

高品质茶香指的是香气纯在、高扬、持久。香气纯在指的是茶树品种的香型或者茶叶品种的香型典型而其他香气不杂不混。香气高扬指的是香气浓而不浊，甚至有沁人心脾之感，余香强劲（茶汤入喉之后感觉到的香气）；持久指的是香气悠长，每一泡衰减缓慢，九泡尚有余香，有些品种滋味寡淡之后还有明显香气，例如高品质的武夷岩茶之肉桂。

低品质茶香指香气夹杂一些异味——或因为采摘季节天气与工艺原因，或出于储运过程的污染异变；香气浓度低而沉闷，三泡后香气即散失殆尽，余香不显。

由于季节、天气或者工艺差错可能导致茶叶不良香气，茶叶就谈不上品质。

除了树种，茶香品质涉及生长环境、采摘季节及其芽叶部位、制茶工艺和储存时间等一些重要因素。一般而言，高山茶香细纯、高长，而低山茶香则偏浊偏低。春茶、芽和一叶的细嫩茶，生成并保留更多的清香类芳香物质，而秋茶和二三叶的料则要保留或生成更多的花香类和蜜香类芳香物质，这两季茶的香气都比较突出。新茶总体有比较新鲜的感觉，而旧茶则因为氧化而散失大部分香气，存放过久则有强烈的药气味，放得不好则会出现馊味霉味，所谓陈香并不容易。

三、茶香品鉴

我国茶叶评审赋予香气的分值仅次于并接近于滋味，大约占30%。评定的指标是纯异、高低、香型及其持久性。具体的香评操作分为三个步骤：热评、温评和冷评，分三次闻嗅才能判断一款茶的香气风格，每次闻嗅又有轻嗅、重嗅之分以鉴别不同的香型，以及香气的纯异、高地、长短。这一评鉴方法依据芳香物质沸点颇为科学。

热嗅时茶汤温度约在70℃左右，闻嗅茶叶蒸汽中的香味，以香气是否正常、香气类型和高低，茶叶如果香气不纯、有不良气息在热嗅时很容易被发现。

温嗅时茶汤约55℃，既闻嗅茶汤蒸汽（鼻前嗅觉），同时感知从空腔中进入鼻腔的气息（鼻后嗅觉）。为了仔细辨别，还需要让茶汤在口腔中搅动滚动，以辨别香气种类、浓淡和品质高低。

冷嗅时在评审时主要看鼻后嗅觉，看香气是否有持久性。

但平常饮茶的品香审美还可闻干茶香，常温下干茶香气很低，重烘的武夷岩茶和红茶则有焦糖香。干茶投入温汤的茶壶或者瓯杯摇一摇后就有明显的香气，泡饮过程中可以闻杯盖、杯底辨析香气的变化与持续性，甚至可以闻茶底考察余留气息也是颇为有趣的。

对比红酒和咖啡的评审，我国的茶叶评审无论指标还是方法都显得粗糙。咖啡评香有干香、湿香，湿香中余香，茶叶无一不有，但在评审中看不到干香和余香的描述。关于香气强度咖啡香的用词有强度（intensity）表述芳香物浓度，包括饱和度（fullness）和力度（strength），对香气量方面的描述词有：香型多且力度大称“浓郁（rich）”、力度中等称“全面（full）”，力度不足则称“平庸（rounded）”。对咖啡香气质的方面的描述词有：难以辨别或者描述称为“复杂性（complexity）”，香型少且不明显则为“寡淡（flat）”。相较而言，三闻茶香的纯异、高低和长短评审在层次与精度方面略显不足，尤其在“据实”方面更显模糊。以至于有业内者将咖啡香气轮工具引入茶叶香型鉴定，同时也引进咖啡豆性描述的蛛网图。

第七节　茶叶冲泡

常饮茶的人首先要熟悉茶叶的冲泡技法，随着品茗兴趣的提高，逐步深入茶叶方方面面的知识。茶叶冲泡也是茶馆酒楼服务人员必备的技能，同时还是茶艺的核心内容。

一、茶叶冲泡原理

茶叶冲泡技法发蒙于宋代的点茶，明初贡茶废除团茶代以散茶，促进了明代冲泡方法的流行。当今茶叶冲泡方法已经是全球通行的主流技法。

（一）茶叶冲泡与咖啡萃取的比较

每一类茶（六色茶系）在不同的地方都有各自习惯的冲泡章法，这是经验方法传承的表现。如果传播的是茶叶冲泡原理，那么每个地方每一种茶就会出现多种冲泡技法并存的现象，因为不同技法只要合乎相同的原理即可。从食品化学和食品感官学角度看，茶叶冲泡必然存在指导冲泡技法的原理性知识，这一点也可以从咖啡萃取技法中得到佐证。咖啡萃取（借用萃取一词表述从咖啡粉中溶取风味物质，而非严格的化学萃取概念）有一条从经验中提取出来的技术指导线，被称为“金杯准则”——用萃取率（萃取程度）、浓度和粉水比三项量化指标来围合一个理想的风味展现空间，其中最重要的概念就是理想的萃取率和理想的浓度。虽然在现实中“金杯准则”并不保证冲制出一杯“好喝”的咖啡，但它毕竟为实践者提供了一个初始的参照系。

茶叶种类多、彼此之间的差异大，茶叶冲泡也并非像咖啡那样都是一次冲泡完成而经常是分次连续冲泡的。那么，类似“金杯规则”具有普适性意味的参照系对茶叶是否实用的确值得怀疑，但最佳萃取率、最佳浓度、萃取速率等概念及其所包含的思维都适用于每一泡的茶汤冲制。现实中饮茶人都注意到了每一泡茶汤的萃取程度和浓度问题，只是因为我们的传统经验极为丰富，各种茶叶冲泡皆有应付自如的成法，故而不怎么需要借用那些众所周知且含义稳定的学科词汇，更不习惯使用数据思考与表达，这就使得这些新词汇背后的隐藏与牵涉的思维方法迟迟未能被传统技法所吸纳，这也使得茶叶知识的沟通与传播受限。

从理想的咖啡风味展现看，优选的咖啡萃取程度被认为是只萃取全部可溶物的 70%，即萃取率（溶解析出物占咖啡粉的比重）控制在 20% 上下。茶叶是否也存在感官经验上的最佳萃取率并不是个问题，茶叶冲泡也忌讳过度萃取使得茶汤苦涩难咽。问题是茶叶合适萃取率尤其是分次冲泡时每一泡的萃取率控制没有明确的答案，高度依赖经验和个人“随心所欲”，这多少有点不科学。其实按照食品感官学的研究方法，针对各大类小类茶叶的不同萃取程度进行大样本人数调研，还是可以确认理想萃取率的区间。

茶叶的理想浓度可能比理想萃取率更加个性化。我国的茶叶质量评审，除了乌龙茶采取分次冲泡外，其他茶叶都是一次性冲泡的，标准的方法是取 3 克茶叶，放在 150 毫升的标准杯当中，加入沸水冲泡 2 分钟到 5 分钟，然后滤出茶汤，进行汤色、香气、滋味和叶底的评判。由此可见，对于茶叶风味评审而言，存在优选的萃取率和浓度（茶水比）。日常冲泡茶叶，茶汤浓度是饮茶人颇为在乎的，只是很少人注意到萃取率与浓度的关联及其不同。萃取率对风味的影响侧重于滋味、香气和口感的品质，而浓度对风味的影响侧重于滋味、香味和口感的强度，二者对风味的影响都很重要，但作用机理是有差别的，如果没有以理想萃取率的"质感"为前提，理想浓度的"量感"可能就不那么重要。

在上述的萃取概念范畴之内，除了萃取程度、浓度之外，还有一个重要的指标就是萃取速率，意指提高 1% 浓度所花的时间或者单位时间可溶解析出的物质量。在咖啡冲制中萃取速率表现为获得理想萃取率所需的萃取时间，它受到研磨程度、冲泡气压和水温的影响，基本上被冲泡器具给锁定了。作为状态变量的茶叶其复杂性甚于咖啡，萃取速率之于茶叶冲泡也很重要，水温、动作（搅动或挤压）、茶形、茶叶品质和茶底可溶物余量（也表现为分次冲泡中的序次）都是影响萃取速率的重要因素，其中水温和动作是才控制变量，其他的是状态变量，变量属性不同，考虑的方向就不同。水温越高萃取速度越快，高冲让茶叶滚动、摇晃或者按压茶底都能提高萃取速率；紧压茶卸下的茶块、粒形、球形、针型、片形在叶底完全展开前萃取速率是不一样的，碎末茶和破碎茶叶的萃取速率最快；细嫩茶的萃取速率高于粗老茶，小叶种快于大叶种；如果分多次冲泡，那么，第一泡茶的萃取速率是最快的，出水时间要极为快速（像高品质的牙尖红茶和武夷岩茶甚至快到 10 秒就要出水），之后每一泡的萃取速率递减，因此，出水时间要随之逐次放慢。茶艺表演中常见的"高冲低泡"并不适合条索形茶叶。分次冲泡的第一泡，因为第一泡本身就是萃取速率最快的，高冲让茶叶翻滚会使萃取速度快上加快。如果茶叶是颗粒形的，那么，第一泡高冲是有道理的，可快速浸润茶叶，提高茶叶因渗透面积受限而被降低的萃取速率。

干茶中含有约 35% 的可溶解物质，不同树种、产地、采摘季节、制茶工艺等对可溶物的含量都有一定的影响。不同的可溶解物溶解速率、溶解度又有差异，这也是茶叶冲泡要考虑的重点因素。总的说来，品质越好的茶可溶物含量大一些，萃取速率也高一些，这在技法上需要区别对待，鲜嫩茶的置茶量、冲泡温度、浸泡时间都要小于粗老茶，茶叶品质越好，冲泡技术控制越要保守一些。

（二）茶叶冲泡原理

所谓的茶叶冲泡原理的第一条，就是从萃取率（萃取程度）、萃取速率和茶汤浓度三个概念出发，明确茶叶冲泡技术涉及的诸多因素如何针对萃取率、萃取速率和浓度起作用，综合考虑各因素之间的关联性质并加以灵活运用。

有这么一种说法，茶叶冲泡的四要素是冲泡水温、浸泡时间、茶水比例和续水次数（分次冲泡的次数）。如果像咖啡一样分萃取率和浓度两个层面考察冲泡技法对茶叶风味的影响，那么，水温和浸泡时间控制的主要是萃取程度，同时水温还是萃取速率的控制变量；茶水比例和续水次数控制的则是茶汤浓度。值得注意的是，茶汤浓度要以理想的萃取程度为前提，萃取程度恰当，浓度高一些、低一些影响不大。如果因为水温和浸泡时间不够引起的萃取不足，茶叶风味发挥就不够全面，那么浓度高一点也无法带来口鼻美感。如果一开始就萃取过头，引发苦涩味等不良感觉的可溶物就会被过早释放，这时降低浓度（加水），不良感觉虽然也许会弱一些，但良好的滋味也跟着被淡化。在分次冲泡时，如果大部分的良好呈味物质已经被析取，那么，后续的冲泡即便能通过加长浸泡时间获得足够的萃取率，都属于过度萃取，浓度大小对于品味已没有意义，但可以了解这款茶叶的风味结构，在哪方面更有持久性。

茶叶冲泡的水温区间是 80℃ ~100℃，从经验上看 90℃以下适用于绿茶、白茶、黄茶，90℃以上适用于乌龙茶、红茶和黑茶之熟茶，春茶、鲜嫩叶、小叶种。品质高者温度往下线调低，极品绿茶甚至只需 78℃左右，粗老茶、大叶种、普通品质则温度往上线调高。从理论看，除了茶叶品类，冲茶水温还可视不同溶解物的溶解度、溶解速度、芳香物质沸点、茶汤的氧化速度、茶具甚至气温等多个因素相机抉择，也可以和浸泡时间联动来控制萃取程度，水温选择范围可以扩大，就看如何更方便快捷地达成预设的目标。

在传统冲泡技法中，水温是被茶叶状态变量（茶叶类型、茶种、茶叶采摘部位等自身因素）锁定的，与此相对应，各类茶叶的浸泡时间也都有经验数值范围和微调处理方式与水温调整同方向。有不少地方的饮茶习惯或者泡茶技法是浸泡着茶叶喝茶汤的，这种情形的浸泡时间概念是模糊的，无非表述浸泡多久就可以喝了，至于茶叶还要被泡多久，茶叶在热水中发生多大程度氧化，滋味气息会产生多大的变化，视喝茶人心情急缓而定。

茶水比表面上看与咖啡的粉水比相同的概念，但在操作技术相去甚远。因为咖啡冲制是一次成形的，一定的咖啡粉量，只要设定好冲水量或者加足水（水蒸气）即可。但茶叶都是沉浸冲泡的，故而茶水比的含义更倾向于根据杯子或者壶的容量来选择茶叶投放数量，遇到还经常分次冲泡的情形，茶水比概念就模糊了。对品饮而言，冲泡结束之后最终的或者总的茶水比是一个无意义的数据，只对茶叶是否耐泡有解释力。

续水次数更是一个尴尬的概念，它是一种被动因素，完全依赖于前项控制。一次性冲泡就没有续水之说，分次冲泡中，不是想续水几次就几次，而是取决于精华物质已经被萃取到了什么程度。因此，蓄水次数更像是检验茶汤风味到第几泡时就不再持续。因此，所谓茶叶冲泡四大要素之二的茶水比和续水次数不能与冲泡水温和冲泡时间相提并论。

茶叶冲泡原理的第二条就是把握当下，不管分几次冲泡，茶叶冲泡讲究的是每一泡的萃取率和浓度都控制得当，让每一款茶叶的每一泡风味都能得到理想的展现。

茶叶冲泡技法还涉及其他很多因素。比如自古以来就极为推崇水的作用，实际上用水再怎么重要都不如茶叶本身重要，二者都是状态变量——你的可选项都摆在那里了，知道什么的水更合适泡茶之后，“择优录取”就可以。就如同用越好的茶冲泡风味就越好，这不属于冲泡技法。不同的茶具，其功能已经被确定，器具有助于冲泡技术的发挥，泡茶之人所做的就是熟悉各种器具的使用，而不是控制茶具本身，因此器具也属于状态变量。冲泡茶叶时，依赖于你有多少种器具可供选用，独饮与社交、解渴与玩味，观色与品香、形美与便利，目的不同器具的选用自然不同。不同于传统，当代的茶具选择受到健康标准的强烈约束，金属器具是否发生化学反应，瓷器的用釉是否含铅，陶土器具吸附的残留物是否对健康不利等成为被考虑的因素。

瓯杯（即盖碗杯，也称三才杯）或者小茶壶是各色茶叶通用的冲泡法，这是有道理的。因为分次冲泡更方便于控制茶叶的萃取率和浓度，不过滤茶底的冲泡容易造成萃取过度和浓度控制不当，煮茶就更加不可取了。分次冲泡的第一泡最为关键，能够“一泡成功”固然好，不然，第一泡就要“保守一点”——萃取率、浸泡时间和浓度可稍微向下控制，如出现不足现象，即可在续泡中再调高。如果第一泡过头了，对于后续的泡次甚至产生不可逆的影响。续泡间隔不能太长，以免茶底失温。每一泡出水都要沥干净，不能残留茶汤，以免苦涩物质渗出。

茶叶冲泡原理的第三条就是，区分冲泡过程各个因素属于状态变量还是控制变量，状态变量虽然也有影响能力（或解释能力），但控制变量才是冲泡技法的关键。

二、茶叶冲泡技法

（一）绿茶冲泡技法

绿茶在汤水中舒展姿态优雅且有动态之美，碧绿色也赏心悦目，因此，透明玻璃器皿是首选，也有用盖碗杯（浸泡）或者瓷壶冲泡。水温控制的经验值是85℃左右，叶芽嫩茶、新茶、优质茶温度可低至80℃左右，粗老茶、陈茶则调高温度。使用较大的杯子（壶）冲泡时，茶水比的经验值是1：50，即1克茶叶用50毫升左右的水，置茶量一般不少于3克。绿茶放入杯中有上投、中投和下投“三投法”之说。上投法是一次性向茶杯中注足热水，待水温适度时投放茶叶，多适用于细嫩炒青绿茶。中投法是先注入约1/3杯的热水，再投置茶叶，待茶叶被浸润舒展后再注水至七分满，此法适合较为细嫩的茶叶。下投法是先置茶叶后一次性注足热水，此法适用于普通品质的绿茶。绿茶冲泡时容易氧化，也容易出涩，最好配用过滤器皿，否则浸泡时间难以控制，如果使用瓯杯分次冲泡，第一泡的浸泡时间不要超过一分钟，是否不超过三泡，就看第三泡的滋味和浓度而定。

白茶、黄茶以及个别发酵茶低的小叶种乌龙茶的冲泡技法参照绿茶。

（二）乌龙茶冲泡技法

乌龙茶的发酵程度从30%跨越到80%，不同发酵程度的乌龙茶无论是滋味、口感还是香气都有不同的风格。因此，乌龙茶被认为富有风韵，适合细品慢啜。分次冲泡、小杯饮啜最早就出现于乌龙茶。潮州工夫茶，指的就是乌龙茶的冲泡方法极为讲究。冲泡乌龙茶所需器具多且精巧，摆布起来颇有程式感，逐渐被其他茶类所借鉴。乌龙茶冲泡的水温一般不低于90℃，细嫩叶、焙火程度低的，温度不高于95℃，高焙火、中大叶种或者粗老茶经得起沸水冲泡，以便于高沸点芳香物的挥发和可溶物的萃取。冲泡后乌龙茶的茶底一般约占瓯杯的80%，因此，置茶量视瓯杯大小、茶形（球形还是条形）和喝茶人数而定。用量比绿茶红茶大，一般一次不低于8克，每一泡的茶水比一般1：20，可是不同茶种和饮茶者口味习惯灵活调整。浸泡时间视茶叶情形差异很大，品质越高出水越快，第一泡浸泡时间10秒到1分钟，切忌浸泡时间过长引起苦涩，后续逐渐增加浸泡时间。乌龙茶很耐泡，一般可泡饮五六次，也有七八泡风味依然尚佳的情况。

（三）红茶冲泡技法

红茶茶汤鲜红或者亮红，故而器具宜用白色瓷器或者透明玻璃器皿。由于发酵程度高（大于 80%，被称为全发酵茶），制作过程中产生的生化反应物、可溶解物和芳香物都是最多的。为了充分萃取，宜使用较高的温度，一般不低于 90℃，95℃左右是经验值，大叶种和粗老小叶种温度可调高。使用大杯（壶）冲泡时，茶水比的经验取值是 1：50 以上，置茶量一般不少于 5 克。常见红茶使用容量大的茶壶冲泡，冲泡时间可长达 2 分钟，要依据红茶品种调整，碎末茶、小种茶、鲜嫩茶时间要短一些，中叶种和大叶种则拉长浸泡时间，大壶续泡基本就没什么味道了，因为红茶的萃取速率高，水量多的情况下一两分钟之后几无剩余可溶物。如果使用瓯杯或者小茶壶分次冲泡就便于控制，第一泡可试着半分钟之内出水，后续的浸泡时间再逐步拉长。

（四）黑茶冲泡技法

黑茶一般采用大叶种的粗老叶料制作成紧压茶，经过多年熟化而成的熟茶，其冲泡技法参照乌龙茶，可用瓯杯分次冲泡，每一泡都用沸水，茶水比也控制在 1：20 到 1：30 之间。所不同的是陈茶有“醒茶”一说——让沸水渗透被紧压过的茶叶，因此，每一泡的浸泡时间比之乌龙茶略长一些。有人认为陶土茶壶能够吸附一些粗老等不良味道是更好的选择，如此的话，每一次泡完茶一定要做好茶壶的清洁工作，否则下一次用就有麻烦了。由于黑茶是陈茶，长时间的存放使得茶多酚和咖啡因被最大程度氧化，苦涩感或者收敛性大大降低，陈年白茶也是如此。因此，此二者可以煮制，一次性完成，茶水比可以缩小到 1：100。

（五）花茶冲泡技法

花茶品种繁多，多种茶类均可作为花茶茶胚，可选窨香之花也有多种，其冲泡技法参照茶胚的品类，同时温度略低一些，以免花香很快散尽。传统上花茶多用盖碗杯冲泡，方便碗盖有助于闷香，揭盖则香气扑鼻，拨动碗盖可漂移汤面茶末或者花屑。普通花茶，可用较大的瓷壶闷泡，解渴之时花香盈鼻。还有一种扎花造型的“扎花茶”将茶索扎成各种花朵形象，这种茶就要用透明玻璃杯，或者鸡尾酒杯冲泡，茶底如盛开之花绽放于茶汤之中，姿态婀娜，非常漂亮，俱现色、香、味、形。扎花茶冲泡水温稍高至 90℃以上，看茶叶扎结的紧实程度，浸泡两分钟后即可饮用。用高品质绿茶窨香的花茶也可用玻璃杯冲泡，以便于观赏优美的形色。

上述所言茶叶冲泡技法基本上都是传统的经验，并未详细介绍，学习茶叶冲泡不能按图索骥，而要更多地去领会茶叶冲泡的原理，用以指导冲泡实践并不断与传统经验相对照，从而掌握更加扎实的冲泡技法。

第八节　茶叶与健康

不排除茶叶是远古先民在寻找药物过程中发现的，因其富含茶多酚能够刺激生津回甘，又含有相当高的咖啡因而能明显地提神解乏，所有茶叶都有滋润肠胃，加快肠胃蠕动，促进身体新陈代谢，醒脑宁神，缓解困乏的功效。加上其形、色、香、味俱备，这就必然使得茶叶被当作一种珍稀的饮品而得到推崇和推广。

一、茶叶健康话题的前置知识

现代关于茶叶的保健作用已经有相当多的研究，尽管还未能全部弄清楚，茶叶的化学成分在保健方面到底如何起作用，但已经获得了一些基本的结论。其中有些有必要在讨论茶叶与健康话题之前先要明确的知识。

第一，茶叶不是药，陈茶更不是药，现代毕竟不同于古代，药的含义要遵循当代医学的规范，不要把保健作用当成药理作用，不管茶叶具有多少保健功能，都不能代替治疗之药物。第二，茶是非常好的饮料，好到不必加糖或者其他增味材料，但它再好喝，也不能多喝，更不能代替喝水。第三,六色纯茶到底哪一种茶最有利于健康是没有定论的，但是再加工茶因为添加其他物料使得健康问题变得复杂，反而要慎重对待。第四，考虑到茶叶对健康的好处，就要健康地饮茶，避免适得其反，咖啡因提神醒脑的同时，加大了心脏的负担，低发酵程度的茶清香宜人，但具有“凉性”，会伤胃。嗜茶、习惯饮浓茶、空腹或者饭后立即喝茶、喝太烫的茶（任何热烫食都诱引食道癌），都不是健康的喝茶方式；特殊群体或者必要时候对茶还要有所克制，古人喝茶养生就有这方面的经验，包括四季宜喝不同的茶。最后，喝茶的第一要务还是口鼻之愉悦，至于营养和保健功效则是锦上添花之喜。

二、茶叶的健康成分

茶叶确实神奇，其营养成分带来了甘甜香酸的良好味感，如同佳肴；而产生苦涩味道的茶多酚却如同苦口之良药带来了其他饮料无法比拟的保健价值。茶叶主要营养素有蛋白质和氨基酸、脂肪、糖类、矿物质和微量元素以及维生素；其中氨基酸，共有 30 余种，大多数为人体所必需，其中有 8 种是人体自身不能合成的，氨基酸适用于辅助性治疗心脏性或支气管性狭心症、冠状动脉循环不足和心脏性水肿等症状。茶叶微量元素与维生素都多达 10 余种，这对人体所需的微量营养物质是个便利良好的来源。

三、有关茶多酚的研究结论

现代医药学多集中于茶多酚的药效研究，已经确证茶多酚是很好的抗氧化剂，具有多方面的医疗保健价值，是茶叶保健作用的最关键因素。强抗氧化剂可以减少低密度脂蛋白胆固醇（LDL-C）的氧化活性，降低心脏病的患病风险，茶多酚还可能具有抗癌作用，因为茶多酚具有介导 DNA 氧化和诱导葡萄糖醛基转移酶的潜力，从而有助于消除毒物和致癌物。茶多酚还对有益的肠道菌群有促进作用，抑制与年龄相关疾病有关的活性氧的生成。这是所有茶都具备的保健功效。

当代研究比较多的不是茶多酚的总体作用，而是其主体儿茶素，即黄酮类物质占 70% 的药用机理。一个令人振奋的消息是类黄酮和黄酮类化合物的总摄入量与致命性心血管疾病风险降低有关。日本的研究支持了儿茶素对氧化应激具有良好的抗氧化和抗炎作用，氧化应激被认为是阿尔茨海默病发病机制的关键组成部分。

黄酮的保健功效是多方面的，它是一种很强的抗氧剂，可有效清除体内的氧自由基。如花青素可以抑制油脂性过氧化物的全阶段溢出，这种阻止氧化的能力是维生素 E 的 10 倍以上，这种抗氧化作用可以阻止细胞的退化、衰老，也可阻止癌症的发生。

黄酮可以改善血液循环，可以降低胆固醇，向天果中的黄酮还含有一种 PAF 抗凝因子，这些作用大大降低了心脑血管疾病的发病率，也可改善心脑血管疾病的症状。

被称为花色苷酸的黄酮化合物在动物实验中被证明可以降低 26% 的血糖

和 39% 的三元脂肪酸丙酯。这种降低血糖的功效是很神奇的，但更重要的是它对稳定胶原质的作用，因此它对防止糖尿病引起的视网膜病及毛细血管脆化有很好的作用。

黄酮可以抑制炎性生物酶的渗出，可以增进伤口愈合和止痛，栎素由于具有强抗组织胺性，可以用于治疗各类敏感症。

一项由荷兰专家主持的研究发现：由 4807 位参与者的实验表明，每天饮 375 毫升绿茶的人，其心脏病的发病概率是那些不喝茶的人的一半；致命性心脏病发病率只有 1/3。服用或者注射黄酮后，肝脏中微量的黄酮能在一定程度上抑制药物代谢酶的活性（这是指药物）。

因为绿茶的茶多酚被氧化的最少，故而有观点认为绿茶保健作用可能是六色茶中最强大的。但是茶多酚的氧化物也有各自的保健功效。所以，不好断言哪种茶最保健，只有一个共识——各色茶的保健作用很接近。

干茶中茶皂素是为五环三萜类化合物的衍生物，其含量只占干物质总量的 0.07% 左右，具有消炎抗肿瘤功效。类脂类物质在茶树体的原生质中，对进入细胞的物质渗透起着调节作用。

四、各类茶叶的保健功效

由于不同茶叶的化学成分的差异，其保健功效无论来自经验还是来自现代科研都证明还是有一定的差异。下列介绍的六色茶保健功效都是从药理作用角度出发的，且模糊了剂量这一关键指标，故而茶叶在现实中的保健功效只能说是有这方面的潜力，长期饮用可能才显现效果。

（一）绿茶的保健功效

绿茶保留更多天然的儿茶素（茶多酚的主体），因此强抗氧化作用更强，可以抑制活性氧分子的作用，从而防止氧化损伤。从药理作用角度分析，绿茶有很强防癌抗癌功能，对雌激素受体阳性和阴性乳腺癌细胞均有抗癌作用。不仅有效降低多种癌症的发病率，也对心脑血管和神经系统神经退行性病变的预防有积极作用。女性经常喝少量绿茶，与冠心病风险降低存在相关性，但在男性中却没有这种发现。

（二）白茶的保健功效

白茶中具有高氨基酸、咖啡碱和黄酮类物质，且白茶有陈化的传统，长时间存放使得白茶的成本发生变化，因此白茶比其他茶类有着更好的药理作用和保健效果。白茶比其他茶具有更好的抗衰老功效、提高免疫调节功能，其药理作用有：抗肿瘤、抗癌、抗突变，降血压、降血糖、降血脂，利尿、解毒、提神抗疲劳、增强记忆力、坚齿防龋、抗紫外线辐射，使血管壁松弛，从而起到血管舒张、血压降低的作用，降低葡萄糖和胆固醇摄取方面最为活跃，对脂肪酶活性有最佳的抑制能力。故白茶多酚具有体外降血糖和降血脂的潜力，减肥、降火、祛暑、明目、美容美白等功效。

（三）黄茶的保健功效

黄茶的保健功效兼有一些绿茶和白茶的项目，主要表现在抗氧化活性、降血糖和降血脂活性和抑菌活性。黄茶含有相对多的氟，有利于形成牙齿的保护膜，牙齿敏感或是牙龈发炎的人可以常喝些黄茶，帮助维护口腔健康。

（四）乌龙茶的保健功效

乌龙茶为半发酵茶，所含的有机化学成分，如茶多酚、儿茶素、多种氨基酸等含量，相对较高，由于发酵跨度大，导致不同品种成分差异较大，因此，其笼统而言的药效作用也相对复杂。总的而言，乌龙茶的药理作用集中表现在抗氧化、抗衰老、控制体重、预防心血管疾病、抗突变、抗癌症、抗糖尿病、抗过敏、抗病原菌及肠道菌群调节等方面。

（五）红茶的保健功效

红茶的茶黄素含量高，是红茶发酵过程中多酚类化合物氧化聚合的产物，是红茶品质优劣的标志性成分之一。因此，从生化机理看，红茶的保健“特效”是立足于茶黄素的。茶黄素具有独特的苯并酚酮结构和较高功能活性的酚羟基团，在抗菌、抗氧化、抗癌等医药功效方面均优于其他水溶性多酚类物质，茶黄素同时也有良好减肥降脂、茶黄素有保护心肌、调血脂、舒张血管和抗动脉粥样硬化的作用，抑制日常生活中的焦虑症状。茶黄素还是潜在的改善胰岛素抵抗相关疾病（糖尿病）的功能性成分。茶黄素与其他多酚（如儿茶素、绿原酸和咖啡酸）相比有更强的抗炎作用，能够抑制炎症细胞因子的产生，防止大脑中的树突状细胞萎缩和脊柱萎缩等：茶黄素的减肥降脂主要是因为茶黄素能抑制角鲨烯酶的合成、降低脂肪酸合成酶（FAS）的活性，抑制肠道对胆固醇的吸收，有效降低血浆胆固醇的含量。有研究指出红茶多酚有可能缓解高胆固醇血症和高血糖症，在治疗糖尿病方面也有潜在的益处，在高血压患者中，饮用红茶与高同型半胱氨酸血症之间存在显著相关性，而乌龙茶或绿茶没有这种结果。也有研究建议有肾结石风险的人群，放弃饮用红茶。虽然，红茶最适合调饮，但是，所加的物料可能抵消红茶的保健功效。

（六）黑茶的保健功效

黑茶的特点是微生物参与了发酵，是六色茶中唯一一款发生真发酵的茶饮，而且发酵程度是最高的，其相对强项的保健功能就与此相关，或者说其作用主要是在较多的茶褐素上。有观点认为黑茶对肠道菌群的药理作用明显，能够改善肠道菌群，助消化和调理肠胃作用，因此特别适合胃不好的人饮用，同时降脂减肥、降低总胆固醇效果也是明显的。除此之外，其药理作用还有：降血糖、抗氧化等茶叶通常的保健功效。目前针对全发酵类茶的研究角度还比较单一，主要因为很多化学成分的结构没有弄清楚。

上述介绍的六色茶保健功效，在研究方面上主要基于药理学的而非来自饮茶人群的调研，故而所谓的功效更多地表现在实验中、提纯的药物上，这一点饮茶人要有清醒的认识。

思考练习

1. 简述茶树的类型。
2. 简述世界与我国的茶叶产区分布。
3. 简述茶叶如何分类。
4. 简述我国茶饮演变历史。
5. 简述我国传统茶叶品鉴的特点。
6. 简述茶叶品鉴的基本原理。
7. 简述茶叶冲泡的基本原理。
8. 简述茶叶冲泡技法。
9. 简述茶叶的保健功效。

参考文献

[1] 张文学，赖登燡，余有贵 . 中国酒概述 [M]. 北京：化学工业出版社，2019.

[2] 牟昆 . 酒水服务与管理 [M]. 北京：清华大学出版社，2017.

[3] 费寅，韦玉芳 . 酒水知识与调酒技术 [M]. 北京：机械工业出版社，2012.

[4] 吴克祥 . 酒水管理与酒吧经营 [M]. 北京：高等教育出版社，2003.

[5] 林德山 . 酒水知识与操作 [M]（第 2 版）. 武汉：武汉理工大学出版社，2014.

[6] 蒋洪胜 . 酒吧服务技能与实训 [M]. 北京：清华大学出版社，2012.

[7] 吴克祥，范建强 . 吧台酒水操作实务 [M]. 沈阳：辽宁科学技术出版社，1997.

[8] 贺正柏，祝红文 . 酒水知识与酒吧管理 [M]（第 5 版）. 北京：旅游教育出版社，2021.

[9] 王晶 . 酒吧从业指南 [M]. 北京：中国轻工业出版社，2005.

[10] 韩怀宗 . 咖啡学——秘史、精品豆与烘焙入门 [M]. 北京：化学工业出版社，2013.

[11] 韩怀宗 . 世界咖啡学 [M]. 北京：中信出版社，2016.

[12] 郭光玲 . 咖啡师手册 [M]. 北京：化学工业出版社，2008.

[13] [日] 田口护 . 精品咖啡大全 [M]. 唐晓艳，译 . 石家庄：河北科学技术出版社，2014.

[14] [日] 田口护 . 咖啡事典 [M]. 陈宗楠，译 . 北京：中国民族摄影艺术出版社，2017.

[15] [日] 田口护 . 咖啡品鉴大全 [M]. 书锦缘，译 . 沈阳：辽宁科学技术出版社，2020.

［16］高碧华．品位咖啡［M］．北京：中国宇航出版社，2003.
［17］Jon THorn. 咖啡鉴赏手册［M］．上海：上海科学技术出版社，2000.
［18］孙炜，孙琳，双福等．有咖啡不孤单［M］．北京：化学工业出版社，2016.
［19］于观亭．茶经［M］．长春：吉林出版集团有限责任公司，2011.
［20］裴华．中国茶经彩色图鉴［M］．太原：山西科学技术出版社，2016.
［21］江用文，童启庆．茶艺师培训教材［M］．北京：金盾出版社，2016.
［22］张莉颖．茶艺基础［M］．上海：上海文化出版社，2009.
［23］艾敏．茶艺［M］．合肥：时代出版传媒股份有限公司，2016.
［24］康乃，吴云．中国茶文化趣谈［M］．北京：中国旅游出版社，2015.
［25］郑清梅．4 类茶叶及其茶渣主要成分的测定分析［J］．广东农业科学，2015（6）.
［26］张颖彬，刘栩，鲁成银．中国茶叶感官审评术语基元语素研究与风味轮构建［J］．茶叶科学，2019，39（4）.
［27］杨伟丽，肖文军，邓克尼．加工工艺对不同茶类主要生化成分的影响［J］．湖南农业大学学报：自然科学版，2001，27（5）.
［28］吴警，刘春莹，郭久宁，等．绿茶和发酵茶的茶多酚组成比较［J］．安徽农业科学，2011，39（9）.
［29］张庆，陈祥贵，李晓霞，等．茶的保健作用研究进展［J］．中国食物与营养，2005（9）.
［30］钟萝．茶叶品质理化分析［M］．上海：上海科学技术出版社，1989.
［31］彭翠珍，刘川，李晚谊．云南普洱茶人工接种发酵研究［J］．云南大学学报：自然科学版，2008，30（1）.